# 재개발, 재건축!
# 이렇게 쉽게 하세요!

편저: 최용환

KB045237

법문북스

# 재개발, 재건축!
# 이렇게 쉽게 하세요!

편저: 최용환

법문북스

# 머리말

최근 나홀로 가구 증가와 개발 가능한 토지의 감소로 대규모 아파트단지의 재개발·재건축에서, 오래된 단독주택 등의 재개발·재건축사업이 증가하고 있습니다. 또 1970년대 이후 산업화·도시화 과정에서 대량 공급된 주택들이 노후화됨에 따라 이들을 체계적이고 효율적으로 정비할 필요성이 커지고 있어 정부에서는 이러한 주택 수요의 변화와 노후 아파트의 증가 문제를 해결하는 방안으로 도시지역을 계획적·체계적으로 정비하고 재개발·재건축하기 위하여 「도시 및 주거환경정비법」을 제정하여 시행하고 있습니다.

「재개발사업」이란 정비기반시설이 열악하고 노후·불량건축물이 밀집한 지역에서 주거환경을 개선하거나 상업지역·공업지역 등에서 도시기능의 회복 및 상권활성화 등을 위하여 도시환경을 개선하기 위한 사업을 말합니다. 「재건축사업」이란 정비기반시설은 양호하나 노후·불량건축물에 해당하는 공동주택이 밀집한 지역에서 주거환경을 개선하기 위한 사업을 말합니다.

재건축사업은 시행주체에 따라 조합에 의한 사업시행 및 시장·군수 등에 의한 공공시행으로 나뉩니다. 도시·주거환경정비 기본계획이 수립되면 안전진단을 실시하고, 정비계획의 수립을 거쳐 본격적인 사업시행단계로 들어갑니다.

이와 같이 재개발·재건축사업은 계획부터 준공·청산에 이르기까지 여러 행정 절차를 거치도록 복잡하게 되어 있고, 이 절차를 이행하는 과정에서 법령의 해석에 대한 견해 차이로 인한 분쟁 또는 관련 업무 종사자의 법령운영 미숙 등으로 주민의 피해가 지속적으로 발생하여 민원 등의 문제가 발생하여 왔습니다. 이는 추진위원회 또는 조합이 최근 법령개정 내용 및 정확한 법률 적용방법에 대하여 이해가 부족한 것이 중요한 원인 중 하나인 것으로 보입니다.

　이 책에서는 이러한 복잡하고 까다로운 법절차를 알기쉽게 체계적으로 풀어 편집하였으며, 아울러 관련되는 관계 법령을 수록하였습니다. 이러한 자료들은 대법원의 판례와 법제처의 생활법령 및 대한법률구조공단의 상담사례들을 참고하였으며, 이를 체계적으로 정리, 분석하여 누구나 이해하기 쉽게 편집하였습니다,

　이 책이 재개발·재건축사업에서 발생하는 민원발생 및 분쟁을 방지하기 위하여 노력하는 실무자와 사업에 참여하는 각 분야의 모두에게 큰 도움이 되리라 믿으며, 열악한 출판시장임에도 불구하고 흔쾌히 출간에 응해 주신 법문북스 김현호 대표에게 감사를 드립니다.

2021. 6.
편저자

# 목 차

## 제1편 재개발사업

# 제2편 재건축사업 ················· 213

# 제1편

# 재개발사업

# 제1장

# 재개발사업은 어떤 절차로 해야 하나요?

# 제1장 재개발사업은 어떤 절차로 해야 하나요?

## 1. 재개발사업의 개념

### 1-1. 재개발사업이란?

#### ■ 재개발사업의 의미

① "재개발사업"이란 정비사업 중 하나로서, 정비기반시설이 열악하고 노후·불량건축물이 밀집한 지역에서 주거환경을 개선하거나 상업지역·공업지역 등에서 도시기능의 회복 및 상권활성화 등을 위해 도시환경을 개선하는 사업을 말합니다(「도시 및 주거환경정비법」 제2조제2호나목).

② "노후·불량건축물"이란 다음 어느 하나에 해당하는 건축물을 말합니다(「도시 및 주거환경정비법」 제2조제3호 및 「도시 및 주거환경정비법 시행령」 제2조).

1. 건축물이 훼손되거나 일부가 멸실되어 붕괴, 그 밖의 안전사고의 우려가 있는 건축물

2. 건축물을 건축하거나 대수선할 당시 건축법령에 따른 지진에 대한 안전 여부 확인 대상이 아닌 건축물로서 다음의 어느 하나에 해당하는 건축물

- 급수·배수·오수 설비 등의 설비 또는 지붕·외벽 등 마감의 노후화나 손상으로 그 기능을 유지하기 곤란할 것으로 우려되는 건축물

- 건축물의 내구성·내하력(耐荷力) 등이 「주택 재건축 판정을 위한 안전진단 기준」에 미치지 못할 것으로 예상되어 구조 안전의 확보가 곤란할 것으로 우려되는 건축물

# 주택 재건축 판정을 위한 안전진단 기준

[시행 2021. 1. 1.] [국토교통부고시 제2020-1182호, 2020. 12. 30., 일부개정.]

## 제1장 총칙

1-1. 목적

1-1-1. 이 기준은 「도시 및 주거환경정비법」 제12조제5항에 따른 재건축사업의 안전진단의 실시방법 및 절차 등을 정함을 목적으로 한다

1-2. 적용 범위 및 방법

1-2-1. 현지조사 및 재건축사업의 안전진단(이하 "재건축 안전진단"이라 한다)은 이 기준에 따라 실시하되, 구체적인 실시요령은 「국토안전관리원법」에 따라 설립된 국토안전관리원(이하 "국토안전관리원"이라 한다)이 정하는 「재건축사업의 안전진단 매뉴얼」(이하 "매뉴얼"이라 한다)이 정하는 바에 따른다.

1-2-2. 이 기준은 철근콘크리트 구조, 프리캐스트 콘크리트 조립식 구조(이하 "PC조"라 한다) 및 조적식 구조(이하 "조적조"라 한다)의 공동주택에 적용한다. 동 기준에서 규정하지 않은 구조의 공동주택에 대한 재건축 안전진단의 실시방법은 특별자치시장, 특별자치도지사, 시장, 군수 또는 자치구의 구청장(이하 "정비계획의 입안권자"라 한다)이 국토안전관리원 또는 「과학기술분야 정부출연연구기관 등의 설립·운영 및 육성에 관한 법률」제8조에 따른 한국건설기술연구원(이하 "국토안전관리원등"이라 한다)에 자문하여 정한다.

1-3. 재건축 안전진단의 성격 및 종류

1-3-1. 재건축 안전진단은 '현지조사'와 '안전진단'으로 구분하며, '안전진단'은 '구조안전성 평가 안전진단'과 '주거환경중심 평가 안전진단'으로 구분한다.

1-3-2. '현지조사'는 정비계획의 입안권자가 「도시 및 주거환경정비법」 (이하 "법"이라 한다) 제12조제4항 및 같은 법 시행규칙 제3조에 따라 해당 건축물의 구조안전성, 건축마감·설비노후도, 주거환경 적합성을 심사하여 안전진단 실시여부 등을 결정하기 위하여 실시한다.

1-3-3. '안전진단'은 정비계획의 입안권자가 현지조사를 거쳐 '안전진단 실시'로 결정한 경우에 안전진단기관에 의뢰하여 실시하는 것으로 '구조안전성 평가 안전진단'의 경우 '구조안전성'을 평가하여 '유지보수', '조건부 재건축', '재건축'으로 판정하고, '주거환경 중심 평가 안전진단의 경우 '주거환경', '건축 마감 및 설비노후도', '구조안전성', 및 '비용분석'으로 구분하여 평가하여, '유지보수', '조건부 재건축', '재건축'으로 판정한다.

1-3-4. 정비계획의 입안권자는 법 제12조제5항에 따라 같은 법 시행령 제10조제4항제2호에 따른 안전진단전문기관이 제출한 안전진단 결과보고서를 받은 경우에는 같은 항 제1호 또는 제3호에 따른 안전진단기관에 안전진단결과보고서의 적정 여부에 대한 검토를 의뢰할 수 있다.

1-3-5. 정비계획의 입안권자로부터 안전진단 결과보고서를 제출받은 시·도지사는 필요한 경우 국토안전관리원등에 안전진단결과의 적정성 여부에 대한 검토를 의뢰할 수 있다.

1-3-6. 정비계획의 입안권자는 안전진단결과 재건축 판정에서 제외되어 「주택법」 제68조에 따른 증축형 리모델링을 위한 안전진단을 실시하는 경우에는 해당 안전진단결과를 「주택법」에 따른 증축형 리모델링을 위한 안전진단에 활용할 수 있다.

1-4. 용어의 정의

1-4-1. 구조안전성 평가 안전진단: 재건축연한 도래와 관계없이 내진성능이 확보되지 않은 구조적 결함 또는 기능적 결함이 있는 노후·불량건축물을 대상으로 구조안전성을 평가하여 재건축여부를 판정하는 안전진단을 말한다.

1-4-2. 주거환경 중심 평가 안전진단: 1-4-1. 외의 노후·불량건축

물을 대상으로 주거생활의 편리성과 거주의 쾌적성 등의 주거환경을 중심으로 평가하여 재건축여부를 판정하는 안전진단을 말한다.

1-4-3. 비용분석: 건축물 구조체의 보수·보강비용 및 성능회복비용과 재건축 비용을 LCC(Life Cycle Cost) 관점에서 비교·분석하는 것을 말한다. 이 경우 편익과 재건축사업시행으로 인한 재산증식효과는 고려하지 않는다.

1-4-4. 조건부 재건축: 붕괴 우려 등 구조적 결함은 없어 재건축 필요성이 명확하지 않은 경우로서, 1-3-4. 규정에 따라 안전진단 결과 보고서의 적정성 검토를 통해 재건축 여부를 판정하는 것을 말한다(국토안전관리원등이 안전진단을 실시한 경우에는 적정성 검토 없이 재건축을 실시할 수 있다). 이 경우 정비계획의 입안권자는 주택시장·지역여건 등을 고려하여 재건축 시기를 조정할 수 있다.

1-5. 비용의 부담

1-5-1. 삭제 <2018.2.9.>

1-5-2. 삭제 <2018.2.9.>

## 제2장 현지조사

2-1. 안전진단 실시여부의 결정 절차

2-1-1. 정비계획의 입안권자는 법 제12조제4항에 따라 현지조사 등을 통하여 해당 건축물의 구조 안전성, 건축마감, 설비노후도 및 주거환경 적합성 등을 심사하여 안전진단 실시여부를 결정하여야 한다. 다만, 구조안전성 평가 안전진단의 경우 '구조안전성'만 심사하여 안전진단 실시여부를 결정할 수도 있다.

2-1-2. 안전진단의 실시가 필요하다고 결정한 경우에는 「도시 및 주거환경정비법 시행령」(이하 "영"이라 한다) 제10조제4항에서 정하고 있는 안전진단기관에 안전진단을 의뢰하여야 한다. 다만, 단계별 정비사업추진계획 등의 사유로 재건축사업의 시기를 조정할 필요가 있다고 인정되어 안전진단의 실시 시기를 조정하는 경우는 그러하지 아니하다.

2-2. 현지조사 표본의 선정

2-2-1. 현지조사의 표본은 단지배치, 동별 준공일자·규모·형태 및 세대 유형 등을 고려하여 골고루 분포되게 선정하되, 최소한으로 조사해야 할 표본 동 수의 선정 기준은 다음 표와 같다.

| 규모(동수) | 산        식 | 최소 조사동수 | 비 고 |
|---|---|---|---|
| 10동 이하 | 전체 동수의 20% | 1~2동 | |
| 11 ~ 30 | 2 + (전체 동수 - 10) × 10% | 3~4동 | |
| 31 ~ 70 | 4 + (전체 동수 - 30) × 5% | 5~6동 | |
| 71동 이상 | - | 7동 | |

* 동 수 선정시 소수점 이하는 올림으로 계산함

2-2-2. 현지조사에서 최소한으로 조사해야 할 세대수는 조사 동당 1세대를 기본으로 하되, 단지당 최소 3세대 이상으로 한다.

2-2-3. 현지조사 결과 '안전진단 실시'로 판정하는 경우, 안전진단 시 반드시 포함되어야 할 동, 세대 및 조사부위 등을 지정하여야 하며, 이 경우 표본 선정의 기본 목적인 대표성 및 객관성을 확보하기 위해 지나치게 문제가 있는 표본 또는 전혀 문제가 없는 표본은 선정하지 않도록 유의한다.

2-3. 현지조사 항목

2-3-1. 현지조사의 조사항목은 다음과 같다.

| 평가분야 | 평가항목 | 중점 평가사항 |
|---|---|---|
| 구조 안전성 | 지 반 상 태 | 지반침하상태 및 유형 |
| | 변 형 상 태 | 건물 기울기<br>바닥판 변형 (경사변형, 휨변형) |
| | 균 열 상 태 | 균열유형(구조균열, 비구조균열, 지반침하로 인한 균열)<br>균열상태(형상, 폭, 진행성, 누수) |
| | 하 중 상 태 | 하중상태(고정하중, 활하중, 과하중 여부) |
| | 구조체 노후화상태 | 철근노출 및 부식상태<br>박리 / 박락상태, 백화, 누수 |
| | 구조부재의 변경 상태 | 구조부재의 철거, 변경 및 신설 |
| | 접합부 상태[1] | 접합부 긴결철물 부식 상태, 사춤상태 |
| | 부착 모르타르상태[2] | 부착 모르타르 탈락 및 사춤상태 |
| 건축 마감 및 설비 노후도 | 지붕 마감상태 | 옥상 마감 및 방수상태/보수의 용이성 |
| | 외벽 마감상태 | 외벽 마감 및 방수상태/보수의 용이성 |
| | 계단실 마감상태 | 계단실 마감상태/보수의 용이성 |
| | 공용창호 상태 | 공용창호 상태/보수의 용이성 |

| | 기계설비 시스템의 적정성 | 난방 방식의 적정성 |
|---|---|---|
| 건축 마감 및 설비 노후도 | | 급수·급탕 방식의 적정성 및 오염방지 성능 |
| | | 기타 오·배수, 도시가스, 환기설비의 적정성 |
| | | 기계 소방설비의 적정성 |
| | 기계설비 장비 및 배관의 노후도 | 장비 및 배관의 노후도 및 교체의 용이성 |
| | 전기·통신설비 시스템의 적정성 | 수변전 방식 및 용량의 적정성 등 |
| | | 전기·통신 시스템의 효율성과 안전성 |
| | | 전기 소방 설비의 적정성 |
| | 전기설비 장비 및 배선의 노후도 | 장비 및 배선의 노후도 및 교체의 용이성 |
| 주거 환경 | 주거환경 | 주변토지의 이용상황 등에 비교한 주거환경, 주차환경, 일조·소음 등의 주거환경 |
| | 재난대비 | 화재시 피해 및 소화용이성(소방차 접근 등) |
| | | 홍수대비·침수피해 가능성 등 재난환경 |
| | 도시미관 | 도시미관 저해정도 |

1) PC조의 경우에 해당  2) 조적조의 경우에 해당

2-4. 현지조사 결과의 판정

2-4-1. 현지조사는 정밀한 계측을 하지 않고, 매뉴얼에 따라 설계도서 검토와 육안조사를 실시한 후 조사자의 의견을 서식 1 부터 서식 4까지의 현지조사표에 기술한다.

2-4-2. 현지조사는 조사항목별 조사결과를 토대로 구조안전성 분야, 건축 마감 및 설비노후도 분야, 주거환경 분야의 3개 분야별로 실시한 후 안전진단의 실시여부를 판단한다.

# 제3장 안전진단

## 3-1. 평가절차

3-1-1. 안전진단의 실시는 구조안전성 평가 안전진단과 주거환경 중심 평가 안전진단으로 구분하여 시행한다.

3-1-2. 구조안전성 평가 안전진단은 구조안전성 분야만을 평가하고, 주거환경중심 평가 안전진단은 '주거환경', '건축 마감 및 설비노후도', '구조안전성', '비용분석' 분야를 평가한다.

3-1-3. 주거환경중심 평가 안전진단의 경우 주거환경 또는 구조안전성 분야의 성능점수가 20점 이하의 경우에는 그 밖의 분야에 대한 평가를 하지 않고 '재건축 실시'로 판정한다.

3-1-4. 구조안전성, 주거환경, 건축마감 및 설비 노후도 분야의 평가등급 및 성능점수의 산정은 다음 표에 따른다.

| 평가등급 | A | B | C | D | E |
|---|---|---|---|---|---|
| 대표<br>성능점수 | 100 | 90 | 70 | 40 | 0 |
| 성능점수<br>(PS)<br>범위 | 100≧PS>95 | 95≧PS>80 | 80≧PS>55 | 55≧PS>20 | 20≧PS≧0 |

## 3-2. 구조안전성 평가

3-2-1. 구조안전성 평가는 표본을 선정하여 조사하고, 조사결과에 요소별(항목별·부재별·층별) 중요도를 고려하여 성능점수를 산정한 후, A~E등급의 5단계로 구분하여 평가한다.

3-2-2. 구조안전성 평가는 기울기 및 침하, 내하력, 내구성의 세 부문으로 나누어 표본 동에 대하여 표본동 전체 또는 부재 단위로 조사한다. 각 부문별 평가항목은 다음과 같다.

| 평가부문 | 평 가 항 목 | | |
|---|---|---|---|
| 기울기 및 침하 | 건물 기울기 | | |
| | 기초침하 | | |
| 내하력 | 내력비 | 콘크리트 강도 | |
| | | 철근배근상태 | |
| | | 부재단면치수 | |
| | | 하중상태 | |
| | | 접합부 용접상태[1] | |
| | | 접합 철물 치수[1] | |
| | | 보강·긴결철물 상태[2] | |
| | | 조적개체 강도[2] | |
| | | 조적벽체 두께, 길이[2] | |
| | 처짐 | | |
| 내구성 | 콘크리트 중성화 | | |
| | 염분 함유량 | | |
| | 철근부식 | | |
| | 균열 | | |
| | 표면 노후화 | | |
| | 접합부 긴결철물의 부식[1] | | |
| | 사춤콘크리트 및 모르타르 탈락[1] | | |
| | 부착 모르타르 상태[2] | | |

1) PC조의 경우에 해당  2) 조적조의 경우에 해당

3-2-3. 표본의 선정
(1) 구조안전성 평가의 표본은 단지규모, 동(棟) 배치 및 세대분포 등을 고려하여 선정한다.
(2) 조사 동수의 기준은 다음 표의 기준 이상으로 하며, 현지조사 결과에서 제시한 동을 반드시 포함하여야 하며, 부득이하게 포함하지 못할 경우에는 타당한 사유를 명시하여야 한다. 다만, 50세대 이하인 연립주택 또는 다세대 주택인 경우에는 최소 조사 동수의 1/2로 할 수 있다.

| 전체동수(동) | 최소<br>조사동수(동) | 선정방법 |
|---|---|---|
| 3동 이하 | 1동 | ·구조형식이 다른 동 선정<br>·층수가 다른 동 선정<br>·세대규모(평형)가 다른 동 선정<br>·단지를 대표할 수 있는 동 선정<br>·외관조사에서 구조적으로 취약하다고<br> 판단되는 동 선정 |
| 4 ~ 13 | 2~3동 | |
| 14 ~ 26 | 4~5동 | |
| 27 ~ 46 | 6~7동 | |
| 47동 이상 | 8동 | |

3-2-4. 성능점수 산정

(1) 동별 평가 결과로부터 단지 전체에 대한 구조안전성을 평가
한다.

$$구조안전성\ 성능점수 = \frac{\Sigma(동별\ 점수)}{조사\ 동수}$$

(2) 구조안전성 평가결과는 [서식 5] 『구조안전성 평가표』를 활
용하여 작성한다.

3-3. 주거환경 평가

3-3-1. 주거환경 분야는 표본을 선정하여 조사하고, 조사결과에
항목별 중요도를 고려하여 성능점수를 산정한 후, A~E등급의 5
단계로 구분하여 평가한다. 이 경우 도시미관, 소방활동의 용이성,
침수피해 가능성, 세대당 주차대수, 일조환경, 노약자와 어린이 생
활환경은 단지전체에 대해 조사하고, 소방활동의 용이성, 일조환경
은 단지전체 뿐 아니라 표본 동을 선정하여 평가한다. 또한, 사생
활침해, 에너지효율성, 실내생활공간의 적정성은 단지, 동뿐만 아
니라 표본 세대를 선정하여 평가한다.

3-3-2. 주거환경 평가는 도시미관, 소방활동의 용이성, 침수피해
가능성, 세대당 주차대수, 일조환경 사생활침해, 에너지효율성, 노
약자와 어린이 생활환경, 실내생활공간의 적정성 등 9개의 항목에
대하여 조사·평가한다.

3-3-3. 주거환경 분야의 표본은 단지 및 동(棟) 배치를 고려하여 선정하며, 최소 조사동수는 3-2-3을 따르고, 최소 조사 세대수는 3-4-4를 따른다.

3-3-4. 성능점수 산정

(1) 주거환경 평가 성능점수는 도시미관, 소방활동의 용이성, 침수피해 가능성, 세대당 주차대수, 일조환경, 사생활침해, 에너지효율성, 노약자와 어린이 생활환경, 실내생활공간의 적정성에 대한 성능평가 점수와 해당 항목의 가중치를 고려하여 산정한다.

> 주거환경 평가 성능점수 = $\sum$(평가항목별 성능점수 × 평가항목별 가중치 )

(2) 주거환경 분야의 평가결과는 [서식 6] 『주거환경 평가표』를 활용하여 작성한다.

3-4. 건축 마감 및 설비노후도 평가

3-4-1. 건축 마감 및 설비노후도 평가는 표본을 선정하여 조사하고, 조사결과에 요소별(부문별·항목별) 중요도를 고려하여 성능점수를 산정한 후, A~E등급의 5단계로 구분하여 평가한다.

3-4-2. 건축마감 및 설비 노후도 분야의 평가는 건축마감, 기계설비 및 전기·통신설비 노후도의 3가지 부문으로 나누어 평가한다.

3-4-3. 건축마감 및 설비 노후도 분야의 각 부문별 평가항목은 다음과 같다.

| 평가부문 | 평가항목 |
| --- | --- |
| 건축 마감 | 지붕 마감상태 |
| | 외벽 마감상태 |
| | 계단실 마감상태 |
| | 공용창호 상태 |
| 기계설비 노후도 | 시스템성능 |
| | 난방설비 |
| | 급수·급탕설비 |
| | 오·배수설비 |
| | 기계소방설비 |
| | 도시가스설비 |
| 전기·통신 설비 노후도 | 시스템 성능 |
| | 수변전 설비 |
| | 전력간선설비 |
| | 정보통신설비 |
| | 옥외전기설비 |
| | 전기소방설비 |

3-4-4. 건축마감 및 설비노후도 분야의 표본 선정중 최소 조사동 수는 3-2-3을 따르고, 최소 조사 세대수는 다음과 같다.

| 규 모(세대) | 산 식 |
|---|---|
| 100 이하 | 100 × 10% |
| 101 이상 ~ 300 이하 | 10 + (전체 세대수-100) × 5% |
| 301 이상 ~ 500 이하 | 20 + (전체 세대수-300) × 4% |
| 501 이상 ~ 1,000 이하 | 28 + (전체 세대수-500) × 3% |
| 1,001 이상 ~ 3,850 이하 | 43 + (전체 세대수-1000) × 2% |
| 3,851 이상 | 100세대 |

\* 세대수 산정시 소수점 이하는 올림으로 계산함

3-4-5. 성능점수 산정
(1) 건축 마감, 기계설비노후도, 전기·통신설비노후도의 평가항목별 성능점수와 해당항목의 가중치를 고려하여 산정한다.

건축 마감 및 설비노후도 성능점수
$$= \Sigma(\text{평가항목별 성능점수}\,i \times \text{평가항목별 가중치}\,i)$$

(2) 건축 마감 및 설비노후도 분야의 평가결과는 [서식 7] 『건축 마감 및 설비노후도 평가표』를 활용하여 작성한다.

3-5. 비용분석
3-5-1. 비용분석 분야의 평가 절차와 방법은 다음과 같다.
(1) 비용분석 분야는 개·보수를 하는 경우의 총비용과 재건축을 하는 경우의 총비용을 LCC(생애주기 비용)적인 관점에서 비교·분석하여 평가값(α)을 산출한 후, A~E등급의 5단계로 구분하여 평가한다.
(2) 평가값(α)은 개·보수하는 경우의 주택 LCC의 년가(Equivalent Uniform Annual Cost)에 대한 재건축하는 경우의 주택 LCC의 년가의 비율로 산정한다.

(3) 비용분석은 내용연수, 실질이자율(할인율), 비용산정 근거 등 기본적인 사항과 개·보수 비용, 재건축 비용 등을 고려하여 시행한다.

(4) 비용분석 분야의 평가 결과는 [서식 8] 비용분석표를 활용하여 작성한다.

3-5-2. 주택의 내용연수와 실질이자율(할인율) 등을 확정한다.

(1) 구조형식별 공동주택의 내용연수는 법인세법 시행규칙 제15조 제3항(건축물 등의 기준내용연수 및 내용연수 범위표)을 따른다. 개·보수 후의 주택의 내용연수는 성능회복 수준에 비례하고, 성능회복수준은 그에 소요된 비용에 의하여 결정되는 것으로 가정하여 결정한다.

(2) 실질이자율은 다음과 같은 식으로 구하고 과거 5년 정도의 수치를 산술평균한 값을 적용한다. 물가상승률은 한국은행의 경제통계연보와 통계청의 주요경제지표에서 제시한 자료를 사용하고, 기업대출금리를 명목이자율로 사용한다.

$$i = \frac{(1+i)}{(1+f)} - 1$$

$i$: 실질이자율　　$i_n$: 명목이자율　　$f$: 물가상승율

(3) 내용연수와 실질이자율 결정에 관한 상세한 내용은 매뉴얼에 따른다.

3-5-3. 개·보수비용과 재건축 비용을 산정한다.

(1) 개·보수 비용은 철거공사비, 구조체 보수·보강비용(내진보강비용 포함), 건축 마감 및 설비 성능회복비용, 유지관리비, 개·보수 기간의 이주비 등을 고려하여 산정한다.

(2) 재건축 비용은 기존 건축물을 철거하고 새로운 건축물을 건설하는데 소요되는 제반비용으로 철거공사비와 건축물 신축공사비, 재건축 공사기간 중의 이주비용 등을 포함한다.

3-5-4. 비용분석의 평가값(α)에 따른 대표점수는 다음과 같다.

| 평 가 값($a^{1)}$) | 대 표 점 수 |
|---|---|
| 0.69 이하 | 100 |
| 0.70~0.79 | 90 |
| 0.80~0.89 | 70 |
| 0.90~0.99 | 40 |
| 1.00 이상 | 0 |

1) 평가값($a$) =
   개·보수하는 경우 주택 LCC의 년가 / 재건축하는 경우
주택 LCC의 년가

3-6. 종합판정

3-6-1. 주거환경중심 평가 안전진단의 경우 주거환경, 건축마감
및 설비노후도, 구조안전성, 비용분석 점수에 다음 표의 가중치를
곱하여 최종 성능점수를 구하고, 구조안전성 평가 안전진단의 경
우는 [서식 5]에 따른 구조안전성 평가결과 성능점수를 최종 성능
점수로 한다.

| 구 분 | 가 중 치 |
|---|---|
| 주거환경 | 0.15 |
| 건축마감 및 설비노후도 | 0.25 |
| 구조안전성 | 0.50 |
| 비용분석 | 0.10 |

3-6-2. 최종 성능점수에 따라 다음 표와 같이 '유지보수', '조건부
재건축', '재건축'으로 구분하여 판정한다.

| 최종 성능점수 | 판 정 |
|---|---|
| 55 초과 | 유지보수 |
| 30 초과 ~ 55 이하 | 조건부 재건축 |
| 30 이하 | 재건축 |

## 제4장 행정사항

4-1. 국토교통부장관은 「훈령·예규 등의 발령 및 관리에 관한 규정」에 따라 2018년 7월 1일 기준으로 매 3년이 되는 시점(매 3년째의 6월 30일까지를 말한다)마다 그 타당성을 검토하여 개선 등의 조치를 하여야 한다.

## 부 칙

이 고시는 2021년 1월 1일부터 시행한다.

3. 주변 토지의 이용 상황 등에 비추어 주거환경이 불량한 곳에 위치하고, 건축물을 철거하고 새로운 건축물을 건설하는 경우 건설에 드는 비용과 비교하여 효용의 현저한 증가가 예상되는 건축물로서, 특별시·광역시·특별자치시·도·특별자치도 또는 「지방자치법」 제175조에 따른 서울특별시·광역시 및 특별자치시를 제외한 인구 50만 이상 대도시의 조례(이하 "시·도조례"라 함)로 정하는 다음의 어느 하나에 해당하는 건축물

- 「건축법」 제57조제1항에 따라 해당 지방자치단체의 조례로 정하는 면적에 미치지 못하거나 「국토의 계획 및 이용에 관한 법률」 제2조제7호에 따른 도시·군계획시설 등의 설치로 인해 효용을 다할 수 없게 된 대지에 있는 건축물

- 공장의 매연·소음 등으로 인해 위해를 초래할 우려가 있는지역
  안에 있는 건축물
- 해당 건축물을 준공일 기준으로 40년까지 사용하기 위해 보수·
  보강하는 데 드는 비용이 철거 후 새로운 건축물을 건설하는
  데 드는 비용보다 클 것으로 예상되는 건축물
4. 도시미관을 저해하거나 노후화된 건축물로서 시·도조례로 정하
  는 다음의 어느 하나에 해당하는 건축물
 - 준공된 후 20년 이상 30년 이하의 범위에서 시·도조례로 정하
  는 기간이 지난 건축물
 - 「국토의 계획 및 이용에 관한 법률」 제19조제1항제8호에 따른
  도시·군기본계획의 경관에 관한 사항에 어긋나는 건축물
③ "정비기반시설"이란 도로·상하수도·공원·공용주차장·공동구(「국토
의 계획 및 이용에 관한 법률」 제2조제9호에 따른 공동구를 말함),
그 밖에 주민의 생활에 필요한 열·가스 등의 공급시설로서 다음 어
느 하나에 해당하는 건축물을 말합니다(「도시 및 주거환경정비법」
제2조제4호 및 「도시 및 주거환경정비법 시행령」 제3조).
1. 녹지
2. 하천
3. 공공공지
4. 광장
5. 소방용수시설
6. 비상대피시설
7. 가스공급시설
8. 지역난방시설

9. 주거환경개선사업을 위해 지정·고시된 정비구역에 설치하는 공동이용시설로서 사업시행계획서에 해당 특별자치시장· 특별자치도지사·시장·군수 또는 자치구의 구청장(이하 "시장·군수등"이라 함)이 관리하는 것으로 포함된 시설

■ **재개발사업의 시행방법**

① 재개발사업은 정비구역에서 인가받은 관리처분계획에 따라 건축물을 건설하여 공급하거나 환지로 공급하는 방법으로 합니다(「도시 및 주거환경정비법」제23조제2항).

② 정비사업과 관련된 환지에 대해서는 「도시개발법」제28조부터 제49조까지의 규정을 준용합니다(「도시 및 주거환경정비법」제69조제2항).

## 1-2. 그 밖의 정비사업

■ **정비사업의 종류**

① 정비사업은 도시기능을 회복하기 위해 정비구역에서 정비기반시설을 정비하거나 주택 등 건축물을 개량 또는 건설하는 사업으로서 재개발사업 외 다음의 사업을 말합니다(「도시 및 주거환경정비법」제2조제2호가목·다목).

1. 주거환경개선사업: 도시저소득 주민이 집단거주하는 지역으로서 정비기반시설이 극히 열악하고 노후·불량건축물이 과도하게 밀집한 지역의 주거환경을 개선하거나 단독주택 및 다세대주택이 밀집한 지역에서 정비기반시설과 공동이용 시설 확충을 통해 주거환경을 보전·정비·개량하기 위한 사업

2. 재건축사업: 정비기반시설은 양호하나 노후·불량건축물에 해당하는 공동주택이 밀집한 지역에서 주거환경을 개선하기 위한 사업

② 재건축사업에 관한 자세한 사항은 제1펀트 『재건축사업』에서 확인할 수 있습니다.

■ 재개발사업은 재건축사업과 어떤 차이가 있으며, 추진 절차는 어
   떻게 진행되나요?

◎ 재개발사업은 재건축사업과 어떤 차이가 있으며, 추진 절차는
어떻게 진행되나요?

Ⓐ 재개발사업은 재건축사업과는 달리, 낙후된 주거환경까지 모두
정비하며 공공사업의 성격을 띄는 차이점이 있습니다.

◇ 재개발사업의 개념
재개발사업은 정비사업 중 하나로서, 정비기반시설이 열악하고 노
후·불량건축물이 밀집한 지역에서 주거환경을 개선하거나 상업지역·
공업지역 등에서 도시기능의 회복 및 상권활성화 등을 위해 도시환
경을 개선하는 사업을 말하며, 정비기반시설은 양호하나 노후·불량
건축물에 해당하는 공동주택이 밀집한 지역에서 주거환경을 개선하
기 위한 사업합니다.

◇ 재개발사업의 추진 절차
① 도시 및 주거환경 정비기본계획 및 도시 및 주거환경 정비계획
수립을 시작으로 재개발사업 조합설립추진위원회를 구성하여 재개발
사업조합을 설립하고, 사업시행인가를 받아 사업이 시작됩니다.
② 이후 분양절차를 거쳐 관리처분계획이 인가되면 철거 및 착공에
들어갑니다.
③ 공사가 완료되어 준공이 인가되면 이전고시를 하고 조합은 청산
절차를 진행하여 재개발사업이 완료됩니다.
④ 절차개관(조합 시행의 경우) : 기본계획 수립 → 정비계획 수립
및 정비구역 지정 → 추진위원회 구성 → 창립총회 → 조합설립 인
가 → 시공자 선정 → 사업시행인가 → 분양공고 및 분양신청 →
감리자 선정 → 관리처분인가 → 이주·철거·착공 → 준공검사 신청
→ 준공인가 → 이전고시 및 청산
⑤ 절차개관(조합 외 자의 경우) : 기본계획 수립 → 정비계획 수립
및 정비구역 지정 → 주민대표회의 구성 및 승인 → 시행자 지정
→ 사업시행인가 → 관리처분인가 → 이주·철거·착공 → 자체 준공
검사 → 이전고시 및 청산

## 2. 재개발사업 절차

### 2-1. 재개발사업 절차 안내

## 재개발사업 추진 절차

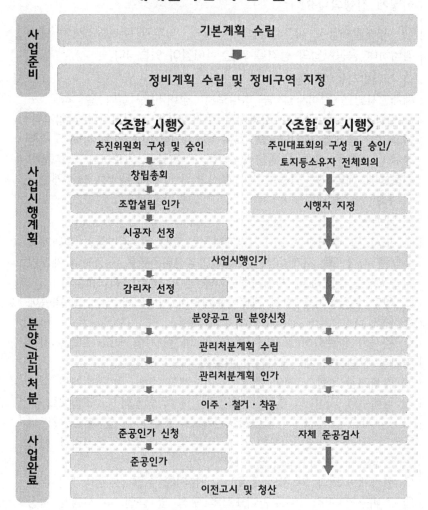

| 사업준비 | 기본계획 수립 |
| | 정비계획 수립 및 정비구역 지정 |

| | 〈조합 시행〉 | 〈조합 외 시행〉 |
| 사업시행계획 | 추진위원회 구성 및 승인 | 주민대표회의 구성 및 승인/ 토지등소유자 전체회의 |
| | 창립총회 | |
| | 조합설립 인가 | 시행자 지정 |
| | 시공자 선정 | |
| | 사업시행인가 | |
| | 감리자 선정 | |
| 분양/관리처분 | 분양공고 및 분양신청 | |
| | 관리처분계획 수립 | |
| | 관리처분계획 인가 | |
| | 이주·철거·착공 | |
| 사업완료 | 준공인가 신청 | 자체 준공검사 |
| | 준공인가 | |
| | 이전고시 및 청산 | |

## 2-2. 사업 절차

① 도시 및 주거환경 정비기본계획 및 도시 및 주거환경 정비계획 수립을 시작으로 재개발사업 조합설립추진위원회를 구성하여 재개발사업조합을 설립하고, 사업시행인가를 받아 사업이 시작됩니다.

② 이후 분양절차를 거쳐 관리처분계획이 인가되면 철거 및 착공에 들어갑니다.

③ 공사가 완료되어 준공이 인가되면 이전고시를 하고 조합은 청산 절차를 진행하여 재개발사업이 완료됩니다.

| 구 분 | 절차개관 |
|---|---|
| 조합<br>시행의<br>경우 | 기본계획 수립 → 정비계획 수립 및 정비구역 지정 → 추진<br>위원회 구성 → 창립총회 → 조합설립 인가 → 시공자 선정<br>→ 사업시행인가 → 분양공고 및 분양신청 → 감리자 선정<br>→ 관리처분인가 → 이주·철거·착공 → 준공검사 신청 → 준<br>공인가 → 이전고시 및 청산 |
| 조합 외<br>시행의<br>경우 | 기본계획 수립 → 정비계획 수립 및 정비구역 지정 → 주민<br>대표회의 구성 및 승인 → 시행자 지정 → 사업시행인가 →<br>관리처분인가 → 이주·철거·착공 → 자체 준공검사 → 이전<br>고시 및 청산 |

④ 재개발사업의 주요 단계별 자세한 사항은 아래에서 확인할 수 있습니다.

| 구 분 | 주요 내용 |
|---|---|
| 1. 계획수립 | ① 기본계획 및 정비계획 수립<br>② 정비구역 지정 |
| 2. 사업시행계획 | ① 조합설립추진위원회 구성<br>② 창립총회<br>③ 조합설립인가 |

| | ④ 사업시행계획인가 |
| --- | --- |
| | ⑤ 이주대책 |
| 3. 분양 및 관리처분 | ① 분양공고 및 신청 |
| | ② 관리처분계획인가 |
| | ③ 철거 및 착공 |
| 4. 사업완료 | ① 준공인가 |
| | ② 이전고시 |
| | ③ 청산 |
| | ④ 조합해산 |

# 3. 사업준비

## 3-1. 재개발사업 계획

### ■ 도시·주거환경정비기본계획 수립

특별시장·광역시장·특별자치시장·특별자치도지사 또는 시장(이하 "기
본계획 수립권자"라 함)은 관할 구역에 대해 도시·주거환경정비기본
계획(이하 "기본계획"이라 함)을 10년 단위로 수립하고, 5년 마다
타당성을 검토하여 그 결과를 기본계획에 반영해야 합니다(「도시 및
주거환경정비법」 제4조제1항 본문 및 제2항).

### ■ 기본계획 확정·고시

기본계획 수립권자는 기본계획을 수립하거나 변경하려면, 관계 행정
기관의 장과 협의한 후 지방도시계획위원회의 심의를 거쳐 확정한
후 지체 없이 이를 해당 지방자치단체의 공보에 고시하고 일반인이
열람할 수 있도록 해야 합니다(「도시 및 주거환경정비법」 제7조제1
항·제3항).

## 3-2. 정비계획 수립

### ■ 정비계획의 결정

특별시장·광역시장·특별자치시장·특별자치도지사·시장 또는 군수(광역시의 군수는 제외하며, 이하 "정비구역의 지정권자"라 함)는 기본계획에 적합한 범위에서 정비계획 수립 대상지역에 대해 정비계획을 결정합니다(「도시 및 주거환경정비법」 제8조제1항).

### ■ 정비계획 수립 대상지역

정비구역의 지정권자는 기본계획에 적합한 범위에서 노후·불량건축물의 수가 전체 건축물의 수의 2/3(시·도조례로 비율의 10% 포인트 범위에서 증감할 수 있음) 이상인 지역으로서 다음의 어느 하나에 해당하는 지역에 대해 정비계획을 결정합니다(「도시 및 주거환경정비법」 제8조제1항, 「도시 및 주거환경정비법 시행령」 제7조제1항 및 별표 1 제2호).

1. 정비기반시설의 정비에 따라 토지가 대지로서의 효용을 다 할 수 없게 되거나 과소토지로 되어 도시의 환경이 현저히 불량하게 될 우려가 있는 지역
2. 노후·불량건축물의 연면적의 합계가 전체 건축물의 연면적의 합계의 2/3(시·도조례로 비율의 10% 포인트 범위에서 증감할 수 있음) 이상이거나 건축물이 과도하게 밀집되어 있어 그 구역 안의 토지의 합리적인 이용과 가치의 증진을 도모하기 곤란한 지역
4. 인구·산업 등이 과도하게 집중되어 있어 도시기능의 회복을 위해 토지의 합리적인 이용이 요청되는 지역
5. 해당 지역의 최저고도지구의 토지(정비기반시설용지를 제외)면적이 전체 토지면적의 50%를 초과하고, 그 최저고도에 미달하는 건축물이 해당 지역 건축물의 바닥면적합계의 2/3 이상인 지역

6. 공장의 매연·소음 등으로 인접지역에 보건위생상 위해를 초래할 우려가 있는 공업지역 또는 「산업집적활성화 및 공장설립에 관한 법률」에 따른 도시형공장이나 공해발생정도가 낮은 업종으로 전환하려는 공업지역

7. 역세권 등 양호한 기반시설을 갖추고 있어 대중교통 이용 용이한 지역으로서 「주택법」 제20조에 따라 토지의 고도이용과 건축물의 복합개발을 통한 주택 건설·공급이 필요한 지역

8. 철거민이 50세대 이상 규모로 정착한 지역이거나 인구가 과도하게 밀집되어 있고 기반시설의 정비가 불량하여 주거환경이 열악하고 그 개선이 시급한 지역

9. 정비기반시설이 현저히 부족하여 재해발생 시 피난 및 구조 활동이 곤란한 지역

### ■ 토지등소유자의 정비계획 입안 제안

① "재개발사업의 토지등소유자"란 정비구역에 위치한 토지 또는 건축물의 소유자 또는 그 지상권자를 말합니다. 다만, 「도시 및 주거환경정비법」 제27조제1항에 따라 「자본시장과 금융투자업에 관한 법률」 제8조제7항에 따른 신탁업자가 사업시행자로 지정된 경우 토지등소유자가 정비사업을 목적으로 신탁업자에게 신탁한 토지 또는 건축물에 대하여는 위탁자를 토지등소유자로 봅니다(「도시 및 주거환경정비법」 제2조제9호).

② 토지등소유자(아래 5.의 경우에는 사업시행자가 되려는 자를 말함)는 다음의 어느 하나에 해당하는 경우에 정비계획을 입안하는 특별자치시장, 특별자치도지사, 시장, 군수 또는 구청장등(이하 "정비계획의 입안권자"라 함)에게 정비계획의 입안을 제안할 수 있습니다(「도시 및 주거환경정비법」 제14조제1항).

1. 단계별 정비사업 추진계획상 정비예정구역별 정비계획의 입안시
   기가 지났음에도 불구하고 정비계획이 입안되지 않거나 정비예
   정구역별 정비계획의 수립시기를 정하고 있지 않은 경우
2. 토지등소유자가 토지주택공사 등을 사업시행자로 지정 요청하
   려는 경우
3. 특별시·광역시·특별자치시·도·특별자치도 또는 서울특별시·광역시
   및 특별자치시를 제외한 인구 50만 이상 대도시(「도시 및 주거
   환경정비법」 제2조제3호다목)가 아닌 시 또는 군으로서 시·도
   조례로 정하는 경우
4. 정비사업을 통해 공공지원민간임대주택을 공급하거나 임대할
   목적으로 주택을 주택임대관리업자에게 위탁하려는 경우로서
   「도시 및 주거환경정비법」 제9조제1항제10호에서 정하는 사항
   을 포함하는 정비계획의 입안을 요청하려는 경우
5. 「도시 및 주거환경정비법」 제26조제1항제1호 및 제27조제 1항
   제1호에 따라 정비사업을 시행하려는 경우
6. 토지등소유자(조합이 설립된 경우에는 조합원을 말함)가 3분의
   2 이상의 동의로 정비계획의 변경을 요청하는 경우. 다만, 경미
   한 사항을 변경하는 경우에는 토지등소유자의 동의 절차를 거
   치지 않음.
③ 토지등소유자가 정비계획의 입안권자에게 정비계획의 입안을 제
안하려는 경우 토지등소유자의 3분의 2 이하 및 토지면적 3분의 2
이하의 범위에서 시·도조례로 정하는 비율 이상의 동의를 받은 후
시·도조례로 정하는 제안서 서식에 정비계획도서, 계획설명서, 그 밖
의 필요한 서류를 첨부하여 정비계획의 입안권자에게 제출해야 합
니다(「도시 및 주거환경정비법 시행령」 제12조제1항).

④ 토지등소유자가 정비계획의 입안 제안을 위해 필요한 자세한 사항은 각 시·도조례에서 확인할 수 있습니다(「도시 및 주거환경정비법 시행령」 제12조제4항).

■ 정비계획수립 단계에서 주민들의 의견을 전달할 수 있는 방법은 없을까요?

◎ 제가 살고 있는 지역에서 재개발사업이 진행된다는 이야기를 들었는데요. 정비계획수립 단계에서 주민들의 의견을 전달할 수 있는 방법은 없을까요?

Ⓐ 기본계획 수립권자 및 정비계획 입안권자는 기본계획을 수립(변경도 포함)하거나 정비계획을 입안(변경도 포함)하려면, 주민에게 서면으로 통보한 후 주민설명회 및 주민에게 공람하여 의견을 들어야 하며, 제시된 의견이 타당하다고 인정되면 이를 계획에 반영해야 합니다(「도시 및 주거환경정비법」 제6조제1항 및 제15조제1항).
또한, 공람과 함께 지방의회의 의견을 들어야 하는데요. 다만, 경미한 사항을 변경하는 경우에는 주민에 대한 서면통보, 주민설명회, 주민공람 및 지방의회의 의견청취 절차를 거치지 않아도 됩니다(「도시 및 주거환경정비법」 제6조제2항·제3항 및 제15조제2항·제3항).

■ 제가 살고 있는 지역에서 재개발사업이 추진되고 있는데요. 정비계획의 변경을 제안하는 것이 가능할까요?

◎ 제가 살고 있는 지역에서 재개발사업이 추진되고 있는데요. 정비계획의 변경을 제안하는 것이 가능할까요?

Ⓐ 정비구역에 위치한 토지 또는 건축물의 소유자 또는 그 지상권자는 정비계획의 입안권자에게 정비계획의 입안을 제안할 수 있습니다.

◇ 토지등소유자의 정비계획 입안 제안

토지등소유자(아래 5.의 경우에는 사업시행자가 되려는 자를 말함)는 다음의 어느 하나에 해당하는 경우에 정비계획을 입안하는 특별자치시장, 특별자치도지사, 시장, 군수 또는 구청장등(이하 "정비계획의 입안권자"라 함)에게 정비계획의 입안을 제안할 수 있습니다.

1. 단계별 정비사업 추진계획상 정비예정구역별 정비계획의 입안시기가 지났음에도 불구하고 정비계획이 입안되지 않거나 정비예정구역별 정비계획의 수립시기를 정하고 있지 않은 경우
2. 토지등소유자가 토지주택공사 등을 사업시행자로 지정 요청하려는 경우
3. 특별시·광역시·특별자치시·도·특별자치도 또는 서울특별시·광역시 및 특별자치시를 제외한 인구 50만 이상 대도시가 아닌 시 또는 군으로서 시·도 조례로 정하는 경우
4. 정비사업을 통해 공공지원민간임대주택을 공급하거나 임대할 목적으로 주택을 주택임대관리업자에게 위탁하려는 경우로서 「도시 및 주거환경정비법」 제9조제1항제10호에서 정하는 사항을 포함하는 정비계획의 입안을 요청하려는 경우
5. 「도시 및 주거환경정비법」 제26조제1항제1호 및 제27조제1항 제1호에 따라 정비사업을 시행하려는 경우
6. 토지등소유자(조합이 설립된 경우에는 조합원을 말함)가 3분의 2 이상의 동의로 정비계획의 변경을 요청하는 경우. 다만, 경미한 사항을 변경하는 경우에는 토지등소유자의 동의절차를 거치지 않습니다.

### 3-3. 정비구역 지정

■ 정비구역이란?

"정비구역"이란 정비사업을 계획적으로 시행하기 위해 지정·고시된 구역을 말합니다(「도시 및 주거환경정비법」 제2조제1호).

## ■ 정비구역 지정

특별시장·광역시장·특별자치시장·특별자치도지사·시장 또는 군수(광역시의 군수는 제외하며, 이하 "정비구역의 지정권자"라 함)는 지방도시계획위원회의 심의를 거쳐 정비구역을 지정합니다(「도시 및 주거환경정비법」 제16조제1항 본문).

## ■ 정비구역 고시

정비구역의 지정권자는 정비구역을 지정(변경지정을 포함)하거나 정비계획을 결정(변경결정을 포함)한 때에는 정비계획을 포함한 정비구역 지정의 내용을 해당 지방단치단체의 공보에 고시하고, 관계서류를 일반인이 열람할 수 있도록 해야 합니다(「도시 및 주거환경정비법」 제16조제2항 및 제3항).

## 3-4. 정비구역의 해제

### ■ 정비구역 해제 사유

① 정비구역의 지정권자는 다음의 어느 하나에 해당하는 경우에는 지방도시계획위원회의 심의를 거쳐 정비예정구역 또는 정비구역을 해제해야 합니다(「도시 및 주거환경정비법」 제20조제1항 및 제5항 본문).

1. 정비예정구역에 대하여 기본계획에서 정한 정비구역 지정 예정일부터 3년이 되는 날까지 특별자치시장, 특별자치도지사, 시장 또는 군수가 정비구역을 지정하지 않거나 구청장 등이 정비구역의 지정을 신청하지 않는 경우

2. 조합이 재개발사업을 시행하는 경우로서 다음의 어느 하나에 해당하는 경우

- 토지등소유자가 정비구역으로 지정·고시된 날부터 2년이 되는 날까지 조합설립추진위원회(이하 "추진위원회"라 함)의 승인을 신청하지 않는 경우
- 토지등소유자가 정비구역으로 지정·고시된 날부터 3년이 되는 날까지 조합설립인가를 신청하지 않는 경우(추진위원회를 구성하지 않은 경우만 해당)
- 추진위원회가 추진위원회 승인일부터 2년이 되는 날까지 조합설립인가를 신청하지 않는 경우
- 조합이 조합설립인가를 받은 날부터 3년이 되는 날까지 사업시행계획인가를 신청하지 않는 경우
3. 토지등소유자가 시행하는 재개발사업으로서 토지등소유자가 정비구역으로 지정·고시된 날부터 5년이 되는 날까지 사업시행계획인가를 신청하지 않는 경우

② "재개발사업의 토지등소유자"란 정비구역에 위치한 토지 또는 건축물의 소유자 또는 그 지상권자를 말합니다. 다만, 「도시 및 주거환경정비법」 제27조제1항에 따라 「자본시장과 금융투자업에 관한 법률」 제8조제7항에 따른 신탁업자가 사업시행자로 지정된 경우 토지등소유자가 정비사업을 목적으로 신탁업자에게 신탁한 토지 또는 건축물에 대하여는 위탁자를 토지등소유자로 봅니다(「도시 및 주거환경정비법」 제2조제9호).

③ 정비구역의 지정권자는 다음의 어느 하나에 해당하는 경우에는 지방도시계획위원회의 심의를 거쳐 직권으로 정비구역 등을 해제할 수 있습니다(「도시 및 주거환경정비법」 제21조제1항 전단).

1. 정비사업의 시행으로 토지등소유자에게 과도한 부담이 발생할 것으로 예상되는 경우

2. 정비구역 등의 추진 상황으로 보아 지정 목적을 달성할 수 없다고 인정되는 경우

3. 토지등소유자의 30/100 이상이 정비구역 등(추진위원회가 구성되지 않은 구역만 해당)의 해제를 요청하는 경우

④ 정비구역의 지정권자는 정비구역 등을 해제하는 경우에는 해당 지방단치단체의 공보에 고시하고, 관계서류를 일반인이 열람할 수 있도록 해야 합니다(「도시 및 주거환경정비법」 제20조제7항 및 제21조제2항).

■ **재개발사업을 진행하기 위해 조합이 설립된 상태인데요. 정비구역이 해제되면 설립된 조합은 어떻게 되는 건가요?**

◎ 재개발사업을 진행하기 위해 조합이 설립된 상태인데요. 정비구역이 해제되면 설립된 조합은 어떻게 되는 건가요?

④ 정비구역 등이 해제·고시된 경우 추진위원회 구성승인 또는 조합설립인가는 취소된 것으로 보고, 시장·군수 등은 해당 지방자치단체의 공보에 그 내용을 고시해야 합니다(「도시 및 주거환경정비법」 제22조제3항).
그리고 정비계획으로 변경된 용도지역, 정비기반시설 등은 정비구역 지정 이전의 상태로 환원된 것으로 보고, 해제된 정비구역등을 주거환경개선구역으로 지정할 수 있습니다(「도시 및 주거환경정비법」 제22조제1항 본문 및 제2항 전단).

# 4. 사업시행자 등

## 4-1. 사업시행자

### ■ 시행자

① 재개발사업은 다음의 어느 하나에 해당하는 방법으로 시행할 수 있습니다(「도시 및 주거환경정비법」제25조제1항 및 「도시 및 주거환경정비법 시행령」제19조).

1. 조합이 시행하거나 조합이 조합원의 과반수의 동의를 받아 특별자치시장, 특별자치도지사, 시장, 군수, 자치구의 구청장(이하 "시장·군수등"이라 함), 한국토지주택공사, 「지방공기업법」에 따라 주택사업을 수행하기 위하여 설립된 지방공사(이하 "토지주택공사등"이라 함), 건설업자, 등록사업자 또는 「자본시장과 금융투자업에 관한 법률」제8조제7항에 따른 신탁업자와 「한국부동산원법」에 따른 한국부동산원과 공동으로 시행하는 방법

2. 토지등소유자가 20인 미만인 경우에는 토지등소유자가 시행하거나 토지등소유자가 토지등소유자의 과반수의 동의를 받아 시장·군수등, 토지주택공사등, 건설업자, 등록사업자 또는 「자본시장과 금융투자업에 관한 법률」제8조제7항에 따른 신탁업자와 「한국부동산원법」에 따른 한국부동산원과 공동으로 시행하는 방법

② "재개발사업의 토지등소유자"란 정비구역에 위치한 토지 또는 건축물의 소유자 또는 그 지상권자를 말합니다. 다만, 「도시 및 주거환경정비법」제27조제1항에 따라 규제「자본시장과 금융투자업에 관한 법률」제8조제7항에 따른 신탁업자가 사업시행자로 지정된 경우 토지등소유자가 정비사업을 목적으로 신탁업자에게 신탁한 토지 또는 건축물에 대하여는 위탁자를 토지등소유자로 봅니다(「도시 및 주거환경정비법」제2조제9호).

■ **공공시행자**

① 시장·군수등은 재개발사업이 다음의 어느 하나에 해당하는 때에는 직접 정비사업을 시행하거나 토지주택공사등(토지주택공사등이 건설업자 또는 등록사업자와 공동으로 시행하는 경우를 포함)을 사업시행자로 지정하여 재개발사업을 시행하게 할 수 있습니다(「도시 및 주거환경정비법」 제26조제1항).

1. 천재지변, 「재난 및 안전관리 기본법」 제27조 또는 「시설물의 안전 및 유지관리에 관한 특별법」 제23조에 따른 사용제한·사용금지, 그 밖의 불가피한 사유로 긴급하게 정비사업을 시행할 필요가 있다고 인정하는 때

2. 고시된 정비계획에서 정한 정비사업시행 예정일부터 2년 이내에 사업시행계획인가를 신청하지 않거나 사업시행계획 인가를 신청한 내용이 위법 또는 부당하다고 인정하는 때

3. 조합설립추진위원회(이하 "추진위원회"라 함)가 시장·군수 등의 구성승인을 받은 날부터 3년 이내에 조합설립인가를 신청하지 않거나 조합이 조합설립인가를 받은 날부터 3년 이내에 사업시행계획인가를 신청하지 않은 때

4. 지방자치단체의 장이 시행하는 「국토의 계획 및 이용에 관한 법률」 제2조제11호에 따른 도시·군계획사업과 병행하여 정비사업을 시행할 필요가 있다고 인정하는 때

5. 순환정비방식(「도시 및 주거환경정비법」 제59조제1항)으로 정비사업을 시행할 필요가 있다고 인정하는 때

6. 사업시행계획인가가 취소된 때

7. 해당 정비구역의 국·공유지 면적 또는 국·공유지와 토지주택공사등이 소유한 토지를 합한 면적이 전체 토지면적의 2분의 1

이상으로서 토지등소유자의 과반수가 시장·군수등 또는 토지주
택공사등을 사업시행자로 지정하는 것에 동의하는 때

8. 해당 정비구역의 토지면적 2분의 1 이상의 토지소유자와 토지
   등소유자의 3분의 2 이상에 해당하는 자가 시장·군수등 또는
   토지주택공사등을 사업시행자로 지정할 것을 요청하는때.

② 이 경우 토지등소유자가 정비계획의 입안을 제안한 경우 입안제
안에 동의한 토지등소유자는 토지주택공사등의 사업시행자 지정에
동의한 것으로 봅니다(다만, 사업시행자의 지정 요청 전에 시장·군
수등 및 주민대표회의에 사업시행자의 지정에 대한 반대의 의사표
시를 한 토지등소유자의 경우에는 그렇지 않음)

③ 시장·군수등은 직접 정비사업을 시행하거나 토지주택공사등을
사업시행자로 지정하는 때에는 정비사업 시행구역 등 토지등소유자
에게 알릴 필요가 있는 사항을 해당 지방자치단체의 공보에 고시해
야 합니다(「도시 및 주거환경정비법」 제26조제2항 본문).

④ 다만, 위 1.의 경우에는 토지등소유자에게 지체 없이 정비사업의
시행 사유·시기 및 방법 등을 통보해야 합니다(「도시 및 주거환경정
비법」 제26조제2항 단서).

⑤ 시장·군수등이 직접 정비사업을 시행하거나 토지주택공사등을
사업시행자로 지정·고시한 때에는 그 고시일 다음 날에 추진위원회
의 구성승인 또는 조합설립인가가 취소된 것으로 보고, 시장·군수등
은 해당 지방자치단체의 공보에 해당 내용을 고시해야 합니다(「도
시 및 주거환경정비법」 제26조제3항).

## ■ 지정개발자

① 시장·군수등은 재개발사업이 다음의 어느 하나에 해당하는 때에는 지정개발자를 사업시행자로 지정하여 정비사업을 시행하게 할 수 있습니다(「도시 및 주거환경정비법」 제27조제1항).

1. 천재지변, 「재난 및 안전관리 기본법」 제27조 또는 「시설물의 안전 및 유지관리에 관한 특별법」 제23조에 따른 사용제한·사용금지, 그 밖의 불가피한 사유로 긴급하게 정비사업을 시행할 필요가 있다고 인정하는 때

2. 고시된 정비계획에서 정한 정비사업시행 예정일부터 2년 이내에 사업시행계획인가를 신청하지 않거나 사업시행계획 인가를 신청한 내용이 위법 또는 부당하다고 인정하는 때

3. 재개발사업의 조합설립을 위한 동의요건(「도시 및 주거환경정비법」 제35조) 이상에 해당하는 자가 신탁업자를 사업 시행자로 지정하는 것에 동의하는 때

② 지정개발자는 다음의 어느 하나에 해당하는 자를 말합니다(「도시 및 주거환경정비법」 제27조제1항 및 「도시 및 주거환경정비법 시행령」 제21조).

1. 정비구역의 토지 중 정비구역 전체 면적 대비 50% 이상의 토지를 소유한 자로서 토지등소유자의 50% 이상의 추천을 받은 자

2. 「사회기반시설에 대한 민간투자법」 제2조제12호에 따른 민관합동법인(민간투자사업의 부대사업으로 시행하는 경우만 해당)으로서 토지등소유자의 50퍼센트 이상의 추천을 받은 자

3. 신탁업자로서 정비구역의 토지 중 정비구역 전체 면적 대비 3분의 1 이상의 토지를 신탁받은 자

③ 시장·군수등은 지정개발자를 사업시행자로 지정하는 때에는 정비사업 시행구역 등 토지등소유자에게 알릴 필요가 있는 사항을 해당 지방자치단체의 공보에 고시해야 합니다(「도시 및 주거환경정비법」 제27조제2항 본문).

④ 다만, 위 1.의 경우에는 토지등소유자에게 지체 없이 정비사업의 시행 사유·시기 및 방법 등을 통보해야 합니다(「도시 및 주거환경정비법」 제27조제2항 단서).

⑤ 시장·군수등이 지정개발자를 사업시행자로 지정·고시한 때에는 그 고시일 다음 날에 추진위원회의 구성승인 또는 조합설립인가가 취소된 것으로 보며, 이 경우 시장·군수등은 해당 지방자치단체의 공보에 해당 내용을 고시해야 합니다(「도시 및 주거환경정비법」 제27조제5항).

■ **사업대행자**

시장·군수 등은 다음의 어느 하나에 해당하는 경우에는 해당 조합 또는 토지등소유자를 대신하여 직접 정비사업을 시행하거나 토지주택공사등 또는 지정개발자에게 해당 조합 또는 토지등소유자를 대신하여 정비사업을 시행하게 할 수 있습니다(「도시 및 주거환경정비법」 제28조제1항).

1. 장기간 정비사업이 지연되거나 권리관계에 관한 분쟁 등으로 해당 조합 또는 토지등소유자가 시행하는 정비사업을 계속 추진하기 어렵다고 인정하는 경우
2. 토지등소유자(조합을 설립한 경우에는 조합원을 말함)의 과반수 동의로 요청하는 경우

# 제2장

# 조합설립은 어떤 방법으로 하나요?

# 제2장 조합설립은 어떤 방법으로 하나요?

## 제1절 조합이 시행하는 경우

### 1. 조합설립추진위원회 구성 등

#### 1-1. 조합설립추진위원회 구성·승인

■ **추진위원회의 구성**

① 특별자치시장, 특별자치도지사, 시장, 군수, 자치구의 구청장(이하 "시장·군수등"이라 함), 한국토지주택공사, 「지방공기업법」에 따라 주택사업을 수행하기 위하여 설립된 지방공사 또는 지정개발자가 아닌 자가 정비사업을 시행하려는 경우에는 정비구역에 위치한 토지 또는 건축물의 소유자 또는 그 지상권자(이하 "토지등소유자"라 함)로 구성된 조합을 설립해야 합니다(「도시 및 주거환경정비법」 제35조제1항 본문 및 제2조제9호).

② 다만, 「도시 및 주거환경정비법」 제25조제1항제2호에 따라 토지등소유자가 재개발사업을 시행하려는 경우에는 조합을 설립하지 않습니다(「도시 및 주거환경정비법」 제35조제1항 단서).

③ "재개발사업의 토지등소유자"란 정비구역에 위치한 토지 또는 건축물의 소유자 또는 그 지상권자를 말합니다. 다만, 「도시 및 주거환경정비법」 제27조제1항에 따라 「자본시장과 금융투자업에 관한 법률」 제8조제7항에 따른 신탁업자가 사업시행자로 지정된 경우 토지등소유자가 정비사업을 목적으로 신탁업자에게 신탁한 토지 또는 건축물에 대하여는 위탁자를 토지등소유자로 봅니다(「도시 및 주거환경정비법」 제2조제9호).

④ 조합을 설립하기 위해서는 정비구역 지정·고시 후, 조합설립을 위한 조합설립추진위원회(이하 "추진위원회"라 함)를 구성하여 시장·군수등의 승인을 받아야 합니다(「도시 및 주거환경정비법」 제31조제1항).

● 주택재개발사업 조합설립추진위원회가 조합의 정관 또는 정관 초안
을 첨부하지 않은 채 구 도시 및 주거환경정비법 시행규칙 제7조 제3
항 [별지 제4호의2 서식]에 따른 동의서에 의하여 조합설립에 관한 동
의를 받는 것이 적법한지 여부(적극)

구 '도시 및 주거환경정비법'(2007. 12. 21. 법률 제8785호로 개정
되기 전의 것, 이하 '구 도시정비법'이라 한다) 제16조 제1항, 제5
항, 구 '도시 및 주거환경정비법 시행령'(2008. 12. 17. 대통령령
제21171호로 개정되기 전의 것, 이하 '구 도시정비법 시행령'이라
한다) 제26조 제1항, 제2항, 구 '도시 및 주거환경정비법 시행규
칙'(2007. 12. 13. 건설교통부령 제594호로 개정되기 전의 것, 이
하 '구 도시정비법 시행규칙'이라 한다) 제7조 제3항 [별지 제4호
의2의 서식](이하 '법정동의서'라 한다) 등 주택재개발사업의 조합
설립 동의에 관한 규정의 체계, 형식 및 내용, 나아가 ① 구 도시
정비법 시행규칙이 정한 법정동의서는 상위 법령의 위임에 따른
것으로서 법적 구속력이 있고, 구 도시정비법령이 이처럼 법정동의
서를 규정한 취지는 종래 건설교통부 고시로 제공하던 표준동의서
를 대신할 동의서 양식을 법령에서 정하여 그 사용을 강제함으로
써 동의서의 양식이나 내용을 둘러싼 분쟁을 미연에 방지하려는
것인 점, ② 법정동의서의 정관에 관한 사항 부분은 정관에 포함될
구체적 내용에 대한 동의를 얻기 위한 취지라기보다는 조합의 운영
과 활동에 관한 자치규범으로서 정관을 마련하고 그 규율에 따르겠
다는 데에 대한 동의를 얻기 위한 취지로 해석되는 점, ③ 법정동
의서 중 비용의 분담기준 및 소유권의 귀속에 관한 각 사항 부분에
서 그 구체적인 사항은 조합정관에 의한다는 취지의 기재 역시 해
당 사항의 구체적인 내용이 기재된 정관이나 정관 초안에 대한 동
의를 얻기 위한 것이라기보다는 해당 사항의 구체적인 내용은 장차
창립총회의 결의 등을 거쳐 마련된 정관에 따르겠다는 데에 대한
동의를 얻기 위한 취지로 해석되는 점, ④ 아울러 조합정관에 관한
의견의 수렴은 창립총회에서 충분히 이루어질 수 있으므로 굳이 조

합설립에 관한 동의를 받을 때 동의서에 정관 초안을 첨부하여 그 내용에 관한 동의까지 받도록 요구할 필요가 없을 뿐만 아니라 이를 요구하는 것은 절차상 무리인 측면도 있는 점 등을 종합적으로 고려하면, 조합설립추진위원회가 조합의 정관 또는 정관 초안을 첨부하지 아니한 채 법정동의서와 같은 서식에 따른 동의서에 의하여 조합설립에 관한 동의를 받는 것은 적법하고, 그 동의서에 비용분담의 기준이나 소유권의 귀속에 관한 사항이 더 구체적이지 아니하다는 이유로 이를 무효라고 할 수 없다(대법원 2013. 12. 26. 선고 2011두8291 판결 참조).

또한 구 도시정비법 시행령 제26조 제1항에 의하면 토지등소유자의 동의서에 기재할 사항 중에 '개략적인 사업시행계획서'는 포함되어 있지 않으므로, 동의서를 받기 전에 개략적인 사업시행계획서를 배부하거나 첨부하지 아니하였다고 하여 그 동의서가 무효라고할 수 없다(대법원 2014. 5. 29., 선고, 2012두18677, 판결).

## ■ 토지등소유자 동의

① 추진위원회를 구성하려면 다음의 사항에 대해 토지등소유자 과반수의 동의를 받아야 합니다(「도시 및 주거환경정비법」 제31조제1항).

1. 추진위원회 위원장(이하 "추진위원장"이라 함)을 포함한 5명 이상의 추진위원회 위원(이하 "추진위원"이라 함)

2. 「도시 및 주거환경정비법」 제34조제1항에 따른 운영규정

② 토지등소유자의 동의를 받으려는 경우에는 정비사업 조합설립추진위원회 구성 동의서(「도시 및 주거환경정비법 시행규칙」 별지 제4호서식)에 운영규정(안)을 첨부하여 동의를 받고, 다음의 사항을 설명·고지해야 합니다(「도시 및 주거환경정비법 시행령」 제25조제1항·제2항, 「도시 및 주거환경정비법 시행규칙」 제7조제2항 및 「정비사업 조합설립추진위원회 운영규정」(국토교통부 고시 제2018-102호, 2018. 2. 9. 발령·시행) 제2조제4항].

1. 동의를 받으려는 사항 및 목적

2. 동의로 인해 의제되는 사항

3. 동의의 철회 또는 반대의사 표시의 절차 및 방법

③ 추진위원회의 구성에 동의한 토지등소유자는 조합의 설립에 동의한 것으로 봅니다(「도시 및 주거환경정비법」 제31조제2항 본문). 다만, 조합설립인가 신청 전에 시장·군수등 및 추진위원회에 조합설립에 대한 반대의 의사표시를 한 추진위원회 동의자의 경우에는 그렇지 않습니다(「도시 및 주거환경정비법」 제31조제2항 단서).

---

※ **관련판례**

● **주택재개발사업에서 정비구역 내 토지와 지상 건축물이 동일인의 소유에 속하고 토지에 관하여 지상권이 설정되어 있는 경우 토지등소유자의 산정 방법**

구 도시 및 주거환경정비법 시행령(2012. 7. 31. 대통령령 제24007호로 개정되기 전의 것, 이하 '구 도시정비법 시행령'이라 한다) 제52조 제1항 제3호는 주택재개발사업의 관리처분계획상 분양대상에서 지상권자를 제외하고 있고, 공유인 토지의 처분행위 시 공유자의 동의가 필요한 것과는 달리 지상권이 설정된 토지의 소유자는 지상권자의 동의 없이도 당해 토지를 유효하게 처분할 수 있는 등 지상권자의 법적 지위가 토지 공유자와 동일하다고 할 수 없는 점, 이와 같은 지상권자의 지위에 비추어 볼 때 구 도시 및 주거환경정비법(2012. 2. 1. 법률 제11293호로 개정되기 전의 것) 제2조 제9호 (가)목, 구 도시정비법 시행령 제28조 제1항 제1호 (나)목이 주택재개발사업의 '토지등소유자'에 지상권자를 포함시키고 토지에 지상권이 설정되어 있는 경우 토지 소유자와 지상권자를 대표하는 1인을 토지등소유자로 산정하도록 규정한 취지는 지상권이 설정된 토지의 경우 지상권자에게 동의 여부에 관한 대표자 선정에 참여할 권한을 부여함으로써 자신의 이해관계를 보호할 수 있도록 하기 위한 것이므로, 거기에서 더 나아가 토지등소유자 수의 산정에서까지 지상권자를 토지 공유자와 동일하게 볼 필요는 없는 점, 구 도시정비법 시행령 제28조 제1항 (다)목은 1인이 다수

필지의 토지 또는 다수의 건축물을 소유하고 있는 경우에는 토지 또는 건축물 전부에 대하여 토지등소유자를 1인으로 산정한다고만 규정하고 있고, 토지에 관하여 지상권이 설정된 경우 이와 달리 취급하는 등의 예외규정을 두고 있지 아니하므로, 1인이 토지와 지상 건축물을 소유하고 있는 경우에는 토지에 관하여 지상권이 설정되었는지 여부에 관계없이 토지 및 지상 건축물에 관하여 토지등소유자를 1인으로 산정하는 것이 위 조항의 취지에 부합하는 점 등을 종합적으로 고려할 때, 특별한 사정이 없는 한 동일인 소유인 토지와 지상 건축물 중 토지에 관하여 지상권이 설정되어 있다고 하더라도 토지등소유자 수를 산정할 때에는 지상권자를 토지의 공유자와 동일하게 취급할 수 없고, 해당 토지와 지상 건축물에 관하여 1인의 토지등소유자가 있는 것으로 산정하는 것이 타당하다(대법원 2015. 3. 20., 선고, 2012두23242, 판결).

## ■ 추진위원회 승인 신청

추진위원회를 구성하여 승인신청을 하려면 다음의 서류(전자문서를 포함)를 시장·군수등에게 제출해야 합니다(「도시 및 주거환경정비법 시행규칙」 제7조제1항).

1. 조합설립추진위원회 승인신청서(「도시 및 주거환경정비법 시행규칙」 별지 제3호서식)
2. 토지등소유자의 명부
3. 토지등소유자의 동의서
4. 추진위원장 및 추진위원의 주소 및 성명
5. 추진위원 선정을 증명하는 서류

## 1-2. 조합설립추진위원회 조직
### ■ 추진위원회 구성원
추진위원회 구성은 다음의 기준에 따릅니다(「도시 및 주거환경정비법」
제33조제1항 및 「정비사업 조합설립추진위원회 운영규정」 제2조제2항)
1. 추진위원장 1명과 감사를 둘 것
2. 부위원장을 둘 수 있음
3. 추진위원의 수는 토지등소유자의 10분의 1 이상으로 하되, 토
   지등소유자가 50명 이하인 경우에는 추진위원을 5명으로 하며
   추진위원이 100명을 초과하는 경우에는 토지등소유자의 10분
   의 1 범위에서 100명 이상으로 할 수 있음

### ■ 추진위원의 결격사유
① 다음의 어느 하나에 해당하는 자는 추진위원이 될 수 없습니다
(「도시 및 주거환경정비법」 제33조제5항 및 제43조제1항).
1. 미성년자·피성년후견인 또는 피한정후견인
2. 파산선고를 받고 복권되지 않은 자
3. 금고 이상의 실형을 선고받고 그 집행이 종료(종료된 것으로 보는
   경우를 포함)되거나 집행이 면제된 날부터 2년이 지나지 않은 자
4. 금고 이상의 형의 집행유예를 받고 그 유예기간 중에 있는 자
5. 「도시 및 주거환경정비법」을 위반하여 벌금 100만원 이상의 형
   을 선고받고 5년이 지나지 않은 자
② 추진위원이 위의 결격사유에 해당하게 되거나 선임 당시 그에
해당하는 자였음이 판명된 때에는 당연 퇴임하며, 퇴임된 추진위원
이 퇴임 전에 관여한 행위는 그 효력을 잃지 않습니다(「도시 및 주
거환경정비법」 제33조제5항 및 제43조제2항·제3항).
③ 공공지원의 시행을 위한 방법과 절차, 기준 및 도시·주거환경정
비기금의 지원, 시공자 선정 시기 등에 필요한 사항은 각 시·도조례
에서 확인할 수 있습니다(「도시 및 주거환경정비법」 제118조제6항).

■ 재개발사업조합을 설립하기 위해 조합설립추진위원회를 구성해야 한다고 하는데, 무엇부터 준비해야 하는지 너무 어렵고 막막하네요. 도움을 받을 수 있는 방법은 없을까요?

◎ 재개발사업조합을 설립하기 위해 조합설립추진위원회를 구성해야 한다고 하는데, 무엇부터 준비해야 하는지 너무 어렵고 막막하네요. 도움을 받을 수 있는 방법은 없을까요?

Ⓐ ① 시장·군수등은 정비사업의 투명성 강화 및 효율성 제고를 위해 시·도 조례로 정하는 정비사업에 대해 사업시행 과정을 지원하고 있습니다. 또한, 한국토지주택공사 등의 기관에 공공지원을 위탁하기도 하는데요(「도시 및 주거환경정비법」 제118조제1항).

② 정비사업을 공공지원하는 시장·군수등 및 공공지원을 위탁받은 자(이하 "위탁지원자"라 함)는 다음의 업무를 수행합니다(「도시 및 주거환경정비법」 제118조제2항).

1. 추진위원회 또는 주민대표회의 구성
2. 정비사업전문관리업자의 선정(위탁지원자는 선정을 위한 지원만 해당)
3. 설계자 및 시공자 선정 방법 등
4. 세입자의 주거 및 이주 대책(이주 거부에 따른 협의 대책을 포함) 수립
5. 관리처분계획 수립
6. 그 밖에 시·도조례로 정하는 사항

## 2. 조합설립추진위원회 운영

### 2-1. 조합설립추진위원회 기능

■ **추친위원회의 업무**

① 조합설립추진위원회(이하 "추진위원회"라 함)는 다음의 업무를 수행할 수 있습니다(「도시 및 주거환경정비법」 제32조제1항 및 「도시 및 주거환경정비법 시행령」 제26조).

1. 정비사업전문관리업자의 선정 및 변경
2. 설계자의 선정 및 변경
3. 개략적인 정비사업 시행계획서의 작성
4. 조합설립인가를 받기 위한 준비업무
5. 추진위원회 운영규정의 작성
6. 토지등소유자의 동의서의 접수
7. 조합의 설립을 위한 창립총회의 개최
8. 조합 정관의 초안 작성
9. 그 밖에 추진위원회 운영규정으로 정하는 업무

② "재개발사업의 토지등소유자"란 정비구역에 위치한 토지 또는 건축물의 소유자 또는 그 지상권자를 말합니다. 다만,「도시 및 주거환경정비법」제27조제1항에 따라「자본시장과 금융투자업에 관한 법률」제8조제7항에 따른 신탁업자가 사업시행자로 지정된 경우 토지등소유자가 정비사업을 목적으로 신탁업자에게 신탁한 토지 또는 건축물에 대하여는 위탁자를 토지등소유자로 봅니다(「도시 및 주거환경정비법」제2조제9호).

③ 추진위원회는 위 규정에 따라 수행하는 업무의 내용이 토지등소유자의 비용부담을 수반하거나 권리·의무에 변동을 발생시키는 경우로서「도시 및 주거환경정비법 시행령」으로 정하는 사항에 대해서는 그 업무를 수행하기 전에「도시 및 주거환경정비법 시행령」으로 정하는 비율 이상의 토지등소유자의 동의를 받아야 합니다(「도시 및 주거환경정비법」제32조제4항).

## ■ 정비사업전문관리업자 선정

추진위원회가 정비사업전문관리업자를 선정하려는 경우에는 추진위원회 승인을 받은 후 경쟁입찰 또는 수의계약(2회 이상 경쟁입찰이 유찰된 경우만 해당)의 방법으로 선정해야 합니다(「도시 및 주거환경정비법」 제32조제2항).

## 2-2. 조합설립추진위원회 운영방법

## ■ 운영원칙

① 추진위원회는 「도시 및 주거환경정비법」·관계법령, 운영규정 및 관련 행정기관의 처분을 준수하여 운영되어야 하며, 그 업무를 추진함에 있어 사업시행구역안의 토지등소유자의 의견을 충분히 수렴해야 합니다[「정비사업 조합설립추진위원회 운영규정」(국토교통부 고시 제2018-102호, 2018. 2. 9. 발령·시행) 제4조제1항].

② 추진위원회는 추진위원회 설립승인 후에 위원장 및 감사를 변경하려는 경우 시장·군수등의 승인을 받아야 하며, 그 밖의 경우 시장·군수등에게 신고해야 합니다(「정비사업 조합설립추진위원회 운영규정」 제4조제2항).

## ■ 추진위원의 교체·해임

① 토지등소유자는 추진위원회의 운영규정에 따라 추진위원회에 추진위원의 교체 및 해임을 요구할 수 있으며, 교체 및 해임 절차는 운영규정에 따릅니다(「도시 및 주거환경정비법」 제33조제3항 전단 및 제4항).

② 추진위원장이 사임, 해임, 임기만료, 그 밖에 불가피한 사유 등으로 직무를 수행할 수 없는 때부터 6개월 이상 선임되지 않은 경우에는 시·도조례로 정하는 바에 따라 변호사·회계사·기술사 등으로

서 「도시 및 주거환경정비법 시행령」 제41조제1항의 요건을 갖춘
자를 전문조합관리인으로 선정하여 추진위원의 업무를 대행하게 할
수 있습니다(「도시 및 주거환경정비법」 제33조제3항 후단 및 제41
조제5항 단서).


■ 운영경비
토지등소유자는 추진위원회의 운영에 필요한 경비를 운영규정에 따라
납부해야 합니다(「도시 및 주거환경정비법」 제34조제2항).


■ 추진위원회 해산
① 추진위원회는 조합설립인가일까지 업무를 수행할 수 있으며, 조
합이 설립되면 모든 업무와 자산을 조합에 인계하고 추진위원회는
해산합니다(「정비사업 조합설립추진위원회 운영규정」 제5조제1항).
② 추진위원회는 수행한 업무를 조합 총회에 보고해야 하고, 그 업
무와 관련된 권리와 의무는 조합이 포괄승계합니다(「도시 및 주거환
경정비법」 제34조제3항 및 「정비사업 조합설립추진위원회 운영규정」
제5조제2항).
③ 추진위원회는 조합설립인가 전 추진위원회를 해산하려는 경우
추진위원회 동의자 3분의 2 이상 또는 토지등소유자의 과반수 동의
를 받아 시장·군수등에게 신고하여 해산할 수 있습니다(「정비사업
조합설립추진위원회 운영규정」 제5조제3항).

## ■ 재개발조합설립추진위원회에 대한 승인을 다툴 수 있는지요?

Ⓠ 제가 사는 동네에 일부 주민들이 재개발을 한다고 하면서 재개발조합설립추진위원회라는 것을 만들어 구청장의 승인까지 얻었다고 합니다. 저뿐만이 아니라 주민들의 상당수가 재개발을 원하지 않는데 어떻게 승인이 났는지 이해가 안 갑니다. 다툴 방법이 있는지요?

Ⓐ 「행정소송법」제12조는 "취소소송은 처분 등의 취소를 구할 법률상 이익이 있는 자가 제기할 수 있다. 처분 등의 효과가 기간의 경과, 처분 등의 집행 그 밖의 사유로 인하여 소멸된 뒤에도 그 처분 등의 취소로 인하여 회복되는 법률상 이익이 있는 자의 경우에는 또한 같다."라고 규정하고 있습니다.

행정처분의 직접 상대방이 아닌 제3자가 취소소송을 제기할 수 있는지에 관하여 판례는 "행정소송법 제12조에서 말하는 법률상 이익이란 당해 행정처분의 근거 법률에 의하여 보호되는 직접적이고 구체적인 이익을 말하고 당해 행정처분과 관련하여 간접적이거나 사실적·경제적 이해관계를 가지는 데 불과한 경우는 여기에 포함되지 아니하나, 행정처분의 직접 상대방이 아닌 제3자라 하더라도 당해 행정처분으로 인하여 법률상 보호되는 이익을 침해당한 경우에는 취소소송을 제기하여 그 당부의 판단을 받을 자격이 있다."라고 하였으며, 또한 "도시 및 주거환경정비법 제13조 제1항 및 제2항의 입법 경위와 취지에 비추어 하나의 정비구역 안에서 복수의 조합설립추진위원회에 대한 승인은 허용되지 않는 점, 조합설립추진위원회가 조합을 설립할 경우 같은 법 제15조 제4항에 의하여 조합설립추진위원회가 행한 업무와 관련된 권리와 의무는 조합이 포괄승계하며, 주택재개발사업의 경우 정비구역 내의 토지 등 소유자는 같은 법 제19조 제1항에 의하여 당연히 그 조합원으로 되는 점 등에 비추어 보면, 조합설립추진위원회의 구성에 동의하지 아니한 정비구역 내의 토지 등 소유자도 조합설립추진위원회 설립승인처분에 대하여 같은 법에 의

하여 보호되는 직접적이고 구체적인 이익을 향유하므로 그 설립승인
처분의 취소소송을 제기할 원고적격이 있다."라고 하였습니다(대법원
2007. 1. 25. 선고 2006두12289 판결).

따라서 위 사안의 경우 재개발, 재건축 등을 위해서는 「도시 및 주거
환경정비법」제13조 제2항에 따라 운영규정에 대한 토지 등 소유자
과반수의 동의를 얻어 위원장을 포함한 5인 이상의 위원으로 조합설
립추진위원회를 구성하여 국토교통부령으로 정하는 방법과 절차에
따라 시장·군수의 승인을 얻어야 하는데, 조합설립추진위원회가 이러
한 승인의 요건을 갖추지 못하였는데도 승인을 받았다면 그 추진위
원회의 구성에 동의하지 않은 재개발 관련 구역의 토지등 소유자인
귀하는 그 설립승인처분에 대하여 취소소송을 제기하여 다툴 수 있
다고 하겠습니다.

## 3. 창립총회 및 조합설립인가

### 3-1. 조합의 설립

#### ■ 조합설립

① 특별자치시장, 특별자치도지사, 시장, 군수, 자치구의 구청장(이
하 "시장·군수등"이라 함), 한국토지주택공사, 「지방공기업법」에 따
라 주택사업을 수행하기 위하여 설립된 지방공사 또는 지정개발자
가 아닌 자가 정비사업을 시행하려는 경우에는 토지등소유자로 구
성된 조합을 설립해야 합니다(「도시 및 주거환경정비법」 제35조제1
항 본문).

② 「도시 및 주거환경정비법」 제25조제1항제2호에 따라 토지등소유
자가 재개발사업을 시행하려는 경우에는 조합을 설립하지 않습니다
(「도시 및 주거환경정비법」 제35조제1항 단서).

③ "재개발사업의 토지등소유자"란 정비구역에 위치한 토지 또는

건축물의 소유자 또는 그 지상권자를 말합니다. 다만, 「도시 및 주거환경정비법」 제27조제1항에 따라 「자본시장과 금융투자업에 관한 법률」 제8조제7항에 따른 신탁업자가 사업시행자로 지정된 경우 토지등소유자가 정비사업을 목적으로 신탁업자에게 신탁한 토지 또는 건축물에 대하여는 위탁자를 토지등소유자로 봅니다(「도시 및 주거환경정비법」 제2조제9호).

④ 조합설립추진위원회(이하 "추진위원회"라 함, 「도시 및 주거환경정비법」 제31조제4항 전단에 따라 추진위원회를 구성하지 않는 경우에는 토지등소유자를 말함)는 조합을 설립하려면 시장·군수등의 인가를 받아야 합니다(「도시 및 주거환경정비법」 제35조제2항).

## ■ 토지소유자등 동의

① 조합을 설립하려면 토지등소유자의 4분의 3 이상 및 토지면적의 2분의 1 이상의 토지소유자의 동의를 받아야 합니다(「도시 및 주거환경정비법」 제35조제2항).

② 토지등소유자의 동의를 받으려는 경우에는 조합설립 동의서(「도시 및 주거환경정비법 시행규칙」 별지 제6호서식)에 다음의 사항을 포함하여 동의를 받아야 합니다(「도시 및 주거환경정비법 시행령」 제30조제1항·제2항 및 「도시 및 주거환경정비법 시행규칙」 제8조제3항).

1. 건설되는 건축물의 설계의 개요
2. 정비사업비
3. 정비사업비의 분담기준
4. 사업 완료 후 소유권의 귀속에 관한 사항
5. 조합 정관

③ 조합의 정관에 기재해야 하는 사항에 대한 자세한 내용은 규제

「도시 및 주거환경정비법」 제40조제1항에서 확인할 수 있습니다.

④ 추진위원회는 조합설립에 필요한 동의를 받기 전에 다음의 정보를 토지등소유자에게 제공해야 합니다(「도시 및 주거환경정비법」 제35조제10항 및 「도시 및 주거환경정비법 시행령」 제32조).

1. 토지등소유자별 분담금 추산액 및 산출근거

2. 그 밖에 추정 분담금의 산출 등과 관련하여 특별시·광역시·특별자치시·도·특별자치도 또는 「지방자치법」 제175조에 따른 서울특별시·광역시 및 특별자치시를 제외한 인구 50만 이상 대도시의 조례로 정하는 정보

■ 조합설립인가 신청

추진위원회는 조합의 설립인가를 신청하려면 다음의 서류(전자문서를 포함)를 시장·군수등에게 제출해야 합니다(「도시 및 주거환경정비법」 제35조제2항 및 「도시 및 주거환경정비법 시행규칙」 제8조제1항·제2항제1호).

1. 조합설립 인가신청서(「도시 및 주거환경정비법 시행규칙」 별지 제5호서식)

2. 정관

3. 조합원 명부 및 해당 조합원의 자격을 증명하는 서류

4. 공사비 등 정비사업에 드는 비용을 기재한 토지등소유자의 조합설립동의서 및 동의사항을 증명하는 서류

5. 창립총회 회의록 및 창립총회참석자 연명부

6. 토지·건축물 또는 지상권을 여럿이서 공유하는 경우에는 그 대표자의 선임 동의서

7. 창립총회에서 임원·대의원을 선임한 때에는 선임된 자의 자격을 증명하는 서류

8. 건축계획(주택을 건축하는 경우에는 주택건설예정세대수를 포

함), 건축예정지의 지번·지목 및 등기명의자, 도시·군관리 계획 상의 용도지역, 대지 및 주변현황을 기재한 사업계획서

■ 재개발조합설립인가를 위한 동의 정족수를 판단하는 기준 시기는 언제인가요?

◎ 도시 및 주거환경정비법상 재개발조합설립인가를 위한 동의 정족수를 판단하는 기준시기는 언제인가요?

Ⓐ 도시 및 주거환경정비법상의 재개발조합설립에 토지등소유자의 서면에 의한 동의를 요구하고 동의서를 재개발조합설립인가신청 시 행정청에 제출하도록 하는 취지는 서면에 의하여 토지등소유자의 동의 여부를 명확하게 함으로써 동의 여부에 관하여 발생할 수 있는 관련자들 사이의 분쟁을 사전에 방지하고 나아가 행정청으로 하여금 재개발조합설립인가신청 시에 제출된 동의서에 의하여서만 동의요건의 충족 여부를 심사하도록 함으로써 동의 여부의 확인에 행정력이 소모되는 것을 막기 위한 데 있는 점, 도시 및 주거환경정비법 시행령 제28조 제5항에서 토지 등 소유자는 '인가신청 전'에 동의를 철회하거나 반대의 의사표시를 할 수 있도록 규정하는 한편, 조합설립의 인가에 대한 동의 후에는 위 시행령 제26조 제2항 각 호의 사항이 변경되지 않으면 조합설립의 '인가신청 전'이라고 하더라도 동의를 철회할 수 없도록 규정하여 '인가신청 시'를 기준으로 동의 여부를 결정하도록 하고 있는 점, 인가신청 후 처분 사이의 기간에도 토지등소유자는 언제든지 자신의 토지 및 건축물 등을 처분하거나 분할, 합병하는 것이 가능한데, 대규모 지역의 주택재개발사업에 대한 조합설립인가신청의 경우 행정청이 처분일을 기준으로 다시 일일이 소유관계를 확인하여 정족수를 판단하기는 현실적으로 어려울 뿐만 아니라 처분시점이 언제이냐에 따라 동의율이 달라질 수 있는 점, 만

일 처분일을 기준으로 동의율을 산정하면 인가신청 후에도 소유권변동을 통하여 의도적으로 동의율을 조작하는 것이 가능하게 되어 재개발사업과 관련한 비리나 분쟁이 양산될 우려가 있는 점 등을 종합적으로 고려하면, 조합설립인가를 위한 동의 정족수는 재개발조합설립인가신청 시를 기준으로 판단해야 한다는 것이 판례의 입장입니다 (대법원 2014. 4. 24. 선고 2012두21437 판결).

### 3-2. 조합설립을 위한 창립총회 개최

#### ■ 창립총회 개최

① 추진위원회(「도시 및 주거환경정비법」 제31조제4항 전단에 따라 추진위원회를 구성하지 않는 경우에는 토지등소유자를 말함)는 토지등소유자의 동의를 받은 후 조합설립인가를 신청하기 전에 조합설립을 위한 창립총회를 개최해야 합니다(「도시 및 주거환경정비법」 제35조제2항 및 「도시 및 주거환경정비법 시행령」 제27조제1항).

② 창립총회에서는 다음의 업무를 처리합니다(「도시 및 주거환경정비법 시행령」 제27조제4항).

1. 조합 정관의 확정

2. 조합임원의 선임

3. 대의원의 선임

4. 그 밖에 필요한 사항으로서 「도시 및 주거환경정비법 시행령」 제27조제제2항에 따라 사전에 통지한 사항

③ 다만, 조합임원 및 대의원의 선임은 정관에서 정하는 바에 따라 선출합니다(「도시 및 주거환경정비법 시행령」 제27조제5항 단서).

#### ■ 창립총회 소집

① 추진위원회(「도시 및 주거환경정비법」 제31조제4항 전단에 따라

추진위원회를 구성하지 않는 경우에는 조합설립을 추진하는 토지등소유자의 대표자를 말함)는 창립총회 14일 전까지 회의목적·안건·일시·장소·참석자격 및 구비사항 등을 인터넷 홈페이지를 통해 공개하고, 토지등소유자에게 등기우편으로 발송·통지해야 합니다(「도시 및 주거환경정비법 시행령」 제27조제2항).

② 창립총회는 추진위원장(「도시 및 주거환경정비법」 제31조제4항 전단에 따라 추진위원회를 구성하지 않는 경우에는 토지등소유자의 대표자를 말함)의 직권 또는 토지등소유자 5분의 1 이상의 요구로 추진위원장이 소집합니다(「도시 및 주거환경정비법 시행령」 제27조제3항 본문).

③ 다만, 토지등소유자 5분의 1 이상의 소집요구에도 불구하고 추진위원장이 2주 이상 소집요구에 응하지 않는 경우에는 소집요구한 자의 대표가 소집할 수 있습니다(「도시 및 주거환경정비법 시행령」 제27조제3항 단서).

■ **의사결정**

창립총회의 의사결정은 토지등소유자의 과반수 출석과 출석한 토지등소유자 과반수 찬성으로 결의합니다(「도시 및 주거환경정비법 시행령」 제27조제5항 본문).

■ 조합설립인가 사항을 변경하는 경우에는 어떤 절차를 거쳐야 하나요?

◎ 조합설립인가 사항을 변경하는 경우에는 어떤 절차를 거쳐야 하나요?

Ⓐ 설립된 조합이 인가받은 사항을 변경하려는 때에는 총회에서 조합원의 3분의 2 이상의 찬성으로 의결하고, 변경내용을 증명하는 서류를 제출하여 시장·군수등의 인가를 받아야 합니다(「도시 및 주거환경정비법」 제35조제5항 본문 및 「도시 및 주거환경정비법 시행규칙」 제8조). 다만, 조합의 명칭, 정비사업비의 변경과 같은 경미한 사항을 변경하는 경우에는 신고만 하면 됩니다(「도시 및 주거환경정비법」 제35조제5항 단서 및 규제「도시 및 주거환경정비법 시행령」 제31조).
그리고 조합이 정관 중 일정한 사항을 변경하는 경우에는 조합원 과반수의 찬성으로 의결하기도 하는데요. 자세한 사항은 「도시 및 주거환경정비법」 제40조제3항에서 확인할 수 있습니다.

## 3-3. 조합의 성립
■ 설립등기
① 조합은 법인으로서, 조합설립인가를 받은 날부터 30일 이내에 주된 사무소의 소재지에서 다음의 사항을 등기하는 때에 성립합니다(「도시 및 주거환경정비법」 제38조제1항·제2항 및 「도시 및 주거환경정비법 시행령」 제36조).
1. 설립목적
2. 조합의 명칭
3. 주된 사무소의 소재지
4. 설립인가일
5. 임원의 성명 및 주소
6. 임원의 대표권을 제한하는 경우에는 그 내용

## ■ 조합의 명칭

조합은 명칭에 "정비사업조합"이라는 문자를 사용해야 합니다(「도시 및 주거환경정비법」 제38조제3항).

---

※ 관련판례

● 재개발조합 설립인가 신청을 받은 행정청이 도시 및 주거환경정비법 제35조 제2항에서 정한 토지 등 소유자 동의 요건이 충족되었는지 심사하는 방법 및 재개발사업 추진위원회가 도시 및 주거환경정비법 시행규칙 제8조 제3항에 규정된 [별지 제6호 서식] '조합설립동의서'에 의하여 토지 등 소유자로부터 조합설립 동의를 받은 경우, 서식에 토지 등 소유자별로 구체적인 분담금 추산액이 기재되지 않았다거나 추진위원회가 그 서식 외에 토지 등 소유자별로 분담금 추산액 산출에 필요한 구체적인 정보나 자료를 충분히 제공하지 않았다는 사정만으로 개별 토지 등 소유자의 조합설립 동의를 무효라고 볼 수 있는지 여부(소극)

재개발조합의 설립 동의 및 인가와 관련한 도시 및 주거환경정비법(이하 '도시정비법' 또는 '법'이라 한다) 제35조 제2항, 제7항, 제8항, 도시 및 주거환경정비법 시행령(이하 '시행령'이라 한다) 제30조 제1항, 제2항, 제32조, 도시 및 주거환경정비법 시행규칙(이하 '시행규칙'이라 한다) 제8조 제3항 [별지 제6호 서식]의 내용과 체계, 입법 취지 등을 종합하면, 재개발조합 설립인가 신청을 받은 행정청은 ① 추진위원회가 시행규칙 제8조 제3항에 규정된 [별지 제6호 서식] '조합설립동의서'(이하 '법정동의서'라 한다)에 의하여 토지 등 소유자의 동의를 받았는지(시행령 제30조 제1항), ② 토지 등 소유자가 성명을 적고 지장(指章)을 날인한 경우에는 신분증명서 사본이 첨부되었는지(법 제36조 제1항), 토지 등 소유자의 인감증명서를 첨부한 경우에는 그 동의서에 날인된 인영과 인감증명서의 인영이 동일한지(법 제36조 제2항)를 확인하고, ③ 법 제36조 제4항, 시행령 제33조에 의하여 동의자 수를 산정함으로써 법 제35조 제2항에서 정한 토지 등 소유자 동의 요건이 충족되었는지를 심사하여야 한다.

또한, 추진위원회가 법정동의서에 의하여 토지 등 소유자로부터 조합설립 동의를 받았다면 그 조합설립 동의는 도시정비법령에서 정한 절차와 방식을 따른 것으로서 적법·유효한 것이라고 보아야 하고, 단지 그 서식에 토지 등 소유자별로 구체적인 분담금 추산액이 기재되지 않았다거나 추진위원회가 그 서식 외에 토지 등 소유자별로 분담금 추산액 산출에 필요한 구체적인 정보나 자료를 충분히 제공하지 않았다는 사정만으로 개별 토지 등 소유자의 조합설립 동의를 무효라고 볼 수는 없다(대법원 2020. 9. 7. 선고 2020두38744 판결)

## 4. 조합의 구성

### 4-1. 조합원

■ **조합원의 자격**

① 정비사업의 조합원(사업시행자가 신탁업자인 경우에는 위탁자를 말함)은 토지등소유자로 하되, 다음의 어느 하나에 해당하는 때에는 그 여러 명을 대표하는 1명을 조합원으로 봅니다(「도시 및 주거환경정비법」 제39조제1항 본문).

1. 토지 또는 건축물의 소유권과 지상권이 여러 명의 공유에 속하는 때

2. 여러 명의 토지등소유자가 1세대에 속하는 때. 이 경우 동일한 세대별 주민등록표 상에 등재되어 있지 않은 배우자 및 미혼인 19세 미만의 직계비속은 1세대로 보며, 1세대로 구성된 여러 명의 토지등소유자가 조합설립인가 후 세대를 분리하여 동일한 세대에 속하지 않는 때에도 이혼 및 19세 이상 자녀의 분가(세대별 주민등록을 달리하고, 실거주지를 분가한 경우만 해당)를 제외하고는 1세대로 봅니다.

3. 조합설립인가(조합설립인가 전에 신탁업자를 사업시행자로 지정

한 경우에는 사업시행자의 지정을 말함) 후 1명의 토지 등소유
자로부터 토지 또는 건축물의 소유권이나 지상권을 양수하여
여러 명이 소유하게 된 때

② "재개발사업의 토지등소유자"란 정비구역에 위치한 토지 또는
건축물의 소유자 또는 그 지상권자를 말합니다. 다만,「도시 및 주
거환경정비법」제27조제1항에 따라「자본시장과 금융투자업에 관한
법률」제8조제7항에 따른 신탁업자가 사업시행자로 지정된 경우 토
지등소유자가 정비사업을 목적으로 신탁업자에게 신탁한 토지 또는
건축물에 대하여는 위탁자를 토지등소유자로 봅니다(「도시 및 주거
환경정비법」제2조제9호).

---

### ※ 관련판례
● 주택재건축사업의 조합설립에서 토지나 건축물만을 소유한 자가 구
도시 및 주거환경정비법에 의한 조합원이 될 수 있는지 여부(소극)

구 도시 및 주거환경정비법(2007. 12. 21. 법률 제8785호로 개정
되기 전의 것, 이하 '구 도시정비법'이라 한다) 제2조 제9호, 제19
조 제1항, 구 도시 및 주거환경정비법 시행령(2008. 12. 17. 대통
령령 제21171호로 개정되기 전의 것, 이하 '구 도시정비법 시행령'
이라 한다) 제26조 제1항 등 관련 규정들을 종합하면, 토지나 건축
물만을 소유한 자는 비록 구 도시정비법 제16조 제3항에 의하여
주택재건축사업의 조합설립에서 동의를 얻어야 할 자에 포함되더
라도 구 도시정비법에 의한 조합원이 될 수는 없다고 보는 것이
타당하다. 그리고 구 도시정비법 시행령 제26조 제1항은 조합원이
되는 '토지등소유자'에 대하여 동의서에 의한 동의 방법을 규정하
고 있으며, 위 규정에서 정하고 있는 동의서의 법정사항은 대체로
정비사업에 참여하여 그 비용을 분담하고 그 사업의 성과를 분배
받는 조합원이 될 자격이 있는 '토지등소유자'의 이해관계에 관한
것들이다. 따라서 이러한 사정들에 비추어 보면, 구 도시정비법 시
행령 제26조 제1항에서 정한 '토지등소유자'로부터 받아야 하는 동

의서에 관한 법정사항은 주택재건축사업에서 토지나 건축물만을 소유하여 조합원이 될 수 없는 자로부터 받는 동의서에 적용될 것이 아니다(대법원 2013. 11. 14., 선고, 2011두5759, 판결).

## ■ 투기과열지구에서 조합원의 자격

① 「주택법」 제63조제1항에 따른 투기과열지구로 지정된 지역에서 재개발사업을 시행하는 경우에는 관리처분계획의 인가 후 해당 정비사업의 건축물 또는 토지를 양수(매매·증여, 그 밖의 권리의 변동을 수반하는 모든 행위를 포함하되, 상속·이혼으로 인한 양도·양수의 경우는 제외)한 자는 조합원이 될 수 없습니다(「도시 및 주거환경정비법」 제39조제2항 각 호 외의 부분 본문).

② 사업시행자는 위 규정에 따라 조합원의 자격을 취득할 수 없는 경우 정비사업의 토지, 건축물 또는 그 밖의 권리를 취득한 자에게 손실보상을 해야 합니다(「도시 및 주거환경정비법」 제39조제3항).

③ 다만, 양도인이 다음의 어느 하나에 해당하는 경우 그 양도인으로부터 그 건축물 또는 토지를 양수한 자는 조합원이 될 수 있습니다(「도시 및 주거환경정비법」 제39조제2항 단서, 「도시 및 주거환경정비법 시행령」 제37조제1항 및 제2항제3호부터 제6호까지).

1. 세대원(세대주가 포함된 세대의 구성원을 말함)의 근무상 또는 생업상의 사정이나 질병치료(「의료법」 제3조에 따른 의료기관의 장이 1년 이상의 치료나 요양이 필요하다고 인정하는 경우만 해당)·취학·결혼으로 세대원이 모두 해당 사업구역에 위치하지 않은 특별시·광역시·특별자치시·특별자치도·시 또는 군으로 이전하는 경우
2. 상속으로 취득한 주택으로 세대원 모두 이전하는 경우
3. 세대원 모두 해외로 이주하거나 세대원 모두 2년 이상 해외에

체류하려는 경우

4. 1세대(위 2.에 따라 1세대에 속하는 때를 말함) 1주택자로서 양도하는 주택에 대한 소유기간 및 거주기간이 다음의 구분에 따른 기간 이상인 경우
- 소유기간: 10년
- 거주기간(「주민등록법」 제7조에 따른 주민등록표를 기준으로 하며, 소유자가 거주하지 않고 소유자의 배우자나 직계존비속이 해당 주택에 거주한 경우에는 그 기간을 합산함): 5년

5. 그 밖에 불가피한 사정으로 양도하는 경우로서 다음의 어느 하나에 해당하는 경우
- 착공일부터 3년 이상 준공되지 않은 재개발사업 토지를 3년 이상 계속하여 소유하고 있는 경우
- 법률 제7056호 도시및주거환경정비법 일부개정법률 부칙 제2항에 따른 토지등소유자로부터 상속·이혼으로 인해 토지 또는 건축물을 소유한 자
- 국가·지방자치단체 및 금융기관에 대한 채무를 이행하지 못해 재개발사업의 토지 또는 건축물이 경매 또는 공매되는 경우
- 「주택법」 제63조제1항에 따른 투기과열지구로 지정되기 전에 건축물 또는 토지를 양도하기 위한 계약(계약금 지급 내역 등으로 계약일을 확인할 수 있는 경우만 해당)을 체하고, 투기과열지구로 지정된 날부터 60일 이내에 「부동산 거래신고 등에 관한 법률」 제3조에 따라 부동산 거래의 신고를 한 경우

# ■ 무허가건물 소유자도 주택재개발조합의 조합원이 될 수 있는지요?

◎ 저는 도시재개발구역 안에 무허가건물 1동을 소유하고 있습니다. 이 경우에도 재개발조합의 조합원이 될 수 있는지요?

Ⓐ 「도시 및 주거환경정비법」제8조 제1항은 "주택재개발사업은 조합이 이를 시행하거나 조합이 조합원 과반수의 동의를 얻어 시장·군수, 주택공사등,건설업자, 등록사업자 또는 대통령령이 정하는 요건을 갖춘 자와 공동으로 이를 시행할 수 있다.

."라고 규정하고 있고, 같은 법 제19조 제1항은 "정비사업(시장·군수 또는 주택공사 등이 시행하는 정비사업을 제외한다)의 조합원은 토지 등 소유자로 한다."고 규정하고 있으며, 같은 법 제2조 제9호에서 토지 등 소유자라 함은 주거환경개선사업·주택재개발사업 또는 도시환경정비사업의 경우에는 정비구역 안에 소재한 토지 또는 건축물의 소유자 또는 그 지상권자로 규정하고 있습니다.

그런데 소유자에게 조합원의 자격이 부여되는 건축물에 무허가건축물이 포함되는지에 관하여 판례는 "구 도시재개발법(1995. 12. 29. 법률 제5116호로 전문 개정되기 전의 것) 제2조 제4호, 제20조는 재개발조합이 시행하는 재개발구역 안의 토지 또는 건축물의 소유자와 지상권자는 당해 조합의 조합원이 된다고 규정하고 있는바, 무허가건축물은 원칙적으로 관계 법령에 의하여 철거되어야 할 것인데, 그 소유자에게 조합원 자격을 부여하여 결과적으로 재개발사업의 시행으로 인한 이익을 향유하게 하는 것은 위법행위를 한 자가 이익을 받는 결과가 되어 허용될 수 없는 점, 재개발사업의 원활한 시행을 위하여서는 재개발구역 내의 무분별한 무허가주택의 난립을 규제할 현실적 필요성이 적지 않은 점 등에 비추어 볼 때, 구 도시재개발법(1995. 12. 29. 법률 제5116호로 전문 개정되기 전의 것) 제2조 제4호, 제20조에 의하여 소유자에게 조합원의 자격이 부여되는 건축물이라 함은 원칙적으로 적법한 건축물을 의미하고 무허가건축물은 이에 포함되지 않는다고 보아야 할 것이고, 다만 조합은 각자의 사정

내지는 필요에 따라 일정한 범위 내의 무허가건축물 소유자에게 조합원의 자격을 부여하도록 정관으로 정할 수 있다."라고 하였습니다 (대법원 1999. 7. 27. 선고 97누4975 판결, 2009. 9. 24. 선고 2009마168, 169 결정).

따라서 위 판례의 태도를 조합해 볼 때 귀하는 원칙적으로는 조합원이 될 수 없으나, 토지등소유자의 적법한 동의 등을 거쳐 설립된 재개발조합이 각자의 사정 내지는 필요에 따라 일정한 범위 내에서 무허가건축물 소유자에게 조합원 자격을 부여하도록 정관으로 정하는 것까지 금지하고 있지는 아니하므로, 관할 재개발조합이 정관에서 일정한 요건을 갖춘 무허가 건축물의 소유자에게도 조합원의 자격을 부여하도록 규정하고 있다면, 귀하는 해당 무허가건축물이 위 재개발조합의 정관에서 정한 요건에 해당한다는 사실을 입증하여 당해 재개발조합의 조합원이 될 수 있을 것으로 보입니다.

■ 도시계획지정 재개발구역 안에 살고 있는 사람인데 재개발조합이 저는 조합원이 아니라고 합니다. 이러한 경우 어떠한 소송을 제기하여야 하나요?

ⓠ 저는 도시계획지정 재개발구역 안에 살고 있는 사람인데 재개발조합이 저는 조합원이 아니라고 합니다. 이러한 경우 어떠한 소송을 제기하여야 하나요?

Ⓐ 구 도시재개발법(1995. 12. 29. 법률 제5116호로 전문 개정되기 전의 것)에 의한 재개발조합은 조합원에 대한 법률관계에서 적어도 특수한 존립목적을 부여받은 특수한 행정주체로서 국가의 감독하에 그 존립 목적인 특정한 공공사무를 행하고 있다고 볼 수 있는 범위 내에서는 공법상의 권리의무 관계에 서 있습니다. 따라서 조합을 상대로 한 쟁송에 있어서 강제가입제를 특색으로 한 조합원의 자격 인정 여부에 관하여 다툼이 있는 경우에는 그 단계에서는 아직 조합의 어떠한 처분 등이 개입될 여지는 없으므로 공법상의 당사자소송

에 의하여 그 조합원 자격의 확인을 구할 수 있게 됩니다. 결국 질문자님의 경우 민사소송에 의한 조합원지위확인 등이 아닌 당사자소송에 의하여 분쟁을 해결하셔야 할 것으로 판단됩니다(대법원 1996. 2. 15. 선고 94다31235 판결 등 참조).

## 4-2. 조합의 임원

### ■ 임원의 종류 및 수

① 조합은 조합장 1명, 이사, 감사를 임원으로 둡니다(「도시 및 주거환경정비법」 제41조제1항).

② 이사의 수는 3명 이상(토지등소유자의 수가 100인을 초과하는 경우에는 이사의 수를 5명 이상), 감사의 수는 1명 이상 3명 이하의 범위에서 정관으로 정합니다(「도시 및 주거환경정비법」 제41조제2항 및 「도시 및 주거환경정비법 시행령」 제40조).

### ■ 임원의 임기

조합임원의 임기는 3년 이하의 범위에서 정관으로 정하되, 연임할 수 있습니다(「도시 및 주거환경정비법」 제41조제4항).

### ■ 임원의 선출

① 조합은 총회 의결을 거쳐 조합임원의 선출에 관한 선거관리를 「선거관리위원회법」 제3조에 따라 선거관리위원회에 위탁할 수 있습니다(「도시 및 주거환경정비법」 제41조제3항).

② 조합임원의 선출방법 등은 정관으로 정하되, 시장·군수등은 조합임원이 사임, 해임, 임기만료, 그 밖에 불가피한 사유 등으로 직무를 수행할 수 없는 때부터 6개월 이상 선임되지 않은 경우에는 시·도조례로 정하는 바에 따라 전문조합관리인을 선정하여 조합임원의

업무를 대행하게 할 수 있습니다(「도시 및 주거환경정비법」 제41조 제5항).

③ 전문조합관리인의 자격 및 산정 등에 관한 자세한 사항은 「도시 및 주거환경정비법 시행령」 제41조에서 확인할 수 있습니다.

---

**※ 도시 및 주거환경정비법 시행령**

제41조(전문조합관리인의 선정) ① 법 제41조제5항 단서에서 "대통령령으로 정하는 요건을 갖춘 자"란 다음 각 호의 어느 하나에 해당하는 사람을 말한다.

1. 다음 각 목의 어느 하나에 해당하는 자격을 취득한 후 정비사업 관련 업무에 5년 이상 종사한 경력이 있는 사람
   가. 변호사
   나. 공인회계사
   다. 법무사
   라. 세무사
   마. 건축사
   바. 도시계획·건축분야의 기술사
   사. 감정평가사
   아. 행정사(일반행정사를 말한다. 이하 같다)
2. 조합임원으로 5년 이상 종사한 사람
3. 공무원 또는 공공기관의 임직원으로 정비사업 관련 업무에 5년 이상 종사한 사람
4. 정비사업전문관리업자에 소속되어 정비사업 관련 업무에 10년 이상 종사한 사람
5. 「건설산업기본법」 제2조제7호에 따른 건설사업자에 소속되어 정비사업 관련 업무에 10년 이상 종사한 사람
6. 제1호부터 제5호까지의 경력을 합산한 경력이 5년 이상인 사람. 이 경우 같은 시기의 경력은 중복하여 계산하지 아니하며, 제4호 및 제5호의 경력은 2분의 1만 포함하여 계산한다.

② 시장·군수등은 법 제41조제5항 단서에 따른 전문조합관리인

(이하 "전문조합관리인"이라 한다)의 선정이 필요하다고 인정하거
나 조합원(추진위원회의 경우에는 토지등소유자를 말한다. 이하 이
조에서 같다) 3분의 1 이상이 전문조합관리인의 선정을 요청하면
공개모집을 통하여 전문조합관리인을 선정할 수 있다. 이 경우 조
합 또는 추진위원회의 의견을 들어야 한다.
③ 전문조합관리인은 선임 후 6개월 이내에 법 제115조에 따른 교
육을 60시간 이상 받아야 한다. 다만, 선임 전 최근 3년 이내에 해
당 교육을 60시간 이상 받은 경우에는 그러하지 아니하다.
④ 전문조합관리인의 임기는 3년으로 한다

## ■ 임원의 직무

① 조합장은 조합을 대표하고, 그 사무를 총괄하며, 총회 또는 대
의원회의 의장이 됩니다(「도시 및 주거환경정비법」 제42조제1항).
② 조합장 또는 이사가 자기를 위한 조합과의 계약이나 소송에 관
련된 경우에는 감사가 조합을 대표합니다(「도시 및 주거환경정비법」
제42조제3항).
③ 조합임원은 같은 목적의 정비사업을 하는 다른 조합의 임원 또는
직원을 겸할 수 없습니다(「도시 및 주거환경정비법」 제42조제4항).

## ■ 조합임원의 결격사유 및 해임

① 다음의 어느 하나에 해당하는 자는 조합의 임원이 될 수 없습니
다(「도시 및 주거환경정비법」 제43조제1항).
1. 미성년자·피성년후견인 또는 피한정후견인
2. 파산선고를 받고 복권되지 않은 자
3. 금고 이상의 실형을 선고받고 그 집행이 종료(종료된 것으로
   보는 경우를 포함)되거나 집행이 면제된 날부터 2년이 경과되
   지 않은 자
4. 금고 이상의 형의 집행유예를 받고 그 유예기간 중에 있는 자

5. 「도시 및 주거환경정비법」을 위반하여 벌금 100만원 이상의 형을 선고받고 5년이 지나지 않은 자

② 조합임원이 위의 결격사유에 해당하게 되거나 선임 당시 그에 해당하는 자였음이 판명된 때에는 당연 퇴임하며, 퇴임된 임원이 퇴임 전에 관여한 행위는 그 효력을 잃지 않습니다(「도시 및 주거환경정비법」 제43조제2항 및 제3항).

③ 조합임원의 해임은 조합원 10분의 1 이상의 요구로 소집된 총회에서 조합원 과반수의 출석과 출석 조합원 과반수의 동의를 받아야 합니다(「도시 및 주거환경정비법」 제43조제4항 전단).

■ 재개발사업을 위해 조합임원이 공사업자로부터 뇌물을 받은 경우 조합임원은 어떤 처벌을 받게 되나요?

◎ 재개발사업을 위해 조합임원이 공사업자로부터 뇌물을 받은 경우 조합임원은 어떤 처벌을 받게 되나요?

Ⓐ 조합임원 뿐 아니라 정비사업과 관련된 추진위원장·조합임원·청산인·전문조합관리인 및 정비사업전문관리업자의 대표자(법인인 경우에는 임원을 말함)·직원 및 위탁지원자는 직무와 관련하여 뇌물을 받은 경우에는 공무원으로 의제되어 이에 따라 처벌을 받게 됩니다(「도시 및 주거환경정비법」 제134조 및 「형법」 제129조).

이는 정비사업과 관련된 각종 비리행위로 인한 심각한 분쟁과 피해를 방지하기 위해서는 정비사업과 관련된 자들에 대한 규제 강화가 필요하다는 인식에서 마련된 조치로서, 조합임원 등은 뇌물에 관한 죄의 적용에 있어서 공무원으로 본다는 규정을 마련하고 있습니다(대법원 2006. 5. 25. 선고 2006도1146 판결 참조).

## ■ 재개발사업조합의 조합원은 어떤 자격이 필요한가요?

◎ 재개발사업조합의 조합원은 어떤 자격이 필요한가요?

④ 재개발사업 정비구역 내의 토지 또는 건축물의 소유자 또는 그 지상권자는 자동으로 재개발사업의 조합원이 됩니다.

◇ 조합원의 자격
① 다음의 어느 하나에 해당하는 때에는 그 여러 명을 대표하는 1명을 조합원으로 봅니다.
1. 토지 또는 건축물의 소유권과 지상권이 여러 명의 공유에 속하는 때
2. 여러 명의 토지등소유자가 1세대에 속하는 때. 이 경우 동일한 세대별 주민등록표 상에 등재되어 있지 않은 배우자 및 미혼인 19세 미만의 직계비속은 1세대로 보며, 1세대로 구성된 여러 명의 토지등소유자가 조합설립인가 후 세대를 분리하여 동일한 세대에 속하지 않는 때에도 이혼 및 19세 이상 자녀의 분가(세대별 주민등록을 달리하고, 실거주지를 분가한 경우만 해당)를 제외하고는 1세대로 봅니다.
3. 조합설립인가(조합설립인가 전에 신탁업자를 사업시행자로 지정한 경우에는 사업시행자의 지정을 말함) 후 1명의 토지등소유자로부터 토지 또는 건축물의 소유권이나 지상권을 양수하여 여러 명이 소유하게 된 때
② 「주택법」 제63조제1항에 따른 투기과열지구로 지정된 지역에서 재개발사업을 시행하는 경우에는 관리처분계획의 인가 후 해당 정비사업의 건축물 또는 토지를 양수(매매·증여, 그 밖의 권리의 변동을 수반하는 일체의 행위를 포함하되, 상속·이혼으로 인한 양도·양수의 경우 등은 제외)한 자는 조합원이 될 수 없습니다.
③ 다만, 다음 어느 하나에 해당하는 양도인으로부터 해당 건축물 또는 토지를 양수한 경우에는 조합원이 될 수 있습니다.
1. 세대원의 근무상 사정이나 질병치료·취학·결혼으로 세대원이 모두 해당 사업구역에 위치하지 않은 특별시·광역시·특별자치시·특별자

치도·시 또는 군으로 이전하는 양도인

2. 상속으로 취득한 주택으로 세대원 모두 이전하는 양도인

3. 세대원 모두 해외로 이주하거나 세대원 모두 2년 이상 해외에 체류하려는 양도인

4. 1세대 1주택자로서 양도하는 주택을 10년 이상 소유하고 해당 주택에서 5년 이상 거주한 양도인

5. 착공일부터 3년 이상 준공되지 않은 재개발사업의 토지를 3년 이상 계속하여 소유하고 있는 등 불가피한 사정이 있는 양도인

---

### ※ 관련판례

도시 및 주거환경정비법이 정한 설립 요건과 절차를 갖추어 법인 등기까지 마친 재건축조합은 같은 법에 따른 구체적인 조합활동이 없어도 같은 법이 정한 재건축조합으로 인정되므로, 구 주택건설촉진법(2002. 12. 30. 법률 제6852호로 개정되기 전의 것)에 의하여 설립인가를 받아 도시 및 주거환경정비법 부칙(2002. 12. 30.) 제10조에 의하여 법인 등기를 마친 재건축조합의 조합장에게 같은 법상의 공무원 의제조항이 적용된다고 한 사례(대법원 2006. 5. 25. 선고 2006도1146 판결).

---

## 5. 조합의 운영

### 5-1. 조합원 총회

#### ■ 총회 설치

조합에는 조합원으로 구성되는 총회를 둡니다(「도시 및 주거환경정비법」 제44조제1항).

#### ■ 총회 소집

① 총회는 조합장이 직권으로 소집하거나 조합원 5분의 1 이상 또는 대의원 3분의 2 이상의 요구로 조합장이 소집합니다(「도시 및 주거환경정비법」 제44조제2항).

② 조합임원의 사임, 해임 또는 임기만료 후 6개월 이상 조합임원이 선임되지 않은 경우에는 시장·군수등이 조합임원 선출을 위한 총회를 소집할 수 있습니다(「도시 및 주거환경정비법」 제44조제3항).

③ 총회를 소집하려는 자는 총회가 개최되기 7일 전까지 회의 목적·안건·일시 및 장소를 정하여 조합원에게 통지해야 합니다(「도시 및 주거환경정비법」 제44조제4항).

④ 총회의 소집 절차·시기 등에 필요한 사항은 정관으로 정합니다(「도시 및 주거환경정비법」 제44조제5항).

---

※ 관련판례

● 재건축조합의 총회에서 재건축사업의 수행결과에 따라 차후에 발생하는 추가이익금의 상당한 부분에 해당하는 금액을 조합 임원들에게 인센티브로 지급하도록 하는 내용을 결의하는 경우, 적당하다고 인정되는 범위를 벗어난 인센티브 지급에 대한 결의 부분의 효력(무효) 및 인센티브의 내용이 부당하게 과다한지 판단하는 기준

재건축조합 임원의 보수 특히 인센티브(성과급)의 지급에 관한 내용은 정비사업의 수행에 대한 신뢰성이나 공정성의 문제와도 밀접하게 연관되어 있고 여러 가지 부작용과 문제점을 불러일으킬 수 있으므로 단순히 사적 자치에 따른 단체의 의사결정에만 맡겨둘 수는 없는 특성을 가진다. 재건축사업의 수행결과에 따라 차후에 발생하는 추가이익금의 상당한 부분에 해당하는 금액을 조합 임원들에게 인센티브로 지급하도록 하는 내용을 총회에서 결의하는 경우 조합 임원들에게 지급하기로 한 인센티브의 내용이 부당하게 과다하여 신의성실의 원칙이나 형평의 관념에 반한다고 볼 만한 특별한 사정이 있는 때에는 적당하다고 인정되는 범위를 벗어난 인센티브 지급에 대한 결의 부분은 그 효력이 없다고 보아야 한다. 인센티브의 내용이 부당하게 과다한지 여부는 조합 임원들이 업무를 수행한 기간, 업무수행 경과와 난이도, 실제 기울인 노력의 정도, 조합원들이

재건축사업의 결과로 얻게 되는 이익의 규모, 재건축사업으로 손실이 발생할 경우 조합 임원들이 보상액을 지급하기로 하였다면 그 손실보상액의 한도, 총회 결의 이후 재건축사업 진행 경과에 따라 조합원들이 예상할 수 없는 사정변경이 있었는지 여부, 그 밖에 변론에 나타난 여러 사정을 종합적으로 고려하여 판단하여야 한다(대법원 2020. 9. 3. 선고 2017다218987, 218994 판결).

### ■ 의결사항

① 다음의 사항은 총회의 의결을 거쳐야 합니다(「도시 및 주거환경정비법」 제45조제1항 및 「도시 및 주거환경정비법 시행령」 제42조제1항).

1. 정관의 변경(경미한 사항의 변경의 경우 「도시 및 주거환경정비법」 또는 정관에서 총회의결사항으로 정한 경우만 해당)
2. 자금의 차입과 그 방법·이율 및 상환방법
3. 정비사업비의 사용
4. 예산으로 정한 사항 외에 조합원에게 부담이 되는 계약
5. 시공자·설계자 및 감정평가법인등(「도시 및 주거환경정비법」 제74조제4항에 따라 시장·군수가 선정·계약하는 감정평가법인등은 제외)의 선정 및 변경(다만, 감정평가법인등 선정 및 변경은 총회 의결을 거쳐 시장·군수에게 위탁할 수 있음)
6. 정비사업전문관리업자의 선정 및 변경
7. 조합임원의 선임 및 해임
8. 정비사업비의 조합원별 분담내역
9. 「도시 및 주거환경정비법」 제52조에 따른사업시행계획서의 작성 및 변경(정비사업의 중지 또는 폐지에 관한 사항을 포함하되, 경미한 변경은 제외)
10. 「도시 및 주거환경정비법」 제74조에 따른관리처분계획의 수립

및 변경(경미한 변경은 제외)

11. 「도시 및 주거환경정비법」 제89조에 따른청산금의 징수·지급 (분할징수·분할지급을 포함)과 조합 해산 시의 회계보고

12. 「도시 및 주거환경정비법」 제93조에 따른 비용의 금액 및 징수방법

13. 조합의 합병 또는 해산에 관한 사항

14. 대의원의 선임 및 해임에 관한 사항

15. 건설되는 건축물의 설계 개요의 변경

16. 정비사업비의 변경

② 총회의 의결사항 중 「도시 및 주거환경정비법」 또는 정관에 따라 조합원의 동의가 필요한 사항은 총회에 상정해야 합니다(「도시 및 주거환경정비법」 제45조제2항).

■ **의결방법**

① 총회의 의결은 「도시 및 주거환경정비법」 또는 정관에 다른 규정이 없으면 조합원 과반수의 출석과 출석 조합원의 과반수 찬성으로 합니다(「도시 및 주거환경정비법」 제45조제3항).

② 위 9.와 10.의 경우에는 조합원 과반수의 찬성으로 의결하되, 정비사업비가 100분의 10(생산자물가상승률분, 「도시 및 주거환경정비법」 제73조에 따른 손실보상 금액은 제외) 이상 늘어나는 경우에는 조합원 3분의 2 이상의 찬성으로 의결해야 합니다(「도시 및 주거환경정비법」 제45조제4항).

③ 조합원은 서면으로 의결권을 행사하거나 다음의 어느 하나에 해당하는 경우에는 대리인을 통해 의결권을 행사할 수 있으며, 서면으로 의결권을 행사하는 경우에는 정족수를 산정할 때에 출석한 것

으로 봅니다(「도시 및 주거환경정비법」 제45조제5항).

1. 조합원이 권한을 행사할 수 없어 배우자, 직계존비속 또는 형제자매 중에서 성년자를 대리인으로 정하여 위임장을 제출하는 경우

2. 해외에 거주하는 조합원이 대리인을 지정하는 경우

3. 법인인 토지등소유자가 대리인을 지정하는 경우(이 경우 법인의 대리인은 조합임원 또는 대의원으로 선임될 수 있음)

④ "재개발사업의 토지등소유자"란 정비구역에 위치한 토지 또는 건축물의 소유자 또는 그 지상권자를 말합니다. 다만, 「도시 및 주거환경정비법」 제27조제1항에 따라 「자본시장과 금융투자업에 관한 법률」 제8조제7항에 따른 신탁업자가 사업시행자로 지정된 경우 토지등소유자가 정비사업을 목적으로 신탁업자에게 신탁한 토지 또는 건축물에 대하여는 위탁자를 토지등소유자로 봅니다(「도시 및 주거환경정비법」 제2조제9호).

---

※ 관련판례

● 기본행위인 주택재개발정비사업조합이 수립한 사업시행계획에 하자가 있는데 보충행위인 관할 행정청의 사업시행계획 인가처분에는 고유한 하자가 없는 경우, 사업시행계획의 무효를 주장하면서 곧바로 그에 대한 인가처분의 무효확인이나 취소를 구할 수 있는지 여부(소극)

구 도시 및 주거환경정비법(2013. 12. 24. 법률 제12116호로 개정되기 전의 것)에 기초하여 주택재개발정비사업조합이 수립한 사업시행계획은 관할 행정청의 인가·고시가 이루어지면 이해관계인들에게 구속력이 발생하는 독립된 행정처분에 해당하고, 관할 행정청의 사업시행계획 인가처분은 사업시행계획의 법률상 효력을 완성시키는 보충행위에 해당한다. 따라서 기본행위인 사업시행계획에는 하자가 없는데 보충행위인 인가처분에 고유한 하자가 있다면 그

인가처분의 무효확인이나 취소를 구하여야 할 것이지만, 인가처분에는 고유한 하자가 없는데 사업시행계획에 하자가 있다면 사업시행계획의 무효확인이나 취소를 구하여야 할 것이지 사업시행계획의 무효를 주장하면서 곧바로 그에 대한 인가처분의 무효확인이나 취소를 구하여서는 아니 된다(대법원 2021. 2. 10. 선고 2020두48031 판결).

■ 총회 출석

① 총회의 의결은 조합원의 100분의 10 이상이 직접 출석해야 합니다(「도시 및 주거환경정비법」 제45조제6항 본문).

② 다만, 다음의 어느 하나에 해당하는 총회의 경우에는 조합원의 100분의 20 이상이 직접 출석해야 합니다(「도시 및 주거환경정비법」 제45조제6항 단서 및 「도시 및 주거환경정비법 시행령」 제42조제2항).

1. 창립총회

2. 사업시행계획서의 작성 및 변경을 위해 개최하는 총회

3. 관리처분계획의 수립 및 변경을 위해 개최하는 총회

4. 정비사업비의 사용 및 변경을 위해 개최하는 총회

③ 그 밖에 총회의 의결방법 등에 대한 자세한 사항은 정관으로 정합니다(「도시 및 주거환경정비법」 제45조제7항).

## 5-2. 대의원회

■ 대의원회 설치

① 조합원의 수가 100명 이상인 조합은 대의원회를 두어야 합니다(「도시 및 주거환경정비법」 제46조제1항).

② 대의원회는 조합원의 10분의 1 이상으로 구성하되, 조합원의 10분의 1이 100명을 넘는 경우에는 조합원의 10분의 1의 범위에서

100명 이상으로 구성할 수 있습니다(「도시 및 주거환경정비법」 제46조제2항).

③ 대의원은 조합원 중에서 선출하며, 조합장이 아닌 조합임원은 대의원이 될 수 없습니다(「도시 및 주거환경정비법」 제46조제3항 및 「도시 및 주거환경정비법 시행령」 제44조제1항).

④ 대의원의 선임 및 해임, 대의원의 수는 정관으로 정합니다(「도시 및 주거환경정비법 시행령」 제44조제2항 및 제3항).

■ **총회권한의 대행 제한**

대의원회는 총회의 의결사항 중 「도시 및 주거환경정비법 시행령」 제43조에서 정하는 사항 외에는 총회의 권한을 대행할 수 있습니다(「도시 및 주거환경정비법」 제46조제4항 및 「도시 및 주거환경정비법 시행령」 제43조).

■ **대의원회 소집**

① 대의원회는 조합장이 필요하다고 인정하는 때에 소집하되, 다음의 어느 하나에 해당하는 때에는 조합장은 해당일부터 14일 이내에 대의원회를 소집해야 합니다(「도시 및 주거환경정비법 시행령」 제44조제4항).

1. 정관으로 정하는 바에 따라 소집청구가 있는 때

2. 대의원의 3분의 1 이상(정관으로 달리 정한 경우에는 그에 따름)이 회의의 목적사항을 제시하여 청구하는 때

② 위 1.과 2.에 따라 소집청구가 있는 경우로서 조합장이 기간 내에 정당한 이유 없이 대의원회를 소집하지 않은 때에는 미리 시장·군수등의 승인을 받아 감사가 지체 없이 이를 소집해야 하며, 감사가 소집하지 않는 때에는 위 1.과. 2.에 따라 소집을 청구한 사람의

대표가 소집합니다(「도시 및 주거환경정비법 시행령」 제44조제5항).

③ 대의원회를 소집하는 경우에는 소집주체에 따라 감사 또는 위 1.과. 2.에 따라 소집을 청구한 사람의 대표가 의장의 직무를 대행합니다(「도시 및 주거환경정비법 시행령」 제44조제6항).

④ 대의원회의 소집은 집회 7일 전까지 그 회의의 목적·안건·일시 및 장소를 기재한 서면을 대의원에게 통지하는 방법에 따르며, 이 경우 정관으로 정하는 바에 따라 대의원회의 소집내용을 공고해야 합니다(「도시 및 주거환경정비법 시행령」 제44조제7항).

■ 의결방법

① 대의원회는 재적대의원 과반수의 출석과 출석대의원 과반수의 찬성으로 의결하되, 그 이상의 범위에서 정관으로 달리 정하는 경우에는 그에 따릅니다(「도시 및 주거환경정비법 시행령」 제44조제8항).

② 대의원회는 사전에 통지한 안건만 의결할 수 있되, 사전에 통지하지 않은 안건으로서 대의원회의 회의에서 정관으로 정하는 바에 따라 채택된 안건의 경우에는 의결할 수 있습니다(「도시 및 주거환경정비법 시행령」 제44조제9항).

③ 특정한 대의원의 이해와 관련된 사항에 대해서는 그 대의원은 의결권을 행사할 수 없습니다(「도시 및 주거환경정비법 시행령」 제44조제10항).

# 6. 토지등소유자의 동의

## 6-1. 토지등소유자의 동의방법

"재개발사업의 토지등소유자"란 정비구역에 위치한 토지 또는 건축물의 소유자 또는 그 지상권자를 말합니다. 다만, 「도시 및 주거환경정비법」제27조제1항에 따라 「자본시장과 금융투자업에 관한 법률」제8조제7항에 따른 신탁업자가 사업시행자로 지정된 경우 토지등소유자가 정비사업을 목적으로 신탁업자에게 신탁한 토지 또는 건축물에 대하여는 위탁자를 토지등소유자로 봅니다(「도시 및 주거환경정비법」제2조제9호).

## ■ 동의가 필요한 경우

정비사업과 관련하여 토지등소유자의 동의가 필요한 경우는 다음과 같습니다(「도시 및 주거환경정비법」제36조제1항).

1. 「도시 및 주거환경정비법」제20조제6항제1호에 따라 정비구역 등 해제의 연장을 요청하는 경우
2. 「도시 및 주거환경정비법」제21조제1항제4호에 따라 정비구역 의 해제에 동의하는 경우
3. 「도시 및 주거환경정비법」제25조제1항제2호에 따라 토지등소 유자가 재개발사업을 시행하려는 경우
4. 「도시 및 주거환경정비법」제26조 또는 제27조에 따라 재개발 사업의 공공시행자 또는 지정개발자를 지정하는 경우
5. 「도시 및 주거환경정비법」제31조제1항에 따라 조합설립을 위한 조합설립추진위원회(이하 "추진위원회"라 함)를 구성하는 경우
6. 「도시 및 주거환경정비법」제32조제4항에 따라 추진위원회의 업무가 토지등소유자의 비용부담을 수반하거나 권리·의무에 변동을 가져오는 경우

7. 「도시 및 주거환경정비법」 제35조제2항부터 제5항까지의 규정에 따라 조합을 설립하는 경우

8. 「도시 및 주거환경정비법」 제47조제3항에 따라 주민대표회의를 구성하는 경우

9. 「도시 및 주거환경정비법」 제50조제6항에 따라 사업시행 계획인가를 신청하는 경우

10. 「도시 및 주거환경정비법」 제58조제3항에 따라 사업시행자가 사업시행계획서를 작성하려는 경우

■ 동의방법

① 토지등소유자의 동의(동의한 사항의 철회 또는 반대의 의사표시를 포함)는 서면동의서에 토지등소유자가 성명을 적고 지장(指章)을 날인하는 방법으로 하며, 주민등록증, 여권 등 신원을 확인할 수 있는 신분증명서의 사본을 첨부해야 합니다(「도시 및 주거환경정비법」 제36조제1항).

② 토지등소유자가 해외에 장기체류하거나 법인인 경우 등 불가피한 사유가 있다고 시장·군수등이 인정하는 경우에는 토지등소유자의 인감도장을 찍은 서면동의서에 해당 인감증명서를 첨부하는 방법으로 할 수 있습니다(「도시 및 주거환경정비법」 제36조제2항).

## 6-2. 조합설립과 관련된 토지등소유자의 동의

■ 동의서의 검인

① 서면동의서를 작성하는 경우 「도시 및 주거환경정비법」 제31조제1항 및 제35조제2항부터 제4항까지의 규정에 해당하는 때에는 시장·군수등이 검인(檢印)한 서면동의서를 사용해야 하며, 검인을 받

지 아니한 서면동의서는 그 효력이 없습니다(「도시 및 주거환경정비법」 제36조제3항).

② 동의서에 검인(檢印)을 받으려는 자는 「도시 및 주거환경정비법 시행령」 제25조제1항 또는 제30조제2항에 따라 동의서에 기재할 사항을 기재한 후 관련 서류를 첨부하여 시장·군수등에게 검인을 신청해야 합니다(「도시 및 주거환경정비법 시행령」 제34조제1항).

③ 시장·군수등은 검인 신청을 받은 날부터 20일 이내에 신청인에게 검인한 동의서를 내주어야 합니다(「도시 및 주거환경정비법 시행령」 제34조제3항).

### ■ 토지등소유자의 동의서 재사용

조합설립인가(변경인가를 포함)를 받은 후에 동의서 위조, 동의 철회, 동의율 미달 또는 동의자 수 산정방법에 관한 하자 등으로 다툼이 있는 경우로서 다음의 어느 하나에 해당하는 때에는 동의서의 유효성에 다툼이 없는 토지등소유자의 동의서를 다시 사용할 수 있습니다(「도시 및 주거환경정비법」 제37조제1항·제2항 및 「도시 및 주거환경정비법 시행령」 제35조).

| 재사용이 가능한 경우 | 재사용 요건 |
|---|---|
| 1. 조합설립인가의 무효 또는 취소소송 중에 일부 동의서를 추가 또는 보완하여 조합설립변경인가를 신청하는 때 | 가. 토지등소유자에게 기존 동의서를 다시 사용할 수 있다는 취지와 반대 의사표시의 절차 및 방법을 서면으로 설명·고지할 것<br>나. 60일 이상의 반대의사 표시기간을 가목의 서면에 명백히 적어 부여할 것 |
| 2. 법원의 판결로 조합설립인가의 무효 또는 취소가 확정되어 조합설립인가를 다 | 가. 토지등소유자에게 기존 동의서를 다시 사용할 수 있다는 취지와 반대의사 표시의 절차 및 방법을 서면으로 설명·고지할 것 |

| | 나. 90일 이상의 반대의사 표시기간을 가목의 서면에 명백히 적어 부여할 것 |
| --- | --- |
| 시 신청하는 때 | 다. 정비구역, 조합정관, 정비사업비, 개인별 추정분담금, 신축되는 건축물의 연면적 등 정비사업의 변경내용을 가목의 서면에 포함할 것<br><br>라. 다음의 변경의 범위가 모두 100분의 10 미만일 것<br>1) 정비구역 면적의 변경<br>2) 정비사업비의 증가(생산자물가상승 률분 및 「도시 및 주거환경정비법」 제73조에 따른 현금청산 금액은 제외)<br>3) 신축되는 건축물의 연면적 변경<br><br>마. 조합설립인가의 무효 또는 취소가 확정된 조합과 새롭게 설립하려는 조합이 추진하려는 정비사업의 목적과 방식이 동일할 것<br><br>바. 조합설립의 무효 또는 취소가 확정된 날부터 3년 내에 새로운 조합을 설립하기 위한 창립총회를 개최할 것 |

## 6-3. 동의자수 산정

### ■ 산정 방법

토지등소유자(토지면적에 관한 동의자 수를 산정하는 경우에는 토지소유자를 말함)의 동의는 다음의 기준에 따라 산정합니다(「도시 및 주거환경정비법 시행령」 제33조제1항).

1. 1필지의 토지 또는 하나의 건축물을 여럿이서 공유할 때에는 그 여럿을 대표하는 1인을 토지등소유자로 산정할 것. 다만, 재개발구역의 「전통시장 및 상점가 육성을 위한 특별법」 제2조에 따른 전통시장 및 상점가로서 1필지의 토지 또는 하나의 건

축물을 여럿이서 공유하는 경우에는 해당 토지 또는 건축물의 토지등소유자의 4분의 3 이상의 동의를 받아 이를 대표하는 1인을 토지등소유자로 산정할 수 있습니다.

2. 토지에 지상권이 설정되어 있는 경우 토지의 소유자와 해당 토지의 지상권자를 대표하는 1인을 토지등소유자로 산정할 것

3. 1인이 다수 필지의 토지 또는 다수의 건축물을 소유하고 있는 경우에는 필지나 건축물의 수에 관계없이 토지등소유자를 1인으로 산정할 것. 다만, 재개발사업으로서 「도시 및 주거환경정비법」 제25조제1항제2호에 따라 토지등소유자가 재개발사업을 시행하는 경우 토지등소유자가 정비구역 지정 후에 정비사업을 목적으로 취득한 토지 또는 건축물에 대해서는 정비구역 지정 당시의 토지 또는 건축물의 소유자를 토지등소유자의 수에 포함하여 산정하되, 이 경우 동의 여부는 이를 취득한 토지등소유자에 따릅니다.

4. 둘 이상의 토지 또는 건축물을 소유한 공유자가 동일한 경우에는 그 공유자 여럿을 대표하는 1인을 토지등소유자로 산정할 것

5. 추진위원회의 구성 또는 조합의 설립에 동의한 자로부터 토지 또는 건축물을 취득한 자는 추진위원회의 구성 또는 조합의 설립에 동의한 것으로 볼 것

6. 토지등기부등본·건물등기부등본·토지대장 및 건축물관리대장에 소유자로 등재될 당시 주민등록번호의 기록이 없고 기록된 주소가 현재 주소와 다른 경우로서 소재가 확인되지 아니한 자는 토지등소유자의 수 또는 공유자 수에서 제외할 것

7. 국·공유지에 대해서는 그 재산관리청 각각을 토지등소유자로 산정할 것

## 6-4. 동의의 철회 또는 반대

### ■ 철회 등의 방법

① 동의의 철회 또는 반대의사 표시의 시기는 다음의 기준에 따릅니다(「도시 및 주거환경정비법 시행령」 제33조제2항).

1. 동의의 철회 또는 반대의사의 표시는 해당 동의에 따른 인·허가 등을 신청하기 전까지 할 수 있습니다.

2. 위 1.에도 불구하고 다음의 동의는 최초로 동의한 날부터 30일까지만 철회할 수 있습니다. 다만, 아래 나.의 동의는 최초로 동의한 날부터 30일이 지나지 않은 경우에도 「도시 및 주거환경정비법」 제32조제3항에 따른 조합설립을 위한 창립총회 후에는 철회할 수 없습니다.

　가. 「도시 및 주거환경정비법」 제21조제1항제4호에 따른 정비구역의 해제에 대한 동의

　나. 「도시 및 주거환경정비법」 제35조에 따른 조합설립에 대한 동의(동의 후 「도시 및 주거환경정비법 시행령」 제30조제2항에서 정하는 사항이 변경되지 않은 경우만 해당)

② 동의를 철회하거나 반대의 의사표시를 하려는 토지등소유자는 철회서에 토지등소유자가 성명을 적고 지장(指章)을 날인한 후 주민등록증 및 여권 등 신원을 확인할 수 있는 신분증명서 사본을 첨부하여 동의의 상대방 및 시장·군수등에게 내용증명의 방법으로 발송해야 합니다(「도시 및 주거환경정비법 시행령」 제33조제3항 전단).

③ 이 경우 시장·군수등이 철회서를 받은 때에는 지체 없이 동의의 상대방에게 철회서가 접수된 사실을 통지해야 합니다(「도시 및 주거환경정비법 시행령」 제33조제3항 후단).

④ 동의의 철회나 반대의 의사표시는 철회서가 동의의 상대방에게 도달한 때 또는 시장·군수등이 동의의 상대방에게 철회서가 접수된 사실을 통지한 때 중 빠른 때에 효력이 발생합니다(「도시 및 주거환경정비법 시행령」 제33조제4항).

# 제2절 조합 외의 자가 시행하는 경우

## 1. 주민대표회의

### 1-1. 주민대표회의 구성·승인

#### ■ 주민대표회의 구성

① 토지등소유자가 특별자치시장, 특별자치도지사, 시장, 군수, 자치구의 구청장(이하 "시장·군수등"이라 함), 한국토지주택공사 또는 「지방공기업법」에 따라 주택사업을 수행하기 위하여 설립된 지방공사(이하 "토지주택공사등"이라 함)의 사업시행을 원하는 경우에는 정비구역 지정·고시 후 주민대표기구(이하 "주민대표회의"라 함)를 구성해야 합니다(「도시 및 주거환경정비법」 제47조제1항).

② 주민대표회의는 위원장을 포함하여 5명 이상 25명 이하로 구성하되, 위원장과 부위원장 각 1명과 1명 이상 3명 이하의 감사를 둡니다(「도시 및 주거환경정비법」 제47조제2항 및 「도시 및 주거환경정비법 시행령」 제45조제1항).

③ "재개발사업의 토지등소유자"란 정비구역에 위치한 토지 또는 건축물의 소유자 또는 그 지상권자를 말합니다. 다만, 「도시 및 주거환경정비법」 제27조제1항에 따라 「자본시장과 금융투자업에 관한 법률」 제8조제7항에 따른 신탁업자가 사업시행자로 지정된 경우 토지등소유자가 정비사업을 목적으로 신탁업자에게 신탁한 토지 또는 건축물에 대하여는 위탁자를 토지등소유자로 봅니다(「도시 및 주거환경정비법」 제2조제9호).

## ■ 토지등소유자의 동의

① 주민대표회의를 구성하려면 토지등소유자의 과반수의 동의를 받아야 합니다(「도시 및 주거환경정비법」 제47조제3항).

② 주민대표회의의 구성에 동의한 자는 「도시 및 주거환경정비법」 제26조제1항제8호 후단에 따른 사업시행자의 지정에 동의한 것으로 봅니다(「도시 및 주거환경정비법」 제47조제4항 본문).

③ 다만, 사업시행자의 지정 요청 전에 시장·군수등 및 주민대표회의에 사업시행자의 지정에 대한 반대의 의사표시를 한 토지등소유자의 경우에는 그렇지 않습니다(「도시 및 주거환경정비법」 제47조제4항 단서).

## ■ 주민대표회의 승인 신청

토지등소유자는 주민대표회의의 승인을 받으려면 다음의 서류(전자문서를 포함)를 시장·군수등에게 제출해야 합니다(「도시 및 주거환경정비법」 제47조제3항 및 「도시 및 주거환경정비법 시행규칙」 제9조).

1. 주민대표회의 승인신청서(「도시 및 주거환경정비법 시행규칙」 별지 제7호서식)

2. 「도시 및 주거환경정비법 시행령」 제45조제4항에 따라 주민대표회의가 정하는 운영규정

3. 토지등소유자의 주민대표회의 구성 동의서

4. 주민대표회의 위원장·부위원장 및 감사의 주소 및 성명

5. 주민대표회의 위원장·부위원장 및 감사의 선임을 증명하는 서류

6. 토지등소유자의 명부

## 1-2. 주민대표회의 운영

### ■ 의견제시

주민대표회의 또는 세입자(상가세입자를 포함)는 사업시행자가 다음의 사항에 관하여 「도시 및 주거환경정비법」 제53조에 따른 시행규정을 정하는 때에 의견을 제시할 수 있습니다(「도시 및 주거환경정비법」 제47조제5항 전단 및 「도시 및 주거환경정비법 시행령」 제45조제2항).

1. 건축물의 철거

2. 주민의 이주(세입자의 퇴거에 관한 사항을 포함)

3. 토지 및 건축물의 보상(세입자에 대한 주거이전비 등 보상에 관한 사항을 포함)

4. 정비사업비의 부담

5. 세입자에 대한 임대주택의 공급 및 입주자격

6. 「도시 및 주거환경정비법」 제29조제4항에 따른 시공자의 추천

7. 다음의 변경에 관한 사항

- 「도시 및 주거환경정비법」 제47조제5항제1호에 따른 건축물의 철거

- 「도시 및 주거환경정비법」 제47조제5항제2호에 따른 주민의 이주 (세입자의 퇴거에 관한 사항을 포함)

- 「도시 및 주거환경정비법」 제47조제5항제3호에 따른 토지 및 건축물의 보상(세입자에 대한 주거이전비 등 보상에 관한 사항을 포함)

- 「도시 및 주거환경정비법」 제47조제5항제4호에 따른 정비사업비의 부담

8. 관리처분계획 및 청산에 관한 사항

9. 위 8.에 따른 사항의 변경에 관한 사항

## ■ 운영 지원
시장·군수등 또는 토지주택공사등은 주민대표회의의 운영에 필요한 경비의 일부를 해당 정비사업비에서 지원할 수 있습니다(「도시 및 주거환경정비법 시행령」 제45조제3항).

## ■ 운영방법 등의 결정
주민대표회의의 위원의 선출·교체 및 해임, 운영방법, 운영비용의 조달 그 밖에 주민대표회의의 운영에 필요한 사항은 주민대표회의가 정합니다(「도시 및 주거환경정비법 시행령」 제45조제4항).

# 2. 토지등소유자 전체회의

## 2-1. 토지등소유자 전체회의 구성
## ■ 토지등소유자 전체회의 의결 사항
① 「도시 및 주거환경정비법」 제27조제1항제3호에 따라 사업시행자로 지정된 신탁업자는 다음의 사항에 관하여 해당 정비사업의 토지등소유자 전원으로 구성되는 회의(이하 "토지등소유자 전체회의"라 함)의 의결을 거쳐야 합니다(「도시 및 주거환경정비법」 제48조제1항).
1. 시행규정의 확정 및 변경
2. 정비사업비의 사용 및 변경
3. 정비사업전문관리업자와의 계약 등 토지등소유자의 부담이 될 계약
4. 시공자의 선정 및 변경
5. 정비사업비의 토지등소유자별 분담내역
6. 자금의 차입과 그 방법·이자율 및 상환방법
7. 「도시 및 주거환경정비법」 제52조에 따른 사업시행계획서의 작

성 및 변경(「도시 및 주거환경정비법」 제50조제1항 본문에 따른 정비사업의 중지 또는 폐지에 관한 사항을 포함하며, 경미한 변경은 제외)

8. 「도시 및 주거환경정비법」 제74조에 따른 관리처분계획의 수립 및 변경(경미한 변경은 제외)

9. 「도시 및 주거환경정비법」 제89조에 따른 청산금의 징수·지급 (분할징수·분할지급을 포함)과 조합 해산 시의 회계보고

10. 「도시 및 주거환경정비법」 제93조에 따른 비용의 금액 및 징수방법

11. 그 밖에 토지등소유자에게 부담이 되는 것으로 시행규정으로 정하는 사항

② "재개발사업의 토지등소유자"란 정비구역에 위치한 토지 또는 건축물의 소유자 또는 그 지상권자를 말합니다. 다만, 「도시 및 주거환경정비법」 제27조제1항에 따라 「자본시장과 금융투자업에 관한 법률」 제8조제7항에 따른 신탁업자가 사업시행자로 지정된 경우 토지등소유자가 정비사업을 목적으로 신탁업자에게 신탁한 토지 또는 건축물에 대하여는 위탁자를 토지등소유자로 봅니다(「도시 및 주거환경정비법」 제2조9호).

■ **토지등소유자 전체회의 소집**

① 토지등소유자 전체회의는 사업시행자가 직권으로 소집하거나 토지등소유자 5분의 1 이상의 요구로 사업시행자가 소집합니다(「도시 및 주거환경정비법」 제48조제2항).

② 토지등소유자 전체회의의 소집 절차·시기 등에 필요한 사항은 시행규정으로 정합니다(「도시 및 주거환경정비법」 제48조제3항 및 제44조제5항).

③ 시행규정은 특별자치시장, 특별자치도지사, 시장, 군수, 자치구의 구청장, 한국토지주택공사, 「지방공기업법」에 따라 주택사업을 수행하기 위하여 설립된 지방공사 또는 신탁업자가 단독으로 정비사업을 시행하는 경우에 작성해야 하며, 시행규정에서 정해야 하는 내용은 「도시 및 주거환경정비법」 제53조에서 확인할 수 있습니다.

## ■ 토지등소유자 전체회의 의결방법

① 토지등소유자 전체회의의 의결은 「도시 및 주거환경정비법」 또는 시행규정에 다른 규정이 없으면 토지등소유자 과반수의 출석과 출석 토지등소유자의 과반수 찬성으로 합니다(「도시 및 주거환경정비법」 제48조제3항 및 제45조제3항).

② 다음의 경우에는 토지등소유자 과반수의 찬성으로 의결합니다. 다만, 정비사업비가 100분의 10(생산자물가상승률분, 제73조에 따른 손실보상 금액은 제외) 이상 늘어나는 경우에는 토지등소유자 3분의 2 이상의 찬성으로 의결해야 합니다(「도시 및 주거환경정비법」 제48조제3항, 제45조제4항 및 제45조제1항제9호·제10호).

1. 「도시 및 주거환경정비법」 제52조에 따른 사업시행계획서의 작성 및 변경(「도시 및 주거환경정비법」 제50조제1항 본문에 따른 정비사업의 중지 또는 폐지에 관한 사항을 포함하며, 경미한 변경은 제외)

2. 「도시 및 주거환경정비법」 제74조에 따른 관리처분계획의 수립 및 변경(경미한 변경은 제외)

③ 토지등소유자 전체회의의 의결은 토지등소유자의 100분의 10 이상이 직접 출석해야 합니다(「도시 및 주거환경정비법」 제48조제3항 및 제45조제6항 본문).

④ 다만, 다음의 어느 하나에 해당하는 토지등소유자 전체회의의 경우에는 토지등소유자의 100분의 20 이상이 직접 출석해야 합니다 (「도시 및 주거환경정비법」 제48조제3항, 제45조제6항 단서 및 「도시 및 주거환경정비법 시행령」 제42조2항).

1. 사업시행계획서의 작성 및 변경을 위해 개최하는 토지등소유자 전체회의

2. 관리처분계획의 수립 및 변경을 위해 개최하는 토지등소유자 전체회의

3. 정비사업비의 사용 및 변경을 위해 개최하는 토지등소유자 전체회의

⑤ 토지등소유자 전체회의의 의결방법 등에 필요한 사항은 시행규정으로 합니다(「도시 및 주거환경정비법」 제48조제3항 및 제45조제7항).

# 제3절 시공사 선정

## 1. 시공자 선정 방법

### 1-1. 선정 시기 및 방법

#### ■ 조합의 시공자 선정

① 조합은 조합설립인가를 받은 후 조합총회에서 일반경쟁 또는 지명경쟁의 방법으로 건설업자 또는 건설업자로 보는 등록사업자(이하 "건설업자등"이라 함)를 시공자로 선정해야 합니다(「도시 및 주거환경정비법」 제29조제4항 본문 및 「정비사업 계약업무 처리기준」).

---

### 정비사업 계약업무 처리기준

[시행 2021. 1. 1.] [국토교통부고시 제2020-1182호, 2020. 12. 30.]

#### 제1장 총 칙

제1조(목적) 이 기준은 「도시 및 주거환경정비법」 제29조에 따라 추진위원회 또는 사업시행자 등이 계약을 체결하는 경우 계약의 방법 및 절차 등에 필요한 사항을 정함으로써 정비사업의 투명성을 개선하고자 하는데 목적이 있다.

제2조(용어의 정의) 이 기준에서 정하는 용어의 정의는 다음과 같다.
1. "사업시행자등"이란 추진위원장 또는 사업시행자(청산인을 포함한다)를 말한다.
2. "건설업자등"이란 「건설산업기본법」 제9조에 따른 건설업자 또는 「주택법」 제7조제1항에 따라 건설업자로 보는 등록사업자를 말한다.
3. "전자조달시스템"이란 「전자조달의 이용 및 촉진에 관한 법률」 제2조제4호에 따른 국가종합전자조달시스템 중 "누리장터"를 말한다.

제3조(다른 법률과의 관계) ① 사업시행자등이 계약을 체결하는 경우

---

관계 법령, 「도시 및 주거환경정비법」(이하 "법"이라 한다) 제118조 제6항에 따른 시·도조례로 정한 기준 등에 별도 정하여진 경우를 제외하고는 이 기준이 정하는 바에 따른다.

② 관계 법령 등과 이 기준에서 정하지 않은 사항은 정관등(추진위원회의 운영규정을 포함한다. 이하 같다)이 정하는 바에 따르며, 정관등으로 정하지 않은 구체적인 방법 및 절차는 대의원회(법 제46조에 따른 대의원회, 법 제48조에 따른 토지등소유자 전체회의, 「정비사업 조합설립추진위원회 운영규정」 제2조제2항에 따른 추진위원회 및 사업시행자인 토지등소유자가 자치적으로 정한 규약에 따른 대의원회 등의 조직을 말한다. 이하 같다)가 정하는 바에 따른다.

제4조(공정성 유지 의무 등) ① 사업시행자등 및 입찰에 관계된 자는 입찰에 관한 업무가 자신의 재산상 이해와 관련되어 공정성을 잃지 않도록 이해 충돌의 방지에 노력하여야 한다.

② 임원 및 대의원 등 입찰에 관한 업무를 수행하는 자는 직무의 적정성을 확보하여 조합원 또는 토지등소유자의 이익을 우선으로 성실히 직무를 수행하여야 한다.

③ 누구든지 계약 체결과 관련하여 다음 각 호의 행위를 하여서는 아니 된다.

1. 금품, 향응 또는 그 밖의 재산상 이익을 제공하거나 제공의사를 표시하거나 제공을 약속하는 행위
2. 금품, 향응 또는 그 밖의 재산상 이익을 제공받거나 제공의사 표시를 승낙하는 행위
3. 제3자를 통하여 제1호 또는 제2호에 해당하는 행위를 하는 행위

④ 사업시행자등은 업무추진의 효율성을 제고하기 위해 분리발주를 최소화하여야 한다.

제2장 일반 계약 처리기준

제5조(적용범위) 이 장은 사업시행자등이 정비사업을 추진하기 위하

여 체결하는 공사, 용역, 물품구매 및 제조 등 계약(이하 "계약"이라 한다)에 대하여 적용한다.

제6조(입찰의 방법) ① 사업시행자등이 정비사업 과정에서 계약을 체결하는 경우 일반경쟁입찰에 부쳐야 한다. 다만, 「도시 및 주거환경정비법 시행령」(이하 "영"이라 한다) 제24조제1항에 해당하는 경우에는 지명경쟁이나 수의계약으로 할 수 있다.

② 제1항에 따라 일반경쟁입찰 또는 지명경쟁입찰(이하 "경쟁입찰"이라 한다)을 하는 경우 2인 이상의 유효한 입찰참가 신청이 있어야 한다.

제7조(지명경쟁에 의한 입찰) ① 사업시행자등이 제6조제1항에 따라 지명경쟁에 의한 입찰을 하고자 할 때에는 같은 조 제2항에도 불구하고 4인 이상의 입찰대상자를 지명하여야 하고, 3인 이상의 입찰참가 신청이 있어야 한다.

② 사업시행자등은 제1항에 따라 입찰대상자를 지명하고자 하는 경우에는 대의원회의 의결을 거쳐야 한다.

제8조(수의계약에 의한 입찰) 제6조제1항에 따라 수의계약을 하는 경우 보증금과 기한을 제외하고는 최초 입찰에 부칠 때에 정한 가격 및 기타 조건을 변경할 수 없다.

제9조(입찰 공고 등) ① 사업시행자등이 계약을 위하여 입찰을 하고자 하는 경우에는 입찰서 제출마감일 7일 전까지 전자조달시스템 또는 1회 이상 일간신문(전국 또는 해당 지방을 주된 보급지역으로 하는 일간신문을 말한다. 이하 같다)에 입찰을 공고하여야 한다. 다만, 지명경쟁에 의한 입찰의 경우에는 입찰서 제출마감일 7일 전까지 내용증명우편으로 입찰대상자에게 통지(도달을 말한다. 이하 같다)하여야 한다.

② 제1항에도 불구하고 입찰서 제출 전에 현장설명회를 개최하는 경우에는 현장설명회 개최일 7일 전까지 전자조달시스템 또는 1회 이상 일간신문에 입찰을 공고하여야 한다. 다만, 지명경쟁에 의한 입찰의 경우에는 현장설명회 개최일 7일 전까지 내용증명우편으로 입찰대상자에게 통지하여야 한다.

③ 제1항 및 제2항에도 불구하고 「건설산업기본법」에 따른 건설공사 및 전문공사 입찰의 경우로서 현장설명회를 실시하지 아니하는 경우에는 입찰서 제출마감일로부터 다음 각 호에서 정한 기간 전까지 공고하여야 한다.

1. 추정가격이 10억원 이상 50억원 미만인 경우 : 15일
2. 추정가격이 50억원 이상인 경우 : 40일

④ 제1항부터 제3항까지의 규정에도 불구하고 재입찰을 하거나 긴급한 재해예방·복구 등을 위하여 필요한 경우에는 입찰서 제출마감일 5일 전까지 공고할 수 있다.

제10조(입찰 공고 등의 내용) 제9조에 따른 공고 등에는 다음 각 호의 사항을 포함하여야 한다.

1. 사업계획의 개요(공사규모, 면적 등)
2. 입찰의 일시 및 장소
3. 입찰의 방법(경쟁입찰 방법, 공동참여 여부 등)
4. 현장설명회 일시 및 장소(현장설명회를 개최하는 경우에 한한다)
5. 부정당업자의 입찰 참가자격 제한에 관한 사항
6. 입찰참가에 따른 준수사항 및 위반시 자격 박탈에 관한 사항
7. 그 밖에 사업시행자등이 정하는 사항

제10조의2(입찰보증금) ① 사업시행자등은 입찰에 참가하려는 자에게 입찰보증금을 내도록 할 수 있다.

② 입찰보증금은 현금(체신관서 또는 「은행법」의 적용을 받는 은행이 발행한 자기앞수표를 포함한다. 이하 같다) 또는 「국가를 당사자로 하는 계약에 관한 법률」 또는 「지방자치단체를 당사자로 하는 계약에 관한 법률」에서 정하는 보증서로 납부하게 할 수 있다.

③ 사업시행자등이 입찰에 참가하려는 자에게 입찰보증금을 납부하도록 하는 경우에는 입찰 마감일부터 5일 이전까지 입찰보증금을 납부하도록 요구하여서는 아니 된다.

제11조(현장설명회) 사업시행자등이 현장설명회를 개최할 경우 현장설명에는 다음 각 호의 사항이 포함되어야 한다.

1. 정비구역 현황

2. 입찰서 작성방법·제출서류·접수방법 및 입찰유의사항

3. 계약대상자 선정 방법

4. 계약에 관한 사항

5. 그 밖에 입찰에 관하여 필요한 사항

제12조(부정당업자의 입찰 참가자격 제한) 사업시행자등은 입찰시 대의원회의 의결을 거쳐 다음 각 호의 어느 하나에 해당하는 자에 대하여 입찰참가자격을 제한할 수 있다.

1. 금품, 향응 또는 그 밖의 재산상 이익을 제공하거나 제공의사를 표시하거나 제공을 약속하여 처벌을 받았거나, 입찰 또는 선정이 무효 또는 취소된 자(소속 임직원을 포함한다)

2. 입찰신청서류가 거짓 또는 부정한 방법으로 작성되어 선정 또는 계약이 취소된 자

제13조(입찰서의 접수 및 개봉) ① 사업시행자등은 밀봉된 상태로 입찰서(사업 참여제안서를 포함한다)를 접수하여야 한다.

② 사업시행자등이 제1항에 따라 접수한 입찰서를 개봉하고자 할 때에는 입찰서를 제출한 입찰참여자의 대표(대리인을 지정한 경우에는 그 대리인을 말한다)와 사업시행자등의 임원 등 관련자, 그 밖에 이해관계자 각 1인이 참여한 공개된 장소에서 개봉하여야 한다.

③ 사업시행자등은 제2항에 따른 입찰서 개봉 시에는 일시와 장소를 입찰참여자에게 통지하여야 한다.

제14조(입찰참여자의 홍보 등) ① 사업시행자등은 입찰에 참여한 설계업자, 정비사업전문관리업자 등을 선정하고자 할 때에는 이를 토지등소유자(조합이 설립된 경우에는 조합원을 말한다. 이하 같다)가 쉽게 접할 수 있는 일정한 장소의 게시판에 7일 이상 공고하고 인터넷 등에 병행하여 공개하여야 한다.

② 사업시행자등은 필요한 경우 설계업자, 정비사업전문관리업자 등의 합동홍보설명회를 개최할 수 있다.

③ 사업시행자등은 제2항에 따라 합동홍보설명회를 개최하는 경우에는 개최 7일 전까지 일시 및 장소를 정하여 토지등소유자에게

이를 통지하여야 한다.

④ 입찰에 참여한 자는 토지등소유자 등을 상대로 개별적인 홍보 (홍보관·쉼터 설치, 홍보책자 배부, 세대별 방문, 개인에 대한 정보통신망을 통한 부호·문언·음향·영상 송신행위 등을 포함한다. 이하 이 항 및 제34조제3항에서 같다)를 할 수 없으며, 홍보를 목적으로 토지등소유자 등에게 사은품 등 물품·금품·재산상의 이익을 제공하거나 제공을 약속하여서는 아니 된다.

제15조(계약 체결 대상의 선정) ① 사업시행자등은 법 제45조제1항제 4호부터 제6호까지의 규정에 해당하는 계약은 총회(법 제45조에 따른 총회, 법 제48조에 따른 토지등소유자 전체회의, 「정비사업 조합설립추진위원회 운영규정」에 따른 주민총회 및 사업시행자인 토지등소유자가 자치적으로 정한 규약에 따른 총회 조직을 말한다. 이하 같다)의 의결을 거쳐야 하며, 그 외의 계약은 대의원회의 의 결을 거쳐야 한다.

② 사업시행자등은 제1항에 따라 총회의 의결을 거쳐야 하는 경우 대의원회에서 총회에 상정할 4인 이상의 입찰대상자를 선정하여야 한다. 다만, 입찰에 참가한 입찰대상자가 4인 미만인 때에는 모두 총회에 상정하여야 한다.

제16조(입찰 무효 등) ① 제14조제4항에 따라 토지등소유자 등을 상 대로 하는 개별적인 홍보를 하는 행위가 적발된 건수의 합이 3회 이상인 경우 해당 입찰은 무효로 본다.

② 제1항에 따라 해당 입찰이 무효로 됨에 따라 단독 응찰이 된 경우에는 제6조제2항에도 불구하고 유효한 경쟁입찰로 본다.

제17조(계약의 체결) 사업시행자등은 제15조에 따라 선정된 자가 정 당한 이유 없이 3개월 이내에 계약을 체결하지 아니하는 경우에는 총회 또는 대의원회의 의결을 거쳐 해당 선정을 무효로 할 수 있 다.

　　　　　제3장 전자입찰 계약 처리기준

제18조(적용범위) 이 장은 영 제24제2항에 따라 전자조달시스템을 이

용하여 입찰(이하 "전자입찰"이라고 한다)하는 계약에 대하여 적용한다.

제19조(전자입찰의 방법) ① 전자입찰은 일반경쟁의 방법으로 입찰을 부쳐야 한다. 다만, 영 제24조제1항제1호가목에 해당하는 경우 지명경쟁의 방법으로 입찰을 부칠 수 있다.

② 전자입찰을 통한 계약대상자의 선정 방법은 다음 각 호와 같다.

1. 투찰 및 개찰 후 최저가로 입찰한 자를 선정하는 최저가방식

2. 입찰가격과 실적·재무상태·신인도 등 비가격요소 등을 종합적으로 심사하여 선정하는 적격심사방식

3. 입찰가격과 사업참여제안서 등을 평가하여 선정하는 제안서평가방식

③ 제1항 및 제2항에서 규정한 사항 외에 전자입찰의 방법에 관하여는 제6조를 준용한다.

제20조(전자입찰 공고 등) ① 사업시행자등이 전자입찰을 하는 경우에는 입찰서 제출마감일 7일 전까지 전자조달시스템에 입찰을 공고하여야 한다. 다만, 입찰서 제출 전에 현장설명회를 개최하는 경우에는 현장설명회 개최일 7일 전까지 공고하여야 한다.

② 영 제24제1항제1호가목에 따른 지명경쟁입찰의 경우에는 제9조제2항을 준용한다.

제21조(전자입찰 공고 등의 내용) ① 사업시행자등이 전자입찰을 하는 경우에는 전자조달시스템에 다음 각 호의 사항을 공고하여야 한다.

1. 사업계획의 개요(공사규모, 면적 등)

2. 입찰의 일시 및 장소

3. 입찰의 방법(경쟁입찰 방법, 공동참여 여부 등)

4. 현장설명회 일시 및 장소(현장설명회를 개최하는 경우에 한한다)

5. 부정당업자의 입찰 참가자격 제한에 관한 사항

6. 입찰참가에 따른 준수사항 및 위반시 자격 박탈에 관한 사항

7. 그 밖에 사업시행자등이 정하는 사항

② 제19조제2항제2호 및 제3호의 방식에 따라 계약대상자를 선정

하는 경우 평가항목별 배점표를 작성하여 입찰 공고 시 이를 공개하여야 한다.

제22조(입찰서의 접수 및 개봉) ① 사업시행자등은 전자조달시스템을 통해 입찰서를 접수하여야 한다.

② 전자조달시스템에 접수한 입찰서 이외의 입찰 부속서류는 밀봉된 상태로 접수하여야 한다.

③ 입찰 부속서류를 개봉하고자 하는 경우에는 부속서류를 제출한 입찰참여자의 대표(대리인을 지정한 경우에는 그 대리인을 말한다)와 사업시행자등의 임원 등 관련자, 그 밖에 이해관계자 각 1인이 참여한 공개된 장소에서 개봉하여야 한다.

④ 사업시행자등은 제3항에 따른 입찰 부속서류 개봉 시에는 일시와 장소를 입찰참여자에게 통지하여야 한다.

제23조(전자입찰 계약의 체결) ① 사업시행자등은 전자입찰을 통해 계약대상자가 선정될 경우 전자조달시스템에 따라 계약을 체결할 수 있다.

② 전자입찰을 통해 계약된 사항에 대해서는 전자조달시스템에서 그 결과를 공개하여야 한다.

제24조(일반 계약 처리기준의 준용) 전자입찰을 하는 경우에는 제11조 및 제12조, 제14조부터 제17조까지의 규정을 준용한다.


제4장 시공자 선정 기준

제25조(적용범위) 이 장은 재개발사업·재건축사업의 사업시행자등이 법 제29조제4항 및 제7항에 따라 건설업자등을 시공자로 선정하거나 추천하는 경우(법 제25조에 따른 공동시행을 위해 건설업자등을 선정하는 경우를 포함한다)에 대하여 적용한다.

제26조(입찰의 방법) ① 사업시행자등은 일반경쟁 또는 지명경쟁의 방법으로 건설업자등을 시공자로 선정하여야 한다.

② 제1항에도 불구하고 일반경쟁입찰이 미 응찰 또는 단독 응찰의

사유로 2회 이상 유찰된 경우에는 총회의 의결을 거쳐 수의계약의 방법으로 건설업자등을 시공자로 선정할 수 있다.

제27조(지명경쟁에 의한 입찰) ① 사업시행자등은 제26조제1항에 따라 지명경쟁에 의한 입찰에 부치고자 할 때에는 5인 이상의 입찰대상자를 지명하여 3인 이상의 입찰참가 신청이 있어야 한다.
② 제1항에 따라 지명경쟁에 의한 입찰을 하고자 하는 경우에는 대의원회의 의결을 거쳐야 한다.

제28조(입찰 공고 등) 사업시행자등은 시공자 선정을 위하여 입찰에 부치고자 할 때에는 현장설명회 개최일로부터 7일 전까지 전자조달시스템 또는 1회 이상 일간신문에 공고하여야 한다. 다만, 지명경쟁에 의한 입찰의 경우에는 전자조달시스템과 일간신문에 공고하는 것 외에 현장설명회 개최일로부터 7일 전까지 내용증명우편으로 통지하여야 한다.

제29조(입찰 공고 등의 내용 및 준수사항) ① 제28조에 따른 공고 등에는 다음 각 호의 사항을 포함하여야 한다.
1. 사업계획의 개요(공사규모, 면적 등)
2. 입찰의 일시 및 방법
3. 현장설명회의 일시 및 장소(현장설명회를 개최하는 경우에 한한다)
4. 부정당업자의 입찰 참가자격 제한에 관한 사항
5. 입찰참가에 따른 준수사항 및 위반(제34조를 위반하는 경우를 포함한다)시 자격 박탈에 관한 사항
6. 그 밖에 사업시행자등이 정하는 사항
② 사업시행자등은 건설업자등에게 이사비, 이주비, 이주촉진비, 「재건축초과이익 환수에 관한 법률」 제2조제3호에 따른 재건축부담금, 그 밖에 시공과 관련이 없는 사항에 대한 금전이나 재산상 이익을 요청하여서는 아니 된다.
③ 사업시행자등은 건설업자등이 설계를 제안하는 경우 제출하는 입찰서에 포함된 설계도서, 공사비 명세서, 물량산출 근거, 시공방법, 자재사용서 등 시공 내역의 적정성을 검토해야 한다.

제30조(건설업자등의 금품 등 제공 금지 등) ① 건설업자등은 입찰서 작성시 이사비, 이주비, 이주촉진비, 「재건축초과이익 환수에 관한 법률」 제2조제3호에 따른 재건축부담금, 그 밖에 시공과 관련이 없는 사항에 대한 금전이나 재산상 이익을 제공하는 제안을 하여서는 아니 된다.

② 제1항에도 불구하고 건설업자등은 금융기관의 이주비 대출에 대한 이자를 사업시행자등에 대여하는 것을 제안할 수 있다.

③ 제1항에도 불구하고 건설업자등은 금융기관으로부터 조달하는 금리 수준으로 추가 이주비(종전 토지 또는 건축물을 담보로 한 금융기관의 이주비 대출 이외의 이주비를 말한다)를 사업시행자등에 대여하는 것을 제안할 수 있다(재건축사업은 제외한다).

제31조(현장설명회) ① 사업시행자등은 입찰서 제출마감일 20일 전까지 현장설명회를 개최하여야 한다. 다만, 비용산출내역서 및 물량산출내역서 등을 제출해야 하는 내역입찰의 경우에는 입찰서 제출마감일 45일 전까지 현장설명회를 개최하여야 한다.

② 제1항에 따른 현장설명회에는 다음 각 호의 사항이 포함되어야 한다.

1. 설계도서(사업시행계획인가를 받은 경우 사업시행계획인가서를 포함하여야 한다)
2. 입찰서 작성방법·제출서류·접수방법 및 입찰유의사항 등
3. 건설업자등의 공동홍보방법
4. 시공자 결정방법
5. 계약에 관한 사항
6. 기타 입찰에 관하여 필요한 사항

제32조(입찰서의 접수 및 개봉) 시공자 선정을 위한 입찰서의 접수 및 개봉에 관하여는 제22조를 준용한다.

제33조(대의원회의 의결) ① 사업시행자등은 제출된 입찰서를 모두 대의원회에 상정하여야 한다.

② 대의원회는 총회에 상정할 6인 이상의 건설업자등을 선정하여

야 한다. 다만, 입찰에 참가한 건설업자등이 6인 미만인 때에는 모두 총회에 상정하여야 한다.

③ 제2항에 따른 건설업자등의 선정은 대의원회 재적의원 과반수가 직접 참여한 회의에서 비밀투표의 방법으로 의결하여야 한다. 이 경우 서면결의서 또는 대리인을 통한 투표는 인정하지 아니한다.

제34조(건설업자등의 홍보) ① 사업시행자등은 제33조에 따라 총회에 상정될 건설업자등이 결정된 때에는 토지등소유자에게 이를 통지하여야 하며, 건설업자등의 합동홍보설명회를 2회 이상 개최하여야 한다. 이 경우 사업시행자등은 총회에 상정하는 건설업자등이 제출한 입찰제안서에 대하여 시공능력, 공사비 등이 포함되는 객관적인 비교표를 작성하여 토지등소유자에게 제공하여야 하며, 건설업자등이 제출한 입찰제안서 사본을 토지등소유자가 확인할 수 있도록 전자적 방식(「전자문서 및 전자거래 기본법」 제2조제2호에 따른 정보처리시스템을 사용하거나 그 밖에 정보통신기술을 이용하는 방법을 말한다)을 통해 게시할 수 있다.

② 사업시행자등은 제1항에 따라 합동홍보설명회를 개최할 때에는 개최일 7일 전까지 일시 및 장소를 정하여 토지등소유자에게 이를 통지하여야 한다.

③ 건설업자등의 임직원, 시공자 선정과 관련하여 홍보 등을 위해 계약한 용역업체의 임직원 등은 토지등소유자 등을 상대로 개별적인 홍보를 할 수 없으며, 홍보를 목적으로 토지등소유자 또는 정비사업전문관리업자 등에게 사은품 등 물품·금품·재산상의 이익을 제공하거나 제공을 약속하여서는 아니 된다.

④ 사업시행자등은 제1항에 따른 합동홍보설명회(최초 합동홍보설명회를 말한다) 개최 이후 건설업자등의 신청을 받아 정비구역 내 또는 인근에 개방된 형태의 홍보공간을 1개소 제공하거나, 건설업자등이 공동으로 마련하여 한시적으로 제공하고자 하는 공간 1개소를 홍보공간으로 지정할 수 있다. 이 경우 건설업자등은 제3항에도 불구하고 사업시행자등이 제공하거나 지정하는 홍보공간에서는 토지등소유자 등에게 홍보할 수 있다.

⑤ 건설업자등은 제4항에 따라 홍보를 하려는 경우에는 미리 홍보를 수행할 직원(건설업자등의 직원을 포함한다. 이하 "홍보직원"이라 한다)의 명단을 사업시행자등에 등록하여야 하며, 홍보직원의 명단을 등록하기 이전에 홍보를 하거나, 등록하지 않은 홍보직원이 홍보를 하여서는 아니 된다. 이 경우 사업시행자등은 등록된 홍보직원의 명단을 토지등소유자에게 알릴 수 있다.

제35조(건설업자등의 선정을 위한 총회의 의결 등) ① 총회는 토지등소유자 과반수가 직접 출석하여 의결하여야 한다. 이 경우 법 제45조제5항에 따른 대리인이 참석한 때에는 직접 출석한 것으로 본다.

② 조합원은 제1항에 따른 총회 직접 참석이 어려운 경우 서면으로 의결권을 행사할 수 있으나, 서면결의서를 철회하고 시공자선정 총회에 직접 출석하여 의결하지 않는 한 제1항의 직접 참석자에는 포함되지 않는다.

③ 제2항에 따른 서면의결권 행사는 조합에서 지정한 기간·시간 및 장소에서 서면결의서를 배부받아 제출하여야 한다.

④ 조합은 제3항에 따른 조합원의 서면의결권 행사를 위해 조합원 수 등을 고려하여 서면결의서 제출기간·시간 및 장소를 정하여 운영하여야 하고, 시공자 선정을 위한 총회 개최 안내시 서면결의서 제출요령을 충분히 고지하여야 한다.

⑤ 조합은 총회에서 시공자 선정을 위한 투표 전에 각 건설업자등 별로 조합원들에게 설명할 수 있는 기회를 부여하여야 한다.

제36조(계약의 체결 및 계약사항의 관리) ① 사업시행자등은 제35조에 따라 선정된 시공자와 계약을 체결하는 경우 계약의 목적, 이행기간, 지체상금, 실비정산방법, 기타 필요한 사유 등을 기재한 계약서를 작성하여 기명날인하여야 한다.

② 사업시행자등은 제35조에 따라 선정된 시공자가 정당한 이유 없이 3개월 이내에 계약을 체결하지 아니하는 경우에는 총회의 의결을 거쳐 해당 선정을 무효로 할 수 있다.

③ 사업시행자등은 제1항의 계약 체결 후 다음 각 호에 해당하게

될 경우 검증기관(공사비 검증을 수행할 기관으로서 「한국부동산원법」에 의한 한국부동산원을 말한다. 이하 같다)으로부터 공사비 검증을 요청할 수 있다.

1. 사업시행계획인가 전에 시공자를 선정한 경우에는 공사비의 10% 이상, 사업시행계획인가 이후에 시공자를 선정한 경우에는 공사비의 5% 이상이 증액되는 경우
2. 제1호에 따라 공사비 검증이 완료된 이후 공사비가 추가로 증액되는 경우
3. 토지등소유자 10분의 1 이상이 사업시행자등에 공사비 증액 검증을 요청하는 경우
4. 그 밖에 사유로 사업시행자등이 공사비 검증을 요청하는 경우

④ 공사비 검증을 받고자 하는 사업시행자등은 검증비용을 예치하고, 설계도서, 공사비 명세서, 물량산출근거, 시공방법, 자재사용서 등 공사비 변동내역 등을 검증기관에 제출하여야 한다.

⑤ 검증기관은 접수일로부터 60일 이내에 그 결과를 신청자에게 통보하여야 한다. 다만, 부득이한 경우 10일의 범위 내에서 1회 연장할 수 있으며, 서류의 보완기간은 검증기간에서 제외한다.

⑥ 검증기관은 공사비 검증의 절차, 수수료 등을 정하기 위한 규정을 마련하여 운영할 수 있다.

⑦ 사업시행자등은 공사비 검증이 완료된 경우 검증보고서를 총회에서 공개하고 공사비 증액을 의결받아야 한다.

### 제5장 보 칙

제37조(입찰참여자에 대한 협조 의무) 사업시행자등은 입찰에 참여한 자가 입찰에 관한 사항을 문의할 경우 필요한 서류를 제공하고 입찰에 적극 참여할 수 있도록 협조하여야 한다.

제38조(자료의 공개 등) 사업시행자등은 이 기준에 의한 계약서 및 검증보고서 등 관련서류 및 자료가 작성되거나 변경된 후 15일 이내에 이를 토지등소유자가 알 수 있도록 인터넷과 그 밖의 방법을 병행하여 공개하여야 한다.

제39조(재검토기한) 국토교통부장관은 이 고시에 대하여 「훈령·예규 등의 발령 및 관리에 관한 규정」에 따라 2021년 1월 1일 기준으로 매 3년이 되는 시점(매 3년째의 12월 31일까지를 말한다)마다 그 타당성을 검토하여 개선 등의 조치를 하여야 한다.

부칙 <제2020-1182호, 2020. 12. 30.>
이 고시는 2021년 1월 1일부터 시행한다.

② 지명경쟁에 의한 입찰에 부치려는 때에는 5인 이상의 입찰대상자를 지명하여 3인 이상의 입찰참가 신청이 있어야 하며, 대의원회의 의결을 거쳐야 합니다(「정비사업 계약업무 처리기준」 제27조제1항 및 제2항).

③ 일반경쟁입찰이 미 응찰 또는 단독 응찰의 사유로 2회 이상 유찰된 경우에는 총회의 의결을 거쳐 수의계약의 방법으로 시공자를 선정할 수 있습니다(「도시 및 주거환경정비법」 제29조제4항 본문 및 「정비사업 계약업무 처리기준」 제26조2항).

④ 다만, 조합원이 100인 이하인 정비사업은 조합총회에서 정관으로 정하는 바에 따라 선정할 수 있습니다(「도시 및 주거환경정비법」 제29조제4항 단서 및 「도시 및 주거환경정비법 시행령」 제24조제3항).

■ 조합 외의 시공자 선정 및 추천

① 조합 외에 토지등소유자, 특별자치시장, 특별자치도지사, 시장, 군수, 자치구의 구청장(이하 "시장·군수등"이라 함), 한국토지주택공사, 「지방공기업법」에 따라 주택사업을 수행하기 위하여 설립된 지방공사(이하 "토지주택공사등"이라 함)가 정비사업을 시행하는 경우에는 다음의 구분에 따라 건설업자등을 시공자로 선정해야 합니다

(「도시 및 주거환경정비법」 제29조제5항·제6항).

| 구분 | 선정주체 | 시기 | 방법 |
|---|---|---|---|
| 1. | 토지등소유자가 「도시 및 주거환경정비법」 제25조제1항제2호에 따라 재개발사업을 시행하는 경우 | 사업시행계획인가 후 | 토지등소유자가 자치적으로 정한 규약에 따라 선정 |
| 2. | ① 시장·군수등이 「도시 및 주거환경정비법」 제26조제1항 및 제27조제1항에 따라 직접 정비사업을 시행하는 경우<br>② 토지주택공사등 또는 지정개발자를 사업시행자로 지정한 경우 | 사업시행자 지정·고시 후 | 경쟁입찰 또는 수의계약의 방법으로 선정 |

② "재개발사업의 토지등소유자"란 정비구역에 위치한 토지 또는 건축물의 소유자 또는 그 지상권자를 말합니다. 다만, 「도시 및 주거환경정비법」 제27조제1항에 따라 「자본시장과 금융투자업에 관한 법률」 제8조제7항에 따른 신탁업자가 사업시행자로 지정된 경우 토지등소유자가 정비사업을 목적으로 신탁업자에게 신탁한 토지 또는 건축물에 대하여는 위탁자를 토지등소유자로 봅니다(「도시 및 주거환경정비법」 제2조제9호).

③ 위 2.에 따라 시공자를 선정하는 경우 주민대표회의 또는 토지등소유자 전체회의는 다음의 요건을 모두 갖춘 경쟁입찰이나 수의계약(2회 이상 경쟁입찰이 유찰된 경우만 해당)의 방법으로 시공자를 추천할 수 있습니다(「도시 및 주거환경정비법」 제29조제7항 및 「도시 및 주거환경정비법 시행령」 제24조제4항).

1. 일반경쟁입찰·제한경쟁입찰 또는 지명경쟁입찰 중 하나일 것
2. 해당 지역에서 발간되는 일간신문에 1회 이상 위 1.의 입찰을

위한 공고를 하고, 입찰 참가자를 대상으로 현장 설명회를 개최할 것

3. 해당 지역 주민을 대상으로 합동홍보설명회를 개최할 것

4. 토지등소유자를 대상으로 제출된 입찰서에 대한 투표를 실시하고 그 결과를 반영할 것

④ 주민대표회의 또는 토지등소유자 전체회의가 시공자를 추천한 경우 사업시행자는 추천받은 자를 시공자로 선정해야 합니다(「도시 및 주거환경정비법」 제29조제8항 전단).

## 1-2. 입찰절차

### ■ 입찰공고

① 조합설립추진위원회 위원장 또는 사업시행자(청산인을 포함)[이하 "사업시행자등"이라 함]는 시공자 선정을 위해 입찰에 부치려는 때에는 현장설명회 개최일로부터 7일 전까지 전자조달시스템 또는 1회 이상 일간신문에 공고해야 합니다(「정비사업 계약업무 처리기준」 제28조 본문 및 제2조제1호).

② 다만, 지명경쟁에 의한 입찰의 경우에는 전자조달시스템과 일간신문에 공고하는 것 외에 현장설명회 개최일로부터 7일 전까지 내용증명우편으로 통지해야 합니다(「정비사업 계약업무 처리기준」 제28조 단서).

③ 입찰공고 등에 포함해야 하는 사항은 「정비사업 계약업무 처리기준」 제29조제1항에서 확인할 수 있습니다.

### ■ 준수사항

① 사업시행자등은 건설업자등에게 이사비, 이주비, 이주촉진비, 그 밖에 시공과 관련이 없는 사항에 대한 금전이나 재산상 이익을 요

청해서는 안 됩니다(「정비사업 계약업무 처리기준」 제29조제2항).

② 사업시행자등은 건설업자등이 설계를 제안하는 경우 제출하는 입찰서에 포함된 설계도서, 공사비 명세서, 물량산출 근거, 시공방법, 자재사용서 등 시공 내역의 적정성을 검토해야 합니다(「정비사업 계약업무 처리기준」 제29조제3항).

■ **현장설명회 개최**

사업시행자등은 입찰서 제출마감일 20일 전까지 현장설명회를 개최해야 하며, 비용산출내역서 및 물량산출내역서 등을 제출해야 하는 내역입찰의 경우에는 입찰서 제출마감일 45일 전까지 현장설명회를 개최해야 합니다(「정비사업 계약업무 처리기준」 제31조제1항).

■ **입찰서의 접수 및 개봉**

① 사업시행자등은 전자조달시스템을 통해 입찰서를 접수해야 합니다(「정비사업 계약업무 처리기준」 제32조 및 제22조제1항).

② 전자조달시스템에 접수한 입찰서 이외의 입찰 부속서류는 밀봉된 상태로 접수해야 합니다(「정비사업 계약업무 처리기준」 제32조 및 제22조제2항).

③ 입찰 부속서류를 개봉하는 경우에는 부속서류를 제출한 입찰참여자의 대표(대리인을 지정한 경우에는 그 대리인을 말함)와 사업시행자등의 임원 등 관련자, 그 밖에 이해관계자 각 1인이 참여한 공개된 장소에서 개봉해야 합니다(「정비사업 계약업무 처리기준」 제32조 및 제22조제3항).

④ 사업시행자등은 입찰 부속서류 개봉 시에는 일시와 장소를 입찰참여자에게 통지해야 합니다(「정비사업 계약업무 처리기준」 제32조 및 제22조제4항).

## 1-3. 총회에 상정할 건설업자등 선정

### ■ 대의원회의 의결

① 사업시행자등은 제출된 입찰서를 모두 대의원회에 상정해야 합니다(「정비사업 계약업무 처리기준」 제33조제1항).

② 대의원회는 총회에 상정할 6인 이상의 건설업자등을 선정해야 하며, 입찰에 참가한 건설업자등이 6인 미만인 때에는 모두 총회에 상정해야 합니다(「정비사업 계약업무 처리기준」 제33조제2항).

③ 위 규정에 따른 건설업자등의 선정은 대의원회 재적의원 과반수가 직접 참여한 회의에서 비밀투표의 방법으로 의결해야 하며, 서면결의서 또는 대리인을 통한 투표는 인정하지 않습니다(「정비사업 계약업무 처리기준」 제33조제3항).

### ■ 합동홍보설명회 개최

① 사업시행자등은 총회에 상정될 건설업자등이 결정된 때에는 토지등소유자에게 이를 통지해야 하며, 건설업자등의 합동홍보설명회를 2회 이상 개최해야 합니다(「정비사업 계약업무 처리기준」 제34조제1항 전단).

② 사업시행자등은 합동홍보설명회를 개최할 때에는 개최일 7일 전까지 일시 및 장소를 정하여 토지등소유자에게 이를 통지해야 합니다(「정비사업 계약업무 처리기준」 제34조제2항).

③ 사업시행자등은 합동홍보설명회(최초 합동홍보설명회를 말함) 개최 이후 건설업자등의 신청을 받아 정비구역 내 또는 인근에 개방된 형태의 홍보공간을 1개소 제공할 수 있습니다(「정비사업 계약업무 처리기준」 제34조제4항 전단).

④ 이 경우 건설업자등은 사업시행자등이 제공하는 홍보공간에서는 토지등소유자에게 홍보할 수 있습니다(「정비사업 계약업무 처리기준」 제34조제4항 후단).

## 1-4. 시공자의 선정

### ■ 총회의 의결

① 총회는 조합원 과반수의 출석과 출석 조합원의 과반수 찬성으로 시공자를 선정합니다(「도시 및 주거환경정비법」 제45조제1항제5호 및 제3항).

② 총회는 토지등소유자 과반수가 직접 출석(대리인이 참석한 때에는 직접 출석한 것으로 봄)하여 의결해야 합니다(「정비사업 계약업무 처리기준」 제35조제1항).

③ 조합원은 총회 직접 참석이 어려운 경우 서면으로 의결권을 행사할 수 있으나, 서면결의서를 철회하고 시공자선정 총회에 직접 출석하여 의결하지 않는 한 위 규정에 따른 직접 참석자에는 포함되지 않습니다(「정비사업 계약업무 처리기준」 제35조제2항).

④ 서면의결권 행사는 조합에서 지정한 기간·시간 및 장소에서 서면결의서를 배부받아 제출해야 합니다(「정비사업 계약업무 처리기준」 제35조제3항).

⑤ 조합은 조합원의 서면의결권 행사를 위해 조합원 수 등을 고려하여 서면결의서 제출기간·시간 및 장소를 정하여 운영해야 하고, 시공자 선정을 위한 총회 개최 안내시 서면결의서 제출요령을 충분히 고지해야 합니다(「정비사업 계약업무 처리기준」 제35조제4항).

⑥ 조합은 총회에서 시공자 선정을 위한 투표 전에 각 건설업자등 별로 조합원들에게 설명할 수 있는 기회를 부여해야 합니다(「정비사

업 계약업무 처리기준」 제35조제5항).

## 2. 시공자 계약

### 2-1. 시공자 계약체결

#### ■ 계약서 작성

① 조합설립추진위원회 위원장 또는 사업시행자(청산인을 포함)[이하 "사업시행자등"이라 함]는 선정된 시공자와 계약을 체결하는 경우 계약의 목적, 이행기간, 지체상금, 실비정산방법, 그 밖에 필요한 사유 등을 기재한 계약서를 작성하여 기명날인해야 합니다[「정비사업 계약업무 처리기준」 제36조제1항 및 제2조제1호].

② 사업시행자(사업대행자를 포함)는 선정된 시공자와 공사에 관한 계약을 체결할 때에는 기존 건축물의 철거 공사(「석면안전관리법」에 따른 석면 조사·해체·제거를 포함)에 관한 사항을 포함시켜야 합니다(「도시 및 주거환경정비법」 제29조제9항).

#### ■ 시공자 선정의 무효

사업시행자등은 선정된 시공자가 정당한 이유 없이 3개월 이내에 계약을 체결하지 않는 경우에는 총회의 의결을 거쳐 해당 선정을 무효로 할 수 있습니다(「정비사업 계약업무 처리기준」 제36조제2항).

## 2-2. 계약사항의 관리

### ■ 공사비 검증 요청

① 사업시행자등은 계약 체결 후 다음에 해당하게 될 경우 검증기관(공사비 검증을 수행할 기관으로서 「한국부동산원법」에 따른 한국부동산원을 말함)으로부터 공사비 검증을 요청할 수 있습니다(「정비사업 계약업무 처리기준」 제36조제3항).

1. 사업시행계획인가 전에 시공자를 선정한 경우에는 공사비의 10% 이상, 사업시행계획인가 이후에 시공자를 선정한 경우에는 공사비의 5% 이상이 증액되는 경우

2. 위 1.에 따라 공사비 검증이 완료된 이후 공사비가 추가로 증액되는 경우

3. 토지등소유자 10분의 1 이상이 사업시행자등에 공사비 증액 검증을 요청하는 경우

4. 그 밖에 사유로 사업시행자등이 공사비 검증을 요청하는 경우

② "재개발사업의 토지등소유자"란 정비구역에 위치한 토지 또는 건축물의 소유자 또는 그 지상권자를 말합니다. 다만, 「도시 및 주거환경정비법」 제27조제1항에 따라 「자본시장과 금융투자업에 관한 법률」 제8조제7항에 따른 신탁업자가 사업시행자로 지정된 경우 토지등소유자가 정비사업을 목적으로 신탁업자에게 신탁한 토지 또는 건축물에 대하여는 위탁자를 토지등소유자로 봅니다(「도시 및 주거환경정비법」 제2조제9호).

③ 공사비 검증을 받고자 하는 사업시행자등은 검증비용을 예치하고, 설계도서, 공사비 명세서, 물량산출근거, 시공방법, 자재사용서 등 공사비 변동내역 등을 검증기관에 제출해야 합니다(「정비사업 계약업무 처리기준」 제36조제4항).

④ 사업시행자등은 공사비 검증이 완료된 경우 검증보고서를 총회에서 공개하고 공사비 증액을 의결받아야 합니다(「정비사업 계약업무 처리기준」 제36조제7항).

## ■ 시공보증서 제출

조합이 정비사업의 시행을 위해 특별자치시장, 특별자치도지사, 시장, 군수, 자치구의 구청장, 한국토지주택공사 또는 「지방공기업법」에 따라 주택사업을 수행하기 위하여 설립된 지방공사가 아닌 자를 시공자로 선정(공동사업시행자가 시공하는 경우를 포함)한 경우 공사의 시공보증(시공자가 공사의 계약상 의무를 이행하지 못하거나 의무이행을 하지 않을 경우 보증기관에서 시공자를 대신하여 계약이행의무를 부담하거나 총 공사금액의 100분의 50 이하 총 공사금액의 100분의 30 이상의 범위에서 사업시행자가 정하는 금액을 납부할 것을 보증하는 것을 말함)을 위해 그 시공자에게 다음의 어느 하나에 해당하는 보증서를 제출하게 해야 합니다(「도시 및 주거환경정비법」 제82조제1항, 「도시 및 주거환경정비법 시행령」 제73조 및 「도시 및 주거환경정비법 시행규칙」 제14조).

1. 「건설산업기본법」에 따른 공제조합이 발행한 보증서
2. 「주택도시기금법」에 따른 주택도시보증공사가 발행한 보증서
3. 「은행법」 제2조제1항제2호에 따른 금융기관, 「한국산업은행법」에 따른 한국산업은행, 「한국수출입은행법」에 따른 한국수출입은행 또는 「중소기업은행법」에 따른 중소기업은행이 발행한 지급보증서
4. 「보험업법」에 따른 보험사업자가 발행한 보증보험증권

# 제3장

# 사업시행계획은 어떻게
# 수립하나요?

# 제3장 사업시행계획은 어떻게 수립하나요?

## 제1절 사업시행계획

### 1. 사업시행계획수립

#### 1-1. 사업시행계획서의 작성

■ 사업시행계획서의 내용

① 사업시행자는 정비계획에 따라 다음의 사항을 포함하는 사업시행계획서를 작성해야 합니다(「도시 및 주거환경정비법」 제52조제1항 및 「도시 및 주거환경정비법 시행령」 제47조제2항).

1. 토지이용계획(건축물배치계획을 포함)

2. 정비기반시설 및 공동이용시설의 설치계획

3. 임시거주시설을 포함한 주민이주대책

4. 세입자의 주거 및 이주 대책

5. 사업시행기간 동안 정비구역 내 가로등 설치, 폐쇄회로 텔레비전 설치 등 범죄예방대책

6. 「도시 및 주거환경정비법」 제10조에 따른 임대주택의 건설계획

7. 「도시 및 주거환경정비법」 제54조제4항에 따른 소형주택의 건설계획

8. 기업형임대주택 또는 임대관리 위탁주택의 건설계획(필요한 경우만 해당)

9. 건축물의 높이 및 용적률 등에 관한 건축계획

10. 정비사업의 시행과정에서 발생하는 폐기물의 처리계획

11. 교육시설의 교육환경 보호에 관한 계획(정비구역부터 200미터 이내에 교육시설이 설치되어 있는 경우만 해당)

12. 정비사업비

13. 다음의 사항 중 시·도조례로 정하는 사항

- 정비사업의 종류·명칭 및 시행기간

- 정비구역의 위치 및 면적

- 사업시행자의 성명 및 주소

- 설계도서

- 자금계획

- 철거할 필요는 없으나 개·보수할 필요가 있다고 인정되는 건축물의 명세 및 개·보수계획

- 정비사업의 시행에 지장이 있다고 인정되는 정비구역의 건축물 또는 공작물 등의 명세

- 토지 또는 건축물 등에 관한 권리자 및 그 권리의 명세

- 공동구의 설치에 관한 사항

- 정비사업의 시행으로 「도시 및 주거환경정비법」 제97조제 1항에 따라 용도가 폐지되는 정비기반시설의 조서·도면과 새로 설치할 정비기반시설의 조서·도면[한국토지주택공사 또는 「지방공기업법」에 따라 주택사업을 수행하기 위하여 설립된 지방공사(이하 "토지주택공사등"이라 함)가 사업시행자인 경우만 해당]

- 정비사업의 시행으로 「도시 및 주거환경정비법」 제97조제 2항에 따라 용도가 폐지되는 정비기반시설의 조서·도면 및 그 정비기반시설에 대한 둘 이상의 감정평가업자의 감정평가서와 새로 설치할 정비기반시설의 조서·도면 및 그 설치비용 계산서

- 사업시행자에게 무상으로 양여되는 국·공유지의 조서

- 「물의 재이용 촉진 및 지원에 관한 법률」에 따른 빗물처리계획

- 기존주택의 철거계획서(석면을 함유한 건축자재가 사용된 경우

에는 그 현황과 해당 자재의 철거 및 처리계획을 포함)

- 정비사업 완료 후 상가세입자에 대한 우선 분양 등에 관한 사항

② 사업시행자가 사업시행계획서에 「공공주택 특별법」 제2조제1호에 따른 공공주택 건설계획을 포함하는 경우에는 공공주택의 구조·기능 및 설비에 관한 기준과 부대시설·복리시설의 범위, 설치기준 등에 필요한 사항은 「공공주택 특별법」 제37조에 따릅니다(「도시 및 주거환경정비법」 제52조제2항).

## 1-2. 사업시행계획인가 신청 전 절차

### ■ 총회의 의결

① 사업시행자[특별자치시장, 특별자치도지사, 시장, 군수, 자치구의 구청장(이하 "시장·군수등"이라 함) 또는 토지주택공사등은 제외]]는 사업시행계획인가를 신청하기 전에 사업계획서의 작성에 대해 미리 총회의 의결을 거쳐야 합니다(「도시 및 주거환경정비법」 제50조제5항 본문).

② 사업시행계획서의 작성은 조합원 과반수의 찬성으로 의결합니다 (「도시 및 주거환경정비법」 제45조제4항 및 제1항제9호).

### ■ 토지등소유자의 동의

① 토지등소유자가 「도시 및 주거환경정비법」 제25조제1항제2호에 따라 재개발사업을 시행하려는 경우에는 사업시행계획인가를 신청하기 전에 사업시행계획서에 대해 토지등소유자의 4분의 3 이상 및 토지면적의 2분의 1 이상의 토지소유자의 동의를 받아야 합니다 (「도시 및 주거환경정비법」 제50조제6항 본문).

② "재개발사업의 토지등소유자"란 정비구역에 위치한 토지 또는

건축물의 소유자 또는 그 지상권자를 말합니다. 다만, 「도시 및 주거환경정비법」 제27조제1항에 따라 「자본시장과 금융투자업에 관한 법률」 제8조제7항에 따른 신탁업자가 사업시행자로 지정된 경우 토지등소유자가 정비사업을 목적으로 신탁업자에게 신탁한 토지 또는 건축물에 대하여는 위탁자를 토지등소유자로 봅니다(「도시 및 주거환경정비법」 제2조제9호).

③ 지정개발자가 정비사업을 시행하려는 경우에는 사업시행계획인가를 신청하기 전에 토지등소유자의 과반수의 동의 및 토지면적의 2분의 1 이상의 토지소유자의 동의를 받아야 합니다(「도시 및 주거환경정비법」 제50조제7항 본문).

④ 다만, 「도시 및 주거환경정비법」 제26조제1항제1호 및 제27조제1항제1호에 따른 사업시행자는 토지등소유자의 동의를 받지 않아도 됩니다(「도시 및 주거환경정비법」 제50조제8항).

### 1-3. 사업시행계획인가의 특례

### ■ 용적율 완화 및 소형주택 건설

① 사업시행자는 다음의 어느 하나에 해당하는 정비사업(「도시재정비 촉진을 위한 특별법」 제2조제1호에 따른 재정비촉진지구에서 시행되는 재개발사업은 제외)을 시행하는 경우 정비계획으로 정해진 용적률에도 불구하고 지방도시계획위원회의 심의를 거쳐 「국토의 계획 및 이용에 관한 법률」 제78조 및 관계 법률에 따른 용적률의 상한(이하 "법적상한용적률"이라 함)까지 건축할 수 있습니다(「도시 및 주거환경정비법」 제54조제1항).

1. 「수도권정비계획법」 제6조제1항제1호에 따른 과밀억제권역 (이하 "과밀억제권역"이라 함)에서 시행하는 재개발사업(「국토의

계획 및 이용에 관한 법률」제78조에 따른 주거지역만 해당)

2. 위 1.외의 경우 시·도조례로 정하는 지역에서 시행하는 재개발사업

② 사업시행자는 법적상한용적률에서 정비계획으로 정하여진 용적률을 뺀 용적률(이하 "초과용적률"이라 함)의 다음에 따른 비율에 해당하는 면적에 주거전용면적 60제곱미터 이하의 소형주택을 건설해야 합니다(「도시 및 주거환경정비법」제54조제4항 본문).

1. 과밀억제권역에서 시행하는 재개발사업은 초과용적률의 100분의 50 이상 100분의 75 이하로서 시·도조례로 정하는 비율

2. 과밀억제권역 외의 지역에서 시행하는 재개발사업은 초과 용적률의 100분의 75 이하로서 시·도조례로 정하는 비율

③ 사업시행자는 「도시 및 주거환경정비법」제54조제4항에 따라 건설한 소형주택을 국토교통부장관, 시·도지사, 시장, 군수, 구청장 또는 토지주택공사등(이하 "인수자"라 함)에 공급해야 합니다(「도시 및 주거환경정비법」제55조제1항).

④ 사업시행자는 위 규정에 따라 정비계획상 용적률을 초과하여 건축하려는 경우에는 사업시행계획인가를 신청하기 전에 미리 소형주택에 관한 사항을 인수자와 협의하여 사업시행계획서에 반영해야 합니다(「도시 및 주거환경정비법」제55조제3항).

■ 일부 건축물의 존치 또는 리모델링

① 사업시행자는 일부 건축물의 존치 또는 리모델링(「주택법」제2조제25호 또는 「건축법」제2조제1항제10호에 따른 리모델링을 말함)에 관한 내용이 포함된 사업시행계획서를 작성하여 사업시행계획인가를 신청할 수 있습니다(「도시 및 주거환경정비법」제58조제1항).

② 사업시행자가 위 규정에 따라 사업시행계획서를 작성하려는 경

우에는 존치 또는 리모델링하는 건축물 소유자의 동의(「집합건물의 소유 및 관리에 관한 법률」 제2조제2호에 따른 구분소유자가 있는 경우에는 구분소유자의 3분의 2 이상의 동의와 해당 건축물 연면적의 3분의 2 이상의 구분소유자의 동의로 함)를 받아야 합니다(「도시 및 주거환경정비법」 제58조제3항 본문).

③ 다만, 정비계획에서 존치 또는 리모델링하는 것으로 계획된 경우에는 그렇지 않습니다(「도시 및 주거환경정비법」 제58조제3항 단서).

④ 시장·군수등은 존치 또는 리모델링하는 건축물 및 건축물이 있는 토지가 「주택법」 및 「건축법」에 따른 다음의 건축 관련 기준에 적합하지 않더라도 「도시 및 주거환경정비법 시행령」 제50조의 기준에 따라 사업시행계획인가를 할 수 있습니다(「도시 및 주거환경정비법」 제58조제2항).

1. 「주택법」 제2조제12호에 따른 주택단지의 범위
2. 「주택법」 제35조제1항제3호 및 제4호에 따른 부대시설 및 복리시설의 설치기준
3. 「건축법」 제44조에 따른 대지와 도로의 관계
4. 「건축법」 제46조에 따른 건축선의 지정
5. 「건축법」 제61조에 따른 일조 등의 확보를 위한 건축물의 높이 제한

## 2. 사업시행계획인가

### 2-1. 사업시행계획인가 신청

#### ■ 사업시행계획인가

사업시행자[「도시 및 주거환경정비법」제25조제1항 및 제2항에 따른 공동시행의 경우를 포함하되, 사업시행자가 특별자치시장, 특별자치도지사, 시장, 군수, 자치구의 구청장(이하 "시장·군수등"이라 함)인 경우는 제외]는 정비사업을 시행하려는 경우에는 사업시행계획서에 대해 시장·군수등의 인가를 받아야 합니다(「도시 및 주거환경정비법」제50조제1항 본문).

#### ■ 인가 신청

① 사업시행자는 사업시행계획인가를 신청하려면 다음의 서류(전자문서를 포함)를 시장·군수등에게 제출해야 합니다(「도시 및 주거환경정비법」제50조제1항 본문, 「도시 및 주거환경정비법 시행규칙」제10조제1항 및 제2항제1호).

1. 사업시행계획 인가신청서(「도시 및 주거환경정비법 시행규칙」별지 제8호서식)

2. 「도시 및 주거환경정비법」제2조제11호에 따른 정관 등

3. 총회의결서 사본. 다만, 「도시 및 주거환경정비법」제25조 제1항제2호에 따라 토지등소유자가 재개발사업을 시행하는 경우 또는 「도시 및 주거환경정비법」제27조에 따라 지정 개발자를 사업시행자로 지정한 경우에는 토지등소유자의 동의서 및 토지등소유자의 명부를 첨부합니다.

4. 사업시행계획서

5. 인·허가등의 의제를 받으려는 경우(「도시 및 주거환경정비법」제57조제3항) 제출해야 하는 서류

6. 「도시 및 주거환경정비법」제63조에 따른 수용 또는 사용 할

토지 또는 건축물의 명세 및 소유권 외의 권리의 명세서

② "재개발사업의 토지등소유자"란 정비구역에 위치한 토지 또는 건축물의 소유자 또는 그 지상권자를 말합니다. 다만, 「도시 및 주거환경정비법」 제27조제1항에 따라 「자본시장과 금융투자업에 관한 법률」 제8조제7항에 따른 신탁업자가 사업시행자로 지정된 경우 토지등소유자가 정비사업을 목적으로 신탁업자에게 신탁한 토지 또는 건축물에 대하여는 위탁자를 토지등소유자로 봅니다(「도시 및 주거환경정비법」 제2조제9호).

## 2-2. 사업시행계획의 인가

### ■ 인가결정

시장·군수등은 특별한 사유가 없으면 사업시행계획서의 제출이 있은 날부터 60일 이내에 인가 여부를 결정하여 사업시행자에게 통보합니다(「도시 및 주거환경정비법」 제50조제4항).

### ■ 인가의 시기 조정

정비사업의 시행으로 정비구역 주변 지역에 주택이 현저하게 부족하거나 주택시장이 불안정하게 되는 등 시·도조례로 정하는 사유가 발생하는 경우에는 인가를 신청한 날부터 1년을 넘지 않게 사업시행계획인가의 시기가 조정될 수 있습니다(「도시 및 주거환경정비법」 제75조제1항 및 제2항).

### ■ 인가 등의 고시

시장·군수등은 사업시행계획인가(시장·군수등이 사업시행계획서를 작성한 경우를 포함)를 하거나 정비사업을 변경·중지 또는 폐지하는 경우에는 그 내용을 해당 지방자치단체의 공보에 고시해야 합니다(「도시 및 주거환경정비법」 제50조제9항 본문).

## 2-3. 인가사항의 변경 등

### ■ 변경인가 등

① 인가받은 사항을 변경하거나 정비사업을 중지 또는 폐지하려는 사업시행자는 다음의 서류(전자문서를 포함)를 시장·군수등에게 제출하여 변경·중지 또는 폐지인가를 받아야 합니다(「도시 및 주거환경정비법」 제50조제1항 본문, 「도시 및 주거환경정비법 시행규칙」 제10조제1항 및 제2항제2호).

1. 사업시행계획 변경인가신청서(「도시 및 주거환경정비법 시행규칙」 별지 제8호서식)
2. 「도시 및 주거환경정비법」 제2조제11호에 따른 정관 등
3. 인·허가등의 의제를 받으려는 경우(「도시 및 주거환경정비법」 제57조제3항) 제출해야 하는 서류
4. 변경·중지 또는 폐지의 사유 및 내용을 설명하는 서류

② 인가받은 사항을 변경하거나 정비사업을 중지 또는 폐지하려는 사업시행자(시장·군수등 또는 토지주택공사 등은 제외)는 미리 총회의 의결을 거쳐야 합니다(「도시 및 주거환경정비법」 제50조제5항 본문).

③ 토지등소유자가 재개발사업을 시행할 때 인가받은 사항을 변경하려는 경우에는 규약으로 정하는 바에 따라 토지등소유자의 과반수의 동의를 받아야 합니다(「도시 및 주거환경정비법」 제50조제6항 단서).

### ■ 변경신고

① 다음의 어느 하나에 해당하는 경미한 사항을 변경하는 경우에는 시장·군수등에게 신고해야 합니다(「도시 및 주거환경정비법」 제50조제1항 단서 및 「도시 및 주거환경정비법 시행령」 제46조).

1. 정비사업비를 10%의 범위에서 변경하거나 관리처분계획의 인가에 따라 변경하는 때. 다만, 「주택법」 제2조제5호에 따른 국민주택을 건설하는 사업인 경우에는 「주택도시기금법」에 따른 주택도시기금의 지원금액이 증가되지 않는 경우만 해당합니다.
2. 건축물이 아닌 부대시설·복리시설의 설치규모를 확대하는 때(위치가 변경되는 경우는 제외)
3. 대지면적을 10%의 범위에서 변경하는 때
4. 세대수와 세대당 주거전용면적(바닥 면적에 산입되는 면적으로서 사업시행자가 공급하는 주택의 면적을 말함)을 변경하지 않고 세대당 주거전용면적의 10%의 범위에서 세대 내부구조의 위치 또는 면적을 변경하는 때
5. 내장재료 또는 외장재료를 변경하는 때
6. 사업시행계획인가의 조건으로 부과된 사항의 이행에 따라 변경하는 때
7. 건축물의 설계와 용도별 위치를 변경하지 않는 범위에서 건축물의 배치 및 주택단지 안의 도로선형을 변경하는 때
8. 「건축법 시행령」 제12조제3항에 해당하는 사항을 변경하는 때
9. 사업시행자의 명칭 또는 사무소 소재지를 변경하는 때
10. 정비구역 또는 정비계획의 변경에 따라 사업시행계획서를 변경하는 때
11. 「도시 및 주거환경정비법」 제35조제5항 본문에 따른 조합설립 변경 인가에 따라 사업시행계획서를 변경하는 때
12. 그 밖에 시·도조례로 정하는 사항을 변경하는 때
② 위 경미한 사항의 변경은 총회의 의결 또는 토지등소유자의 동의 및 시장·군수등의 고시를 필요로 하지 않습니다(「도시 및 주거환

경정비법」제50조제5항 단서, 제6항 단서 및 제9항 단서).

③ 시장·군수등은 위 신고를 받은 날부터 20일 이내에 신고수리 여부를 신고인에게 통지해야 합니다(「도시 및 주거환경정비법」제50조 제2항).

④ 시장·군수등이 20일 이내에 신고수리 여부 또는 민원 처리 관련 법령에 따른 처리기간의 연장을 신고인에게 통지하지 아니하면 그 기간(민원 처리 관련 법령에 따라 처리기간이 연장 또는 재연장된 경우에는 해당 처리기간을 말함)이 끝난 날의 다음 날에 신고를 수리한 것으로 봅니다(「도시 및 주거환경정비법」제50조제3항).

## 3. 사업시행계획인가 효과

### 3-1. 다른 법률의 인·허가 등 의제(擬制)

#### ■ 인·허가 등 의제

사업시행자가 사업시행계획인가를 받은 때(시장·군수등이 직접 정비사업을 시행하는 경우에는 사업시행계획서를 작성한 때를 말함)에는 다음의 인가·허가·승인·신고·등록·협의·동의·심사·지정 또는 해제(이하 "인·허가등"이라 함)가 있는 것으로 보며, 사업시행계획인가가 고시된 때에는 다음의 관계 법률에 따른 인·허가등의 고시·공고 등이 있는 것으로 봅니다(「도시 및 주거환경정비법」제57조제1항).

1. 「주택법」제15조에 따른 사업계획의 승인

2. 「공공주택 특별법」제35조에 따른 주택건설사업계획의 승인

3. 「건축법」제11조에 따른 건축허가, 「건축법」제20조에 따른 가설건축물의 건축허가 또는 축조신고 및 「건축법」제 29조에 따른 건축협의

4. 「도로법」제36조에 따른 도로관리청이 아닌 자에 대한 도로공사 시행의 허가 및 「도로법」제61조에 따른 도로의 점용 허가

5. 「사방사업법」 제20조에 따른 사방지의 지정해제

6. 「농지법」 제34조에 따른 농지전용의 허가·협의 및 「농지법」 제35조에 따른 농지전용신고

7. 「산지관리법」 제14조·제15조에 따른 산지전용허가 및 산지전용신고, 「산지관리법」 제15조의2에 따른 산지일시사용허가·신고와 「산림자원의 조성 및 관리에 관한 법률」 제36조 제1항·제4항에 따른 입목벌채등의 허가·신고 및 「산림보호법」 제9조제1항 및 「산림보호법」 제9조제2항제1호에 따른 산림보호구역에서의 행위의 허가. 다만, 「산림자원의 조성 및 관리에 관한 법률」에 따른 채종림·시험림과 「산림보호법」에 따른 산림유전자원보호구역의 경우는 제외합니다.

8. 「하천법」 제30조에 따른 하천공사 시행의 허가 및 하천공사실시계획의 인가, 「하천법」 제33조에 따른 하천의 점용허가 및 「하천법」 제50조에 따른 하천수의 사용허가

9. 「수도법」 제17조에 따른 일반수도사업의 인가 및 「수도법」 제52조 또는 제54조에 따른 전용상수도 또는 전용공업용수도 설치의 인가

10. 「하수도법」 제16조에 따른 공공하수도 사업의 허가 및 「하수도법」 제34조제2항에 따른 개인하수처리시설의 설치신고

11. 「공간정보의 구축 및 관리 등에 관한 법률」 제15조제3항에 따른 지도등의 간행 심사

12. 「유통산업발전법」 제8조에 따른 대규모점포등의 등록

13. 「국유재산법」 제30조에 따른 사용허가

14. 「공유재산 및 물품 관리법」 제20조에 따른 사용·수익허가

15. 「공간정보의 구축 및 관리 등에 관한 법률」 제86조제1항에 따른 사업의 착수·변경의 신고

16. 「국토의 계획 및 이용에 관한 법률」 제86조에 따른 도시·군계획시설 사업시행자의 지정 및 「국토의 계획 및 이용에 관한 법률」 제88조에 따른 실시계획의 인가
17. 「전기사업법」 제62조에 따른 자가용전기설비의 공사계획의 인가 및 신고
18. 「화재예방, 소방시설 설치·유지 및 안전관리에 관한 법 률」 제7조제1항에 따른 건축허가등의 동의, 「위험물안전관리법」 제6조제1항에 따른 제조소등의 설치의 허가(제조소등은 공장건축물 또는 그 부속시설과 관계있는 것만 해당)

■ **공장이 포함된 구역에서의 인·허가 등 의제**

사업시행자가 공장이 포함된 구역에 대해 재개발사업의 사업시행계획인가를 받은 때에는 위의 인·허가등 외에 다음의 인·허가등이 있는 것으로 보며, 사업시행계획인가가 고시된 때에는 다음의 관계 법률에 따른 인·허가등의 고시·공고 등이 있는 것으로 봅니다(「도시 및 주거환경정비법」 제57조제2항).

1. 「산업집적활성화 및 공장설립에 관한 법률」 제13조에 따른 공장설립등의 승인 및 「산업집적활성화 및 공장설립에 관한법률」 제15조에 따른 공장설립등의 완료신고
2. 「폐기물관리법」 제29조제2항에 따른 폐기물처리시설의 설치승인 또는 설치신고(변경승인 또는 변경신고를 포함)
3. 「대기환경보전법」 제23조, 「물환경보전법」 제33조 및 「소음·진동관리법」 제8조에 따른 배출시설설치의 허가 및 신고
4. 「총포·도검·화약류 등의 안전관리에 관한 법률」 제25조제1 항에 따른 화약류저장소 설치의 허가

## ■ 의제 신청

① 사업시행자는 정비사업에 대해 인·허가등의 의제를 받으려는 경우에는 사업시행계획인가를 신청하는 때에 해당 법률이 정하는 관계 서류를 함께 제출해야 합니다(「도시 및 주거환경정비법」 제57조제3항 본문).

② 다만, 사업시행계획인가를 신청한 때에 시공자가 선정되어 있지 않아 관계 서류를 제출할 수 없거나 천재지변이나 그 밖의 불가피한 사유로 긴급히 정비사업을 시행할 필요가 있다고 인정되는 때 사업시행계획인가를 하는 경우(「도시 및 주거환경정비법」 제57조제6항)에는 시장·군수등이 정하는 기한까지 제출할 수 있습니다(「도시 및 주거환경정비법」 제57조제3항 단서).

## ■ 수수료 등 면제

인·허가등이 의제되는 경우에는 관계 법률 또는 시·도조례에 따라 해당 인·허가등의 대가로 부과되는 수수료와 해당 국·공유지의 사용 또는 점용에 따른 사용료 또는 점용료가 면제됩니다(「도시 및 주거환경정비법」 제57조제7항).

# 제2절 사업시행을 위한 조치

## 1. 토지 수용

### 1-1. 토지 등의 수용 또는 사용

#### ■ 적용대상

사업시행자는 정비구역에서 정비사업을 시행하기 위해 「공익사업을 위한 토지 등의 취득 및 보상에 관한 법률」 제3조에 따른 토지·물건 또는 그 밖의 권리를 취득하거나 사용할 수 있습니다(「도시 및 주거환경정비법」 제63조).

### 1-2. 수용 또는 사용 절차

#### ■ 사업인정

① 「공익사업을 위한 토지 등의 취득 및 보상에 관한 법률」에 따라 토지 등을 수용하거나 사용하기 위해서는 사업인정을 받아야 하고 그 인정받은 내용을 고시해야 합니다(「공익사업을 위한 토지 등의 취득 및 보상에 관한 법률」 제20조제1항 및 제22조제1항).

② 사업시행계획인가 고시[특별자치시장, 특별자치도지사, 시장, 군수, 자치구의 구청장(이하 "시장·군수등"이라 함)이 직접 정비사업을 시행하는 경우에는 「도시 및 주거환경정비법」 제50조제9항에 따른 사업시행계획서의 고시를 말함]가 있은 때에는 위 사업인정 및 그 고시를 한 것으로 봅니다(「도시 및 주거환경정비법」 제65조제2항).

#### ■ 협의

① 사업시행인가를 받은 사업시행자는 첫째 토지조서 및 물건조서를 작성하고, 두번째 보상계획을 공고·통지해야 하고 이를 열람할 수 있도록 해야 하며, 세번째 보상액을 산정하고, 마지막으로 토지

소유자 및 관계인과의 협의 절차를 거쳐야 합니다(「도시 및 주거환경정비법」 제65조제1항 및 「공익사업을 위한 토지 등의 취득 및 보상에 관한 법률」 제26조제1항)

② 사업시행자는 협의를 할 때 보상협의요청서(「공익사업을 위한 토지 등의 취득 및 보상에 관한 법률 시행규칙」 별지 제6호서식)에 협의기간·협의장소 및 협의방법, 보상의 시기·방법·절차 및 금액, 계약체결에 필요한 구비서류 등의 사항을 기재하여 토지등소유자에게 통지하고, 30일 이상 협의해야 합니다(「도시 및 주거환경정비법」 제65조제1항 및 「공익사업을 위한 토지 등의 취득 및 보상에 관한 법률 시행령」 제8조제1항·제3항).

③ 사업시행자는 토지등소유자를 알 수 없거나 그 주소, 거소(居所), 그 밖에 통지할 장소를 알 수 없는 때에는 공고할 서류를 시장·군수 또는 자치구의 구청장(이하 '시장·군수'라 함)에게 송부하여 시·군의 게시판 및 홈페이지와 사업시행자의 홈페이지에 14일 이상 게시해야 합니다(「공익사업을 위한 토지 등의 취득 및 보상에 관한 법률 시행령」 제8조제2항).

④ "재개발사업의 토지등소유자"란 정비구역에 위치한 토지 또는 건축물의 소유자 또는 그 지상권자를 말합니다. 다만, 「도시 및 주거환경정비법」 제27조제1항에 따라 「자본시장과 금융투자업에 관한 법률」 제8조제7항에 따른 신탁업자가 사업시행자로 지정된 경우 토지등소유자가 정비사업을 목적으로 신탁업자에게 신탁한 토지 또는 건축물에 대하여는 위탁자를 토지등소유자로 봅니다(「도시 및 주거환경정비법」 제2조제9호).

## ■ 협의성립의 확인

사업시행자는 위의 협의가 성립되었을 때에는 사업인정고시가 된 날부터 1년 이내(「공익사업을 위한 토지 등의 취득 및 보상에 관한 법률」제28조제1항)에 해당 토지소유자 및 관계인의 동의를 받아야 관할 토지수용위원회에 협의 성립의 확인을 신청할 수 있으며, 협의성립이 확인되면 재결된 것으로 보아 성립된 내용에 대해 다툴 수 없습니다(「도시 및 주거환경정비법」제65조제1항 및 「공익사업을 위한 토지 등의 취득 및 보상에 관한 법률」제29조제1항·제4항).

## 1-3. 재결

## ■ 재결 신청

사업시행자와 토지등소유자 사이에 협의가 성립되지 않거나 협의를 할 수 없는 경우 사업시행자는 사업시행계획인가(변경인가를 포함)를 할 때 정한 사업시행기간 이내에 관할 토지수용위원회에 재결을 신청할 수 있습니다(「도시 및 주거환경정비법」제65조제3항 및 「공익사업을 위한 토지 등의 취득 및 보상에 관한 법률」제28조).

## ■ 열람 및 의견 제시

① 재결신청을 받은 토지수용위원회는 지체없이 이를 공고하고, 공고한 날부터 14일 이상 관계 서류의 사본을 일반인이 열람할 수 있도록 해야 합니다(「도시 및 주거환경정비법」제65조제1항 및 「공익사업을 위한 토지 등의 취득 및 보상에 관한 법률」제31조제1항).

② 토지소유자 또는 관계인은 토지수용위원회가 위의 규정에 따른 공고를 하였을 때 관계 서류의 열람기간 중에 의견을 제시할 수 있습니다(「공익사업을 위한 토지 등의 취득 및 보상에 관한 법률」제31조제2항).

● 정비사업조합의 '조합원'이자 '감사'인 사람이 정비사업 관련 자료의 열람·복사를 요청한 경우, 조합임원은 도시 및 주거환경정비법 제124조 제4항에 따라 열람·복사를 허용할 의무를 부담하는지 여부(적극) 및 이를 위반하여 열람·복사를 허용하지 않는 경우에는 같은 법 제138조 제1항 제7호에 따라 형사처벌의 대상이 되는지 여부(적극)

도시 및 주거환경정비법(이하 '도시정비법'이라 한다) 제124조 제4항(이하 '의무조항'이라 한다)은 '조합원'과 '토지 등 소유자'를 열람·복사 요청권자로 규정하고 있을 뿐이고, 조합임원인 '감사'는 의무조항에서 규정한 열람·복사 요청권자에 해당하지 않는다. 그러나 '감사'가 '조합원'의 지위를 함께 가지고 있다면 '조합원'으로서 열람·복사 요청을 할 수 있고, 어떤 조합원이 조합의 감사가 되었다는 사정만으로 조합원 또는 토지 등 소유자의 지위에서 가지는 권리를 상실한다고 볼 수는 없다.

감사인 조합원이 정보공개청구의 목적에 '감사업무'를 부기하였다고 하여 조합원의 지위에서 한 것이 아니라고 단정하기도 어렵다. 감사가 아닌 조합원도 조합의 사무 및 재산상태를 확인하고 업무집행에 불공정이나 부정이 있는지를 감시할 권리가 있고, 정보공개를 통해 조합의 업무집행에 문제가 있다고 생각하면 감사에게 감사권 발동을 촉구할 수도 있다.

따라서 정비사업조합의 '조합원'이자 '감사'인 사람이 정비사업 관련 자료의 열람·복사를 요청한 경우에도 특별한 사정이 없는 한 조합임원은 의무조항에 따라 열람·복사를 허용할 의무를 부담하고, 이를 위반하여 열람·복사를 허용하지 않는 경우에는 도시정비법 제138조 제1항 제7호에 따라 형사처벌의 대상이 된다고 보아야 한다(대법원 2021. 2. 10. 선고 2019도18700 판결).

## ■ 재결의 효력

① 사업시행자가 수용 또는 사용의 개시일까지 관할 토지수용위원회가 재결한 보상금을 지급하거나 공탁하지 않은 경우에는 해당 토지수용위원회의 재결은 그 효력을 상실합니다(「공익사업을 위한 토지 등의 취득 및 보상에 관한 법률」 제42조제1항).

② 다만, 대지 또는 건축물을 현물보상하는 경우에는 정비사업 준공인가 이후에도 보상금을 지급할 수 있습니다(「도시 및 주거환경정비법」 제65조제4항).

---

**※ 관련판례**

**● 공익사업을 위한 토지 등의 취득 및 보상에 관한 법률 제30조 제3항에 따른 재결신청 지연가산금의 성격 및 토지소유자 등이 적법하게 재결신청청구를 하였다고 볼 수 없거나 사업시행자가 재결신청을 지연하였다고 볼 수 없는 특별한 사정이 있는 경우, 그 해당 기간 지연가산금이 발생하는지 여부(소극)**

공익사업을 위한 토지 등의 취득 및 보상에 관한 법률 제30조 제3항에 따른 재결신청 지연가산금은 사업시행자가 정해진 기간 내에 재결신청을 하지 않고 지연한 데 대한 제재와 토지소유자 등의 손해에 대한 보전이라는 성격을 아울러 가진다. 따라서 토지소유자 등이 적법하게 재결신청청구를 하였다고 볼 수 없거나 사업시행자가 재결신청을 지연하였다고 볼 수 없는 특별한 사정이 있는 경우에는 그 해당 기간 동안은 지연가산금이 발생하지 않는다(대법원 2020. 8. 20. 선고 2019두34630 판결).

---

■ 토지수용에 대해 재결을 한 후에도 이의가 있는 경우에는 어떻게
　해야 하나요?

◎ 토지수용에 대해 재결을 한 후에도 이의가 있는 경우에는 어
떻게 해야 하나요?

⒜ 관할 토지수용위원회의 재결에 이의가 있는 당사자는 재결서의
정본을 받은 날부터 30일 내에 해당 지방토지수용위원회를 거치거나
바로 중앙토지수용위원회에 이의를 신청할 수 있습니다(「공익사업을
위한 토지 등의 취득 및 보상에 관한 법률」제83조).
중앙토지수용위원회는 재결이 위법 또는 부당하다고 인정되는 경우
그 재결의 전부 또는 일부를 취소하거나 보상액을 변경할 수 있고,
사업시행자는 보상금이 늘어난 경우 재결의 취소 또는 변경의 재결
서 정본을 받은 날부터 30일 내에 보상금을 받을 자에게 그 증액된
보상금을 지급해야 합니다(「공익사업을 위한 토지 등의 취득 및 보상
에 관한 법률」제84조제1항 및 제2항 본문).
만약, 재결에 불복할 때에는 재결서를 받은 날부터 90일 이내(이의
신청을 거쳤을 때에는 이의신청에 대한 재결서를 받은 날부터 60일
이내)에 행정소송을 제기할 수 있습니다(「공익사업을 위한 토지 등의
취득 및 보상에 관한 법률」제85조제1항 전단).

## 2. 거주시설 등 제공

### 2-1. 이주대책

#### ■ 이주대책 대상자

① 정비구역 지정을 위한 주민공람 공고일부터 계약체결일 또는 수용재결일까지 계속하여 거주하고 있지 않은 건축물의 소유자는 이주대책대상자에서 제외됩니다(「도시 및 주거환경정비법 시행령」 제54조제1항 본문).

② 다만, 다음에 해당하는 경우에는 이주대책대상자에 포함됩니다 (「도시 및 주거환경정비법 시행령」 제54조제1항 단서 및 규제「공익사업을 위한 토지 등의 취득 및 보상에 관한 법률 시행령」 제40조제5항제2호).

1. 질병으로 인한 요양
2. 징집으로 인한 입영
3. 공무
4. 취학
5. 해당 공익사업지구 내 타인이 소유하고 있는 건축물에의 거주
6. 그 밖에 위 1.부터 5.까지에 준하는 부득이한 사유

### 2-2. 임시거주시설·상가의 설치

#### ■ 임시거주시설

① 사업시행자는 재개발사업의 시행으로 철거되는 주택의 소유자 또는 세입자에게 해당 정비구역 안과 밖에 위치한 임대주택 등의 시설에 임시로 거주하게 하거나 주택자금의 융자를 알선하는 등 임시거주에 상응하는 조치를 해야 합니다(「도시 및 주거환경정비법」 제61조제1항).

② 「공공주택 특별법」에 따른 공공주택사업자는 재개발사업의 시행을 위하여 철거되는 주택의 소유자·세입자, 비닐간이공작물 거주자 및 무허가건축물등에 입주한 세입자에게 해당 주택건설지역(「주택공급에 관한 규칙」 제2조제2호에 따른 주택건설지역을 말함) 또는 연접지역에서 건설되는 국민임대주택, 행복주택, 통합공공임대주택 및 기존주택등매입임대주택 건설량 또는 매입량의 각 30%의 범위에서 해당 재개발사업의 시행기간 동안 이를 사용하게 할 수 있습니다(「공공주택 특별법 시행규칙」 제23조의2제1항 각 호 외의 부분).
③ 사업시행자는 임시거주시설의 설치 등을 위해 필요한 때에는 국가·지방자치단체, 그 밖의 공공단체 또는 개인의 시설이나 토지를 일시 사용할 수 있습니다(「도시 및 주거환경정비법」 제61조제2항).
④ 사업시행자는 정비사업의 공사를 완료한 때에는 완료한 날부터 30일 이내에 임시거주시설을 철거하고, 사용한 건축물이나 토지를 원상회복해야 합니다(「도시 및 주거환경정비법」 제61조제4항).

■ **임시상가**
재개발사업의 사업시행자는 사업시행으로 이주하는 상가세입자가 사용할 수 있도록 정비구역 또는 정비구역 인근에 임시상가를 설치할 수 있습니다(「도시 및 주거환경정비법」 제61조제5항).

■ **손실 보상**
① 사업시행자는 임시거주시설·임시상가의 설치 등(「도시 및 주거환경정비법」 제61조)에 따라 공공단체(지방자치단체는 제외) 또는 개인의 시설이나 토지를 일시 사용함으로써 손실을 입은 자가 있는 경우에는 손실을 보상해야 하며, 손실을 보상하는 경우에는 손실을 입은 자와 협의해야 합니다(「도시 및 주거환경정비법」 제62조제1항).

② 사업시행자 또는 손실을 입은 자는 손실보상에 관한 협의가 성립되지 않거나 협의할 수 없는 경우에는 「공익사업을 위한 토지 등의 취득 및 보상에 관한 법률」 제49조에 따라 설치되는 관할 토지수용위원회에 재결을 신청할 수 있습니다(「도시 및 주거환경정비법」 제62조제2항).

## 2-3. 순환정비방식에 따른 이주대책

### ■ 순환정비방식

사업시행자는 정비구역의 안과 밖에 새로 건설한 주택 또는 이미 건설되어 있는 주택의 경우 그 정비사업의 시행으로 철거되는 주택의 소유자 또는 세입자(정비구역에서 실제 거주하는 자만 해당)를 임시로 거주하게 하는 등 그 정비구역을 순차적으로 정비하여 주택의 소유자 또는 세입자의 이주대책을 수립해야 합니다(「도시 및 주거환경정비법」 제59조제1항).

### ■ 순환용주택의 임시수용시설로의 사용 등

사업시행자는 위 규정에 따른 순환정비방식으로 정비사업을 시행하는 경우에는 임시로 거주하는 주택(이하 "순환용주택"이라 함)을 「주택법」 제54조에도 불구하고 「도시 및 주거환경정비법」 제61조에 따른 임시거주시설로 사용하거나 임대할 수 있습니다(「도시 및 주거환경정비법」 제59조제2항).

### ■ 순환용주택의 공급

① 사업시행자는 관리처분계획의 인가를 신청한 후 토지주택공사등에 토지주택공사등이 보유한 공공임대주택을 순환용주택으로 우선 공급할 것을 요청할 수 있습니다(「도시 및 주거환경정비법」 제59조제2항 및 「도시 및 주거환경정비법 시행령」 제51조제1항).

② 토지주택공사등은 세대주로서 해당 세대 월평균 소득이 전년도 도시근로자 월평균 소득의 70% 이하인 거주자(순환용주택 우선 공급 요청을 한 날 당시 해당 정비구역에 2년 이상 거주한 사람만 해당)에게 다음의 순위에 따라 순환용주택을 공급해야 합니다(「도시 및 주거환경정비법 시행령」 제51조제4항).

1순위: 정비사업의 시행으로 철거되는 주택의 세입자(정비구역에서 실제 거주하는 자만 해당)로서 주택을 소유하지 않은 사람

2순위: 정비사업의 시행으로 철거되는 주택의 소유자(정비구역에서 실제 거주하는 자만 해당)로서 그 주택 외에는 주택을 소유하지 않은 사람

### ■ 순환용주택의 분양 및 임대

순환용주택에 거주하는 자가 정비사업이 완료된 후에도 순환용주택에 계속 거주하기를 희망하는 때에는 토지주택공사등은 다음의 기준에 따라 분양하거나 계속 임대할 수 있습니다(「도시 및 주거환경정비법」 제59조제3항 및 「도시 및 주거환경정비법 시행령」 제52조).

1. 순환용주택에 거주하는 자가 해당 주택을 분양받으려는 경우 토지주택공사등은 「공공주택 특별법」 제50조의2에서 정한 매각 요건 및 매각 절차 등에 따라 해당 거주자에게 순환용주택을 매각할 수 있음. 이 경우 「공공주택 특별법 시행령」 제54조제1항 각 호에 따른 임대주택의 구분은 순환용주택으로 공급할 당시의 유형에 따름

2. 순환용주택에 거주하는 자가 계속 거주하기를 희망하고 「공공주택 특별법」 제48조 및 제49조에 따른 임대주택 입주자격을 만족하는 경우 토지주택공사등은 그 자와 우선적으로 임대차 계약을 체결할 수 있음

■ 재개발구역의 토지 또는 건축물의 소유자와 세입자 등을 위한 이주대책이 있나요?

◎ 재개발구역의 토지 또는 건축물의 소유자와 세입자 등을 위한 이주대책이 있나요?

Ⓐ 재개발 정비구역 안에 소재한 토지 또는 건축물의 소유자 또는 그 지상권자 및 세입자는 이주대책 대상자가 됩니다.

◇ 이주대책 대상자
① 정비구역 지정을 위한 주민공람 공고일부터 계약체결일 또는 수용재결일까지 계속하여 거주하고 있지 않은 건축물의 소유자는 이주대책대상자에서 제외됩니다.
② 다만, 다음의 어느 하나에 해당하는 경우에는 거주하고 있지 않은 경우에도 이주대책 대상자에 포함됩니다.
1. 질병으로 인한 요양
2. 징집으로 인한 입영
3. 공무
4. 취학
5. 그 밖에 위의 사항에 준하는 부득이한 사유가 있는 경우

◇ 순환정비방식에 따른 이주대책
사업시행자는 정비구역의 안과 밖에 새로 건설한 주택 또는 이미 건설되어 있는 주택의 경우 그 정비사업의 시행으로 철거되는 주택의 소유자 또는 세입자(정비구역에서 실제 거주하는 자만 해당)를 임시로 거주하게 하는 등 그 정비구역을 순차적으로 정비하여 주택의 소유자 또는 세입자의 이주대책을 수립해야 합니다.

## 3. 손실보상

### 3-1. 영업손실 보상

#### ■ 영업손실 평가

정비사업의 시행으로 영업장소를 이전해야 하는 경우의 영업손실은 휴업기간에 해당하는 영업이익과 영업장소 이전 후 발생하는 영업이익감소액에 다음의 비용을 합한 금액으로 평가합니다(「공익사업을 위한 토지 등의 취득 및 보상에 관한 법률 시행규칙」 제47조제1항).

1. 휴업기간 중의 영업용 자산에 대한 감가상각비·유지관리비와 휴업기간 중에도 정상적으로 근무해야 하는 최소인원에 대한 인건비 등 고정적 비용

2. 영업시설·원재료·제품 및 상품의 이전에 소요되는 비용 및 그 이전에 따른 감손(減損)상당액

3. 이전광고비 및 개업비 등 영업장소를 이전함에 따라 소요되는 부대비용

#### ■ 보상기간

① 정비사업으로 인한 영업의 폐지 또는 휴업에 대하여 손실을 평가하는 경우 영업의 휴업기간은 4개월 이내로 합니다(「도시 및 주거환경정비법」 제65조제1항 및 「도시 및 주거환경정비법 시행령」 제54조제2항 본문).

② 다만, 다음의 어느 하나에 해당하는 경우에는 실제 휴업기간으로 하되, 그 휴업기간은 2년을 초과할 수 없습니다(「도시 및 주거환경정비법 시행령」 제54조제2항 단서)

1. 해당 정비사업을 위한 영업의 금지 또는 제한으로 인해 4개월 이상의 기간 동안 영업을 할 수 없는 경우

2. 영업시설의 규모가 크거나 이전에 고도의 정밀성을 요구하는
   등 해당 영업의 고유한 특수성으로 인해 4개월 이내에 다른
   장소로 이전하는 것이 어렵다고 객관적으로 인정되는 경우

■ 보상대상자 인정시점
영업손실을 보상하는 경우 보상대상자의 인정시점은 정비구역 지정을
위한 주민공람 공고일로 봅니다(「도시 및 주거환경정비법 시행령」 제
54조제3항).

### 3-2. 주거이전비 보상

■ 대상자
① 정비사업 구역에 편입되는 주거용 건축물의 소유자에 대해서는
해당 건축물에 대한 보상을 하는 때에 가구원수에 따라 2개월분의
주거이전비를 보상해야 합니다(「공익사업을 위한 토지 등의 취득 및
보상에 관한 법률 시행규칙」 제54조제1항 본문).
② 다만, 건축물의 소유자가 해당 건축물 또는 정비사업 구역 내
다른 사람의 건축물에 실제 거주하고 있지 않거나 해당 건축물이
무허가건축물등인 경우에는 보상하지 않습니다(「공익사업을 위한 토
지 등의 취득 및 보상에 관한 법률 시행규칙」 제54조제1항 단서).
③ 정비사업의 시행으로 이주하게 되는 주거용 건축물의 세입자(무
상으로 사용하는 거주자를 포함하되, 「공익사업을 위한 토지 등의
취득 및 보상에 관한 법률」 제78조제1항에 따른 이주대책대상자인
세입자는 제외)로서 사업인정고시일등 당시 또는 공익사업을 위한
관계 법령에 따른 고시 등이 있은 당시 해당 정비사업 구역에서 3
개월 이상 거주한 자에 대해서는 가구원수에 따라 4개월분의 주거
이전비를 보상해야 합니다(「공익사업을 위한 토지 등의 취득 및 보
상에 관한 법률 시행규칙」 제54조제2항 본문).

④ 다만, 무허가건축물등에 입주한 세입자로서 사업인정고시일등 당시 또는 정비사업을 위한 관계 법령에 따른 고시 등이 있은 당시 그 정비사업 구역 안에서 1년 이상 거주한 세입자에 대해서는 주거이전비를 보상해야 합니다(「공익사업을 위한 토지 등의 취득 및 보상에 관한 법률 시행규칙」제54조제2항 단서).

■ 주택재개발사업에서 주거용 건축물의 세입자에 대한 주거 이전비 보상대상자의 결정기준은 어떻게 되는지요?

◎ 저는 A시 소재 주택을 임차하여 2개월간 거주하고 있는 중입니다. 그런데 최근 위 지역에 주택재개발사업이 시행되었는데, 저의 경우 3월이상 거주하지 않았다고 하여 이사비 보상대상에서 제외되었습니다. 이러한 처분이 정당한 것인지요?

④ 공익사업을 위한 토지 등의 취득 및 보상에 관한 법률 제78조의 경우, "사업시행자는 공익사업의 시행으로 인하여 주거용 건축물을 제공함에 따라 생활의 근거를 상실하게 되는 자를 위하여 대통령령이 정하는 바에 따라 이주대책을 수립·실시하거나 이주정착금을 지급하여야 한다."고 규정하고 있으며, 같은 법 시행규칙 제54조의 제2항의 경우, "공익사업의 시행으로 인하여 이주하게 되는 주거용 건축물의 세입자로서 사업인정고시일등 당시 또는 공익사업을 위한 관계법령에 의한 고시 등이 있은 당시 당해 공익사업시행지구안에서 3월 이상 거주한 자에 대하여는 가구원수에 따라 4개월분의 주거이전비를 보상하여야 한다."고 규정하고 있습니다.

사안에 따라 다르게 적용될 수 있으나, 판례의 경우 3개월에 해당하는 기준을 "구 도시 및 주거환경정비법상 주거용 건축물의 세입자에 대한 주거이전비의 보상은 정비계획이 외부에 공표됨으로써 주민 등이 정비사업이 시행될 예정임을 알 수 있게 된 때인 정비계획에 관한 공람공고일 당시 해당 정비구역 안에서 3월 이상 거주한 자를 대상으로 한다."고 판시하여 "정비계획에 관한 공람공고일 당시"를 기준으로 삼고 있습니다.

따라서 이사비 보상대상에서 제외되신 것이 위 정비계획에 관한 공람
공고일 당시 거주기간이 3월에 미치지 못한 것이 원인일 수 있으므
로 참고하시기 바랍니다.

■ 재개발 조합원이 같은 사업구역 내 세입자인 경우 주거이전비 대
　상자에 해당하는지요?

◎ 저는 재개발사업 구역 내 주거용 건축물을 소유하고 있는 조
합원인 동시에 같은 사업구역 내 다른 사람의 주거용 건축물에
세입자로 거주하고 있습니다. 이런 경우 주거이전비를 받을 수
있을까요?

Ⓐ 재개발사업 구역 내 주택을 소유한 조합원이 같은 사업구역 내
다른 주택의 세입자일 경우, 세입자로서 주거이전비를 지원받을 수
없습니다.

이와 관련하여 대법원 판례에 따르면, 공익사업 시행에 따라 이주하
는 주거용 건축물의 세입자에게 지급하는 주거이전비는 공익사업 시
행지구 안에 거주하는 세입자들의 조기 이주를 장려하고 사업추진을
원활하게 하려는 정책적인 목적과 주거이전으로 특별한 어려움을 겪
게 될 세입자들에게 사회보장적인 차원에서 지급하는 금원이라고 보
고 있습니다.

즉, 주택재개발정비사업의 개발이익을 누리는 조합원은 그 자신이
사업의 이해관계인이므로 관련 법령이 정책적으로 조기 이주를 장려
하고 있는 대상자에 해당한다고 보기 어려우며, 이러한 조합원이 소
유 건축물이 아닌 정비사업구역 내 다른 건축물에 세입자로 거주하
다 이전하더라도, 일반 세입자처럼 주거이전으로 특별한 어려움을
겪는다고 보기 어려우므로, 그에게 주거이전비를 지급하는 것은 사
회보장급부로서의 성격에 부합하지 않는다고 판단하고 있습니다.(대
법원 2017.10.31. 선고, 2017두40068 판결 참조)

■ **보상대상자 인정시점**

주거이전비를 보상하는 경우 보상대상자의 인정시점은 정비구역 지정을 위한 주민공람 공고일(「도시 및 주거환경정비법 시행령」제13조제1항)로 봅니다(「도시 및 주거환경정비법 시행령」제54조제4항).

※ **관련판례**

● **구 도시 및 주거환경정비법상 주거용 건축물의 세입자에 대한 주거이전비의 보상 방법 및 금액 등의 보상내용이 원칙적으로 확정되는 시점(=사업시행계획 인가고시일) / 공익사업의 시행에 따라 이주하는 주거용 건축물의 세입자에게 지급해야 하는 주거이전비 및 이사비의 지급의무가 발생하는 시점**

구 「도시 및 주거환경정비법」(2017. 2. 8. 법률 제14567호로 전부개정되기 전의 것, 이하 '도시정비법'이라 한다) 제40조 제1항에 의하여 준용되는 구 「공익사업을 위한 토지 등의 취득 및 보상에 관한 법률」(2011. 8. 4. 법률 제11017호로 개정되기 전의 것) 제78조 제5항, 제9항, 구 「공익사업을 위한 토지 등의 취득 및 보상에 관한 법률 시행규칙」(2012. 1. 2. 국토해양부령 제427호로 개정되기 전의 것, 이하 '토지보상법 시행규칙'이라고 한다) 제54조 제2항, 제55조 제2항 등 관련 법령의 문언·내용·취지에 비추어 보면, 도시정비법상 주거용 건축물의 세입자에 대한 주거이전비의 보상은 정비계획에 관한 공람공고일 당시 해당 정비구역 안에서 3월 이상 거주한 자(무허가건축물 등에 입주한 세입자의 경우 1년 이상 거주한 자)를 대상으로 하되, 그 보상 방법 및 금액 등의 보상내용은 원칙적으로 사업시행계획 인가고시일에 확정되는 것으로 봄이 타당하고, 이에 따라 그 보상내용이 확정된 세입자는 그 확정된 주거이전비를 청구할 수 있다(대법원 2017. 10. 26. 선고 2015두46673 판결 참조). 또한 이사비의 보상대상자는 공익사업시행지구에 편입되는 주거용 건축물의 거주자로서 공익사업의 시행으로 인하여 이주하게 되는 사람으로 보아야 하는바(대법원 2010. 11. 11. 선고 2010두5332 판결 참조), 이와 같이 공익사업의 시행에 따라 이주하는 주거용 건축물의 세입자에게 지급해야 하는 주거이전비

및 이사비의 지급의무는 사업인정고시일 등 당시 또는 공익사업을
위한 관계 법령에 의한 고시 등이 있은 당시에 바로 발생한다(대법
원 2012. 4. 26. 선고 2010두7475 판결 참조).
한편 도시정비법에 따라 설립된 정비사업조합에 의하여 수립된 사
업시행계획에서 정한 사업시행기간이 도과하였더라도, 유효하게 수
립된 사업시행계획 및 그에 기초하여 사업시행기간 내에 이루어진
토지의 매수·수용을 비롯한 사업시행의 법적 효과가 소급하여 효력
을 상실하여 무효로 된다고 할 수 없다(대법원 2016. 12. 1. 선고
2016두34905 판결 참조)(대법원 2020. 1. 30. 선고 2018두66067
판결).

■ **주거이전비 산정**

① 거주사실의 입증은 다음 중 어느 하나의 방법으로 할 수 있습니
다(「공익사업을 위한 토지 등의 취득 및 보상에 관한 법률 시행규
칙」 제54조제3항 및 제15조제1항 각 호).

1. 해당 지역의 주민등록에 관한 사무를 관장하는 특별자치도지
   사·시장·군수·구청장 또는 그 권한을 위임받은 읍·면·동장 또는
   출장소장의 확인을 받아 입증하는 방법
2. 공공요금영수증으로 입증하는 방법
3. 국민연금보험료, 건강보험료 또는 고용보험료 납입증명서로 입
   증하는 방법
4. 전화사용료, 케이블텔레비전 수신료 또는 인터넷 사용료 납부
   확인서로 입증하는 방법
5. 신용카드 대중교통 이용명세서로 입증하는 방법
6. 자녀의 재학증명서로 입증하는 방법
7. 연말정산 등 납세 자료로 입증하는 방법
8. 그 밖에 실제 거주사실을 증명하는 객관적 자료로 입증하는
   방법

② 주거이전비는 「통계법」 제3조제3호에 따른 통계작성기관이 조사·발표하는 가계조사통계의 도시근로자가구의 가구원수별 월평균 명목 가계지출비(이하 "월평균 가계지출비"라 함)를 기준으로 산정합니다(「공익사업을 위한 토지 등의 취득 및 보상에 관한 법률 시행규칙」 제54조제4항 전단).

③ 가구원수가 5명인 경우에는 5명 이상 기준의 월평균 가계지출비를 적용하며, 가구원수가 6명 이상인 경우에는 5명 이상 기준의 월평균 가계지출비에 5명을 초과하는 가구원수에 다음의 산식에 따라 산정한 1명당 평균비용을 곱한 금액을 더한 금액으로 산정합니다(「공익사업을 위한 토지 등의 취득 및 보상에 관한 법률 시행규칙」 제54조제4항 후단).

---

1인당 평균비용 = (5인 이상 기준의 도시근로자가구 월평균 가계지출비 2인 기준의 도시근로자가구 월평균 가계지출비) ÷ 3

---

④ 도시근로자 가구의 가구원수별 월평균 가계지출비는 통계청 홈페이지(kostat.go.kr)에서 확인할 수 있습니다.

■ 재개발구역에서 거주하고 있는 세입자도 보상을 받을 수 있나요?

◎ 재개발구역에서 거주하고 있는 세입자도 보상을 받을 수 있나요?

④ 정비구역에서 3개월 이상 거주한 세입자는 4개월분의 주거이전비를 보상받을 수 있습니다.

◇ 주거이전비 보상

① 정비사업의 시행으로 이주하게 되는 주거용 건축물의 세입자(무상으로 사용하는 거주자를 포함하되, 「공익사업을 위한 토지 등의 취득 및 보상에 관한 법률」 제78조제1항에 따른 이주대책대상자인 세입자는 제외)로서 사업인정고시일등 당시 또는 공익사업을 위한 관계법령에 따른 고시 등이 있은 당시 해당 정비사업 구역에서 3개월 이상 거주한 자는 가구원수에 따라 4개월분의 주거이전비를 보상받습니다.

② 다만, 무허가건축물등에 입주한 세입자로서 사업인정고시일등 당시 또는 정비사업을 위한 관계법령에 따른 고시 등이 있은 당시 그 정비사업 구역 안에서 1년 이상 거주한 세입자에 대해서는 주거이전비를 보상해야 합니다.

◇ 보상대상자 인정시점

주거이전비를 보상하는 경우 보상대상자의 인정시점은 정비구역 지정을 위한 주민공람 공고일로 봅니다.

◇ 주거이전비 산정

주거이전비는 「통계법」 제3조제3호에 따른 통계작성기관이 조사·발표하는 가계조사통계의 도시근로자가구의 가구원수별 월평균 명목 가계지출비를 기준으로 산정합니다.

**※관련판례**

① 구 토지보상법령의 규정에 의하여 공익사업 시행에 따라 이주하는 주거용 건축물의 세입자에게 지급하는 주거이전비는 공익사업 시행지구 안에 거주하는 세입자들의 조기 이주를 장려하고 사업추진을 원활하게 하려는 정책적인 목적과 주거이전으로 특별한 어려움을 겪게 될 세입자들에게 사회보장적인 차원에서 지급하는 금원이다.

그런데 주택재개발정비사업의 개발이익을 누리는 조합원은 그 자신이 사업의 이해관계인이므로 관련 법령이 정책적으로 조기 이주를 장려하고 있는 대상자에 해당한다고 보기 어렵다. 이러한 조합원이 소유 건축물이 아닌 정비사업구역 내 다른 건축물에 세입자로 거주하다 이전하더라도, 일반 세입자처럼 주거이전으로 특별한 어려움을 겪는다고 보기 어려우므로, 그에게 주거이전비를 지급하는 것은 사회보장급부로서의 성격에 부합하지 않는다.

② 주택재개발사업에서 조합원은 사업 성공으로 인한 개발이익을 누릴 수 있고 그가 가지는 이해관계가 실질적으로는 사업시행자와 유사할 뿐 아니라, 궁극적으로는 공익사업 시행으로 생활의 근거를 상실하게 되는 자와는 차이가 있다. 이러한 특수성은 '소유자 겸 세입자'인 조합원에 대하여 세입자 주거이전비를 인정할 것인지를 고려할 때에도 반영되어야 한다. 더욱이 구 도시정비법 제36조 제1항은 사업시행자가 주택재개발사업 시행으로 철거되는 주택의 소유자 또는 세입자에 대하여 정비구역 내·외에 소재한 임대주택 등의 시설에 임시로 거주하게 하거나 주택자금의 융자알선 등 임시수용에 상응하는 조치를 하여야 한다고 정하고 있고, 이러한 다양한 보상조치와 보호대책은 소유자 겸 세입자에 대해서도 적용될 수 있으므로 최소한의 보호에 공백이 있다고 보기 어렵다.

③ 조합원인 소유자 겸 세입자를 주택재개발정비사업조합의 세입자 주거이전비 지급대상이 된다고 본다면, 지급액은 결국 조합·조합원 모두의 부담으로 귀결될 것인데, 동일한 토지 등 소유자인 조합원임에도 우연히 정비구역 안의 주택에 세입자로 거주하였다는

이유만으로 다른 조합원들과 비교하여 이익을 누리고, 그 부담이 조합·조합원들의 부담으로 전가되는 결과 역시 타당하다고 볼 수 없다.(대법원 2017.10.31. 선고, 2017두40068 판결)

## 4. 그 밖에 조치

### 4-1. 용적률 완화

#### ■ 완화되는 용적률

사업시행자가 다음의 어느 하나에 해당하는 경우에는 「국토의 계획 및 이용에 관한 법률」 제78조제1항에도 불구하고 해당 정비구역에 적용되는 용적률의 100분의 125 이하의 범위에서 「도시 및 주거환경정비법 시행령」으로 정하는 바에 따라 특별시·광역시·특별자치시·특별자치도·시 또는 군의 조례로 용적률을 완화하여 정할 수 있습니다(「도시 및 주거환경정비법」 제66조).

1. 「도시 및 주거환경정비법」 제65조제1항 단서에 따른 손실보상의 기준 이상으로 세입자에게 주거이전비를 지급하거나 영업의 폐지 또는 휴업에 따른 손실을 보상하는 경우
2. 「도시 및 주거환경정비법」 제65조제1항 단서에 따른 손실보상에 더하여 임대주택을 추가로 건설하거나 임대상가를 건설하는 등 추가적인 세입자 손실보상 대책을 수립하여 시행하는 경우

#### ■ 사전 협의

① 사업시행자가 위 규정에 따라 완화된 용적률을 적용받으려는 경우에는 사업시행계획인가 신청 전에 다음의 사항을 특별자치시장, 특별자치도지사, 시장, 군수, 자치구의 구청장(이하 "시장·군수등"이라 함)에게 제출하고 사전협의해야 합니다(「도시 및 주거환경정비법 시행령」 제55조제1항).

1. 정비구역 내 세입자 현황

2. 세입자에 대한 손실보상 계획

② 위 규정에 따른 협의를 요청받은 시장·군수등은 의견을 사업시행자에게 통보해야 하며, 용적률을 완화받을 수 있다는 통보를 받은 사업시행자는 사업시행계획서를 작성할 때 위 2.에 따른 세입자에 대한 손실보상 계획을 포함해야 합니다(「도시 및 주거환경정비법 시행령」 제55조제2항).

## 4-2. 지상권 등 계약해지

### ■ 권리자의 계약해지

정비사업의 시행으로 지상권·전세권 또는 임차권의 설정 목적을 달성할 수 없는 때에는 그 권리자는 계약을 해지할 수 있습니다(「도시 및 주거환경정비법」 제70조제1항).

### ■ 금전 반환청구권

① 계약 해지에 따른 전세금·보증금, 그 밖의 계약상의 금전의 반환청구권은 사업시행자에게 행사할 수 있습니다(「도시 및 주거환경정비법」 제70조제2항).

② 금전의 반환청구권의 행사로 해당 금전을 지급한 사업시행자는 해당 토지등소유자에게 구상할 수 있습니다(「도시 및 주거환경정비법」 제70조제3항).

③ 사업시행자는 위 규정에 따라 구상이 되지 않는 때에는 해당 토지등소유자에게 귀속될 대지 또는 건축물을 압류할 수 있고, 압류한 권리는 저당권과 동일한 효력을 가집니다(「도시 및 주거환경정비법」 제70조제4항).

④ "재개발사업의 토지등소유자"란 정비구역에 위치한 토지 또는

건축물의 소유자 또는 그 지상권자를 말합니다. 다만, 「도시 및 주거환경정비법」 제27조제1항에 따라 「자본시장과 금융투자업에 관한 법률」 제8조제7항에 따른 신탁업자가 사업시행자로 지정된 경우 토지등소유자가 정비사업을 목적으로 신탁업자에게 신탁한 토지 또는 건축물에 대하여는 위탁자를 토지등소유자로 봅니다(「도시 및 주거환경정비법」 제2조제9호).

---

**※ 관련판례**

**● 구 도시 및 주거환경정비법 제44조 제1항, 제2항이 정비사업 구역 내의 임차권자 등에게 계약 해지권은 물론, 나아가 사업시행자를 상대로 한 보증금반환청구권까지 인정하는 취지 / 위 조항에서 말하는 '정비사업의 시행으로 인하여 임차권의 설정목적을 달성할 수 없다'는 것의 의미**

구 도시 및 주거환경정비법(2017. 2. 8. 법률 제14567호로 전부 개정되기 전의 것, 이하 '구 도시정비법'이라고 한다) 제44조는 제1항에서 "정비사업의 시행으로 인하여 지상권·전세권 또는 임차권의 설정목적을 달성할 수 없는 때에는 그 권리자는 계약을 해지할 수 있다."라고 규정하고, 제2항에서 "제1항의 규정에 의하여 계약을 해지할 수 있는 자가 가지는 전세금·보증금 그 밖의 계약상의 금전의 반환청구권은 사업시행자에게 이를 행사할 수 있다."라고 규정하고 있다. 이처럼 구 도시정비법 제44조 제1항, 제2항이 정비사업 구역 내의 임차권자 등에게 계약 해지권은 물론, 나아가 사업시행자를 상대로 한 보증금반환청구권까지 인정하는 취지는, 정비사업의 시행으로 인하여 그 의사에 반하여 임대차목적물의 사용·수익이 정지되는 임차권자 등의 정당한 권리를 두텁게 보호하는 한편, 계약상 임대차기간 등 권리존속기간의 예외로서 이러한 권리를 조기에 소멸시켜 원활한 정비사업의 추진을 도모하고자 함에 있다. 한편 임대차계약은 임대인이 임차인에게 목적물을 사용·수익하게 할 것을 약정하고 임차인이 이에 대하여 차임을 지급할 것을 약정하는 것을 계약의 기본내용으로 하므로(민법 제618조), 구 도시정비법 제

44조 제1항, 제2항에서 말하는 '정비사업의 시행으로 인하여 임차권의 설정목적을 달성할 수 없다'는 것은 정비사업의 시행으로 인하여 임차인이 임대차목적물을 사용·수익할 수 없게 되거나 임대차목적물을 사용·수익하는 상황 내지 이를 이용하는 형태에 중대한 변화가 생기는 등 임차권자가 이를 이유로 계약 해지권을 행사하는 것이 정당하다고 인정되는 경우를 의미한다(대법원 2020. 8. 20. 선고 2017다260636 판결).

## ■ 계약기간 산정

사업시행자가 관리처분계획인가를 받은 경우 지상권·전세권설정계약 또는 임대차계약의 계약기간은 다음의 규정이 적용되지 않습니다(「도시 및 주거환경정비법」 제70조제5항).

1. 「민법」 제280조(존속기간을 약정한 지상권)

2. 「민법」 제281조(존속기간을 정하지 않은 지상권)

3. 「민법」 제312조제2항(전세권의 존속기간이 1년 미만인 경우)

4. 「주택임대차보호법」 제4조제1항(임대차기간이 없거나 2년 미만인 경우)

## 4-3. 소유자 확인 곤란 건축물 등에 대한 처분

### ■ 처분철자

사업시행자는 다음에서 정하는 날 현재 건축물 또는 토지의 소유자의 소재 확인이 현저히 곤란한 때에는 전국적으로 배포되는 둘 이상의 일간신문에 2회 이상 공고하고, 공고한 날부터 30일 이상이 지난 때에는 그 소유자의 해당 건축물 또는 토지의 감정평가액에 해당하는 금액을 법원에 공탁하고 정비사업을 시행할 수 있습니다(「도시 및 주거환경정비법」 제71조제1항).

1. 「도시 및 주거환경정비법」 제25조에 따라 조합이 사업시행자가 되는 경우에는 「도시 및 주거환경정비법」 제35조에 따른 조합

설립인가일

2. 「도시 및 주거환경정비법」 제25조제1항제2호에 따라 토지 등소유자가 시행하는 재개발사업의 경우에는 「도시 및 주거환경정비법」 제50조에 따른 사업시행계획인가일

3. 「도시 및 주거환경정비법」 제26조제1항에 따라 시장·군수 등, 토지주택공사등이 정비사업을 시행하는 경우에는 「도시 및 주거환경정비법」 제26조제2항에 따른 고시일

4. 「도시 및 주거환경정비법」 제27조제1항에 따라 지정개발자를 사업시행자로 지정하는 경우에는 「도시 및 주거환경정 비법」 제27조제2항에 따른 고시일

## ■ 감정평가

① 토지 또는 건축물의 감정평가는 「감정평가 및 감정평가사에 관한 법률」에 따른 감정평가법인등 중 시장·군수등이 선정·계약한 2인 이상의 감정평가법인등이 평가한 금액을 산술평균하여 산정합니다 (「도시 및 주거환경정비법」 제71조제4항 및 제74조제4항제1호가목).

② 다만, 관리처분계획을 변경·중지 또는 폐지하려는 경우 분양예정 대상인 대지 또는 건축물의 추산액과 종전의 토지 또는 건축물의 가격은 사업시행자 및 토지등소유자 전원이 합의하여 산정할 수 있습니다(「도시 및 주거환경정비법」 제71조제4항 및 제74조제4항제1호 각 목 외의 부분 단서).

# 제4장

# 분양 및 관리처분은 어떤 절차로 하나요?

# 제4장 분양 및 관리처분은 어떤 절차로 하나요?

## 제1절 분양 등

## 1. 분양공고 및 신청

### 1-1. 분양통지 및 공고

#### ■ 분양통지

① 사업시행자는 사업시행계획인가의 고시가 있은 날(사업시행계획인가 이후 시공자를 선정한 경우에는 시공자와 계약을 체결한 날)부터 120일 이내에 다음의 사항을 토지등소유자에게 통지해야 합니다(「도시 및 주거환경정비법」 제72조제1항 및 「도시 및 주거환경정비법 시행령」 제59조제2항).

1. 분양대상자별 종전의 토지 또는 건축물의 명세 및 사업시행계획인가의 고시가 있은 날을 기준으로 한 가격(사업시행계획인가 전에 「도시 및 주거환경정비법」 제81조제3항에 따라 철거된 건축물은 시장·군수등에게 허가를 받은 날을 기준으로 한 가격)

2. 분양대상자별 분담금의 추산액

3. 분양신청기간

4. 분양공고의 1.부터 6.까지 및 8.의 사항

5. 분양신청서

6. 그 밖에 시·도조례로 정하는 사항

② "재개발사업의 토지등소유자"란 정비구역에 위치한 토지 또는 건축물의 소유자 또는 그 지상권자를 말합니다. 다만, 「도시 및 주거환경정비법」 제27조제1항에 따라 「자본시장과 금융투자업에 관한

법률」제8조제7항에 따른 신탁업자가 사업시행자로 지정된 경우 토지등소유자가 정비사업을 목적으로 신탁업자에게 신탁한 토지 또는 건축물에 대하여는 위탁자를 토지등소유자로 봅니다(「도시 및 주거환경정비법」 제2조제9호).

## ■ 분양공고

① 사업시행자는 사업시행계획인가의 고시가 있은 날(사업시행계획인가 이후 시공자를 선정한 경우에는 시공자와 계약을 체결한 날)부터 120일 이내에 다음의 사항을 해당 지역에서 발간되는 일간신문에 공고해야 합니다(「도시 및 주거환경정비법」 제72조제1항 본문 및 「도시 및 주거환경정비법 시행령」 제59조제1항).

1. 사업시행인가의 내용
2. 정비사업의 종류·명칭 및 정비구역의 위치·면적
3. 분양신청기간 및 장소
4. 분양대상 대지 또는 건축물의 내역
5. 분양신청자격
6. 분양신청방법
7. 토지등소유자외의 권리자의 권리신고방법
8. 분양을 신청하지 않은 자에 대한 조치
9. 그 밖에 시·도조례로 정하는 사항

② 다만, 토지등소유자 1인이 시행하는 재개발사업의 경우에는 그렇지 않습니다(「도시 및 주거환경정비법」 제72조제1항 단서).

## 1-2. 분양신청

### ■ 신청기간

① 분양신청은 통지한 날부터 30일 이상 60일 내에 해야 합니다(「도시 및 주거환경정비법」 제72조제2항 본문).

② 다만, 사업시행자는 관리처분계획의 수립에 지장이 없다고 판단하는 경우에는 분양신청기간을 20일의 범위에서 한 차례만 연장할 수 있습니다(「도시 및 주거환경정비법」 제72조제2항 단서).

### ■ 신청방법

① 대지 또는 건축물에 대한 분양을 받으려는 토지등소유자는 분양신청서에 소유권의 내역을 분명하게 적고, 그 소유의 토지 및 건축물에 관한 등기부등본 또는 환지예정지증명원을 첨부하여 사업시행자에게 제출해야 합니다(「도시 및 주거환경정비법」 제72조제3항 및 「도시 및 주거환경정비법 시행령」 제59조제3항 전단).

② 이 경우 우편의 방법으로 분양신청을 하는 때에는 분양신청기간 내에 발송된 것임을 증명할 수 있는 우편으로 해야 합니다(「도시 및 주거환경정비법 시행령」 제59조제3항 후단).

③ 토지등소유자가 정비사업에 제공되는 종전의 토지 또는 건축물에 따라 분양받을 수 있는 것 외에 공사비 등 사업시행에 필요한 비용의 일부를 부담하고 그 대지 및 건축물(주택은 제외)을 분양받으려는 때에는 분양신청을 할 때에 그 의사를 분명히 하고, 「도시 및 주거환경정비법」 제72조제1항제1호에 따른 가격의 10%에 상당하는 금액을 사업시행자에게 납입해야 합니다(「도시 및 주거환경정비법 시행령」 제59조제4항).

④ 분양신청서를 받은 사업시행자는 「전자정부법」 제36조제1항에 따른 행정정보의 공동이용을 통하여 첨부서류를 확인할 수 있는 경

우에는 그 확인으로 첨부서류를 갈음해야 합니다(「도시 및 주거환경정비법 시행령」 제59조제5항).

## ■ 재분양공고

① 사업시행자는 분양신청기간 종료 후 사업시행계획인가의 변경(경미한 사항의 변경은 제외)으로 세대수 또는 주택규모가 달라지는 경우 분양공고 등의 절차를 다시 거칠 수 있습니다(「도시 및 주거환경정비법」 제72조제4항).

② 사업시행자는 정관등으로 정하고 있거나 총회의 의결을 거친 경우 위 규정에 따라 다음의 토지등소유자에게 분양신청을 다시 하게 할 수 있습니다(「도시 및 주거환경정비법」 제72조제4항).

1. 분양신청을 하지 아니한 자(「도시 및 주거환경정비법」 제 73조 제1항제1호)

2. 분양신청기간 종료 이전에 분양신청을 철회한 자(「도시 및 주거환경정비법」 제73조제1항제2호)

## ■ 분양신청 제한

① 투기과열지구의 정비사업에서 관리처분계획에 따라 「도시 및 주거환경정비법」 제74조제1항제2호 또는 제1항제4호가목의 분양대상자 및 그 세대에 속한 자는 분양대상자 선정일(조합원 분양분의 분양대상자는 최초 관리처분계획 인가일을 말함)부터 5년 이내에는 투기과열지구에서 분양신청을 할 수 없습니다(「도시 및 주거환경정비법」 제72조제6항 본문).

② 다만, 상속, 결혼, 이혼으로 조합원 자격을 취득한 경우에는 분양신청을 할 수 있습니다(「도시 및 주거환경정비법」 제72조제6항 단서).

## 1-3. 잔여분 분양신청

### ■ 분양신청

① 사업시행자는 분양신청을 받은 후 잔여분이 있는 경우에는 정관등 또는 사업시행계획으로 정하는 목적을 위해 그 잔여분을 보류지(건축물을 포함)로 정하거나 조합원 또는 토지등소유자 이외의 자에게 분양할 수 있습니다(「도시 및 주거환경정비법」 제79조제4항 전단).

② 이 경우 분양공고와 분양신청절차 등에 필요한 사항은 「주택법」 제54조를 준용합니다(「도시 및 주거환경정비법」 제79조제4항 후단 및 「도시 및 주거환경정비법 시행령」 제67조).

# 2. 분양 미신청자에 대한 조치

## 2-1. 손실보상 협의

### ■ 협의 대상 및 기간

① 사업시행자는 관리처분계획이 인가·고시된 다음 날부터 90일 이내에 다음에서 정하는 자와 토지, 건축물 또는 그 밖의 권리의 손실보상에 관한 협의를 해야 합니다(「도시 및 주거환경정비법」 제73조제1항 본문).

1. 분양신청을 하지 않은 자
2. 분양신청기간 종료 이전에 분양신청을 철회한 자
3. 「도시 및 주거환경정비법」 제72조제6항 본문 에 따라 분양신청을 할 수 없는 자
4. 「도시 및 주거환경정비법」 제74조에 따라 인가된 관리처분 계획에 따라 분양대상에서 제외된 자

② 사업시행자는 분양신청기간 종료일의 다음 날부터 손실보상에 관한 협의를 시작할 수 있습니다(「도시 및 주거환경정비법」 제73조제1항 단서).

## ■ 협의가 성립되지 않는 경우

① 사업시행자는 손실보상에 관한 협의가 성립되지 않으면 그 기간의 만료일 다음 날부터 60일 이내에 수용재결을 신청하거나 매도청구소송을 제기해야 합니다(「도시 및 주거환경정비법」 제73조제2항).

② 사업시행자는 기간을 넘겨서 수용재결을 신청하거나 매도청구소송을 제기한 경우에는 해당 토지등소유자에게 다음의 구분에 따라 지연일수(遲延日數)에 따른 이자를 지급해야 합니다(「도시 및 주거환경정비법」 제73조제3항 및 「도시 및 주거환경정비법 시행령」 제60조제2항).

1. 6개월 이내의 지연일수에 따른 이자의 이율: 100분의 5

2. 6개월 초과 12개월 이내의 지연일수에 따른 이자의 이율: 100분의 10

3. 12개월 초과의 지연일수에 따른 이자의 이율: 100분의 15

③ "재개발사업의 토지등소유자"란 정비구역에 위치한 토지 또는 건축물의 소유자 또는 그 지상권자를 말합니다. 다만, 「도시 및 주거환경정비법」 제27조제1항에 따라 「자본시장과 금융투자업에 관한 법률」 제8조제7항에 따른 신탁업자가 사업시행자로 지정된 경우 토지등소유자가 정비사업을 목적으로 신탁업자에게 신탁한 토지 또는 건축물에 대하여는 위탁자를 토지등소유자로 봅니다(「도시 및 주거환경정비법」 제2조제9호).

## 2-2. 현금으로 청산하는 경우

### ■ 현금청산금액 협의

① 사업시행자가 토지등소유자의 토지, 건축물 또는 그 밖의 권리에 대해 현금으로 청산하는 경우 청산금액은 사업시행자와 토지등소유자가 협의하여 산정합니다(「도시 및 주거환경정비법 시행령」 제60조제1항 전단).

② 재개발사업의 손실보상액의 산정을 위한 감정평가사 또는 감정평가법인(이하 "감정평가법인등"이라 함) 선정에 관하여는 「공익사업을 위한 토지 등의 취득 및 보상에 관한 법률」 제68조제1항에 따릅니다(「도시 및 주거환경정비법 시행령」 제60조제1항 후단).

> ※ 관련판례
> ● 재개발조합이 구 도시 및 주거환경정비법에 따른 협의 또는 수용절차를 거치지 않고 현금청산대상자를 상대로 토지 또는 건축물의 인도를 구할 수 있는지 여부(소극) / 재개발조합과 현금청산대상자 사이에 현금청산금에 관한 협의가 이루어진 경우 또는 수용절차에 의할 경우 현금청산금 지급과 토지 등 인도의 이행 순서
> 구 도시 및 주거환경정비법(2012. 2. 1. 법률 제11293호로 개정되기 전의 것, 이하 '구 도시정비법'이라 한다) 제49조 제6항 본문은 '관리처분계획에 대한 인가·고시가 있은 때에는 종전의 토지 또는 건축물의 소유자·지상권자·전세권자·임차권자 등 권리자는 제54조의 규정에 의한 이전의 고시가 있는 날까지 종전의 토지 또는 건축물에 대하여 이를 사용하거나 수익할 수 없다.'고 규정하면서, 같은 항 단서는 사업시행자의 동의를 받거나 공익사업을 위한 토지 등의 취득 및 보상에 관한 법률(이하 '토지보상법'이라 한다)에 따른 손실보상이 완료되지 않은 경우에는 종전 권리자로 하여금 그 소유의 토지 등을 사용·수익할 수 있도록 허용하고 있다. 그리고 구 도시정비법 제38조, 제40조 제1항, 제47조의 규정 내용에다가 사전보상원칙을 규정하고 있는 토지보상법 제62조까지 종합하면, 재개발조합

이 공사에 착수하기 위하여 조합원이 아닌 현금청산대상자로부터 그 소유의 정비구역 내 토지 또는 건축물을 인도받기 위해서는 관리처분계획이 인가·고시된 것만으로는 부족하고 나아가 구 도시정비법이 정하는 바에 따라 협의 또는 수용절차를 거쳐야 하며, 협의 또는 수용절차를 거치지 아니한 때에는 구 도시정비법 제49조 제6항의 규정에도 불구하고 현금청산대상자를 상대로 토지 또는 건축물의 인도를 구할 수 없다고 보는 것이 국민의 재산권을 보장하는 헌법합치적 해석이다. 만일 재개발조합과 현금청산대상자 사이에 현금청산금에 관한 협의가 성립된다면 조합의 현금청산금 지급의무와 현금청산대상자의 토지 등 인도의무는 특별한 사정이 없는 한 동시이행의 관계에 있게 되고, 수용절차에 의할 때에는 부동산 인도에 앞서 현금청산금 등의 지급절차가 이루어져야 한다(대법원 2020. 7. 23. 선고 2019두46411 판결).

■ **보상액 산정**

① 사업시행자는 토지등에 대한 보상액을 산정하려는 경우에는 감정평가법인등 3인(시·도지사와 토지소유자가 모두 감정평가법인등을 추천하지 않거나 시·도지사 또는 토지소유자 어느 한쪽이 감정평가법인등을 추천하지 않는 경우에는 2인)을 선정하여 토지등의 평가를 의뢰해야 합니다(「도시 및 주거환경정비법 시행령」 제60조제1항 후단 및 「공익사업을 위한 토지 등의 취득 및 보상에 관한 법률」 제68조제1항 본문).

② 보상액의 산정은 각 감정평가법인등이 평가한 평가액의 산술평균치를 기준으로 합니다(「공익사업을 위한 토지 등의 취득 및 보상에 관한 법률 시행규칙」 제16조제6항).

● 재개발조합이 구 도시 및 주거환경정비법에 따른 협의 또는 수용절차를 거치지 않고 현금청산대상자를 상대로 토지 또는 건축물의 인도를 구할 수 있는지 여부(소극) / 재개발조합과 현금청산대상자 사이에 현금청산금에 관한 협의가 이루어진 경우 또는 수용절차에 의할 경우 현금청산금 지급과 토지 등 인도의 이행 순서

1) 조합이 사업시행자가 되는 정비사업은, 토지 등 소유자가 조합원이 되어 자신의 종전자산을 출자하고 공사비 등을 투입하여 구 주택을 철거한 후 신 주택을 건축한 다음, 신 주택 중 일부는 조합원에게 배분하고 나머지는 일반분양을 하여 수입을 얻으며, 정비사업을 시행하여 얻은 총수입과 총비용을 정산하여 그 손익을 조합원의 종전자산 출자비율대로 분배하기 위하여 조합과 조합원 사이에서 종전자산과 종후자산의 차액을 청산금으로 수수하여 정산하는 것을 그 기본 골격으로 한다 [구 도시 및 주거환경정비법(2012. 2. 1. 법률 11293호로 개정되기 전의 것, 이하 '구 도시정비법'이라고 한다) 제2조 제9호, 제57조, 제60조, 제61조 참조].

2) 토지 등 소유자가 도시 및 주거환경정비법 규정이나 조합설립동의를 통해 일단 조합원이 되었다고 하더라도, 분양신청기간 내에 분양신청을 하지 아니하거나 분양신청을 하였다가 분양신청기간 내에 철회한 경우, 분양신청을 하였으나 인가된 관리처분계획에 의하여 분양대상에서 제외된 경우에는 150일 이내에 토지·건축물 또는 그 밖의 권리에 대하여 현금으로 청산하여야 한다(구 도시정비법 제47조).

3) 현금청산금에 관하여 조합과 현금청산대상자 사이에 협의가 성립하지 않는 때에 조합이 토지 등 소유자의 종전자산을 취득하려면, 재개발사업의 경우 공익사업을 위한 토지 등의 취득 및 보상에 관한 법률(이하 '토지보상법'이라고 한다)에 따른 수용재결절차를 따르고, 재건축사업의 경우 집합건물의 소유 및 관리에 관한 법률 제48조에 따른 매도청구절차를 따라야 한다(구 도시정비법 제38조 내지 제40조). 이처럼 구 도시정비법은 조합원이 된 토지 등 소유

자에게 분양신청절차를 통해 조합관계에서 탈퇴할 기회를 보장하고 있고, 탈퇴하는 경우 종전자산의 가액을 관계 법령에서 정한 절차에 따라 평가하여 현금으로 청산하도록 함으로써 토지 등 소유자의 재산권을 보장하고 있다.

4) 구 도시정비법 제49조 제6항 본문은 '관리처분계획에 대한 인가·고시가 있은 때에는 종전의 토지 또는 건축물의 소유자·지상권자·전세권자·임차권자 등 권리자는 제54조의 규정에 의한 이전의 고시가 있은 날까지 종전의 토지 또는 건축물에 대하여 이를 사용하거나 수익할 수 없다'고 규정하면서, 같은 항 단서는 사업시행자의 동의를 받거나 토지보상법에 따른 손실보상이 완료되지 않은 경우에는 종전 권리자로 하여금 그 소유의 토지 등을 사용·수익할 수 있도록 허용하고 있다. 그리고 구 도시정비법 제38조, 제40조 제1항, 제47조의 규정 내용에다가 사전보상원칙을 규정하고 있는 토지보상법 제62조까지 종합하여 보면, 재개발조합이 공사에 착수하기 위하여 조합원이 아닌 현금청산대상자로부터 그 소유의 정비구역 내 토지 또는 건축물을 인도받기 위해서는 관리처분계획이 인가·고시된 것만으로는 부족하고 나아가 도시 및 주거환경정비법이 정하는 바에 따라 협의 또는 수용절차를 거쳐야 한다. 만일 재개발조합과 현금청산대상자 사이에 현금청산금에 관한 협의가 성립된다면 조합의 현금청산금 지급의무와 현금청산대상자의 토지 등 인도의무는 특별한 사정이 없는 한 동시이행의 관계에 있게 되고, 수용절차에 의할 때에는 부동산 인도에 앞서 현금청산금 등의 지급절차가 이루어져야 한다(대법원 2011. 7. 28. 선고 2008다91364 판결, 대법원 2020. 7. 23. 선고 2018두47622 판결 등 참조).

나. 현금청산금 지급 지체에 따른 조합의 책임

구 도시정비법 제47조에서 정한 바와 같이, 조합이 현금청산사유가 발생한 날부터 150일 이내에 지급하여야 하는 현금청산금은 토지 등 소유자의 종전자산 출자에 대한 반대급부이고, 150일은 그 이행기간에 해당한다. 민법 제587조 후단도 "매수인은 목적물의 인도를 받은 날로부터 대금의 이자를 지급하여야 한다. 그러나 대금의 지급에 대하여 기한이 있는 때에는 그러하지 아니하다."라고 규정하고 있다. 따라서 조합이 구 도시정비법 제47조에서 정한 현금청산금 지급 이행기간(현금청산사유 발생 다음 날부터 150일) 내에 현금청산금을 지급하지 못한 것에 대하여 지체책임을 부담하는지 여부는 토지 등 소유자의 종전자산 출자시점과 조합이 실제 현금청산금을 지급한 시점을 비교하여 판단하여야 한다.

즉, 토지 등 소유자가 조합원의 지위를 유지하는 동안에 종전자산을 출자하지 않은 채 계속 점유하다가 조합관계에서 탈퇴하여 현금청산대상자가 되었고 보상협의 또는 수용재결에서 정한 현금청산금을 지급받은 이후에야 비로소 조합에 종전자산의 점유를 인도하게 된 경우에는 조합이 해당 토지 등 소유자에게 현금청산금을 실제 지급한 시점이 현금청산사유가 발생한 날부터 150일의 이행기간이 경과한 시점이라고 하더라도 조합은 150일의 이행기간을 초과한 지연일수에 대하여 현금청산금 지급이 지연된 데에 따른 지체책임을 부담하지는 않는다. 그러나 토지 등 소유자가 조합원의 지위를 유지하는 동안에 종전자산을 출자한 후에 조합관계에서 탈퇴하여 현금청산대상자가 되었음에도 조합이 구 도시정비법 제47조에서 정한 150일의 이행기간 내에 현금청산금을 지급하지 아니하면 위 이행기간이 경과한 다음 날부터는 정관에 특별한 정함이 있는 경우에는 정관에서 정한 비율로, 정관에 특별한 정함이 없는 경우에는 민법에서 정한 연 5%의 비율로 계산한 지연이자를 지급할 의무가 있다(대법원 2020. 7. 23. 선고 2018두47622 판결 등 참조)(대법원 2020. 9. 3. 선고 2018두48922 판결).

■ 분양신청을 하지 않는 경우, 어떤 보상을 받을 수 있나요?

◎ 분양신청을 하지 않는 경우, 어떤 보상을 받을 수 있나요?

ⓐ 재개발사업에 따른 분양신청을 하지 않은 경우, 해당 손실에 대한 협의를 통해 보상을 받을 수 있습니다.

◇ 손실보상 협의

① 사업시행자는 관리처분계획이 인가·고시된 다음 날부터 90일 이내에 다음에서 정하는 자와 토지, 건축물 또는 그 밖의 권리의 손실보상에 관한 협의를 해야 합니다.

- 분양신청을 하지 않은 자
- 분양신청기간 종료 이전에 분양신청을 철회한 자
- 「도시 및 주거환경정비법」 제72조제6항 본문 에 따라 분양신청을 할 수 없는 자
- 「도시 및 주거환경정비법」 제74조에 따라 인가된 관리처분계획에 따라 분양대상에서 제외된 자

② 사업시행자는 분양신청기간 종료일의 다음 날부터 손실보상에 관한 협의를 시작할 수 있습니다.

③ 사업시행자는 손실보상에 관한 협의가 성립되지 않으면 그 기간의 만료일 다음 날부터 60일 이내에 수용재결을 신청하거나 매도청구소송을 제기해야 합니다.

# 제2절 관리처분계획

## 1. 관리처분계획수립

### 1-1. 관리처분계획의 수립

#### ■ 관리처분계획의 내용

① 사업시행자는 분양신청기간이 종료된 때에는 분양신청의 현황을 기초로 다음의 사항이 포함된 관리처분계획을 수립하여 시장·군수 등의 인가를 받아야 합니다(「도시 및 주거환경정비법」 제74조제1항 본문 및 「도시 및 주거환경정비법 시행령」 제62조)

1. 분양설계

2. 분양대상자의 주소 및 성명

3. 분양대상자별 분양예정인 대지 또는 건축물의 추산액(임대관리 위탁주택에 관한 내용을 포함)

4. 다음에 해당하는 보류지 등의 명세와 추산액 및 처분방법. 다만, 나.의 경우에는 기업형임대사업자의 성명 및 주소(법인인 경우에는 법인의 명칭 및 소재지와 대표자의 성명 및 주소)를 포함합니다.

　　가. 일반 분양분

　　나. 기업형임대주택

　　댜. 임대주택

　　라. 그 밖에 부대시설·복리시설 등

5. 분양대상자별 종전의 토지 또는 건축물 명세 및 사업시행 계획 인가 고시가 있은 날을 기준으로 한 가격(사업시행계획인가 전에 「도시 및 주거환경정비법」 제81조제3항에 따라 철거된 건축

물은 시장·군수등에게 허가를 받은 날을 기준으로 한 가격)

6. 정비사업비의 추산액 및 그에 따른 조합원 분담규모 및 분담시기

7. 분양대상자의 종전 토지 또는 건축물에 관한 소유권 외의 권리 명세

8. 세입자별 손실보상을 위한 권리명세 및 그 평가액

9. 「도시 및 주거환경정비법」 제73조에 따라 현금으로 청산해야 하는 토지등소유자별 기존의 토지·건축물 또는 그 밖의 권리 의 명세와 이에 대한 청산방법

10. 「도시 및 주거환경정비법」 제79조제4항 전단에 따른 보류지 등의 명세와 추산가액 및 처분방법

11. 「도시 및 주거환경정비법 시행령」 제63조제1항제4호에 따른 비용의 부담비율에 따른 대지 및 건축물의 분양계획과 그 비용부담의 한도·방법 및 시기. 이 경우 비용부담으로 분양 받을 수 있는 한도는 정관등에서 따로 정하는 경우를 제외 하고는 기존의 토지 또는 건축물의 가격의 비율에 따라 부 담할 수 있는 비용의 50퍼센트를 기준으로 정합니다.

12. 정비사업의 시행으로 인해 새롭게 설치되는 정비기반시설의 명 세와 용도가 폐지되는 정비기반시설의 명세

13 기존 건축물의 철거 예정시기

14. 그 밖에 시·도조례로 정하는 사항

② 관리처분계획을 수립할 때의 기준은 「도시 및 주거환경정비법」 제76조제1항에서 확인할 수 있습니다.

● 재건축조합이 구 주택건설촉진법 제44조의3 제5항에 의하여 준용되는 구 도시재개발법 제33조 내지 제45조에 정한 관리처분계획 인가 및 이에 따른 분양처분 고시 등의 절차를 거치지 아니한 채 조합원에게 신 주택이나 대지가 분양된 경우, 구 주택이나 대지에 관한 소유권이 신 주택이나 대지에 관한 소유권으로 강제적으로 교환·변경되어 공용환권된다고 볼 수 있는지 여부(소극) 및 이때 재건축조합이 구 도시재개발법 제40조 및 구 도시재개발 등기처리규칙 제5조에 의하여 대지 및 건축시설에 관한 등기를 할 수 있는지 여부(소극)

재건축조합이 구 주택건설촉진법(2002. 12. 30. 법률 제6852호로 개정되기 전의 것, 이하 같다) 제44조의3 제5항에 의하여 준용되는 구 도시재개발법(2002. 12. 30. 법률 제6852호 도시 및 주거환경정비법 부칙 제2조로 폐지, 이하 같다) 제33조 내지 제45조에 정한 관리처분계획 인가 및 이에 따른 분양처분 고시 등의 절차를 거쳐 신 주택이나 대지를 조합원에게 분양한 경우에는 구 주택이나 대지에 관한 권리가 권리자의 의사에 관계없이 신 주택이나 대지에 관한 권리로 강제적으로 교환·변경되어 공용환권된 것으로 볼 수 있다. 그러나 이러한 관리처분계획 인가 및 이에 따른 분양처분 고시 등의 절차를 거치지 아니한 채 조합원에게 신 주택이나 대지가 분양된 경우에는 해당 조합원은 조합규약 내지 분양계약에 의하여 구 주택이나 대지와는 별개인 신 주택이나 대지에 관한 소유권을 취득한 것에 불과하며, 이와 달리 구 주택이나 대지에 관한 소유권이 신 주택이나 대지에 관한 소유권으로 강제적으로 교환·변경되어 공용환권된다고 볼 수 없다.

따라서 재건축조합이 구 주택건설촉진법 제44조의3 제5항에 의하여 준용되는 구 도시재개발법 제33조 내지 제45조에 정한 관리처분계획 인가 및 이에 따른 분양처분 고시 등의 절차를 거친 경우에는 구 도시재개발법 제40조 및 구 도시재개발 등기처리규칙(2003. 6. 28. 대법원규칙 제1833호 도시 및 주거환경정비 등기처리규칙 부칙 제3조로 폐지) 제5조에 의하여 관리처분계획 및 그 인가를 증명하는 서면과 분양처분의 고시를 증명하는 서면을 첨부하여 대지 및 건축시설에 관한 등기를 할 수 있으나, 구 도시재개발법 제33조 내지 제45조에 정한 절차를 거치지 않은 경우에는 그와 같은 등기를 할 수 없다(대법원 2021. 1. 14. 선고 2017다291319 판결).

## 1-2. 조합원총회 의결

### ■ 총회 의결

① 관리처분계획은 총회의 의결사항이므로 관리처분계획인가 신청 전에 반드시 조합원총회의 의결을 거쳐야 합니다(「도시 및 주거환경정비법」 제45조제1항제10호).

② 조합은 관리처분계획의 수립을 의결하기 위해 총회의 개최일부터 1개월 전에 위 3.부터 6.까지에 해당하는 사항을 각 조합원에게 문서로 통지해야 합니다(「도시 및 주거환경정비법」 제74조제5항).

### ■ 의결방법

① 관리처분계획의 수립 및 변경은 조합원 과반수의 찬성으로 의결합니다(「도시 및 주거환경정비법」 제45조제4항 본문).

② 다만, 정비사업비가 100분의 10(생산자물가상승률분, 「도시 및 주거환경정비법」 제73조에 따른 손실보상 금액은 제외) 이상 늘어나는 경우에는 조합원 3분의 2 이상의 찬성으로 의결해야 합니다(「도시 및 주거환경정비법」 제45조제4항 단서).

## 2. 관리처분계획인가

### 2-1. 관리처분계획 인가 신청

#### ■ 인가신청

사업시행자는 분양신청기간이 종료된 때에는 관리처분계획에 대해 특별자치시장, 특별자치도지사, 시장, 군수, 자치구의 구청장(이하 "시장·군수등"이라 함)의 인가를 받아야 합니다(「도시 및 주거환경정비법」제74조제1항 본문).

#### ■ 제출서류

사업시행자는 관리처분계획의 인가를 신청하려면 다음의 서류(전자문서를 포함)를 시장·군수등에게 제출해야 합니다(「도시 및 주거환경정비법」제74조제1항 본문 및 「도시 및 주거환경정비법 시행규칙」 제12조).
1. 관리처분계획 인가신청서(「도시 및 주거환경정비법 시행규칙」 별지 제9호서식)
2. 관리처분계획서ㄴ
3. 총회의결서 사본

### 2-2. 관리처분계획의 인가

#### ■ 공람 및 의견청취

① 사업시행자는 관리처분계획인가를 신청하기 전에 관계 서류의 사본을 30일 이상 토지등소유자에게 공람하게 하고 의견을 들어야 합니다(「도시 및 주거환경정비법」 제78조제1항 본문).

② "재개발사업의 토지등소유자"란 정비구역에 위치한 토지 또는 건축물의 소유자 또는 그 지상권자를 말합니다. 다만, 「도시 및 주거환경정비법」 제27조제1항에 따라 「자본시장과 금융투자업에 관한 법률」 제8조제7항에 따른 신탁업자가 사업시행자로 지정된 경우 토

지등소유자가 정비사업을 목적으로 신탁업자에게 신탁한 토지 또는 건축물에 대하여는 위탁자를 토지등소유자로 봅니다(「도시 및 주거환경정비법」 제2조제9호).

---

※ **관련판례**

● **임대차 종료 시 구 도시 및 주거환경정비법상 관리처분계획인가 · 고시가 이루어진 경우, 구 상가건물 임대차보호법 제10조 제1항 제7호 (다)목에서 정한 계약갱신 거절사유가 있는지 여부(적극) 및 사업시행인가 · 고시가 이루어졌다는 사정만으로도 마찬가지인지 여부 (원칙적 소극) / 위와 같은 계약갱신 거절사유가 존재한다는 점에 대한 증명책임의 소재(=임대인)**

구 도시 및 주거환경정비법(2017. 2. 8. 법률 제14567호로 전부 개정되기 전의 것, 이하 '구 도시정비법'이라 한다)에 따라 정비사업이 시행되는 경우 관리처분계획인가 · 고시가 이루어지면 종전 건축물의 소유자나 임차권자는 그때부터 이전고시가 있는 날까지 이를 사용 · 수익할 수 없고(구 도시정비법 제49조 제6항), 사업시행자는 소유자, 임차권자 등을 상대로 부동산의 인도를 구할 수 있다. 이에 따라 임대인은 원활한 정비사업 시행을 위하여 정해진 이주기간 내에 세입자를 건물에서 퇴거시킬 의무가 있다. 따라서 임대차 종료 시 이미 구 도시정비법상 관리처분계획인가 · 고시가 이루어졌다면, 임대인이 관련 법령에 따라 건물 철거를 위해 건물 점유를 회복할 필요가 있어 구 상가건물 임대차보호법(2018. 10. 16. 법률 제15791호로 개정되기 전의 것, 이하 '구 상가임대차법'이라 한다)제10조 제1항 제7호 (다)목에서 정한 계약갱신 거절사유가 있다고 할 수 있다. 그러나 구 도시정비법상 사업시행인가 · 고시가 있는 때부터 관리처분계획인가 · 고시가 이루어질 때까지는 일정한 기간의 정함이 없고 정비구역 내 건물을 사용 · 수익하는 데 별다른 법률적 제한이 없다. 이러한 점에 비추어 보면, 정비사업의 진행 경과에 비추어 임대차 종료 시 단기간 내에 관리처분계획인가 · 고시가 이루어질 것이 객관적으로 예상되는 등의 특별한 사정이 없는 한, 구 도시정비법에 따른 사업시행인가·고시가 이루어졌다는 사정만으로는 임대인이 건물 철거 등을 위하여 건물의 점유를 회복할 필요가 있다고 할 수 없어 구 상가임대차법 제10조 제1항 제7호 (다)목에서 정한 계약갱신 거절사유가 있다고 할 수 없다. 이와 같이 임대차 종료 시 관리처분계획인가·고시가 이루어졌거나 이루어질 것이 객관적으로 예상되는 등으로 구 상가임대차법 제10조 제1항 제7호 (다)목의 사유가 존재한다는 점에 대한 증명책임은 임대인에게 있다(대법원 2020. 11. 26. 선고 2019다249831 판결).

### ■ 인가결정

① 시장·군수등은 사업시행자의 관리처분계획인가의 신청이 있은 날부터 30일 이내에 인가 여부를 결정하여 사업시행자에게 통보해야 합니다(「도시 및 주거환경정비법」 제78조제2항 본문).

② 다만, 시장·군수등은 관리처분계획의 타당성 검증을 요청하는 경우에는 관리처분계획인가의 신청을 받은 날부터 60일 이내에 인가 여부를 결정하여 사업시행자에게 통지해야 합니다(「도시 및 주거환경정비법」 제78조제2항 단서).

### ■ 타당성 검증

시장·군수등은 다음의 어느 하나에 해당하는 경우에는 토지주택공사 등, 한국부동산원에 관리처분계획의 타당성 검증을 요청해야 하며, 타당성 검증 비용을 사업시행자에게 부담하게 할 수 있습니다(「도시 및 주거환경정비법」 제78조제3항 및 「도시 및 주거환경정비법 시행령」 제64조제1항).

1. 「도시 및 주거환경정비법」 제74조제1항제6호에 따른 정비사업비가 「도시 및 주거환경정비법」 제52조제1항제12호에 따른 정비사업비 기준으로 100분의 10 이상 늘어나는 경우

2. 「도시 및 주거환경정비법」제74조제1항제6호에 따른 조합원 분담규모가 「도시 및 주거환경정비법」제72조제1항제2호에 따른 분양대상자별 분담금의 추산액 총액 기준으로 100분의 20 이상 늘어나는 경우
3. 조합원 5분의 1 이상이 관리처분계획인가 신청이 있은 날 부터 15일 이내에 시장·군수등에게 타당성 검증을 요청한 경우
4. 그 밖에 시장·군수등이 필요하다고 인정하는 경우

### ■ 인가의 시기 조정
정비사업의 시행으로 정비구역 주변 지역에 주택이 현저하게 부족하거나 주택시장이 불안정하게 되는 등 시·도조례로 정하는 사유가 발생하는 경우에는 인가를 신청한 날부터 1년을 넘지 않게 사업시행계획인가의 시기가 조정될 수 있습니다(「도시 및 주거환경정비법」제75조제1항 및 제2항).

### ■ 공람 및 인가 등의 고시
① 시장·군수등이 관리처분계획을 인가하는 때에는 그 내용을 해당 지방자치단체의 공보에 고시해야 합니다(「도시 및 주거환경정비법」제78조제4항).
② 시장·군수등은 공람을 실시하려거나 고시가 있은 때에는 토지등소유자에게는 공람계획을 통지하고, 분양신청을 한 자에게는 관리처분계획인가의 내용 등을 통지해야 합니다(「도시 및 주거환경정비법」제78조제5항 및 제6항).

■ 재개발 대상으로 포함된 건축물은 언제부터 사용할 수 없는 건가 요?

◎ 재개발 대상으로 포함된 건축물은 언제부터 사용할 수 없는 건가요?

Ⓐ 종전의 토지 또는 건축물의 소유자·지상권자·전세권자·임차권 자 등 권리자는 관리처분계획인가의 고시가 있은 때에는 이전고시 가 있는 날까지 종전의 토지 또는 건축물을 사용하거나 수익할 수 없습니다(「도시 및 주거환경정비법」제81조제1항 본문).

다만, 다음의 어느 하나에 해당하는 경우에는 종전의 토지 또는 건축물을 사용하거나 수익할 수 있습니다(「도시 및 주거환경정비 법」제81조제1항 단서).

- 사업시행자의 동의를 받은 경우
- 「공익사업을 위한 토지 등의 취득 및 보상에 관한 법률」에 따른 손실보상이 완료되지 않은 경우

## 2-3. 인가사항의 변경 등

■ 변경인가 등

관리처분계획을 변경·중지 또는 폐지하려는 사업시행자는 다음의 서류 (전자문서를 포함)를 시장·군수등에게 제출하여 변경·중지·폐지인가를 받아야 합니다(「도시 및 주거환경정비법」제74조제1항 본문 및 「도시 및 주거환경정비법 시행규칙」제12조제2호).

1. 관리처분계획(변경·중지·폐지인가)신청서(「도시 및 주거환경정비 법 시행규칙」별지 제9호서식)

2. 변경·중지 또는 폐지의 사유와 그 내용을 설명하는 서류

## ■ 변경신고

① 다음의 어느 하나에 해당하는 경미한 사항을 변경하는 경우에는 시장·군수등에게 신고해야 합니다(「도시 및 주거환경정비법」 제74조 제1항 단서 및 「도시 및 주거환경정비법 시행령」 제61조).

1. 계산착오·오기·누락 등에 따른 조서의 단순정정인 경우(불이익을 받는 자가 없는 경우만 해당)

2. 「도시 및 주거환경정비법」 제40조제3항에 따른 정관 및 「도시 및 주거환경정비법」 제50조에 따른 사업시행계획인가의 변경에 따라 관리처분계획을 변경하는 경우

3. 「도시 및 주거환경정비법」 제64조에 따른 매도청구에 대한 판결에 따라 관리처분계획을 변경하는 경우

4. 「도시 및 주거환경정비법」 제129조에 따른 권리·의무의 변동이 있는 경우로서 분양설계의 변경을 수반하지 않는 경우

5. 주택분양에 관한 권리를 포기하는 토지등소유자에 대한 임대주택의 공급에 따라 관리처분계획을 변경하는 경우

6. 「민간임대주택에 관한 특별법」 제2조제7호에 따른 임대사업자의 주소(법인인 경우에는 법인의 소재지와 대표자의 성명 및 주소)를 변경하는 경우

② 시장·군수등은 신고를 받은 날부터 20일 이내에 신고수리 여부를 신고인에게 통지해야 합니다(「도시 및 주거환경정비법」 제74조제2항).

③ 시장·군수등이 20일 이내에 신고수리 여부 또는 민원 처리 관련 법령에 따른 처리기간의 연장을 신고인에게 통지하지 않으면 그 기간(민원 처리 관련 법령에 따라 처리기간이 연장 또는 재연장된 경우에는 해당 처리기간)이 끝난 날의 다음 날에 신고를 수리한 것으로 봅니다(「도시 및 주거환경정비법」 제74조제3항).

# 3. 관리처분계획에 따른 처분

## 3-1. 사업시행으로 조성된 대지 및 건축물

### ■ 대지 등 처분·관리

정비사업의 시행으로 조성된 대지 및 건축물은 관리처분계획에 따라 처분 또는 관리해야 합니다(「도시 및 주거환경정비법」 제79조제1항).

### ■ 건축물의 공급

① 사업시행자는 정비사업의 시행으로 건설된 건축물을 인가받은 관리처분계획에 따라 토지등소유자에게 공급해야 합니다(「도시 및 주거환경정비법」 제79조제2항).

② "재개발사업의 토지등소유자"란 정비구역에 위치한 토지 또는 건축물의 소유자 또는 그 지상권자를 말합니다. 다만, 「도시 및 주거환경정비법」 제27조제1항에 따라 「자본시장과 금융투자업에 관한 법률」 제8조제7항에 따른 신탁업자가 사업시행자로 지정된 경우 토지등소유자가 정비사업을 목적으로 신탁업자에게 신탁한 토지 또는 건축물에 대하여는 위탁자를 토지등소유자로 봅니다(「도시 및 주거환경정비법」 제2조제9호).

## 3-2. 임대주택의 공급

### ■ 공급대상자

① 사업시행자는 정비사업의 시행으로 임대주택을 건설하는 경우에는 임차인의 자격·선정방법·임대보증금·임대료 등 임대조건에 관한 기준 및 무주택 세대주에게 우선 매각하도록 하는 기준 등에 관하여 다음의 범위에서 시장·군수등의 승인을 받아 따로 정할 수 있습니다(「도시 및 주거환경정비법」 제79조제6항 본문, 「도시 및 주거환경정비법 시행령」 제69조제1항 및 별표 3 제2호).

1. 임대주택은 다음의 어느 하나에 해당하는 자로서 입주를 희망
   하는 자에게 공급합니다.
   - 기준일 3개월 전부터 해당 재개발사업을 위한 정비구역 또는
     다른 재개발사업을 위한 정비구역에 거주하는 세입자
   - 기준일 현재 해당 재개발사업을 위한 정비구역에 주택이 건설
     될 토지 또는 철거예정인 건축물을 소유한 자로서 주택분양
     에 관한 권리를 포기한 자
   - 「국토의 계획 및 이용에 관한 법률」 제2조제11호에 따른 도
     시·군계획사업으로 주거지를 상실하여 이주하게 되는 자로서
     해당 시장·군수등이 인정하는 자(「도시 및 주거환경정비법 시
     행령」 별표 2 제3호라목 및 제2호나목)
   - 시·도조례로 정하는 자
2. 주택의 규모 및 규모별 입주자선정방법, 공급절차 등에 관하여
   는 시·도조례로 정하는 바에 따릅니다.
3. 공급절차 등: 입주자모집공고 내용 및 절차, 공급신청·계약 조
   건·임대보증금 및 임대료 등 주택공급에 관하여는 민간임대주
   택에 관한 특별법령, 공공주택 특별법령 및 주택법령의 관련
   규정에 따릅니다.
② 다만, 최초의 임차인 선정이 아닌 경우에는 다음의 범위에서 재
개발임대주택의 임차인의 자격 등에 관한 사항을 정해야 합니다
(「도시 및 주거환경정비법」 제79조제6항 단서 및 「도시 및 주거환경
정비법 시행령」 제69조제2항).
1. 임차인의 자격은 무주택 기간과 해당 정비사업이 위치한 지역
   에 거주한 기간이 각각 1년 이상인 범위에서 오래된 순으로 할
   것. 다만, 시·도지사가 「도시 및 주거환경정비법」 제79조제5항

및「도시 및 주거환경정비법 시행령」제48조 제2항에 따라 임대주택을 인수한 경우에는 거주지역, 거주기간 등 임차인의 자격을 별도로 정할 수 있습니다.

2. 임대보증금과 임대료는 정비사업이 위치한 지역의 시세의 100분의 90 이하의 범위로 할 것

3. 임대주택의 계약방법 등에 관한 사항은「공공주택 특별법」에서 정하는 바에 따를 것

4. 관리비 등 주택의 관리에 관한 사항은「공동주택관리법」에서 정하는 바에 따를 것

### 3-3. 지분형주택의 공급

#### ■ 공급대상자

① 사업시행자가 토지주택공사등인 경우에는 분양대상자와 사업시행자가 공동 소유하는 방식으로 주택(이하 "지분형주택"이라 함)을 공급할 수 있습니다(「도시 및 주거환경정비법」제80조제1항 전단).

② 지분형주택의 규모, 공동 소유기간 및 분양대상자는 다음과 같습니다(「도시 및 주거환경정비법」제80조제1항 후단 및「도시 및 주거환경정비법 시행령」제70조제1항).

1. 지분형주택의 규모는 주거전용면적 60제곱미터 이하인 주택으로 한정합니다.

2. 지분형주택의 공동 소유기간은「도시 및 주거환경정비법」제86조제2항에 따라 소유권을 취득한 날부터 10년의 범위에서 사업시행자가 정하는 기간으로 합니다.

3. 지분형주택의 분양대상자는 다음의 요건을 모두 충족하는 자로 합니다.

- 「도시 및 주거환경정비법」제74조제1항제5호에 따라 산정한 종전에 소유하였던 토지 또는 건축물의 가격이 위 1.에 따른 주택의 분양가격 이하에 해당하는 사람
- 세대주로서 정비계획의 공람 공고일 당시 해당 정비구역에 2년 이상 실제 거주한 사람
- 정비사업의 시행으로 철거되는 주택 외 다른 주택을 소유하지 않은 사람

③ 지분형주택의 공급방법·절차, 지분 취득비율, 지분 사용료 및 지분 취득가격 등에 관하여 필요한 사항은 사업시행자가 따로 정합니다(「도시 및 주거환경정비법 시행령」제70조제2항).

## 3-4. 토지임대부 분양주택의 공급

### ■ 공급대상자

① 국토교통부장관, 시·도지사, 시장, 군수, 구청장 또는 토지주택공사등은 정비구역에 세입자와 다음의 어느 하나에 해당하는 자의 요청이 있는 경우에는 「도시 및 주거환경정비법」제79조제5항에 따라 인수한 임대주택의 일부를 「주택법」에 따른 토지임대부 분양주택으로 전환하여 공급해야 합니다(「도시 및 주거환경정비법」제80조제2항 및 「도시 및 주거환경정비법 시행령」제71조제1항).

1. 면적이 90제곱미터 미만의 토지를 소유한 자로서 건축물을 소유하지 않은 자
2. 바닥면적이 40제곱미터 미만의 사실상 주거를 위해 사용하는 건축물을 소유한 자로서 토지를 소유하지 않은 자

② 위 규정에도 불구하고 토지 또는 주택의 면적은 위 1. 및 2.에서 정한 면적의 2분의 1 범위에서 시·도조례로 달리 정할 수 있습니다(「도시 및 주거환경정비법 시행령」제71조제2항).

# 제3절 철거 등

## 1. 철거 및 착공

### 1-1. 건축물의 철거

#### ■ 철거계획서 제출

사업시행자가 사업시행계획서를 작성하는 경우 기존주택의 철거계획서 (석면을 함유한 건축자재가 사용된 경우에는 그 현황과 자재의 철거 및 처리계획을 포함)를 포함시켜야 합니다(「도시 및 주거환경정비법」 제52조제1항제13호 및 「도시 및 주거환경정비법 시행령」 제47조제2항 제14호).

#### ■ 철거 시기

사업시행자는 관리처분계획인가를 받은 후 기존의 건축물을 철거해야 합니다(「도시 및 주거환경정비법」 제81조제2항).

#### ■ 건축물 소유자 동의 등이 필요한 철거

① 사업시행자는 다음의 어느 하나에 해당하는 경우에는 기존 건축물 소유자의 동의 및 시장·군수등의 허가를 받아 해당 건축물을 철거할 수 있습니다(「도시 및 주거환경정비법」 제81조제3항 전단).

1. 「재난 및 안전관리 기본법」,「주택법」,「건축법」 등 관계 법령에서 정하는 기존 건축물의 붕괴 등 안전사고의 우려가 있는 경우

2. 폐공가(廢空家)의 밀집으로 범죄발생의 우려가 있는 경우

② 이 경우 건축물의 철거는 토지등소유자로서의 권리·의무에 영향을 주지 않습니다(「도시 및 주거환경정비법」 제81조제3항 후단).

③ 사업시행자는 위 규정에 따라 건축물을 철거하기 전에 관리처분

계획의 수립을 위해 기존 건축물에 대한 물건조서와 사진 또는 영상자료를 만들어 이를 착공 전까지 보관해야 합니다(「도시 및 주거환경정비법 시행령」 제72조제1항).

## 1-2. 철거의 신고 또는 허가

■ 「건축물관리법」에 따른 철거

해당 건축물의 관리자로 규정된 자 또는 해당 건축물의 소유자는 건축물을 해체하려는 경우에는 허가를 받거나 신고를 해야 합니다(「건축물관리법」 제30조제1항).

# 2. 착공 신고

## 2-1. 「건축법」에 따른 착공

① 허가를 받거나 신고를 한 건축물의 공사를 착수하려면 다음의 서류를 첨부하여 해당 허가권자에게 공사계획을 신고해야 합니다(「건축법」 제21조제1항 본문 및 「건축법 시행규칙」 제14조제1항).

1. 착공신고서(「건축법 시행규칙」 별지 제13호서식, 전자문서로 된 신고서를 포함)
2. 건축관계자 상호간의 계약서 사본(해당사항이 있는 경우에 한함)
3. 「건축법 시행규칙」 별표 4의2의 설계도서
4. 감리 계약서(해당 사항이 있는 경우에 한함)

② 다만, 건축물의 해체 허가를 받거나 신고할 때 착공 예정일을 기재한 경우에는 신고하지 않아도 됩니다(「건축법」 제21조제1항 단서).

③ 시장·군수등은 「건축법」 제21조에 따른 착공신고를 받는 경우에는 시공보증서의 제출 여부를 확인해야 합니다(「도시 및 주거환경정비법」 제82조제2항).

## 2-2. 「주택법」에 따른 착공

① 사업시행자는 다음의 구분에 따라 공사를 시작해야 합니다(「주택법」 제16조제1항 본문).

1. 「주택법」 제15조제1항에 따라 승인을 받은 경우: 승인받은 날부터 5년 이내

2. 「주택법」 제15조제3항에 따라 승인을 받은 경우
   - 최초로 공사를 진행하는 공구: 승인받은 날부터 5년 이내
   - 최초로 공사를 진행하는 공구 외의 공구: 해당 주택단지에 대한 최초 착공신고일부터 2년 이내

② 공사를 시작하려면 다음의 서류를 첨부하여 해당 사업계획승인권자에게 신고해야 합니다(「주택법」 제16조제2항, 「주택법 시행규칙」 제15조제2항 및 「주택의 설계도서 작성기준」(국토교통부 고시 제2018-540호, 2018. 8. 31. 발령·시행) 제4조제1항].

1. 착공신고서(「주택법 시행규칙」 별지 제20호서식)

2. 사업관계자 상호간 계약서 사본

3. 흙막이 구조도면(지하 2층 이상의 지하층을 설치하는 경우만 해당)

4. 실시설계도면(「주택의 설계도서 작성기준」 별표 2)

5. 시방서·구조계산서·수량산출서 및 품질관리계획서

6. 감리자의 감리계획서 및 감리의견서

7. 시공계획·예정공정표 및 시공도면 등의 검토·확인에 따라 감리자가 검토·확인한 예정공정표

③ 2020년 6월 11일 이후 「주택법」 제16조제2항에 따라 착공신고를 하는 주택건설공사부터 적용합니다(「주택법 시행규칙」 (국토교통부령 제714호, 2020. 4. 1.) 부칙 제2조].

# 제5장

# 사업비용은 어떻게
# 부담하나요?

# 제5장 사업비용은 어떻게 부담하나요?

## 1. 사업비 부담

### 1-1. 정비사업비

#### ■ 사업시행자 부담

건축물의 철거 및 새 건축물의 건설에 드는 공사비 등 정비사업에 드는 비용(이하 "정비사업비"라 함)은 「도시 및 주거환경정비법」 또는 다른 법령에 특별한 규정이 있는 경우를 제외하고는 사업시행자가 부담합니다(「도시 및 주거환경정비법」 제92조제1항 및 제27조제4항제2호).

#### ■ 시장·군수의 부담

시장·군수등은 시장·군수등이 아닌 사업시행자가 시행하는 정비사업의 정비계획에 따라 설치되는 다음의 시설에 대해서는 그 건설에 드는 비용의 전부 또는 일부를 부담할 수 있습니다(「도시 및 주거환경정비법」 제92조제2항 및 「도시 및 주거환경정비법 시행령」 제77조).

1. 도시·군계획시설 중 다음의 시설
   - 도로
   - 상·하수도
   - 공원
   - 공용주차장
   - 공동구
   - 녹지
   - 하천
   - 공공공지
   - 광장
2. 임시거주시설

### 1-2. 부과금

**■ 부과금 부과·징수**

① 사업시행자는 토지등소유자로부터 정비사업비와 정비사업의 시행과정에서 발생한 수입의 차액을 부과금으로 부과·징수할 수 있습니다(「도시 및 주거환경정비법」 제93조제1항).

② 사업시행자는 토지등소유자가 부과금의 납부를 게을리한 때에는 연체료를 부과·징수할 수 있습니다(「도시 및 주거환경정비법」 제93조제2항).

③ 부과금 및 연체료의 부과·징수에 필요한 사항은 정관등으로 정합니다(「도시 및 주거환경정비법」 제93조제3항).

**■ 부과금 부과·징수 위탁**

① 시장·군수등이 아닌 사업시행자는 부과금 또는 연체료를 체납하는 자가 있는 때에는 시장·군수등에게 그 부과·징수를 위탁할 수 있습니다(「도시 및 주거환경정비법」 제93조제4항).

② 시장·군수등은 위 규정에 따라 부과·징수를 위탁받은 경우에는 지방세 체납처분의 예에 따라 부과·징수할 수 있으며, 사업시행자는 징수한 금액의 100분의 4에 해당하는 금액을 해당 시장·군수등에게 교부해야 합니다(「도시 및 주거환경정비법」 제93조제5항).

## 1-3. 정비기반시설 등 비용부담

**■ 정비기반시설 관리자의 비용부담**

① 시장·군수등은 자신이 시행하는 정비사업으로 현저한 이익을 받는 정비기반시설의 관리자가 있는 경우에는 그 정비기반시설의 관리자와 협의하여 해당 정비사업에 소요된 비용의 3분의 1까지 관리자에게 부담시킬 수 있습니다(「도시 및 주거환경정비법」 제94조제1항

및 「도시 및 주거환경정비법 시행령」 제78조제1항 본문).

② 다만, 다른 정비기반시설의 정비가 그 정비사업의 주된 내용이 되는 경우에는 2분의 1까지 관리자에게 부담시킬 수 있습니다(「도시 및 주거환경정비법 시행령」 제78조제1항 단서).

③ 이 경우 정비사업에 소요된 비용의 명세와 부담 금액을 명시하여 해당 관리자에게 통지해야 합니다(「도시 및 주거환경정비법 시행령」 제78조제2항).

## ■ 공동구 설치 비용부담

① 사업시행자는 정비사업을 시행하는 지역에 전기·가스 등의 공급시설을 설치하기 위해 공동구를 설치하는 경우에는 다른 법령에 따라 그 공동구에 수용될 시설을 설치할 의무가 있는 자에게 공동구의 설치에 소요되는 다음의 비용을 부담시킬 수 있습니다(「도시 및 주거환경정비법」 제94조제2항 및 「도시 및 주거환경정비법 시행규칙」 제16조제1항).

1. 설치공사의 비용
2. 내부공사의 비용
3. 설치를 위한 측량·설계비용
4. 공동구의 설치로 인한 보상의 필요가 있는 경우에는 그 보상비용
5. 공동구 부대시설의 설치비용
6. 융자금이 있는 경우에는 그 이자에 해당하는 금액

② 공동구에 수용될 전기·가스·수도의 공급시설과 전기통신시설 등의 관리자(이하 "공동구점용예정자"라 함)가 부담할 공동구의 설치에 드는 비용의 부담비율은 공동구의 점용예정면적비율에 따릅니다

(「도시 및 주거환경정비법 시행규칙」제16조제2항).

④ 사업시행자는 사업시행계획인가의 고시가 있은 후 지체 없이 공동구점용예정자에게 산정된 부담금의 납부를 통지해야 합니다(「도시 및 주거환경정비법 시행규칙」제16조제3항).

⑤ 부담금의 납부통지를 받은 공동구점용예정자는 공동구의 설치공사가 착수되기 전에 부담금액의 3분의 1 이상을 납부해야 하며, 그 잔액은 공사완료 고시일전까지 납부해야 합니다(「도시 및 주거환경정비법 시행규칙」제16조제4항).

## 2. 비용 보조 및 융자

### 2-1. 국가 또는 지방자치단체의 보조 및 융자

■ 시장·군수 또는 토지주택공사 등이 사업을 시행하는 경우

① 국가 또는 시·도는 시장, 군수, 구청장, 한국토지주택공사 또는 「지방공기업법」에 따라 주택사업을 수행하기 위하여 설립된 지방공사(이하 "토지주택공사등"이라 함)가 시행하는 정비사업에 관한 기초조사 및 정비사업의 시행에 필요한 시설로서 정비기반시설, 임시거주시설의 건설에 드는 비용의 일부를 보조하거나 융자할 수 있습니다(「도시 및 주거환경정비법」제95조제1항 각 호 외의 부분 전단 및 「도시 및 주거환경정비법 시행령」제79조제1항).

② 이 경우 국가 또는 시·도는 다음의 요건에 모두 해당하는 지역에서 특별자치시장, 특별자치도지사, 시장, 군수, 자치구의 구청장(이하 "시장·군수등"이라 함) 또는 토지주택공사등이 단독으로 시행하는 재개발사업에 우선적으로 보조하거나 융자할 수 있습니다(「도시 및 주거환경정비법」제95조제1항 각 호 외의 부분 후단, 제2호 및 「도시 및 주거환경정비법 시행령」제79조제2항).

1. 「공익사업을 위한 토지 등의 취득 및 보상에 관한 법률」 제4조에 따른 공익사업의 시행으로 다른 지역으로 이주하게 된 자가 집단으로 정착한 지역으로서 이주 당시 300세대 이상의 주택을 건설하여 정착한 지역
2. 정비구역 전체 건축물 중 준공 후 20년이 지난 건축물의 비율이 100분의 50 이상인 지역

■ 조합이 사업을 시행하는 경우
국가 또는 지방자치단체는 시장·군수등이 아닌 사업시행자가 시행하는 정비사업에 드는 비용의 일부를 보조 또는 융자하거나 융자를 알선할 수 있습니다(「도시 및 주거환경정비법」 제95조제3항).

2-2. 순환정비사업의 우선지원
■ 순환용주택의 건설비 및 관리비용 지원
① 국가 또는 지방자치단체는 정비사업에 필요한 비용을 보조 또는 융자하는 경우 순환정비방식의 정비사업에 우선적으로 지원할 수 있습니다(「도시 및 주거환경정비법」 제95조제4항 전단).
② 이 경우 순환정비방식의 정비사업의 원활한 시행을 위해 국가 또는 지방자치단체는 다음의 비용 일부를 보조 또는 융자할 수 있습니다(「도시 및 주거환경정비법」 제95조제4항 후단).
1. 환용주택의 건설비
2. 환용주택의 단열보완 및 창호교체 등 에너지 성능 향상과 효율개선을 위한 리모델링 비용
3. 공가(空家)관리비

■ 순환용주택으로 제공하는 경우 지원

국가는 토지주택공사등이 보유한 공공임대주택을 순환용주택으로 조합에게 제공하는 경우 그 건설비 및 공가관리비 등의 비용의 전부 또는 일부를 지방자치단체 또는 토지주택공사등에 보조 또는 융자할 수 있습니다(「도시 및 주거환경정비법」 제95조제5항제1호).

## 2-3. 임대주택 인수·공급 비용 지원

■ 임대주택 인수비용 지원

국가는 시·도지사, 시장, 군수, 구청장 또는 토지주택공사등이 재개발 임대주택을 인수하는 경우 그 인수 비용의 전부 또는 일부를 지방자치단체 또는 토지주택공사등에 보조 또는 융자할 수 있습니다(「도시 및 주거환경정비법」 제95조제5항제2호).

■ 토지임대부 분양주택의 공급비용 지원

국가 또는 지방자치단체는 「도시 및 주거환경정비법」 제80조제2항에 따라 토지임대부 분양주택을 공급받는 자에게 해당 공급비용의 전부 또는 일부를 보조 또는 융자할 수 있습니다(「도시 및 주거환경정비법」 제95조제6항).

# 제6장

# 사업완료는 어떤 절차로 하나요?

# 제6장 사업완료는 어떤 절차로 하나요?

## 1. 준공인가

### 1-1. 준공인가의 신청

#### ■ 준공인가

시장·군수등이 아닌 사업시행자는 공사가 완료된 경우 시장·군수에게 준공인가를 받아야 합니다(「도시 및 주거환경정비법」 제83조제1항).

#### ■ 인가 신청

① 시장·군수등이 아닌 사업시행자가 준공인가를 신청하려면 다음의 서류(전자문서를 포함)를 시장·군수등에게 제출해야 합니다(「도시 및 주거환경정비법」 제83조제1항, 「도시 및 주거환경정비법 시행령」 제74조제1항 본문 및 「도시 및 주거환경정비법 시행규칙」 제15조제1항).

1. 준공인가신청서(「도시 및 주거환경정비법 시행규칙」 별지 제10호서식)
2. 건축물·정비기반시설(「도시 및 주거환경정비법 시행령」 제3조제9호에 해당하는 것은 제외) 및 공동이용시설 등의 설치내역서
3. 공사감리자의 의견서
4. 「도시 및 주거환경정비법 시행령」 제14조제5항에 따른 현금납부액의 납부증명 서류(「도시 및 주거환경정비법」 제17조제4항에 따라 현금을 납부한 경우만 해당)

② 사업시행자(공동시행자인 경우를 포함)가 토지주택공사인 경우로서 「한국토지주택공사법」 제19조제3항 및 「한국토지주택공사법 시행령」 제41조제2항에 따라 준공인가 처리결과를 시장·군수등에게 통보한 경우에는 인가 신청을 하지 않아도 됩니다(「도시 및 주거환경정비법 시행령」 제74조제1항 단서).

■ **준공검사 실시**

준공인가신청을 받은 시장·군수등은 지체 없이 준공검사를 실시해야 합니다(「도시 및 주거환경정비법」 제83조제2항 전단).

## 1-2. 준공인가의 결정

■ **인가결정 및 공사 완료고시**

① 시장·군수등은 준공검사를 실시한 결과 정비사업이 인가받은 사업시행계획대로 완료되었다고 인정되는 때에는 준공인가를 하고 공사의 완료를 해당 지방자치단체의 공보에 고시해야 합니다(「도시 및 주거환경정비법」 제83조제3항).

② 시장·군수등은 직접 시행하는 정비사업에 관한 공사가 완료된 때에는 그 완료를 해당 지방자치단체의 공보에 고시해야 합니다(「도시 및 주거환경정비법」 제83조제4항).

■ **준공인가증의 교부**

시장·군수등은 준공인가를 한 때에는 준공인가증(「도시 및 주거환경정비법 시행규칙」 별지 제11호서식)에 다음의 사항을 기재하여 사업시행자에게 교부해야 합니다(「도시 및 주거환경정비법 시행령」 제74조제2항 및 「도시 및 주거환경정비법 시행규칙」 제15조제2항).

1. 정비사업의 종류 및 명칭
2. 정비사업 시행구역의 위치 및 명칭
3. 사업시행자의 성명 및 주소
4. 준공인가의 내역

## 2. 준공인가 효과

### 2-1. 준공인가 전 사용허가

#### ■ 사용허가

① 시장·군수등은 준공인가를 하기 전이라도 다음의 기준에 적합한 경우에는 입주예정자가 완공된 건축물을 사용할 수 있도록 사업시행자에게 허가할 수 있습니다(「도시 및 주거환경정비법」 제83조제5항 본문 및 「도시 및 주거환경정비법 시행령」 제75조제1항).

1. 완공된 건축물에 전기·수도·난방 및 상·하수도 시설 등이 갖추어져 있어 해당 건축물을 사용하는 데 지장이 없을 것
2. 완공된 건축물이 관리처분계획에 적합할 것
3. 입주자가 공사에 따른 차량통행·소음·분진 등의 위해로부터 안전할 것

② 다만, 시장·군수등이 사업시행자인 경우에는 허가를 받지 않고 입주예정자가 완공된 건축물을 사용하게 할 수 있습니다(「도시 및 주거환경정비법」 제83조제5항 단서).

#### ■ 허가 신청

사업시행자는 사용허가를 받으려는 때에는 준공인가전 사용허가신청서(「도시 및 주거환경정비법 시행규칙」 별지 제12호서식)를 시장·군수에게 제출해야 합니다(「도시 및 주거환경정비법 시행령」 제75조제2항 및 「도시 및 주거환경정비법 시행규칙」 제15조제3항).

## 2-2. 준공인가 등에 따른 정비구역의 해제

### ■ 정비구역의 해제

정비구역의 지정은 준공인가의 고시가 있은 날(관리처분계획을 수립하는 경우에는 이전고시가 있은 때를 말함)의 다음 날에 해제된 것으로 봅니다(「도시 및 주거환경정비법」 제84조제1항 전단).

### ■ 조합의 존속

정비구역의 해제는 조합의 존속에 영향을 주지 않습니다(「도시 및 주거환경정비법」 제84조제2항).

## 2-3. 공사완료에 따른 인·허가등의 의제

### ■ 인·허가 등의 의제

준공인가를 하거나 공사완료를 고시하는 경우 시장·군수등이 의제되는 인·허가등에 따른 준공검사·준공인가·사용검사·사용승인 등(이하 "준공검사·인가등"이라 함)에 관하여 관계 행정기관의 장과 협의한 사항은 해당 준공검사·인가등을 받은 것으로 봅니다(「도시 및 주거환경정비법」 제85조제1항).

### ■ 의제 신청

시장·군수등이 아닌 사업시행자는 준공검사·인가등의 의제를 받으려는 경우에는 준공인가를 신청하는 때에 해당 법률에서 정하는 관계 서류를 함께 제출해야 합니다(「도시 및 주거환경정비법」 제85조제2항).

# 3. 소유권이전

## 3-1. 이전고시 및 등기

### ■ 소유권 이전

① 사업시행자는 공사완료의 고시가 있은 때에는 지체 없이 대지확정측량을 하고 토지의 분할절차를 거쳐 관리처분계획에서 정한 사항을 분양받을 자에게 통지하고 대지 또는 건축물의 소유권을 이전해야 합니다(「도시 및 주거환경정비법」제86조제1항 본문).

② 다만, 정비사업의 효율적인 추진을 위해 필요한 경우에는 해당 정비사업에 관한 공사가 전부 완료되기 전이라도 완공된 부분은 준공인가를 받아 대지 또는 건축물별로 분양받을 자에게 소유권을 이전할 수 있습니다(「도시 및 주거환경정비법」제86조제1항 단서).

---

※ **관련판례**

● **주택재개발사업의 시행자가 사업에 필요한 경비에 충당하거나 규약·정관·시행규정 또는 사업시행계획으로 정한 목적을 위하여 관리처분계획에서 조합원 외의 자에게 분양하는 새로운 소유지적의 체비지를 창설하여 이전고시 전에 이미 매도한 경우, 해당 체비지는 아무런 권리제한이 없는 상태로 사업시행자가 이전고시가 있은 날의 다음 날에 소유권을 원시적으로 취득하고 해당 체비지를 매수한 자는 소유권이전등기를 마친 때에 소유권을 취득하는지 여부(적극)**

구 도시 및 주거환경정비법(2008. 3. 21. 법률 제8970호로 개정되기 전의 것, 이하 '구 도시정비법'이라 한다) 제48조 제3항은 "사업시행자는 제46조의 규정에 의하여 분양신청을 받은 후 잔여분이 있는 경우에는 정관 등 또는 사업시행계획이 정하는 목적을 위하여 보류지(건축물을 포함한다)로 정하거나 조합원 외의 자에게 분양할 수 있다."라고 정하고, 제55조 제2항은 위와 같은 보류지와 일반에게 분양하는 대지 또는 건축물을 "도시개발법 제33조의 규정에 의한 보류지 또는 체비지로 본다."라고 정하고 있다. 이에 따라 조합원이 분양신청을 하지 않거나 분양계약을 체결하지 않아 보류지 또는 일반분양분이 되는 대지·건축물에 관하여는 도시개발법상 보류지 또는 체비지에 관한 법리가 적용될 수 있다.

한편 구 도시개발법(2007. 4. 11. 법률 제8376호로 개정되기 전의 것, 이하 '구 도시개발법'이라 한다) 제33조는 "시행자는 도시개발사업에 필요한 경비에 충당하거나 규약·정관·시행규정 또는 실시계획으로 정하는 목적을 위하여 일정한 토지를 환지로 정하지 아니하고 이를 체비지 또는 보류지로 정할 수 있다."라고 정하고, 제41조 제5항은 "제33조의 규정에 의한 체비지는 시행자가, 보류지는 환지계획에서 정한 자가 각각 환지처분의 공고가 있은 날의 다음 날에 당해 소유권을 취득한다. 다만 제35조 제4항의 규정에 의하여 이미 처분된 체비지는 당해 체비지를 매입한 자가 소유권이전등기를 마친 때에 이를 취득한다."라고 정하고 있다. 나아가 제41조 제1항은 "환지계획에서 정하여진 환지는 그 환지처분의 공고가 있은 날의 다음 날부터 종전의 토지로 보며, 환지계획에서 환지를 정하지 아니하는 종전의 토지에 존재하던 권리는 그 환지처분의 공고가 있은 날이 종료하는 때에 소멸한다."라고 정하고 있다. 이러한 규정들에 의하면, 종전 토지 중 환지계획에서 환지를 정한 경우 종전 토지와 환지 사이에 동일성이 유지되므로 종전 토지의 권리제한은 환지에 설정된 것으로 보게 되고, 환지를 정하지 않은 종전 토지의 권리제한은 환지처분으로 소멸하게 된다. 이에 따라 체비지 또는 보류지는 그에 상응하는 종전 토지에 아무런 권리제한이 없는 상태로 구 도시개발법 제41조 제5항에서 정한 바에 따라 소유권을 취득한다.

구 도시개발법 제39조 제4항, 제5항에 의하면, 시행자는 지정권자에 의한 준공검사를 받은 경우 환지계획에서 정한 사항을 토지소유자에게 통지하고 이를 공고하는 방식으로 환지처분을 하고, 이러한 환지처분으로 환지계획에서 정한 내용에 따른 권리

변동이 발생한다. 한편 구 도시정비법 제54조 제1항, 제2항에 의하면, 사업시행자는 준공인가와 공사의 완료에 관한 고시가 있는 때 관리처분계획에 정한 사항을 분양받을 자에게 통지하고 그 내용을 당해 지방자치단체의 공보에 고시하는데, 이러한 이전고시로 관리처분계획에 따른 권리변동이 발생한다. 이와 같은 환지처분과 이전고시의 방식 및 효과에 비추어 보면, 이전고시의 효력 등에 관하여는 구 도시정비법 관련 규정에 의하여 준용되는 구 도시개발법에 따른 환지처분의 효력과 궤를 같이하여 새겨야 함이 원칙이다.

이러한 관련 규정과 법리에 따라 살펴보면, 주택재개발사업에서 시행자가 사업에 필요한 경비에 충당하거나 규약·정관·시행규정 또는 사업시행계획으로 정한 목적을 위하여 관리처분계획에서 조합원 외의 자에게 분양하는 새로운 소유지적의 체비지를 창설하고 이를 이전고시 전에 이미 매도한 경우, 해당 체비지는 사업시행자가 이전고시가 있은 날의 다음 날에 소유권을 원시적으로 취득하고 해당 체비지를 매수한 자는 소유권이전등기를 마친 때에 소유권을 취득하게 된다(대법원 2020. 5. 28. 선고 2016다233729 판결).

### ■ 이전고시 및 보고

사업시행자는 대지 및 건축물의 소유권을 이전하려는 때에는 그 내용을 해당 지방자치단체의 공보에 고시한 후 시장·군수등에게 보고해야 합니다(「도시 및 주거환경정비법」 제86조제2항 전단).

## 3-2. 이전고시 효과

### ■ 소유권 취득

대지 또는 건축물을 분양받을 자는 고시가 있은 날의 다음 날에 그 대지 또는 건축물의 소유권을 취득합니다(「도시 및 주거환경정비법」 제86조제2항 후단).

## ■ 대지 및 건축물에 대한 권리 확정

대지 또는 건축물을 분양받을 자에게 소유권을 이전한 경우 종전의 토지 또는 건축물에 설정된 지상권·전세권·저당권·임차권·가등기담보권·가압류 등 등기된 권리 및 「주택임대차보호법」 제3조제1항의 요건을 갖춘 임차권은 소유권을 이전받은 대지 또는 건축물에 설정된 것으로 봅니다(「도시 및 주거환경정비법」 제87조제1항).

## ■ 「도시개발법」에 따른 환지, 보류지 등으로 의제

① 위 규정에 따라 취득하는 대지 또는 건축물 중 토지등소유자에게 분양하는 대지 또는 건축물은 「도시개발법」 제40조에 따라 행하여진 환지로 보고, 보류지와 일반에게 분양하는 대지 또는 건축물은 「도시개발법」 제34조에 따른 보류지 또는 체비지로 봅니다(「도시 및 주거환경정비법」 제87조제2항 및 제3항).

② "재개발사업의 토지등소유자"란 정비구역에 위치한 토지 또는 건축물의 소유자 또는 그 지상권자를 말합니다. 다만, 「도시 및 주거환경정비법」 제27조제1항에 따라 「자본시장과 금융투자업에 관한 법률」 제8조제7항에 따른 신탁업자가 사업시행자로 지정된 경우 토지등소유자가 정비사업을 목적으로 신탁업자에게 신탁한 토지 또는 건축물에 대하여는 위탁자를 토지등소유자로 봅니다(「도시 및 주거환경정비법」 제2조제9호).

## 3-3. 이전고시에 따른 등기

### ■ 대지 및 건축물에 대한 등기

① 사업시행자는 이전고시가 있은 때에는 지체 없이 대지 및 건축물에 관한 등기를 지방법원지원 또는 등기소에 촉탁 또는 신청해야 합니다(「도시 및 주거환경정비법」 제88조제1항).

② 등기에 필요한 사항은 「도시 및 주거환경정비 등기규칙」에서 확인할 수 있습니다(「도시 및 주거환경정비법」 제88조제2항).

### ■ 권리변동의 제한

정비사업에 관하여 이전고시가 있은 날부터 대지 및 건축물에 대한 등기가 있을 때까지는 저당권 등의 다른 등기를 하지 못합니다(「도시 및 주거환경정비법」 제88조제3항).

# 4. 청산금 지급 및 산정

## 4-1. 청산금의 지급 및 징수

### ■ 청산금의 지급

대지 또는 건축물을 분양받은 자가 종전에 소유하고 있던 토지 또는 건축물의 가격과 분양받은 대지 또는 건축물의 가격 사이에 차이가 있는 경우 사업시행자는 이전고시가 있은 후에 그 차액에 상당하는 금액(이하 "청산금"이라 함)을 분양받은 자로부터 징수하거나 분양받은 자에게 지급해야 합니다(「도시 및 주거환경정비법」 제89조제1항).

● 구 도시 및 주거환경정비법 제47조에서 정한 150일이 현금청산의 이행기간인지 여부(적극) 및 토지 등 소유자가 조합원으로서 종전자산을 출자하였다가 그 후 조합관계에서 탈퇴하여 현금청산대상자가 되었는데도 재개발조합이 150일의 이행기간 내에 현금청산금을 지급하지 않은 경우, 위 이행기간이 경과한 다음 날부터 지연배상금 지급의무가 있는지 여부(적극)

구 도시 및 주거환경정비법(2012. 2. 1. 법률 제11293호로 개정되기 전의 것, 이하 '도시정비법'이라 한다) 제47조에서 정한 바와 같이, 조합이 현금청산사유가 발생한 날부터 150일 이내에 지급하여야 하는 현금청산금은 토지 등 소유자의 종전자산 출자에 대한 반대급부이고, 150일은 그 이행기간에 해당한다. 민법 제587조 후단도 "매수인은 목적물의 인도를 받은 날로부터 대금의 이자를 지급하여야 한다. 그러나 대금의 지급에 대하여 기한이 있는 때에는 그러하지 아니하다."라고 규정하고 있다. 따라서 토지 등 소유자가 조합원의 지위를 유지하는 동안에 종전자산을 출자하였다가 그 후에 조합관계에서 탈퇴하여 현금청산대상자가 되었음에도, 재개발조합이 도시정비법 제47조에서 정한 150일의 이행기간 내에 현금청산금을 지급하지 아니하면 위 이행기간이 경과한 다음 날부터는 민법에서 정한 연 5%의 비율로 계산한 지연배상금을 지급할 의무가 있다고 보아야 한다(대법원 2020. 7. 29. 선고 2016다51170 판결).

## ■ 분할징수 및 지급

사업시행자는 정관등에서 분할징수 및 분할지급을 정하고 있거나 총회의 의결을 거쳐 따로 정한 경우에는 관리처분계획인가 후부터 이전고시가 있은 날까지 일정 기간별로 분할징수하거나 분할지급할 수 있습니다(「도시 및 주거환경정비법」 제89조제2항).

## ■ 강제징수

① 특별자치시장, 특별자치도지사, 시장, 군수, 자치구의 구청장(이하 "시장·군수등"이라 함)인 사업시행자는 청산금을 납부할 자가 이를 납부하지 않는 경우 지방세 체납처분의 예에 따라 징수(분할징수를 포함)할 수 있습니다(「도시 및 주거환경정비법」 제90조제1항).

② 시장·군수등이 아닌 사업시행자는 시장·군수등에게 청산금의 징수를 위탁할 수 있습니다(「도시 및 주거환경정비법」 제90조제1항).

## 4-2. 청산금의 산정

## ■ 청산기준가격의 평가

① 사업시행자는 청산금 지급을 위해 종전에 소유하고 있던 토지 또는 건축물의 가격과 분양받은 대지 또는 건축물의 가격을 평가하는 경우 그 토지 또는 건축물의 규모·위치·용도·이용 상황·정비사업비 등을 참작하여 평가해야 합니다(「도시 및 주거환경정비법」 제89조제3항).

② 가격평가는 「감정평가 및 감정평가사에 관한 법률」에 따른 감정평가법인등 중 시장·군수등이 선정·계약한 2인 이상의 감정평가법인등이 평가한 금액을 산출평균하여 산정합니다(「도시 및 주거환경정비법 시행령」 제76조제1항제1호·제2항제1호 및 「도시 및 주거환경정비법」 제74조제4항제1호가목).

③ 분양받은 대지 또는 건축물의 가격을 평가할 때는 다음의 비용을 가산하고, 「도시 및 주거환경정비법」 제95조에 따른 보조금은 공제해야 합니다(「도시 및 주거환경정비법 시행령」 제76조제3항).

1. 정비사업의 조사·측량·설계 및 감리에 소요된 비용
2. 공사비
3. 정비사업의 관리에 소요된 등기비용·인건비·통신비·사무용품비·이자 그 밖에 필요한 경비

4. 「도시 및 주거환경정비법」제95조에 따른 융자금이 있는 경우
   에는 그 이자에 해당하는 금액
5. 정비기반시설 및 공동이용시설의 설치에 소요된 비용(「도시 및
   주거환경정비법」제95조제1항에 따라 시장·군수등이   부담한
   비용은 제외)
6. 안전진단의 실시, 정비사업전문관리업자의 선정, 회계감사, 감정
   평가, 그 밖에 정비사업 추진과 관련하여 지출한 비용으로서
   정관등에서 정한 비용

## 4-3. 청산금에 관한 권리

### ■ 공탁

사업시행자는 청산금을 지급받을 자가 받을 수 없거나 받기를 거부한
때에는 그 청산금을 공탁할 수 있습니다(「도시 및 주거환경정비법」제
90조제2항).

### ■ 소멸시효

청산금을 지급(분할지급을 포함)받을 권리 또는 이를 징수할 권리는
이전고시일의 다음 날부터 5년간 행사하지 않으면 소멸합니다(「도시
및 주거환경정비법」제90조제3항).

### ■ 저당권 행사

정비구역에 있는 토지 또는 건축물에 저당권을 설정한 권리자는 사업
시행자가 저당권이 설정된 토지 또는 건축물의 소유자에게 청산금을
지급하기 전에 압류절차를 거쳐 저당권을 행사할 수 있습니다(「도시
및 주거환경정비법」제91조).

# 5. 조합해산

## 5-1. 조합의 해산

### ■ 총회 의결

조합의 해산은 총회의 의결사항이므로 조합 총회의 의결을 거쳐 해산합니다(「도시 및 주거환경정비법」 제45조제1항제13호 및 「도시 및 주거환경정비법 시행령」 제42조제1항제1호).

### ■ 의결방법

조합의 해산에 관한 사항은 「도시 및 주거환경정비법」 또는 정관에 다른 규정이 없으면 조합원 과반수의 출석과 출석 조합원의 과반수 찬성으로 의결합니다(「도시 및 주거환경정비법」 제45조제3항).

## 5-2. 조합해산절차

### ■ 청산인

① 조합이 해산한 경우에는 파산인 경우를 제외하고 정관 또는 총회의 결의로 다르게 정한 바가 없으면 조합장이 청산인이 됩니다(「도시 및 주거환경정비법」 제49조 및 「민법」 제82조 참조).

② 청산인은 현존하는 조합사무의 종결, 채권추심 및 채무변제, 잔여재산의 인도, 그 밖에 청산에 필요한 사항 등의 업무를 처리합니다(「도시 및 주거환경정비법」 제49조 및 「민법」 제87조).

### ■ 등기 및 신고

조합이 해산한 경우 청산인은 취임 후 3주 내에 해산의 사유 및 날짜, 청산인의 성명 및 주소 등을 주된 사무소 및 분사무소의 소재지에 등기하고 주무관청에 이를 신고해야 하며, 청산이 종결된 때에는 종결 후 3주 내에 청산종결등기를 하고 이를 주무관청에 신고해야 합니다(「민법」 제85조, 제86조 및 제94조).

# 제2편

# 재건축사업

# 제1장

# 재건축사업이란 무엇을 의미하나요?

# 제1장 재건축사업이란 무엇을 의미하나요?

## 1. 재건축사업이란?

"재건축사업"이란 정비기반시설은 양호하나 노후·불량건축물에 해당하는 공동주택이 밀집한 지역에서 주거환경을 개선하기 위한 사업으로서, 「도시 및 주거환경정비법」에 따른 정비사업 중의 하나를 말합니다(제2조제2호다목).

## 2. "소규모재건축사업"과의 구분

① "소규모재건축사업"이란 정비기반시설이 양호한 지역에서 소규모로 공동주택을 재건축하기 위하여 「빈집 및 소규모주택 정비에 관한 특례법」에서 정한 절차에 따라 ②의 지역에서 시행하는 정비사업을 의미하며, 「도시 및 주거환경정비법」에 따른 재건축사업과는 구분됩니다(「빈집 및 소규모주택 정비에 관한 특례법」 제2조제1항제3호 참조 및 동법 시행령 제3조제3호).

② 해당지역: 「도시 및 주거환경정비법」 제2조제7호의 주택단지로서 다음의 요건을 모두 충족한 지역

- 해당 사업시행구역의 면적이 1만㎡ 미만일 것
- 노후·불량건축물의 수가 해당 사업시행구역 전체 건축물수의 2/3 이상일 것
- 기존주택의 세대수가 200세대 미만일 것

## 3. 재건축사업 소개

① 재건축사업에서 제공되는 정보

『재건축사업』에서는 「도시 및 주거환경정비법」상의 재건축사업에 대한 다음의 법령정보를 제공합니다.

| 재건축사업 개관 | ■ 재건축사업의 개요 |
|---|---|
| 사업준비 | ■ 기본계획수립<br>■ 안전진단<br>■ 정비계획의 수립 등 |
| 사업시행 | ■ 조합에 의한 사업시행<br>■ 시장·군수에 의한 사업시행<br>■ 사업시행계획인가 |
| 관리처분계획 | ■ 분양신청<br>■ 관리처분계획의 수립<br>■ 관리처분계획의 인가 |
| 사업완료 | ■ 철거 및 착공<br>■ 준공<br>■ 이전고시 및 청산 |
| 비용의 부담 등 | ■ 비용 및 부담금<br>■ 그 밖의 사항 |

② 재건축사업상의 용어

『재건축사업』에서 주로 사용하는 용어의 뜻은 다음과 같습니다(「도시
및 주거환경정비법」 제2조 참조).

| 용어 | 의미 |
|---|---|
| 정비구역 | ■ 정비사업을 계획적으로 시행하기 위해 지정·고시된 구역 |
| 정비사업 | ■ 정비구역에서 정비기반시설을 정비하거나 주택 등 건축물을 개량 또는 건설하는 주거환경개선사업, 재개발사업 및 재건축사업을 지칭 |
| 노후·불량 건축물 | ■ 건축물이 훼손되거나 일부가 멸실되어 붕괴, 그 밖의 안전사고의 우려가 있는 등 「도시 및 주거환경정비법」 제2조제3호에 해당하는 건축물 |
| 정비기반 시설 | ■ 도로·상하수도·구거(溝渠: 도랑)·공원·공용주차장·공동구 및 그 밖에 주민의 생활에 필요한 열·가스 등의 공급시설로서 「도시 및 주거환경정비법 시행령」 제3조로 정하는 시설 |
| 공동이용 시설 | ■ 주민이 공동으로 사용하는 놀이터·마을회관·공동작업장 및 그 밖에 「도시 및 주거환경정비법 시행령」 제4조로 정하는 시설 |
| 대지 | ■ 정비사업으로 조성된 토지 |
| 주택단지 | ■ 주택 및 부대시설·복리시설을 건설하거나 대지로 조성되는 일단의 토지로서 「도시 및 주거환경정비법」 제2조제7호에 해당하는 일단의 토지 |
| 사업시행자 | ■ 정비사업을 시행하는 자 |
| 토지등소유자 | ■ 정비구역에 위치한 건축물 및 그 부속토지의 소유자(다만, 「도시 및 주거환경정비법」 제27조제1항에 따라 신탁업자 |

| | |
|---|---|
| | 가 사업시행자로 지정된 경우, 토지등소유자가 정비사업을 목적으로 신탁업자에게 신탁한 토지 또는 건축물에 대하여는 위탁자를 토지등소유자로 봄) |
| 토지주택 공사등 | ■ 한국토지주택공사 또는 주택사업을 수행하기 위하여 설립된 지방공사 |
| 정관등 | ■ 조합의 정관<br>■ 사업시행자인 토지등소유자가 자치적으로 정한 규약<br>■ 특별자치시장, 특별자치도지사, 시장, 군수, 자치구의 구청장, 토지주택공사등 또는 신탁업자가 작성한 시행규정 |
| 시장·군수 등 | ■ 특별자치시장, 특별자치도지사, 시장, 군수, 자치구의 구청장 |
| 시·도조례 | ■ 특별시·광역시·특별자치시·도·특별자치도 또는 「지방자치법」 제175조에 따른 서울특별시·광역시 및 특별자치시를 제외한 인구 50만 이상 대도시의 조례 |

## 4. 재건축사업의 내용

■ **재건축사업 알아보기**

① 재개발사업과의 비교

「도시 및 주거환경정비법」상의 재개발사업과 재건축사업은 다음과 같이 구분됩니다.

| 구분 | 재개발사업 | 재건축사업 |
|---|---|---|
| 정의 | ■ 정비기반시설이 열악하고 노후·불량건축물이 밀집한 지역에서 주거환경을 개선하거나 | ■ 정비기반시설은 양호하나 노후·불량건축물에 해당하는 공동주택이 밀집한 지역에서 |

| | | |
|---|---|---|
| | 상업지역·공업지역 등에서 도시기능의 회복 및 상권활성화 등을 위하여 도시환경을 개선하기 위한 사업 | 주거환경을 개선하기 위한 사업 |
| 안전진단 | ■ 없음 | ■ 있음(공동주택 재건축만 해당) |
| 조합원자격 | ■ 토지 또는 건축물 소유자 또는 그 지상권자(당연가입) | ■ 건축물 및 그 부속토지 소유자 중 조합설립에 찬성한 자(임의가입) |
| 주거이전비 등 보상 | ■ 있음 | ■ 없음 |
| 현금청산자 | ■ 토지수용 | ■ 매도청구 |
| 초과이익 환수제 | ■ 없음 | ■ 있음 |

② 재건축사업의 시행주체

재건축사업은 다음과 같이 시행주체에 따라 분류됩니다(「도시 및 주거환경정비법」 제25조부터 제27조까지 참조).

| 조합에 의한 시행 | 시장·군수등에 의한 공공시행 |
|---|---|
| ■ 토지등소유자가 설립한 재건축정비사업조합(이하 "조합"이라 함)이 시행하거나 조합이 조합원의 과반수 동의를 얻어 시장·군수등, 토지주택공사등, 건설업자 또는 등록사업자와 공동으로 시행하는 방식 | ■ 천재지변 등의 사유로 긴급히 재건축을 시행할 필요가 있다고 인정되는 경우 등 일정한 경우 시장·군수가 직접 시행하거나, 토지주택공사등 또는 신탁업자등을 사업시행자로 지정하여 시행하는 방식 |

③ 재건축사업의 절차

재건축사업은 다음의 절차를 거쳐 이루어집니다.

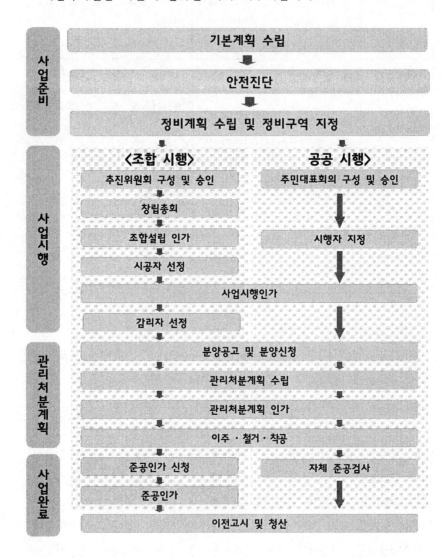

■ 재건축대상 지역의 주택을 임차한 경우 주택임대차보호법이 적용
  되는지요?

◎ 재건축대상 지역의 주택을 임차하면서 '관리처분계획 인가
시 임대차가 종료한다'는 것으로 약정하고 임대차계약을 체결
하였습니다. 이 경우 주택임대차보호법 제4조 제1항의 2년간의
임대차기간이 보장될까요?

Ⓐ 경우를 나누어 살펴봐야 하는데 먼저, 관리처분계획인가일 이
전에 주택임대차계약을 체결한 경우에는 주택임대차보호법 제4조
제1항이 적용되므로 2년간의 임대차 기간이 보장될 것입니다.
그러나 관리처분계획인가일 이후에 주택임대차계약을 체결한 경우
에는 이와 다릅니다. 도시 및 주거환경 정비법 제44조 제5항은
"관리처분계획의 인가를 받은 경우 지상권·전세권설정계약 또는 임
대차계약의 계약기간에 대하여는 민법 제280조·제281조 및 제
312조제2항, 주택임대차보호법 제4조제1항, 상가건물임대차보호
법 제9조제1항의 규정은 이를 적용하지 아니한다."라고 규정하고
있습니다. 따라서 관리처분계획 인가일 이후의 주택임대차의 경우
에는 2년간의 임대차기간을 보장하는 주택임대차보호법 제4조 제
1항이 적용되지 않으므로 약정대로 관리처분계획 인가시 임대차가
종료된다고 볼 것입니다. 즉, 이 경우 주택임대차보호법 제4조 제
1항에 따른 2년간의 임대차기간이 보장되지는 않습니다.


■ 임대인이 상가건물을 철거. 재건축하는 경우 권리금 보상을 받을
  수 있나요?

◎ 임대인이 상가건물을 철거. 재건축하는 경우 권리금 보상을 받
을 수 있나요?

Ⓐ 개정 상가건물임대차보호법은 임대인에게 직접 권리금 지급의무
를 부여한 것이 아니므로 상가건물이 철거, 재건축되는 경우에는 권
리금 보상을 받을 수 없습니다. 다만, 동법 제10조 제1항 제7호에서

임대인이 건물의 재건축을 이유로 임차인과의 계약갱신을 거절할 수 있는 사유를 엄격히 제한해 놓았습니다. 따라서 임대인에게 갱신거절 사유가 없다면 원칙적으로 임차인은 5년간의 영업을 보장받을 수 있을 것입니다.

---

**※ 관련판례**

**갑이 을과 상가 임대차계약을 체결한 다음 상가를 인도받아 음식점을 운영하면서 2회에 걸쳐 계약을 갱신하였고, 최종 임대차기간이 만료되기 전 병과 권리금 계약을 체결한 후 을에게 병과 새로운 임대차계약을 체결하여 줄 것을 요청하였으나, 을이 노후화된 건물을 재건축하거나 대수선할 계획을 가지고 있다는 등의 이유로 병과의 임대차계약 체결에 응하지 아니한 사안에서, 갑이 병과 권리금 계약을 체결할 당시 더 이상 임대차계약의 갱신을 요구할 수 없었던 상황이었으므로 을이 권리금 회수기회 보호의무를 부담하지 않는다고 본 원심판단에 법리오해의 잘못이 있다고 한 사례**

갑이 을과 상가 임대차계약을 체결한 다음 상가를 인도받아 음식점을 운영하면서 2회에 걸쳐 계약을 갱신하였고, 최종 임대차기간이 만료되기 전 병과 권리금 계약을 체결한 후 을에게 병과 새로운 임대차계약을 체결하여 줄 것을 요청하였으나, 을이 노후화된 건물을 재건축하거나 대수선할 계획을 가지고 있다는 등의 이유로 병과의 임대차계약 체결에 응하지 아니한 사안에서, 갑이 구 상가건물 임대차보호법(2018. 10. 16. 법률 제15791호로 개정되기 전의 것) 제10조의4 제1항에 따라 임대차기간이 끝나기 3개월 전부터 임대차 종료 시까지 신규임차인을 주선하였으므로, 을은 정당한 사유 없이 신규임차인과 임대차계약 체결을 거절해서는 안 되고, 이는 갑과 을 사이의 전체 임대차기간이 5년을 지난 경우에도 마찬가지인데도, 갑이 병과 권리금 계약을 체결할 당시 더 이상 임대차계약의 갱신을 요구할 수 없었던 상황이었으므로 을이 권리금 회수기회 보호의무를 부담하지 않는다고 본 원심판단에 법리오해의 잘못이 있다고 한 사례(대법원 2019. 5. 16. 선고 2017다225312, 225329 판결).

# ■ 재건축 사업에서 토지의 가치산정방법은?

◎ 주택재건축사업의 시행자 甲이 같은 법 제39조 제2호 에 따라 乙등이 소유한 토지에 대하여 매도청구권을 행사하였는데, 토지 현황이 인근 주민의 통행에 제공된 도로여서 乙에게 인근 대지 가격의 1/3을 시가로 산정하겠다고 통보한 경우 그러한 시가 산정이 적법한가요?

④ 대법원은 같은 사안에서 아래와 같이 판시하였습니다.

[1] 도시 및 주거환경정비법에 의한 주택재건축사업의 시행자가 같은 법 제39조 제2호 에 따라 토지만 소유한 사람에게 매도청구권을 행사하면 매도청구권 행사의 의사표시가 도달함과 동시에 토지에 관하여 시가에 의한 매매계약이 성립하는데, 이 때의 시가는 매도청구권이 행사된 당시의 객관적 거래가격으로서, 주택재건축사업이 시행되는 것을 전제로 하여 평가한 가격,즉 재건축으로 인하여 발생할 것으로 예상되는 개발이익이 포함된 가격을 말한다.

[2] 도시 및 주거환경정비법에 의한 주택재건축사업의 시행자가 같은 법 제39조 제2호 에 따라 乙등이 소유한 토지에 대하여 매도청구권을 행사하였는데, 토지 현황이 인근 주민의 통행에 제공된 도로 등인 사안에서, 토지의 현황이 도로일지라도 주택재건축사업이 추진되면 공동주택의 일부가 되는 이상 시가는 재건축사업이 시행될 것을 전제로 할 경우의 인근 대지 시가와 동일하게 평가하되, 각 토지의 형태, 주요 간선도로와의 접근성, 획지조건 등 개별요인을 고려하여 감액 평가하는 방법으로 산정하는 것이 타당한데도, 현황이 도로라는 사정만으로 인근 대지 가액의 1/3로 감액한 평가액을 기준으로 시가를 산정한 원심판결에 법리오해의 잘못이 있다고 한 사례.(대법원 2014. 12. 11. 선고 2014다41698 판결)

따라서 아무리 현황이 도로라 하더라도 인근 대지 시가와 동일하게 평가하되 개별요인을 고려하여 감액평가하여야 하고 일괄적으로 감액하는 내용의 시가 산정은 위법합니다.

# ■ 수 개의 동(棟)이 있는 아파트의 재건축결의 방법은?

◎ 하나의 단지 내 10동의 건물이 있고, 그 대지가 건물소유자 전원의 공유에 속하므로 재건축에 관하여 단지 내의 전체 구분소유자 80% 이상의 동의를 받았습니다. 그러나 위 10개동 중에서 1개동은 80%의 동의를 받지 못하였는데, 이 경우 전부를 일괄하여 재건축할 수 있는지요?

Ⓐ 「집합건물의 소유 및 관리에 관한 법률」 제47조 제1항은 "건물건축 후 상당한 기간이 경과되어 건물이 훼손 또는 일부 멸실되거나 그 밖의 사정에 의하여 건물의 가격에 비하여 과다한 수선·복구비나 관리비용이 소요되는 경우 또는 부근 토지의 이용상황의 변화나 그 밖의 사정에 의하여 건물을 재건축하면 그에 소요되는 비용에 비하여 현저한 효용의 증가가 있게 되는 경우 관리단집회는 그 건물을 철거하여 그 대지를 구분소유권의 목적이 될 신건물의 대지로 이용할 것을 결의할 수 있다. 다만, 재건축의 내용이 단지내의 다른 건물의 구분소유자에게 특별한 영향을 미칠 때에는 그 구분소유자의 승낙을 얻어야 한다."라고 규정하고 있고, 같은 법 제47조 제2항은 "제1항의 결의는 구분소유자의 5분의 4 이상 및 의결권의 5분의 4 이상의 결의에 따른다."라고 규정하고 있습니다.

위 사안과 관련하여 판례는 "집합건물의소유및관리에관한법률 제47조, 제48조에 의하면 일정한 경우 구분소유자의 4/5 이상의 다수에 의하여 구분소유관계에 있는 건물을 철거하고 그 대지를 구분소유권의 목적이 될 신건물의 대지로 이용할 것을 결의할 수 있고, 재건축결의에 찬성한 구분소유자 등은 재건축에 참가하지 아니하는 구분소유자에 대하여 구분소유권과 대지사용권을 매도할 것을 청구할 수 있는바, 이것은 수인이 구분소유하고 있는 1동의 건물에 관하여 재건축이 필요하게 된 경우에 그 건물이 물리적으로 일체불가분인 점에 근거하여, 다수결원리에 의하여 구분소유권의 자유로운 처분을 제한하여 건물 전체의 재건축을 원활하게 하기 위한 것이므로(대법원 1998. 3. 13. 선고 97다41868 판결), 하나의 단지 내에 여러 동의 건물이 있고 그 대지가 건물 소유자 전원의 공유에 속하여 단지 내

여러 동의 건물 전부를 일괄하여 재건축하고자 하는 경우에는 각각의 건물마다 그 구분소유자 4/5 이상의 다수에 의한 재건축 결의가 있어야 하고, 그와 같은 요건을 갖추지 못한 이상 단지 전체로 보아 4/5 이상의 다수에 의한 재건축 결의가 있었다는 것만으로 그러한 재건축 결의가 없는 건물까지 재건축대상에 포함시킬 수는 없다 할 것이고, 그 건물이 상가동이라 하더라도 달리 볼 것은 아니다."라고 하였습니다(대법원 2000. 2. 11. 선고 99두7210 판결, 2000. 11. 10. 선고 2000다24061 판결).

따라서 위 사안에 있어서도 재건축 결의는 각 동별로 80% 이상의 결의가 있어야 할 것이므로 전체 동을 일괄하여 재건축하지는 못할 것입니다.

■ 재건축결의에 반대한 구분소유권자 매도청구권 규정이 위헌인지요?

◎ 저는 연립주택의 1가구를 구분소유하고 있는데, 얼마 전 각 동별 가구의 5분의 4 이상이 찬성하여 재건축결의가 성립되었습니다. 그러나 저는 재건축에 찬성하지 않았고, 재건축에의 참가여부를 묻는 통지를 받고도 불참할 것을 통보하였습니다. 그런데 이 경우 법적으로 재건축참가자 등이 저의 구분소유권을 매도할 것을 청구 할 수 있다고 들었는데, 이러한 법 규정은 국민의 기본권을 과도하게 침해하는 것으로서 위헌이 아닌지요?

④ 「집합건물의 소유 및 관리에 관한 법률」 제47조 제1항, 제2항 및 제48조에 의하면 건물 건축 후 '상당한 기간'이 경과되어 건물이 훼손 또는 일부 멸실되거나 그 밖의 사정에 의하여 건물의 가격에 비하여 과다한 수선·복구비나 관리비용이 소요되는 경우에 관리단집회는 구분소유자 및 의결권의 각 5분의 4 이상에 의한 재건축결의를 할 수 있고, 재건축 결의에 찬성한 각 구분소유자 등은 재건축에 참가하지 아니하는 뜻을 회답한 구분소유자(그의 승계인을 포함한다.)에 대하여 구분소유권 및 대지사용권을 시가에 따라 매도할 것을 청구할 수 있는바, 이와 같은 규정이 명확성의 원칙에 위반되거나 헌법

상 보장된 재산권 등을 침해한 것이 아닌지 문제될 수 있습니다. 이와 관련된 헌법재판소의 판례를 보면, "명확성의 원칙은 규율대상이 극히 다양하고 수시로 변화하는 것인 경우에는 그 요건이 완화되어야 하고, 특정 조항의 명확성 여부는 그 문언만으로 판단할 것이 아니라 관련 조항을 유기적·체계적으로 종합하여 판단하여야 하는바, 집합건물재건축의 요건을 건축후 "상당한 기간"이 경과되어 건물이 훼손되거나 일부 멸실된 경우로 표현한 것은 재건축 대상건물의 다양성으로 인하여 입법기술상 부득이한 것이라고 인정되며, 또 관련 조항을 종합하여 합리적으로 판단하면 구체적인 경우에 어느 정도의 기간이 "상당한 기간"에 해당하는지는 알 수 있다고 할 것이다."라고 하였습니다. 또한, 재건축참가자에게 재건축불참자의 구분소유권에 대한 매도청구권을 인정한 것이 기본권의 과도한 침해에 해당하는지에 관하여 위 판례는 "재건축제도는 공공복리를 위해 그 필요성이 인정된다고 할 수 있고, 재건축불참자의 구분소유권에 대한 재건축참가자의 매도청구권은 재건축을 가능하게 하기 위한 최소한의 필요조건이라 할 것이므로, 이를 인정한 것을 가지고 재건축불참자의 기본권을 과도하게 침해한다고 할 수 없다."라고 하였습니다(헌법재판소 1999. 9. 16. 선고 97헌바73 결정).

한편, 「집합건물의 소유 및 관리에 관한 법률」 제47조 제1항 및 제48조 제4항의 위헌여부에 관하여 대법원은 "집합건물의소유및관리에관한법률 제47조 제1항은 집합건물 재건축의 결의에 관하여 규정하고 있고, 동법 제48조는 그와 같은 결의가 있는 경우 재건축 불참자에 대하여 그 의사에 불구하고 그 구분소유권 및 대지사용권의 매도를 강요하는 규정으로서 재건축 불참자의 재산권에 대한 제한규정이기는 하나, 어떤 집합건물을 재건축의 대상으로 할 것인지는 건물의 건축 후 경과기간만으로 일률적으로 정할 수 있는 사항은 아니고, 각 건물의 건축 및 관리상태, 용도, 수선·복구비용이나 관리비용 등을 감안하여 개별적·구체적으로 정할 수밖에 없는 것이어서 동법 제47조 제1항이 재건축의 요건을 '건물 건축 후 상당한 기간'으로 규정한 것은 입법기술상 부득이하고, 또한 '건물 건축 후 상당한 기간'이라고

하는 문언 자체는 불확정적인 개념이기는 하나 건전한 상식과 통상적인 법감정을 가진 사람이라면 각 건물의 건축 및 관리상태 등의 요소를 감안하여 구체적으로 어느 정도의 기간이 그 기간에 해당하는지를 합리적으로 판단할 수 있으므로, 이를 가지고 국민이 그 규정 내용을 알 수 없어 법적 안정성과 예측가능성을 확보할 수 없게 하고 법집행 당국에 의한 자의적 집행을 가능하게 하는 불명확한 규정이라고 할 수 없고, 동법 제48조 제4항 소정의 매도청구권은 재건축을 가능하게 하기 위한 최소한의 필요조건이라 할 것이므로, 재건축 제도를 인정하는 이상 같은 조항 자체를 가지고 재건축 불참자의 기본권을 과도하게 침해하는 위헌적인 규정이라고 할 수 없으며, 한편 동법과 「토지수용법」(2003. 1. 1.부터는 토지수용법이 폐지되고 공익사업을위한토지등의취득및보상에관한법률이 시행됨)은 그 입법 목적을 전혀 달리하는 것으로서 매매대금의 지급시기 등에 관하여 서로 그 내용을 달리하고 있다는 이유만으로 집합건물의소유및관리에 관한법률이 위헌이라고 할 수 없으며, 동법의 위와 같은 조항들로 인하여 집합건물 거주자인 구분소유자들이 자신의 의사와 관계없이 거주를 이전하여야 하게 되고, 이는 그들의 행복추구권·거주이전의 자유·주거의 자유에 영향을 미치게 됨은 분명하지만, 재건축에 반대하는 구분소유자들의 구분소유권 및 대지사용권에 대한 동법의 제한에는 합리적인 이유가 있다고 인정되므로, 동법의 그와 같은 조항들이 구분소유자들의 행복추구권·거주이전의 자유 및 주거의 자유의 본질적인 내용을 침해하거나 이를 과도하게 제한하여 위헌이라고 할 수 없다."라고 하였습니다(대법원 1999. 12. 10. 선고 98다36344 판결, 1999. 10. 22. 선고 97다49398 판결).

따라서 「집합건물의 소유 및 관리에 관한 법률」 제48조 제4항에서 재건축참가자에게 재건축불참자의 구분소유권에 대한 매도청구권을 인정한 것이 기본권의 과도한 침해에 해당되어 위헌이라고는 할 수 없을 것으로 보입니다.

# 제2장

# 사업준비는 어떤 절차를 밟아야 하나요?

# 제2장 사업준비는 어떤 절차를 밟아야 하나요?

## 1. 기본계획의 수립

### 1-1. 도시·주거환경정비 기본계획의 수립

① 특별시장·광역시장·특별자치시장·특별자치도지사 또는 시장은 관할 구역에 대하여 도시·주거환경정비기본계획(이하 "기본계획"이라 함)을 10년 단위로 수립해야 합니다. 다만, 도지사가 기본계획을 수립할 필요가 없다고 인정하는 대도시가 아닌 시에 대해서는 기본계획을 수립하지 않을 수 있습니다(「도시 및 주거환경정비법」 제4조 제1항).

② 특별시장·광역시장·특별자치시장·특별자치도지사 또는 시장(이하 "기본계획의 수립권자"라 함)은 5년마다 기본계획의 타당성을 검토하여 그 결과를 기본계획에 반영해야 합니다(「도시 및 주거환경정비법」 제4조제2항).

### 1-2. 기본계획의 수립절차

① 수립절차

기본계획은 다음의 절차를 거쳐 수립됩니다.

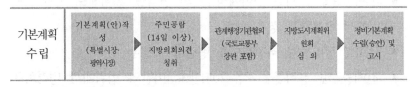

② 주민의견 및 지방의회의견의 청취

■ 기본계획의 수립권자는 기본계획을 수립하거나 변경하려는 경우 14일 이상 주민에게 공람하여 의견을 들어야 하며, 제시된 의견이 타당하다고 인정되면 이를 기본계획에 반영해야 합니다

(「도시 및 주거환경정비법」 제6조제1항).

■ 기본계획의 수립권자는 위에 따른 공람과 함께 지방의회의 의견을 들어야 합니다. 이 경우 지방의회는 기본계획의 수립권자가 기본계획을 통지한 날부터 60일 이내에 의견을 제시해야 하며, 의견제시 없이 60일이 지난 경우 이의가 없는 것으로 봅니다(「도시 및 주거환경정비법」 제6조제2항).

③ 주민공람 및 의견청취를 생략할 수 있는 경우

다음에 해당하는 경미한 사항을 변경하는 경우에는 주민공람과 지방의회의 의견청취 절차를 생략할 수 있습니다(「도시 및 주거환경정비법」 제6조제3항 및 「도시 및 주거환경정비법 시행령」 제6조제4항).

◈ 「도시 및 주거환경정비법 시행령」에서 정하는 경미한 사항

■ 정비기반시설(「도시 및 주거환경정비법 시행령」 제3조제9호에 해당하는 시설은 제외)의 규모를 확대하거나 그 면적을 10퍼센트 미만의 범위에서 축소하는 경우

■ 정비사업의 계획기간을 단축하는 경우

■ 공동이용시설에 대한 설치계획을 변경하는 경우

■ 사회복지시설 및 주민문화시설 등에 대한 설치계획을 변경하는 경우

■ 구체적으로 명시된 정비예정구역의 면적을 20퍼센트 미만의 범위에서 변경하는 경우

■ 단계별 정비사업 추진계획을 변경하는 경우

■ 건폐율 및 용적률을 각 20퍼센트 미만의 범위에서 변경하는 경우

■ 정비사업의 시행을 위하여 필요한 재원조달에 관한 사항을 변경하는 경우

■ 도시·군기본계획의 변경에 따라 기본계획을 변경하는 경우

④ 기본계획의 확정 및 고시

기본계획의 수립권자는 기본계획을 수립하거나 변경한 때에는 지체 없이 이를 해당 지방자치단체의 공보에 고시하고 일반인이 열람할 수 있도록 해야 합니다(「도시 및 주거환경정비법」 제7조제3항).

## 1-3. 기본계획 수립에 따른 행위제한

① 국토교통부장관, 시·도지사, 시장, 군수 또는 구청장(자치구의 구청장을 말함)은 비경제적인 건축행위 및 투기 수요의 유입을 막기 위해 기본계획을 공람 중인 정비예정구역 또는 정비계획을 수립중인 지역에 대하여 3년 이내의 기간(1년의 범위에서 한 차례만 연장가능함)을 정해 건축물의 건축과 토지의 분할을 제한할 수 있습니다 (「도시 및 주거환경정비법」 제19조제7항).

② 위에 따라 행위를 제한하려는 때에는 제한지역·제한사유·제한대상행위 및 제한기간을 관보 또는 해당 지방자치단체의 공보에 게재하여 미리 고시해야 합니다(「도시 및 주거환경정비법 시행령」 제16조제1항 및 제4항 참조).

③ 정비예정구역 또는 정비구역에서 지역주택조합의 조합원을 모집하는 것은 금지됩니다(「도시 및 주거환경정비법」 제19조제8항).

> ※ 관련판례
> 구 도시 및 주거환경정비법 제48조 제1항 제4호가 정한 '사업시행인가 고시일'의 의미(=최초 사업시행계획 인가 고시일) 및 최초 사업시행계획의 주요 부분을 실질적으로 변경하는 사업시행계획 변경인가가 있는 경우, 최초 사업시행계획 인가 고시일을 기준으로 평가한 종전자산가격을 기초로 수립된 관리처분계획이 구 도시 및 주거환경정비법 제48조 제2항 제1호에 위반되는지 여부(원칙적 소극)
> 구 도시 및 주거환경정비법(2013. 12. 24. 법률 제12116호로 개정

되기 전의 것, 이하 '구 도시정비법'이라 한다) 제48조 제1항은 사업시행자(제6조 제1항 제1호부터 제3호까지의 방법으로 시행하는 주거환경개선사업 및 같은 조 제5항의 방법으로 시행하는 주거환경관리사업의 사업시행자는 제외한다)는 제46조에 따른 분양신청기간이 종료된 때에는 제46조에 따른 분양신청의 현황을 기초로 다음 각 호의 사항이 포함된 관리처분계획을 수립하여 시장·군수의 인가를 받도록 정하면서, 제4호에서 관리처분계획에 포함될 사항의 하나로 '분양대상자별 종전의 토지 또는 건축물의 명세 및 사업시행인가의 고시가 있은 날을 기준으로 한 가격(사업시행인가 전에 제48조의2 제2항에 따라 철거된 건축물의 경우에는 시장·군수에게 허가받은 날을 기준으로 한 가격)'을 들고 있고(이하 '종전자산가격'이라 한다), 제2항은 '제1항에 따른 관리처분계획의 내용은 다음 각 호의 기준에 따른다'고 정하면서, 제1호에서 관리처분계획 수립 기준의 하나로, '종전의 토지 또는 건축물의 면적·이용상황·환경 그 밖의 사항을 종합적으로 고려하여 대지 또는 건축물이 균형있게 분양신청자에게 배분되고 합리적으로 이용되도록 한다'고 규정하고 있다. 그리고 같은 법 제48조 제5항 제1호는 주택재개발사업 또는 도시환경정비사업에서 종전자산가격 등을 평가할 때에, "「부동산가격 공시 및 감정평가에 관한 법률」에 따른 감정평가업자 중 시장·군수가 선정·계약한 감정평가업자 2인 이상이 평가한 금액을 산술평균하여 산정한다. 다만, 관리처분계획을 변경·중지 또는 폐지하고자 하는 경우에는 분양예정 대상인 대지 또는 건축물의 추산액과 종전의 토지 또는 건축물의 가격은 사업시행자 및 토지등소유자 전원이 합의하여 이를 산정할 수 있다."고 정하고 있다.

위와 같은 관련 규정의 문언·취지·체계 등에 더하여, ① 구 도시정비법에 따른 재개발·재건축 등 정비사업은 정비구역 내의 토지 등 소유자가 종전자산을 출자하고 공사비 등을 투입하여 공동주택 등을 새로이 건설한 후 조합원에게 배분되고 남는 공동주택 등을 일반에게 분양하여 발생한 개발이익을 조합원들 사이의 출자 비율에 따라 나누어 가지는 사업으로서, 관리처분계획의 내용으로서 종전자산가격의 평가는 이와 같은 조합원들 사이의 상대적 출자 비율을 정하기 위한 것인 점, ② 구 도시정비법 제48조 제1항 제4호가 원칙적으로 사업시행인가 고시일을 기준으로 종전자산가격을 평가하도록 정하면서, 구 도시정비법 제48조의2 제2항에 따라 철거된 건축물의 경우에는 시장·군수에게 허가받은 날을 기준으로 평가하도록 하고 있을 뿐, 사업시행계획이 변경된 경우 종전자산가격의 평가를 새로 하여야 한다는 내용의 규정을 두고 있지 아니한 것은 평가시점에 따라 종전자산의 가격이 달라질 경우 발생할 수 있는 분쟁을 방지하고 종전자산의 가격 평가시점을 획일적으로 정하기 위한 것으로 보이는 점, ③ 사업시행계획의 변경이 필연적으로 종전자산의 가격에 영향을 미쳐 그 평가를 변경인가 고시일을 기준으로 새로 해야 한다고 볼 수도 없는 점, ④ 최초 사업시행계획의 주요 부분에 해당하는 공동주택의 면적, 세대수 및 세대별 면적 등이 실질적으로 변경되어 최초 사업시행계획이 효력을 상실한다고 하더라도, 이는 사업시행계획 변경시점을 기준으로 최초 사업시행계획이 장래를 향하여 실효된다는 의미일 뿐, 그 이전에 이루어진 종전자산가격의 평가에 어떠한 영향을 미친다고 볼 수 없는 점, ⑤ 사업완료 후 총수입에서 총사업비를 공제한 금액을 종전자산의 총 가액으로 나눈 비례율에 조합원의 종전자산가격을 곱하여 산정되는 조합원별 권리가액의 산정방식에 비추어, 종전자산의 가격이 사후에 상승하였다고 하더라도 종전자산의 총 가액을 분모로 하는 비례율이 하락하여 그 상승분이 상쇄되므로, 평가시점의 차이로 정비구역 내 종전자산의 가액이 달라져도 반드시 권리가액이 달라진다고 볼 수는 없어 최초 사업시행계획 인가 고시일을 기준으로 종전자산가격을 평가하도록 한 것이 부당하다고 볼 수 없는 점 등에 비추어 보면, 비교적 장기간에 걸쳐서 진행되는 정비사업의 특성을 감안하더라도 구 도시정비법 제48조 제1항 제4호가 정한 '사업시행인가 고시일'이란 '최초 사업시행계획 인가 고시일'을 의미하는 것으로 봄이 타당하고, 따라서 최초 사업시행계획의 주요 부분을 실질적으로 변경하는 사업시행계획 변경인가가 있었다고 하더라도 특별한 사정이 없는 한 최초 사업시행계획 인가 고시일을 기준으로 평가한 종전자산가격을 기초로 하여 수립된 관리처분계획이 종전자산의 면적·이용상황·환경 등을 종합적으로 고려하여 대지 또는 건축물이 균형있게 분양신청자에게 배분되도록 정한 구 도시정비법 제48조 제2항 제1호에 위반된다고 볼 수 없다(대법원 2016. 2. 18. 선고 2015두2048 판결).

## 2. 안전진단의 실시

### 2-1. 실시요건 및 절차

① 실시요건

정비계획을 입안하는 특별자치시장, 특별자치도지사, 시장, 군수 또는 구청장(이하 "정비계획의 입안권자"라 함)은 다음의 어느 하나에 해당하는 경우에 안전진단을 실시해야 합니다(「도시 및 주거환경정비법」 제2조제3호나목, 제12조제1항 및 제2항).

■ 정비예정구역별 수립시기가 도래한 경우

■ 정비계획의 입안을 제안하려는 자가 입안을 제안하기 전에 해당 정비예정구역에 위치한 건축물 및 그 부속토지의 소유자 10분의 1 이상의 동의를 받아 안전진단 실시를 요청하는 경우

■ 정비예정구역을 지정하지 않은 지역에서 재건축사업을 하려는 자가 사업예정구역에 있는 건축물 및 그 부속토지의 소유자 10분의 1 이상의 동의를 받아 안전진단의 실시를 요청하는 경우

■ 내진성능이 확보되지 않은 건축물 중 중대한 기능적 결함 또는 부실 설계·시공으로 구조적 결함 등이 있는 법령으로 정하는 건축물의 소유자로서 재건축사업을 시행하려는 자가 해당 사업예정구역에 위치한 건축물 및 그 부속토지의 소유자 10분의 1 이상의 동의를 받아 안전진단의 실시를 요청하는 경우

② 안전진단 실시요청에 따라 안전진단을 실시하게 되는 경우, 해

당 안전진단 실시를 요청한 자는 안전진단에 드는 비용을 부담할 수 있습니다(「도시 및 주거환경정비법」제12조제2항 후단 참조).

③ 실시요청

안전진단의 실시를 요청하려는 자는 안전진단 요청서(전자문서로 된 요청서를 포함)에 다음의 서류(전자문서를 포함)를 첨부하여 정비계획의 입안권자에게 제출해야 합니다(「도시 및 주거환경정비법 시행규칙」제3조제1항 및 별지 제1호서식).

- 사업지역 및 주변지역의 여건 등에 관한 현황도
- 결함부위의 현황사진

④ 실시절차

안전진단의 실시는 다음의 절차를 거쳐 이루어집니다.

| 안전진단<br>(재건축<br>사업) | 안전진단 요청<br>(요청자→시장,<br>군수) | 현지조사<br>(시장, 군수) | 안전진단 의뢰<br>(시장, 군수) | 안전진단결과<br>보고서제출<br>(시장, 군수 및<br>요청자) | 정비계획수립<br>및<br>재건축시행여부<br>결정<br>(시장, 군수) |

## 2-2. 실시여부의 결정

① 실시결정

- 정비계획의 입안권자는 안전진단의 요청이 있는 경우 요청 일부터 30일 이내에 실시여부를 결정하여 요청인에게 통보해야 합니다(「도시 및 주거환경정비법 시행령」제10조제1항 전단).
- 정비계획의 입안권자는 현지조사 등을 통해 해당 건축물의 구조안전성, 건축마감, 설비노후도 및 주거환경 적합성 등을 심사하여 안전진단의 실시 여부를 결정해야 하며, 안전진단의 실시가 필요하다고 결정한 경우에는 안전진단기관에 안전 진단을 의뢰해야 합니다(「도시 및 주거환경정비법」제12조제 4항).

② 실시대상

재건축사업의 안전진단 대상 및 제외대상은 다음과 같습니다(「도시 및 주거환경정비법」 제12조제3항, 「도시 및 주거환경정비법 시행령」 제10조제3항 및 별표 1 제3호다목).

| 안전진단 대상 | 안전진단 제외대상 |
|---|---|
| 주택단지의 건축물 | ■ 정비계획의 입안권자가 천재지변 등으로 주택이 붕괴되어 신속히 재건축을 추진할 필요가 있다고 인정하는 주택단지의 건축물<br>■ 주택의 구조안전상 사용금지가 필요하다고 정비계획의 입안권자가 인정하는 주택단지의 건축물<br>■ 기존 세대수가 200세대 이상인 노후·불량건축물의 기준을 충족한 주택단지의 잔여 건축물<br>■ 정비계획의 입안권자가 진입도로 등 기반시설 설치를 위하여 불가피하게 정비구역에 포함된 것으로 인정하는 주택단지의 건축물<br>■ 「시설물의 안전 및 유지관리에 관한 특별법」 제2조제1호의 시설물로서 같은 법 제16조에 따라 지정받은 안전등급이 D (미흡) 또는 E (불량)인 주택단지의 건축물 |

## 2-3. 실시완료

### ■ 결과보고 등

① 안전진단을 의뢰받은 안전진단기관은 법령으로 정하는 기준(건축물의 내진성능 확보를 위한 비용을 포함)에 따라 안전진단을 실시해야 하며, 안전진단 결과보고서를 작성하여 정비계획의 입안권자 및 안전진단의 실시를 요청한 자에게 제출해야 합니다(「도시 및 주거환경정비법」 제12조제5항).

② 정비계획의 입안권자(특별자치시장 및 특별자치도지사는 제외)가 정비계획의 입안 여부를 결정한 경우 지체 없이 특별시장·광역시장·도지사에게 결정내용과 해당 안전진단 결과보고서를 제출해야 합니다(「도시 및 주거환경정비법」 제13조제1항).

③ 특별시장·광역시장·특별자치시장·도지사·특별자치도지사는 필요한 경우 국토안전관리원 또는 한국건설기술연구원에 안전진단 결과의 적정성에 대한 검토를 의뢰할 수 있습니다(「도시 및 주거환경정비법」 제13조제2항).

## 3. 재건축사업의 안전진단 실시방법 및 절차

재건축사업의 안전진단 실시방법 및 절차와 관련한 자세한 내용은 아래의 「주택 재건축 판정을 위한 안전진단 기준」에서 확인하실 수 있습니다.

---

### 주택 재건축 판정을 위한 안전진단 기준
[시행 2021. 1. 1.] [국토교통부고시 제2020−1182호]

#### 제1장 총칙
1−1. 목적
1−1−1. 이 기준은 「도시 및 주거환경정비법」 제12조제5항에 따른 재건축사업의 안전진단의 실시방법 및 절차 등을 정함을 목적으로 한다.

1−2. 적용 범위 및 방법
1−2−1. 현지조사 및 재건축사업의 안전진단(이하 "재건축 안전진단"이라 한다)은 이 기준에 따라 실시하되, 구체적인 실시요령은 「국토안전관리원법」에 따라 설립된 국토안전관리원(이하 "국

---

토안전관리원"이라 한다)이 정하는 「재건축사업의 안전진단 매
뉴얼」 (이하 "매뉴얼"이라 한다)이 정하는 바에 따른다.

1-2-2. 이 기준은 철근콘크리트 구조, 프리캐스트 콘크리트 조립
식 구조(이하 "PC조"라 한다) 및 조적식 구조(이하 "조적조"라
한다)의 공동주택에 적용한다. 동 기준에서 규정하지 않은 구조
의 공동주택에 대한 재건축 안전진단의 실시방법은 특별자치시
장, 특별자치도지사, 시장, 군수 또는 자치구의 구청장(이하 "정
비계획의 입안권자"라 한다)이 국토안전관리원 또는 「과학기술
분야 정부출연연구기관 등의 설립·운영 및 육성에 관한 법률」
제8조에 따른 한국건설기술연구원(이하 "국토안전관리원등"이라
한다)에 자문하여 정한다.

1-3. 재건축 안전진단의 성격 및 종류

1-3-1. 재건축 안전진단은 '현지조사'와 '안전진단'으로 구분하며,
'안전진단'은 '구조안전성 평가 안전진단'과 '주거환경중심 평가
안전진단'으로 구분한다.

1-3-2. '현지조사'는 정비계획의 입안권자가 「도시 및 주거환경정
비법」 (이하 "법"이라 한다) 제12조제4항 및 같은 법 시행규칙
제3조에 따라 해당 건축물의 구조안전성, 건축마감·설비노후도,
주거환경 적합성을 심사하여 안전진단 실시여부 등을 결정하기
위하여 실시한다.

1-3-3. '안전진단'은 정비계획의 입안권자가 현지조사를 거쳐 '안
전진단 실시'로 결정한 경우에 안전진단기관에 의뢰하여 실시하
는 것으로 '구조안전성 평가 안전진단'의 경우 '구조안전성'을
평가하여 '유지보수', '조건부 재건축', '재건축'으로 판정하고,
'주거환경중심 평가 안전진단의 경우 '주거환경', '건축 마감 및
설비노후도', '구조안전성', 및 '비용분석'으로 구분하여 평가하
여, '유지보수', '조건부 재건축', '재건축'으로 판정한다.

1-3-4. 정비계획의 입안권자는 법 제12조제5항에 따라 같은 법 시
행령 제10조제4항제2호에 따른 안전진단전문기관이 제출한 안

전진단 결과보고서를 받은 경우에는 같은 항 제1호 또는 제3호에 따른 안전진단기관에 안전진단결과보고서의 적정 여부에 대한 검토를 의뢰할 수 있다.

1-3-5. 정비계획의 입안권자로부터 안전진단 결과보고서를 제출받은 시·도지사는 필요한 경우 국토안전관리원등에 안전진단결과의 적정성 여부에 대한 검토를 의뢰할 수 있다.

1-3-6. 정비계획의 입안권자는 안전진단결과 재건축 판정에서 제외되어 「주택법」 제68조에 따른 증축형 리모델링을 위한 안전진단을 실시하는 경우에는 해당 안전진단결과를 「주택법」에 따른 증축형 리모델링을 위한 안전진단에 활용할 수 있다.


1-4. 용어의 정의

1-4-1. 구조안전성 평가 안전진단: 재건축연한 도래와 관계없이 내진성능이 확보되지 않은 구조적 결함 또는 기능적 결함이 있는 노후·불량건축물을 대상으로 구조안전성을 평가하여 재건축 여부를 판정하는 안전진단을 말한다.

1-4-2. 주거환경 중심 평가 안전진단: 1-4-1. 외의 노후·불량건축물을 대상으로 주거생활의 편리성과 거주의 쾌적성 등의 주거환경을 중심으로 평가하여 재건축여부를 판정하는 안전진단을 말한다.

1-4-3. 비용분석: 건축물 구조체의 보수·보강비용 및 성능회복비용과 재건축 비용을 LCC(Life Cycle Cost) 관점에서 비교·분석하는 것을 말한다. 이 경우 편익과 재건축사업시행으로 인한 재산 증식효과는 고려하지 않는다.

1-4-4. 조건부 재건축: 붕괴 우려 등 구조적 결함은 없어 재건축 필요성이 명확하지 않은 경우로서, 1-3-4. 규정에 따라 안전진단 결과보고서의 적정성 검토를 통해 재건축 여부를 판정하는 것을 말한다(국토안전관리원등이 안전진단을 실시한 경우에는 적정성 검토 없이 재건축을 실시할 수 있다). 이 경우 정비계획의 입안권자는 주택시장·지역여건 등을 고려하여 재건축 시기를

조정할 수 있다.

1-5. 비용의 부담

1-5-1. 삭제 <2018.2.9.>

1-5-2. 삭제 <2018.2.9.>

## 제2장 현지조사

2-1. 안전진단 실시여부의 결정 절차

2-1-1. 정비계획의 입안권자는 법 제12조제4항에 따라 현지조사 등을 통하여 해당 건축물의 구조 안전성, 건축마감, 설비노후도 및 주거환경 적합성 등을 심사하여 안전진단 실시여부를 결정 하여야 한다. 다만, 구조안전성 평가 안전진단의 경우 '구조안 전성'만 심사하여 안전진단 실시여부를 결정할 수도 있다.

2-1-2. 안전진단의 실시가 필요하다고 결정한 경우에는 「도시 및 주거환경정비법 시행령」(이하 "영"이라 한다) 제10조제4항에서 정하고 있는 안전진단기관에 안전진단을 의뢰하여야 한다. 다 만, 단계별 정비사업추진계획 등의 사유로 재건축사업의 시기를 조정할 필요가 있다고 인정되어 안전진단의 실시 시기를 조정 하는 경우는 그러하지 아니하다.

2-2. 현지조사 표본의 선정

2-2-1. 현지조사의 표본은 단지배치, 동별 준공일자·규모·형태 및 세대 유형 등을 고려하여 골고루 분포되게 선정하되, 최소한으 로 조사해야 할 표본 동 수의 선정 기준은 다음 표와 같다.

| 규모(동수) | 산        식 | 최소 조사동수 | 비 고 |
|---|---|---|---|
| 10동 이하 | 전체 동수의 20% | 1~2동 | |
| 11 ~ 30 | 2 + (전체 동수 − 10) × 10% | 3~4동 | |
| 31 ~ 70 | 4 + (전체 동수 − 30) × 5% | 5~6동 | |
| 71동 이상 | − | 7동 | |

* 동 수 선정시 소수점 이하는 올림으로 계산함

2-2-2. 현지조사에서 최소한으로 조사해야 할 세대수는 조사 동당 1세대를 기본으로 하되, 단지당 최소 3세대 이상으로 한다.

2-2-3. 현지조사 결과 '안전진단 실시'로 판정하는 경우, 안전진단 시 반드시 포함되어야 할 동, 세대 및 조사부위 등을 지정하여 야 하며, 이 경우 표본 선정의 기본 목적인 대표성 및 객관성을 확보하기 위해 지나치게 문제가 있는 표본 또는 전혀 문제가 없는 표본은 선정하지 않도록 유의한다.

2-3. 현지조사 항목
2-3-1. 현지조사의 조사항목은 다음과 같다.

| 평가분야 | 평가항목 | 중점 평가사항 |
|---|---|---|
| 구조<br>안전성 | 지 반 상 태 | 지반침하상태 및 유형 |
| | 변 형 상 태 | 건물 기울기<br>바닥판 변형 (경사변형, 휨변형) |
| | 균 열 상 태 | 균열유형(구조균열, 비구조균열, 지반침<br>하로 인한 균열)<br>균열상태(형상, 폭, 진행성, 누수) |
| | 하 중 상 태 | 하중상태(고정하중, 활하중, 과하중 여<br>부) |
| | 구조체 노후화상태 | 철근노출 및 부식상태<br>박리 / 박락상태, 백화, 누수 |
| | 구조부재의<br>변경 상태 | 구조부재의 철거, 변경 및 신설 |
| | 접합부 상태[1] | 접합부 긴결철물 부식 상태, 사춤상태 |
| | 부착 모르타르상태[2] | 부착 모르타르 탈락 및 사춤상태 |
| 건축<br>마감<br>및<br>설비<br>노후도 | 지붕 마감상태 | 옥상 마감 및 방수상태/보수의 용이성 |
| | 외벽 마감상태 | 외벽 마감 및 방수상태/보수의 용이성 |
| | 계단실 마감상태 | 계단실 마감상태/보수의 용이성 |
| | 공용창호 상태 | 공용창호 상태/보수의 용이성 |
| | 기계설비 시스템의<br>적정성 | 난방 방식의 적정성<br>급수·급탕 방식의 적정성 및 오염방지<br>성능<br>기타 오·배수, 도시가스, 환기설비의 적<br>정성<br>기계 소방설비의 적정성 |

| 건축 마감 및 설비 노후도 | 기계설비 장비 및 배관의 노후도 | 장비 및 배관의 노후도 및 교체의 용이성 |
|---|---|---|
| | 전기·통신설비 시스템의 적정성 | 수변전 방식 및 용량의 적정성 등<br>전기·통신 시스템의 효율성과 안전성<br>전기 소방 설비의 적정성 |
| | 전기설비 장비 및 배선의 노후도 | 장비 및 배선의 노후도 및 교체의 용이성 |
| 주거 환경 | 주거환경 | 주변토지의 이용상황 등에 비교한 주거환경, 주차환경, 일조·소음 등의 주거환경 |
| | 재난대비 | 화재시 피해 및 소화용이성(소방차 접근 등)<br>홍수대비·침수피해 가능성 등 재난환경 |
| | 도시미관 | 도시미관 저해정도 |

1) PC조의 경우에 해당  2) 조적조의 경우에 해당

2-4. 현지조사 결과의 판정

2-4-1. 현지조사는 정밀한 계측을 하지 않고, 매뉴얼에 따라 설계
도서 검토와 육안조사를 실시한 후 조사자의 의견을 서식 1 부
터 서식 4까지의 현지조사표에 기술한다.

2-4-2. 현지조사는 조사항목별 조사결과를 토대로 구조안전성 분
야, 건축 마감 및 설비노후도 분야, 주거환경 분야의 3개 분야
별로 실시한 후 안전진단의 실시여부를 판단한다.

# 제3장 안전진단

3-1. 평가절차

3-1-1. 안전진단의 실시는 구조안전성 평가 안전진단과 주거환경
중심 평가 안전진단으로 구분하여 시행한다.

3-1-2. 구조안전성 평가 안전진단은 구조안전성 분야만을 평가하
고, 주거환경중심 평가 안전진단은 '주거환경', '건축 마감 및

설비노후도', '구조안전성', '비용분석' 분야를 평가한다.

3-1-3. 주거환경중심 평가 안전진단의 경우 주거환경 또는 구조안
전성 분야의 성능점수가 20점 이하의 경우에는 그 밖의 분야에
대한 평가를 하지 않고 '재건축 실시'로 판정한다.

3-1-4. 구조안전성, 주거환경, 건축마감 및 설비 노후도 분야의 평
가등급 및 성능점수의 산정은 다음 표에 따른다.

| 평가등급 | A | B | C | D | E |
|---|---|---|---|---|---|
| 대표 성능점수 | 100 | 90 | 70 | 40 | 0 |
| 성능점수 (PS) 범위 | 100≧PS >95 | 95≧PS> 80 | 80≧PS> 55 | 55≧PS> 20 | 20≧PS≧ 0 |

3-2. 구조안전성 평가

3-2-1. 구조안전성 평가는 표본을 선정하여 조사하고, 조사결과에
요소별(항목별·부재별·층별) 중요도를 고려하여 성능점수를 산정
한 후, A~E등급의 5단계로 구분하여 평가한다.

3-2-2. 구조안전성 평가는 기울기 및 침하, 내하력, 내구성의 세
부문으로 나누어 표본 동에 대하여 표본동 전체 또는 부재 단
위로 조사한다. 각 부문별 평가항목은 다음과 같다.

| 평가부문 | 평가 항목 | | |
|---|---|---|---|
| 기울기 및 침하 | 건물 기울기 | | |
| | 기초침하 | | |
| 내하력 | 내력비 | 콘크리트 강도 | |
| | | 철근배근상태 | |
| | | 부재단면치수 | |
| | | 하중상태 | |
| | | 접합부 용접상태[1] | |
| | | 접합 철물 치수[1] | |
| | | 보강·긴결철물 상태[2] | |
| | | 조적개체 강도[2] | |
| | | 조적벽체 두께, 길이[2] | |
| | 처짐 | | |
| 내구성 | 콘크리트 중성화 | | |
| | 염분 함유량 | | |
| | 철근부식 | | |
| | 균열 | | |
| | 표면 노후화 | | |
| | 접합부 긴결철물의 부식[1] | | |
| | 사춤콘크리트 및 모르타르 탈락[1] | | |
| | 부착 모르타르 상태[2] | | |

1) PC조의 경우에 해당  2) 조적조의 경우에 해당

3-2-3. 표본의 선정

(1) 구조안전성 평가의 표본은 단지규모, 동(棟) 배치 및 세대분포 등을 고려하여 선정한다.

(2) 조사 동수의 기준은 다음 표의 기준 이상으로 하며, 현지조사 결과에서 제시한 동을 반드시 포함하여야 하며, 부득이하게 포함하지 못할 경우에는 타당한 사유를 명시하여야 한다. 다만, 50세대 이하인 연립주택 또는 다세대 주택인 경우에는 최소 조사 동수의 1/2로 할 수 있다.

| 전체동수(동) | 최소 조사동수(동) | 선정방법 |
|---|---|---|
| 3동 이하 | 1동 | ·구조형식이 다른 동 선정<br>·층수가 다른 동 선정<br>·세대규모(평형)가 다른 동 선정<br>·단지를 대표할 수 있는 동 선정<br>·외관조사에서 구조적으로 취약하다고<br>  판단되는 동 선정 |
| 4 ~ 13 | 2~3동 | |
| 14 ~ 26 | 4~5동 | |
| 27 ~ 46 | 6~7동 | |
| 47동 이상 | 8동 | |

3-2-4. 성능점수 산정
(1) 동별 평가 결과로부터 단지 전체에 대한 구조안전성을 평가한다.

$$구조안전성\ 성능점수 = \frac{\Sigma(동별\ 점수)}{조사\ 동수}$$

(2) 구조안전성 평가결과는 [서식 5] 『구조안전성 평가표』를 활용하여 작성한다.

3-3. 주거환경 평가
3-3-1. 주거환경 분야는 표본을 선정하여 조사하고, 조사결과에 항목별 중요도를 고려하여 성능점수를 산정한 후, A~E등급의 5단계로 구분하여 평가한다. 이 경우 도시미관, 소방활동의 용이성, 침수피해 가능성, 세대당 주차대수, 일조환경, 노약자와 어린이 생활환경은 단지전체에 대해 조사하고, 소방활동의 용이성, 일조환경은 단지전체 뿐 아니라 표본 동을 선정하여 평가한다. 또한, 사생활침해, 에너지효율성, 실내생활공간의 적정성은 단지, 동뿐만 아니라 표본 세대를 선정하여 평가한다.
3-3-2. 주거환경 평가는 도시미관, 소방활동의 용이성, 침수피해

가능성, 세대당 주차대수, 일조환경 사생활침해, 에너지효율성, 노약자와 어린이 생활환경, 실내생활공간의 적정성 등 9개의 항목에 대하여 조사·평가한다.

3-3-3. 주거환경 분야의 표본은 단지 및 동(棟) 배치를 고려하여 선정하며, 최소 조사동수는 3-2-3을 따르고, 최소 조사 세대수는 3-4-4를 따른다.

3-3-4. 성능점수 산정

(1) 주거환경 평가 성능점수는 도시미관, 소방활동의 용이성, 침수피해 가능성, 세대당 주차대수, 일조환경, 사생활침해, 에너지효율성, 노약자와 어린이 생활환경, 실내생활공간의 적정성에 대한 성능평가 점수와 해당 항목의 가중치를 고려하여 산정한다.

> 주거환경 평가 성능점수 = ∑(평가항목별 성능점수 × 평가항목별 가중치 )

(2) 주거환경 분야의 평가결과는 [서식 6] 『주거환경 평가표』를 활용하여 작성한다.


3-4. 건축 마감 및 설비노후도 평가

3-4-1. 건축 마감 및 설비노후도 평가는 표본을 선정하여 조사하고, 조사결과에 요소별(부문별·항목별) 중요도를 고려하여 성능점수를 산정한 후, A~E등급의 5단계로 구분하여 평가한다.

3-4-2. 건축마감 및 설비 노후도 분야의 평가는 건축마감, 기계설비 및 전기·통신설비 노후도의 3가지 부문으로 나누어 평가한다.

3-4-3. 건축마감 및 설비 노후도 분야의 각 부문별 평가항목은 다음과 같다.

| 평가부문 | 평가항목 |
|---|---|
| 건축 마감 | 지붕 마감상태 |
| | 외벽 마감상태 |
| | 계단실 마감상태 |
| | 공용창호 상태 |
| 기계설비 노후도 | 시스템성능 |
| | 난방설비 |
| | 급수·급탕설비 |
| | 오·배수설비 |
| | 기계소방설비 |
| | 도시가스설비 |
| 전기·통신 설비 노후도 | 시스템 성능 |
| | 수변전 설비 |
| | 전력간선설비 |
| | 정보통신설비 |
| | 옥외전기설비 |
| | 전기소방설비 |

3-4-4. 건축마감 및 설비노후도 분야의 표본 선정중 최소 조사동 수는 3-2-3을 따르고, 최소 조사 세대수는 다음과 같다.

| 규 모(세대) | 산 식 |
|---|---|
| 100 이하 | 100 × 10% |
| 101 이상 ~ 300 이하 | 10 + (전체 세대수-100) × 5% |
| 301 이상 ~ 500 이하 | 20 + (전체 세대수-300) × 4% |
| 501 이상 ~ 1,000 이하 | 28 + (전체 세대수-500) × 3% |
| 1,001 이상 ~ 3,850 이하 | 43 + (전체 세대수-1000) × 2% |
| 3,851 이상 | 100세대 |

* 세대수 산정시 소수점 이하는 올림으로 계산함

3-4-5. 성능점수 산정
(1) 건축 마감, 기계설비노후도, 전기·통신설비노후도의 평가항목
별 성능점수와 해당항목의 가중치를 고려하여 산정한다.

건축 마감 및 설비노후도 성능점수

$$= \Sigma(평가항목별성능점수\,i \times 평가항목별\,가중치\,i)$$

(2) 건축 마감 및 설비노후도 분야의 평가결과는 [서식 7] 『건축
마감 및 설비노후도 평가표』를 활용하여 작성한다.

3-5. 비용분석
3-5-1. 비용분석 분야의 평가 절차와 방법은 다음과 같다.
(1) 비용분석 분야는 개·보수를 하는 경우의 총비용과 재건축을
하는 경우의 총비용을 LCC(생애주기 비용)적인 관점에서 비교·
분석하여 평가값(α)을 산출한 후, A~E등급의 5단계로 구분하
여 평가한다.
(2) 평가값(α)은 개·보수하는 경우의 주택 LCC의 년가
(Equivalent Uniform Annual Cost)에 대한 재건축하는 경우

의 주택 LCC의 년가의 비율로 산정한다.

(3) 비용분석은 내용연수, 실질이자율(할인율), 비용산정 근거 등 기본적인 사항과 개·보수 비용, 재건축 비용 등을 고려하여 시행한다.

(4) 비용분석 분야의 평가 결과는 [서식 8] 비용분석표를 활용하여 작성한다.

3-5-2. 주택의 내용연수와 실질이자율(할인율) 등을 확정한다.

(1) 구조형식별 공동주택의 내용연수는 법인세법 시행규칙 제15조 제3항(건축물 등의 기준내용연수 및 내용연수 범위표)을 따른다. 개·보수 후의 주택의 내용연수는 성능회복 수준에 비례하고, 성능회복수준은 그에 소요된 비용에 의하여 결정되는 것으로 가정하여 결정한다.

(2) 실질이자율은 다음과 같은 식으로 구하고 과거 5년 정도의 수치를 산술평균한 값을 적용한다. 물가상승률은 한국은행의 경제통계연보와 통계청의 주요경제지표에서 제시한 자료를 사용하고, 기업대출금리를 명목이자율로 사용한다.

$$i = \frac{(1+i)}{(1+f)} - 1$$

$i$: 실질이자율    $i_n$: 명목이자율    $f$: 물가상승율

(3) 내용연수와 실질이자율 결정에 관한 상세한 내용은 매뉴얼에 따른다.

3-5-3. 개·보수비용과 재건축 비용을 산정한다.

(1) 개·보수 비용은 철거공사비, 구조체 보수·보강비용(내진보강 비용 포함), 건축 마감 및 설비 성능회복비용, 유지관리비, 개·보수 기간의 이주비 등을 고려하여 산정한다.

(2) 재건축 비용은 기존 건축물을 철거하고 새로운 건축물을 건설하는데 소요되는 제반비용으로 철거공사비와 건축물 신축공사비, 재건축 공사기간 중의 이주비용 등을 포함한다.

3-5-4. 비용분석의 평가값($\alpha$)에 따른 대표점수는 다음과 같다.

| 평 가 값($\alpha^{1)}$) | 대 표 점 수 |
|---|---|
| 0.69 이하 | 100 |
| 0.70~0.79 | 90 |
| 0.80~0.89 | 70 |
| 0.90~0.99 | 40 |
| 1.00 이상 | 0 |

1) 평가값($\alpha$) =

개·보수하는 경우 주택 LCC의 년가 / 재건축하는 경우 주택 LCC의 년가

3-6. 종합판정

3-6-1. 주거환경중심 평가 안전진단의 경우 주거환경, 건축마감 및 설비노후도, 구조안전성, 비용분석 점수에 다음 표의 가중치를 곱하여 최종 성능점수를 구하고, 구조안전성 평가 안전진단의 경우는 [서식 5]에 따른 구조안전성 평가결과 성능점수를 최종 성능점수로 한다.

| 구 분 | 가 중 치 |
|---|---|
| 주거환경 | 0.15 |
| 건축마감 및 설비노후도 | 0.25 |
| 구조안전성 | 0.50 |
| 비용분석 | 0.10 |

3-6-2. 최종 성능점수에 따라 다음 표와 같이 '유지보수', '조건부 재건축', '재건축'으로 구분하여 판정한다.

| 최종 성능점수 | 판  정 |
|---|---|
| 55 초과 | 유지보수 |
| 30 초과 ~ 55 이하 | 조건부 재건축 |
| 30 이하 | 재건축 |

## 제4장 행정사항

4-1. 국토교통부장관은 「훈령·예규 등의 발령 및 관리에 관한 규정」에 따라 2018년 7월 1일 기준으로 매 3년이 되는 시점(매 3년째의 6월 30일까지를 말한다)마다 그 타당성을 검토하여 개선 등의 조치를 하여야 한다.

## 부    칙

이 고시는 2021년 1월 1일부터 시행한다.

■ 재건축 사업을 시행할 수 있는지 안전진단의 실시를 요청하고 싶은데, 누구에게 어떻게 요청해야 하나요?

◎ 제가 거주하고 있는 아파트 단지에서 재건축을 실시하려 합니다. 재건축 사업을 시행할 수 있는지 안전진단의 실시를 요청하고 싶은데, 누구에게 어떻게 요청해야 하나요?

④ 안전진단의 실시는 다음의 조건을 갖춘 자가 특별자치시장, 특별자치도지사, 시장, 군수 또는 구청장(이하 "시장·군수등"이라 함)에게 안전진단 요청서 등 서류를 갖추어 제출함으로써 요청할 수 있습니다.

◇ 요청조건
다음의 어느 하나에 해당하는 자는 안전진단의 실시를 요청할 수 있습니다.

① 정비계획의 입안을 제안하려는 자가 입안을 제안하기 전에 해당 정비예정구역에 위치한 건축물 및 그 부속토지의 소유자 10분의 1 이상의 동의를 받아 안전진단의 실시를 요청하는 경우
② 정비예정구역을 지정하지 않은 지역에서재건축사업을 하려는 자가 사업예정구역에 있는 건축물 및 그 부속토지의 소유자 10분의 1 이상의 동의를 받아 안전진단의 실시를 요청하는 경우
③ 내진성능이 확보되지 않은 건축물 중 중대한 기능적 결함 또는 부실 설계·시공으로 구조적 결함 등이 있는 건축물 중 「도시 및 주거환경정비법 시행령」 제2조제1항으로 정하는 건축물의 소유자로서 재건축사업을 시행하려는 자가 해당 사업예정구역에 위치한 건축물 및 그 부속토지의 소유자 10분의 1 이상의 동의를 받아 안전진단의 실시를 요청하는 경우

◇ 요청방법
위의 자격요건 중 어느 하나에 해당하여 안전진단의 실시를 요청하려는 자는 다음의 서류(전자문서를 포함)를 시장·군수등에게 제출해야 합니다.
① 안전진단 요청서
② 사업지역 및 주변지역의 여건 등에 관한 현황도
③ 결함부위의 현황사진

# 4. 정비계획의 수립

## 4-1. 정비계획의 수립 및 입안

### ■ 정비계획의 수립

① 특별시장·광역시장·특별자치시장·특별자치도지사·시장 또는 군수(광역시의 군수는 제외하며, 이하 "정비구역의 지정권자"라 함)는 기본계획에 적합한 범위에서 노후·불량건축물이 밀집하는 등의 정비계획 입안대상지역 요건에 해당하는 구역을 대상으로 정비계획을 결정하여 정비구역을 지정(변경지정을 포함)할 수 있습니다(「도시 및

주거환경정비법」 제8조제1항).

② 정비계획의 입안권자는 주택수급의 안정과 저소득 주민의 입주
기회 확대를 위해 정비사업을 건설하는 주택에 대해 다음의 구분에
따른 범위에서 임대주택 및 주택규모별 건설비율 등을 정비계획에
반영해야 하며, 사업시행자는 이에 따라 주택을 건설해야 합니다
(「도시 및 주거환경정비법」 제10조 및 「도시 및 주거환경정비법 시
행령」 제9조제1항제3호).

- 국민주택규모의 주택: 전체 세대수의 60% 이하
- 민간 및 공공임대주택: 전체 세대수 또는 전체 연면적의 30%
  이하

---

**※ 과밀억제권역에서 시행하는 재건축사업의 경우**

건설하는 주택 전체 세대수의 60% 이상을 85㎡ 이하 규모의 주택
으로 건설해야 합니다. 그럼에도 불구하고 다음의 요건을 모두 갖
춘 경우에는 임대주택 및 국민주택규모의 주택 건설비이 적용되지
않습니다[「정비사업의 임대주택 및 주택규모별 건설비율」(국토교통
부 고시 제2020-528호, 2020. 7. 22. 발령, 2020. 9. 24. 시행)
제5조].

① 재건축사업의 조합원에게 분양하는 주택의 주거전용면적의 합
이 재건축하기 전의 기존주택의 주거전용면적의 합보다 작거나
30%의 범위에서 클 것

② 조합원 이외의 자에게 분양하는 주택은 모두 85㎡ 이하 규모로
건설할 것

---

## ■ 입안제안

① 토지등소유자는 다음의 어느 하나에 해당하는 경우 정비계획의 입안권자에게 정비계획의 입안을 제안할 수 있습니다(「도시 및 주거환경정비법」 제14조제1항).

② 입안제안 요건

- 단계별 정비사업 추진계획상 정비예정구역별 정비계획의 입안시기가 지났음에도 불구하고 정비계획이 입안되지 않거나 정비예정구역별 정비계획의 수립시기를 정하고 있지 않은 경우
- 토지등소유자가 토지주택공사등을 사업시행자로 지정 요청하려는 경우
- 대도시가 아닌 시 또는 군으로서 시·도조례로 정하는 경우
- 정비사업을 통하여 기업형임대주택을 공급하거나 임대할 목적으로 주택을 주택임대관리업자에게 위탁하려는 경우로서 「도시 및 주거환경정비법」 제9조제1항제10호각 목을 포함하는 정비계획의 입안을 요청하려는 경우
- 「도시 및 주거환경정비법」 제26조제1항제1호 및 제27조제 1항제1호에 따라 정비사업을 시행하려는 경우
- 토지등소유자(조합이 설립된 경우에는 조합원을 말함)가 3분의 2 이상의 동의로 정비계획의 변경을 요청하는 경우(다만, 경미한 사항을 변경하는 경우에는 토지등소유자의 동의 절차를 거치지 않음)

## ■ 입안요청

① 토지등소유자가정비계획의 입안권자에게 정비계획의 입안을 제안하려는 경우 토지등소유자의 3분의 2 이하 및 토지면적 3분의 2 이하의 범위에서 시·도조례로 정하는 비율 이상의 동의를 받은 후 시·도조례로 정하는 제안서 서식에 정비계획도서, 계획설명서 및 그 밖의 필요한 서류를 첨부하여 정비계획의 입안권자에게 제출해야 합니다(「도시 및 주거환경정비법 시행령」 제12조제1항).

② 정비계획의 입안권자는 제안일부터 60일 이내에 정비계획에의 반영여부를 제안자에게 통보해야 합니다. 다만, 부득이한 사정이 있는 경우에는 한 차례에 한하여 30일을 연장할 수 있습니다(「도시 및 주거환경정비법 시행령」 제12조제2항).

## 4-2. 정비계획의 절차

### ■ 정비계획절차

정비계획이 수립되면 다음의 절차를 거치게 됩니다.

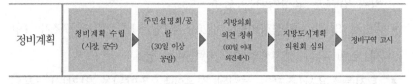

정비계획 → 정비계획 수립 (시장, 군수) → 주민설명회/공람 (30일 이상 공람) → 지방의회 의견 청취 (60일 이내 의견제시) → 지방도시계획 의원회 심의 → 정비구역 고시

## ■ 주민의견 및 지방의회의 의견청취

① 정비계획의 입안권자는 정비계획을 입안하거나 변경하려면 주민에게 서면으로 통보한 후 주민설명회 및 30일 이상 주민에게 공람하여 의견을 들어야 하며, 제시된 의견이 타당하다고 인정되면 이를 정비계획에 반영해야 합니다(「도시 및 주거환경정비법」 제15조제1항).

② 정비계획의 입안권자는 주민공람과 함께 지방의회의 의견을 들어야 합니다. 이 경우 지방의회는 정비계획의 입안권자가 정비계획을 통지한 날부터 60일 이내에 의견을 제시해야 하며, 의견제시 없

이 60일이 지난 경우 이의가 없는 것으로 봅니다(「도시 및 주거환경 정비법」 제15조제2항).

■ **주민공람 및 의견청취 등을 생략할 수 있는 경우**

다음에 해당하는 경미한 사항을 변경하는 경우에는 주민에 대한 서면통보, 주민설명회, 주민공람 및 지방의회의 의견청취 절차를 생략할 수 있습니다(「도시 및 주거환경정비법」 제15조제3항 및 「도시 및 주거환경정비법 시행령」 제13조제4항).

1. 정비구역의 면적을 10퍼센트 미만의 범위에서 변경하는 경우(정비구역을 분할, 통합 또는 결합하는 경우는 제외)

2. 정비기반시설의 위치를 변경하는 경우와 정비기반시설 규모를 10퍼센트 미만의 범위에서 변경하는 경우

3. 공동이용시설 설치계획을 변경하는 경우

4. 재난방지에 관한 계획을 변경하는 경우

5. 정비사업시행 예정시기를 3년의 범위에서 조정하는 경우

6. 「건축법 시행령」 별표 1 각호의 용도범위에서 건축물의 주용도(해당 건축물의 가장 넓은 바닥면적을 차지하는 용도를 말함)를 변경하는 경우

7. 건축물의 건폐율 또는 용적률을 축소하거나 10퍼센트 미만의 범위에서 확대하는 경우

8. 건축물의 최고 높이를 변경하는 경우

9. 「도시 및 주거환경정비법」 제66조에 따라 용적률을 완화하여 변경하는 경우

10. 도시·군기본계획, 도시·군관리계획 또는 기본계획의 변경에 따라 정비계획을 변경하는 경우

11. 「도시교통정비 촉진법」에 따른 교통영향평가 등 관계법령에
의한 심의결과에 따른 변경인 경우
12. 그 밖에 1.부터 8.까지, 10. 및 11.과 유사한 사항으로서 시·
도조례로 정하는 사항을 변경하는 경우


■ 정비계획의 확정 및 고시

① 정비구역의 지정권자는 정비구역을 지정(변경결정 포함)하거나 정
비계획을 결정(변경결정 포함)한 때에는 정비계획을 포함한 정비구
역 지정의 내용을 해당 지방자치단체의 공보에 고시해야 합니다(「도
시 및 주거환경정비법」 제16조제2항 전단).

② 정비구역의 지정권자는 정비계획을 포함한 정비구역을 지정·고시
한 때에는 국토교통부장관에게 그 지정의 내용을 보고해야 하며,
관계 서류를 일반인이 열람할 수 있도록 해야 합니다(「도시 및 주
거환경정비법」 제16조제3항).


■ 재건축사업을 시행하는 정비구역이 지정되기까지, 주민들의 의견
을 반영할 수 있는 절차 등이 있는지 궁금합니다.

◎ 재건축사업을 시행하는 정비구역이 지정되기까지, 주민들의
의견을 반영할 수 있는 절차 등이 있는지 궁금합니다.

Ⓐ 정비계획을 입안하거나 변경하려면 주민에게 내용을 서면으로
통보하고, 주민설명회, 주민공람 등의 절차를 거쳐야 합니다.

◇ 주민의견청취
① 정비계획의 입안권자는 정비계획을 입안하거나 변경하려면 주민
에게 서면으로 통보한 후 주민설명회 및 30일 이상 주민에게 공람
하여 의견을 들어야 하며, 이 경우 제시된 의견이 타당하다고 인정

되면 이를 정비계획에 반영해야 합니다.

② 다만, 다음에 해당하는 경미한 사항을 변경하는 경우에는 주민에 대한 서면통보, 주민설명회, 주민공람 등의 절차를 생략할 수 있습니다.

◆「도시 및 주거환경정비법 시행령」에서 정하는 경미한 사항

1. 정비구역의 면적을 10퍼센트 미만의 범위에서 변경하는 경우 (정비구역을 분할, 통합 또는 결합하는 경우는 제외)

2. 정비기반시설의 위치를 변경하는 경우와 정비기반시설 규모를 10퍼센트 미만의 범위에서 변경하는 경우

3. 공동이용시설 설치계획을 변경하는 경우

4. 재난방지에 관한 계획을 변경하는 경우

5. 정비사업시행 예정시기를 3년의 범위에서 조정하는 경우

6. 「건축법 시행령」 별표 1 각 호의 용도범위에서 건축물의 주용도(해당 건축물의 가장 넓은 바닥면적을 차지하는 용도를 말함)를 변경하는 경우

7. 건축물의 건폐율 또는 용적률을 축소하거나 10퍼센트 미만의 범위에서 확대하는 경우

8. 건축물의 최고 높이를 변경하는 경우

9. 「도시 및 주거환경정비법」 제66조에 따라 용적률을 완화하여 변경하는 경우

10. 도시·군기본계획, 도시·군관리계획 또는 기본계획의 변경에 따라 정비계획을 변경하는 경우

11. 「도시교통정비 촉진법」에 따른 교통영향평가 등 관계법령에 의한 심의결과에 따른 변경인 경우

12. 그 밖에 1.부터 8.까지, 10. 및 11.과 유사한 사항으로서 시·도조례로 정하는 사항을 변경하는 경우

# 5. 정비구역 내 행위제한 및 정비구역의 해제

## 5-1. 행위의 제한

### ■ 정비구역 내 허가가 필요한 행위

① 정비구역에서 다음의 어느 하나에 해당하는 행위를 하려는 자는 시장·군수등의 허가를 받아야 합니다. 허가받은 사항을 변경하려는 때에도 같습니다(「도시 및 주거환경정비법」 제19조제1항).

◈ 허가가 필요한 행위
- 건축물의 건축
- 공작물의 설치
- 토지의 형질변경
- 토석의 채취
- 토지분할
- 물건을 쌓아 놓는 행위
- 「도시 및 주거환경정비법 시행령」 제15조제1항에서 정하는 행위

② 다만, 다음의 어느 하나에 해당하는 행위는 허가를 받지 않고 할 수 있습니다(「도시 및 주거환경정비법」 제19조제2항 및 「도시 및 주거환경정비법 시행령」 제15조제3항).

◈ 허가가 필요하지 않은 행위
- 재해복구 또는 재난수습에 필요한 응급조치를 위한 행위
- 기존 건축물의 붕괴 등 안전사고의 우려가 있는 경우 해당 건축물에 대한 안전조치를 위한 행위
- 다음의 어느 하나에 해당하는 행위로서 규제「국토의 계획 및 이용에 관한 법률」 제56조에 따른 개발행위허가의 대상이 아닌 것

1. 농림수산물의 생산에 직접 이용되는 것으로서 「도시 및 주거환경정비법 시행규칙」 제5조로 정하는 간이공작물의 설치
2. 경작을 위한 토지의 형질변경
3. 정비구역의 개발에 지장을 주지 아니하고 자연경관을 손상 하지 아니하는 범위에서의 토석의 채취
4. 정비구역에 존치하기로 결정된 대지에 물건을 쌓아놓는 행위
5. 관상용 죽목의 임시식재(경작지에서의 임시식재는 제외)

## ■ 정비구역 내 제한행위

① 국토교통부장관, 시·도지사, 시장, 군수 또는 구청장(자치구의 구청장을 말함)은 비경제적인 건축행위 및 투기 수요의 유입을 막기 위해 기본계획을 공람 중인 정비예정구역 또는 정비계획을 수립 중인 지역에 대하여 3년 이내의 기간(1년의 범위에서 한 차례만 연장 가능)을 정해 건축물의 건축과 토지의 분할을 제한할 수 있습니다(「도시 및 주거환경정비법」 제19조제7항).

② 위 규정에 따라 행위를 제한하려는 때에는 제한지역·제한사유·제한대상행위 및 제한기간을 관보 또는 해당 지방자치단체의 공보에 게재하여 미리 고시해야 합니다(「도시 및 주거환경정비법 시행령」 제16조제1항 및 제4항 참조).

③ 정비예정구역 또는 정비구역(이하 "정비구역등"이라 함)에서 지역주택조합의 조합원을 모집하는 것은 금지됩니다(「도시 및 주거환경정비법」 제19조제8항).

## 5-2. 정비구역의 해제

### ■ 구역의 해제

① 정비구역의 지정권자는 법에서 정하는 요건에 해당하는 경우 의무적으로 정비구역등을 해제하거나, 또는 지방도시계획위원회의 심의를 거쳐 직권으로 정비구역등을 해제할 수 있습니다(「도시 및 주거환경정비법」 제20조제1항 및 제21조제1항 참조).

② 특별자치시장, 특별자치도지사, 시장, 군수 또는 구청장등은 정비구역등을 해제하거나 특별시장·광역시장에게 해제요청을 하는 경우, 또는 지방도시계획위원회의 심의를 거쳐 직권으로 정비구역등을 해제할 수 있는 경우 30일 이상 주민에게 공람하여 의견을 들어야 합니다(「도시 및 주거환경정비법」 제20조제3항 및 제21조제2항).

③ 특별자치시장, 특별자치도지사, 시장, 군수 또는 구청장등은 위에 따라 주민공람을 하는 경우에는 지방의회의 의견을 들어야 합니다. 이 경우 지방의회는 정비구역등의 해제에 관한 계획을 통지를 받은 날부터 60일 이내에 의견을 제시해야 하며, 의견제시 없이 60일이 지난 경우 이의가 없는 것으로 봅니다(「도시 및 주거환경정비법」 제20조제4항 및 제21조제2항).

### ■ 해제사실의 고시

정비구역의 지정권자는 정비구역등을 해제하는 경우(「도시 및 주거환경정비법」 제20조제6항에 따라 해제하지 않는 경우를 포함)에는 그 사실을 해당 지방자치단체의 공보에 고시하고 국토교통부장관에게 통보해야 하며, 관계 서류를 일반인이 열람할 수 있도록 해야 합니다(「도시 및 주거환경정비법」 제20조제7항).

## 5-3. 해제의 효력 등

### ■ 해제의 효력

정비구역등이 해제된 경우에는 정비계획으로 변경된 용도지역, 정비기반시설 등은 정비구역 지정 이전의 상태로 환원된 것으로 봅니다 (「도시 및 주거환경정비법」 제22조제1항 본문).

### ■ 해제에 따른 추진위원회 구성승인 및 조합설립인가의 취소

① 정비구역등이 해제·고시된 경우 추진위원회 구성승인 또는 조합설립인가는 취소된 것으로 보고, 시장·군수등은 해당 지방자치단체의 공보에 그 내용을 고시해야 합니다(「도시 및 주거환경정비법」 제22조제3항).

② 위 규정에 해당할 경우 해당 추진위원회 또는 조합이 사용한 비용의 일부를 다음의 범위에서 시·도 조례로 정하는 바에 따라 보조받을 수 있습니다(「도시 및 주거환경정비법」 제21조제3항 및 「도시 및 주거환경정비법 시행령」 제17조제1항).

③ 비용의 범위

■ 정비사업전문관리 용역비

■ 설계 용역비

■ 감정평가비용

■ 그 밖에 「도시 및 주거환경정비법」 제31조에 따른 조합설립추진위원회 및 조합이 「도시 및 주거환경정비법」 제32조, 제44조 및 제45조에 따른 업무를 수행하기 위하여 사용한 비용으로서 시·도 조례로 정하는 비용

■ 작은 건물을 하나 신축하고 싶은데, 재건축사업 정비구역으로 지
정된 곳에 건축해도 될까요?

◎ 작은 건물을 하나 신축하고 싶은데, 재건축사업 정비구역으로
지정된 곳에 건축해도 될까요?

④ 정비구역에서 건축물을 건축하려는 자는 특별자치시장, 특별자치
도지사, 시장, 군수 또는 구청장의 허가를 받아야 합니다.
◇ 정비구역 내 허가가 필요한 행위
정비구역에서 다음의 어느 하나에 해당하는 행위를 하려는 자는 특
별자치시장, 특별자치도지사, 시장, 군수 또는 구청장의 허가를 받아
야 합니다.
◆ 허가가 필요한 행위
■ 건축물의 건축
■ 공작물의 설치
■ 토지의 형질변경
■ 토석의 채취
■ 토지분할
■ 물건을 쌓아 놓는 행위
■ 「도시 및 주거환경정비법 시행령」 제15조제1항에서 정하는 행    위

# 제3장

# 사업시행은 어떻게 해야 하나요?

# 제3장 사업시행은 어떻게 해야 하나요?

## 제1절 조합에 의한 시행

### 1. 조합설립추진위원회의 구성 및 운영

#### 1-1. 추진위원회의 구성·승인

■ **구성절차**

추진위원회는 다음의 절차를 거쳐 구성됩니다.

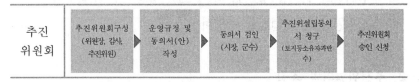

| 추진<br>위원회 | 추진위원회구성<br>(위원장, 감사,<br>추진위원) | 운영규정 및<br>동의서(안)<br>작성 | 동의서 검인<br>(시장, 군수) | 추진위설립동의<br>서 청구<br>(토지등소유자과반<br>수) | 추진위원회<br>승인 신청 |

■ **승인신청**

① 조합을 설립하려는 경우에는 정비구역 지정·고시 후 다음의 사항에 대하여 토지등소유자 과반수의 동의를 받아 조합설립을 위한 추진위원회를 구성하여 시장·군수등의 승인을 받아야 합니다(「도시 및 주거환경정비법」 제31조제1항).

- 추진위원회 위원장(이하 "추진위원장"이라 함)을 포함한 5 명 이상의 추진위원회 위원(이하 "추진위원"이라 함)

- 추진위원회 운영규정

② 추진위원회 구성승인을 위한 토지등소유자의 동의서 작성방법 등에 대해서는 <사업시행-조합에 의한 사업시행-토지등소유자의 동의>에서 확인하실 수 있습니다.

## ■ 신청방법

추진위원회를 구성하여 승인을 받으려는 자는 다음의 서류(전자문서를 포함함)를 시장·군수등에게 제출해야 합니다(「도시 및 주거환경정비법 시행규칙」 제7조제1항 및 별지 제3호서식).

- 조합설립추진위원회 승인신청서
- 토지등소유자의 명부
- 토지등소유자의 동의서
- 추진위원회 위원장 및 위원의 주소와 성명
- 추진위원회 위원 선정을 증명하는 서류

## 1-2. 추진위원회의 조직

### ■ 조직구성

① 추진위원회는 추진위원회를 대표하는 추진위원장 1명과 감사를 두어야 합니다(「도시 및 주거환경정비법」 제33조제1항).

② 추진위원의 교체·해임 절차 등에 필요한 사항은 추진위원회의 운영규정으로 정하고, 토지등소유자는 이에 따라 추진위원회에 추진위원의 교체 및 해임 등을 요구할 수 있습니다(「도시 및 주거환경정비법」 제33조제3항 및 제4항 참조).

③ 추진위원의 결격사유는 조합임원의 결격사유와 동일하며, 이와 관련한 자세한 사항은 <사업시행-조합에 의한 사업시행-조합의 구성>에서 확인하실 수 있습니다.

---

※ **관련판례**
구 도시 및 주거환경정비법 제21조 제4항에서 말하는 '추진위원회 위원의 선출'에 추진위원회의 일반 위원인 추진위원의 선출 외에 위원장을 포함한 임원인 위원의 선출도 포함되는지 여부(적극) 및 피고인이

---

**추진위원회 위원장 선출 당시에 추진위원회 추진위원 등의 지위에 있더라도 위 조항에 해당하는지의 판단에 관하여 마찬가지인지 여부(적극)**

구 도시 및 주거환경정비법(2017. 2. 8. 법률 제14567호로 전부개정되기 전의 것, 이하 '구 도시정비법'이라 한다) 제21조 제4항은 '누구든지 추진위원회 위원의 선출과 관련하여 금품, 향응 또는 그 밖의 재산상 이익을 제공하거나 제공의사를 표시하거나 제공을 약속하는 행위, 이를 제공받거나 제공의사 표시를 승낙하는 행위를 할 수 없다'라고 규정하고, 제84조의2 제3호는 '제21조 제4항 각호의 어느 하나를 위반하여 금품이나 그 밖의 재산상의 이익을 제공하거나 제공의사를 표시하거나 제공을 약속하는 행위를 하거나, 제공을 받거나 제공의사 표시를 승낙한 자'를 처벌하고 있다. 구 도시정비법 제21조 제4항 및 벌칙 조항인 제84조의2 제3호는 2012. 2. 1. 법률 개정으로 도입된 것으로서, 정비사업의 투명성 제고 등을 통한 정비사업의 원활한 추진 등을 입법 목적으로 하고 있다.

구 도시정비법 제13조는 '조합의 설립 및 추진위원회의 구성'이라는 제목 아래 제2항에서 조합을 설립하고자 하는 경우 '위원장을 포함한 5인 이상의 위원 및 제15조 제2항에 따른 운영규정에 대한 토지 등 소유자 과반수의 동의를 받아 조합설립을 위한 추진위원회를 구성'한다고 규정하고 있고, 제15조는 '추진위원회의 조직 및 운영'이라는 제목 아래 제1항에서 추진위원회는 '추진위원회를 대표하는 위원장 1인과 감사'를 두어야 한다고 규정하고, 제2항에서 국토교통부장관으로 하여금 추진위원회의 공정한 운영을 위하여 추진위원회의 운영규정을 정하여 관보에 고시하도록 규정하고 있다.

구 도시정비법 제15조 제2항에 따라 국토교통부가 고시한 '정비사업 조합설립추진위원회 운영규정(2018. 2. 9. 국토교통부 고시 제2018-102호로 개정되기 전의 것)'에 [별표]로 첨부된 '정비사업 조합설립추진위원회 운영규정안' 제15조 제1항은 '위원의 선임 및 변경'이라는 제목 아래 추진위원회 위원으로 '위원장, 부위원장, 감사 및 추진위원'을 병렬적으로 들고 있고, 제17조는 '위원의 직무 등'이라는 제목 아래 제1항에서 '위원장은 추진위원회를 대표하고 추진위원회의 사무를 총괄하며 주민총회 및 추진위원회의 의장이 된다'라고 규정하고 있다.

구 도시정비법 및 위 정비사업 조합설립추진위원회 운영규정의 위와 같은 규정 내용을 법률의 전반적인 체계와 취지·입법 목적과 함께 유기적, 체계적으로 해석하여 보면, 구 도시정비법 제21조 제4항에서 말하는 '추진위원회 위원의 선출'에는 추진위원회의 일반 위원인 추진위원의 선출뿐만 아니라 위원장을 포함한 임원인 위원의 선출도 당연히 포함된다고 보는 것이 타당하고, 그와 같이 볼 수 있는 이상 피고인이 추진위원회 위원장 선출 당시에 추진위원회의 추진위원 등의 지위에 있다고 하더라도 위 조항에 해당하는지 여부의 판단에 관하여 달리 볼 것이 아니다(대법원 2019. 2. 14. 선고 2016도6497 판결).

## 1-3. 추진위원회의 운영

### ■ 업무범위

추진위원회는 다음의 업무를 수행할 수 있습니다(「도시 및 주거환경정비법」 제32조제1항 및 「도시 및 주거환경정비법 시행령」 제26조).

- 정비사업전문관리업자의 선정 및 변경
- 설계자의 선정 및 변경
- 개략적인 정비사업 시행계획서의 작성
- 조합설립인가를 받기 위한 준비업무
- 추진위원회 운영규정의 작성
- 토지등소유자의 동의서의 접수
- 조합의 설립을 위한 창립총회의 개최
- 조합 정관의 초안 작성
- 그 밖에 추진위원회 운영규정으로 정하는 업무

## ■ 토지등소유자의 동의

① 추진위원회가 수행하는 업무의 내용이 토지등소유자의 비용부담을 수반하거나 권리·의무에 변동을 발생시키는 경우 그 업무를 수행하기 전에 토지등소유자의 동의를 받아야 합니다(「도시 및 주거환경정비법」 제32조제4항 참조).

② 동의자수 산정방식과 관련한 자세한 사항은 <사업시행-조합에 의한 사업시행-토지등소유자의 동의>에서 확인하실 수 있습니다.

## ■ 운영방법

① 추진위원회는 운영규정에 따라 운영해야 하며, 토지등소유자는 운영에 필요한 경비를 운영규정에 따라 납부해야 합니다(「도시 및 주거환경정비법」 제34조제2항).

② 추진위원회는 수행한 업무를 총회에 보고해야 하며, 그 업무와 관련된 권리·의무는 조합이 포괄승계합니다(「도시 및 주거환경정비법」 제34조제3항).

③ 추진위원회는 사용경비를 기재한 회계장부 및 관계 서류를 조합 설립인가일부터 30일 이내에 조합에 인계해야 합니다(「도시 및 주거환경정비법」 제34조제4항).

④ 추진위원회의 운영 및 운영규정과 관련한 내용은 「정비사업 조합설립추진위원회 운영규정」에서 확인하실 수 있습니다.

## 1-4. 추진위원회의 구성승인 취소

## ■ 구성승인 취소

① 정비구역등이 해제·고시된 경우 추진위원회 구성승인은 취소된 것으로 보고, 시장·군수등은 해당 지방자치단체의 공보에 그 내용을 고시해야 합니다(「도시 및 주거환경정비법」 제22조제3항).

② 추진위원회의 구성승인 취소에 따른 비용부담과 관련한 내용은 <사업준비-정비계획의 수립 등-정비구역 내 행위제한 및 정비구역의 해제>에서 확인하실 수 있습니다.

## 2. 조합설립인가

### 2-1. 조합의 설립

#### ■ 조합설립

특별자치시장, 특별자치도지사, 시장, 군수, 자치구의 구청장(이하 "시장·군수등"이라 함), 한국토지주택공사·지방공사(이하 "토지주택공사등"이라 함) 또는 지정개발자가 아닌 자가 정비사업을 시행하려는 경우에는 토지등소유자로 구성된 조합을 설립해야 합니다(「도시 및 주거환경정비법」 제35조제1항 본문).

#### ■ 설립절차

조합은 다음의 절차를 거쳐 설립됩니다.

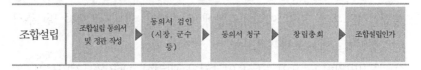

조합설립 ▶ 조합설립 동의서 및 정관 작성 ▶ 동의서 검인 (시장, 군수 등) ▶ 동의서 청구 ▶ 창립총회 ▶ 조합설립인가

#### ■ 설립인가신청

① 재건축사업의 추진위원회(추진위원회를 구성하지 않는 경우에는 토지등소유자를 말함)가 조합을 설립하려는 때에는 주택단지의 공동주택의 각 동(복리시설의 경우에는 주택단지의 복리시설 전체를 하나의 동으로 봄)별 구분소유자의 과반수 동의(공동주택의 각 동별 구분소유자가 5 이하인 경우는 제외)와 주택단지의 전체 구분소유자의 4분의 3 이상 및 토지면적의 4분의 3 이상의 토지소유자의

동의를 받고 다음의 서류를 갖추어 시장·군수등의 인가를 받아야 합니다(「도시 및 주거환경정비법」 제35조제2항, 제35조제3항 및 「도시 및 주거환경정비법 시행규칙」 제8조제2항).

| 구분 | 서류 |
|---|---|
| 공통 | ■ 정관<br>■ 시·도 조례로 정하는 서류 |
| 조합설립인가 | ■ 조합원 명부 및 해당 조합원의 자격을 증명하는 서류<br>■ 공사비 등 정비사업에 드는 비용을 기재한 토지등소유자의 조합설립동의서 및 동의사항을 증명하는 서류<br>■ 창립총회 회의록 및 창립총회참석자 연명부<br>■ 토지·건축물 또는 지상권을 여럿이서 공유하는 경우에는 그 대표자의 선임 동의서<br>■ 창립총회에서 임원·대의원을 선임한 때에는 선임된 자의 자격을 증명하는 서류<br>■ 건축계획(주택을 건축하는 경우에는 주택건설예정세대수를 포함), 건축예정지의 지번·지목 및 등기명의자, 도시·군관리계획상의 용도지역, 대지 및 주변현황을 기재한 사업계획서 |
| 조합변경인가 | ■ 변경내용을 증명하는 서류 |

② 주택단지가 아닌 지역이 정비구역에 포함된 때에는 주택단지가 아닌 지역의 토지 또는 건축물 소유자의 4분의 3 이상 및 토지면적의 3분의 2 이상의 토지소유자의 동의를 받아야 합니다(「도시 및 주거환경정비법」 제35조제4항).
③ 동의자수 산정방식과 관련한 자세한 사항은 <사업시행-조합에 의한 사업시행-토지등소유자의 동의>에서 확인하실 수 있습니다.

## ■ 동의방법

조합설립인가를 위한 토지등소유자의 동의는 다음의 사항이 포함된 조합설립 동의서에 동의를 받는 방법으로 합니다(「도시 및 주거환경정비법 시행령」 제30조제1항, 제2항, 「도시 및 주거환경정비법 시행규칙」 제8조제3항 및 별지 제6호서식).

- 건설되는 건축물의 설계의 개요
- 공사비 등 정비사업비용에 드는 비용(이하 "정비사업비"라 함)
- 정비사업비의 분담기준
- 사업 완료 후 소유권의 귀속에 관한 사항
- 조합의 정관

## ■ 인가내용의 통지

조합은 조합설립인가를 받은 때에는 정관으로 정하는 바에 따라 토지등소유자에게 그 내용을 통지하고, 이해관계인이 열람할 수 있도록 해야 합니다(「도시 및 주거환경정비법 시행령」 제30조제3항).

## ■ 설립등기

조합은 조합설립인가를 받은 날부터 30일 이내에 주된 사무소의 소재지에서 다음의 사항을 등기하는 때에 성립합니다(「도시 및 주거환경정비법」 제38조제2항 및 「도시 및 주거환경정비법 시행령」 제36조).

◈ 등기사항
- 설립목적
- 조합의 명칭
- 주된 사무소의 소재지
- 설립인가일
- 임원의 성명 및 주소
- 임원의 대표권을 제한하는 경우에는 그 내용
- 전문조합관리인을 선정한 경우에는 그 성명 및 주소

**법원이 선임한 임시이사가 도시 및 주거환경정비법 제85조 제5호에서 규정한 '조합의 임원'에 해당하는지 여부(적극)**

도시 및 주거환경정비법(이하 '도시정비법'이라고 한다)은 조합장 1인과 이사, 감사를 조합의 임원으로 규정하고 있는데(제21조 제1항), 조합에 관하여는 도시정비법에 규정된 것을 제외하고는 민법 중 사단법인에 관한 규정을 준용하도록 하고 있으므로(제27조), 조합의 임원인 이사가 없거나 도시정비법과 정관이 정한 이사 수에 부족이 있는 때에는 민법 제63조의 규정이 준용되어 법원이 임시이사를 선임할 수 있다. 그런데 법원에 의하여 선임된 임시이사는 원칙적으로 정식이사와 동일한 권한을 가지고, 도시정비법이 조합 총회에서 선임된 이사와 임시이사의 권한을 특별히 달리 정한 규정을 두고 있지도 않다. 이러한 점과 더불어 총회의결사항에 관하여 의결을 거치지 아니하고 임의로 추진한 조합 임원을 처벌하는 규정을 둔 도시정비법의 취지를 함께 살펴보면, 법원이 선임한 임시이사도 도시정비법 제85조 제5호에서 규정한 '조합의 임원'에 해당한다(대법원 2016. 10. 27. 선고 2016도138 판결).

## 2-2. 조합설립인가의 취소

### ■ 인가취소

① 정비구역등이 해제·고시된 경우 조합설립인가는 취소된 것으로 보고, 시장·군수등은 해당 지방자치단체의 공보에 그 내용을 고시해야 합니다(「도시 및 주거환경정비법」 제22조제3항).

② 조합설립인가의 취소에 따른 비용부담과 관련한 내용은 <사업준비-정비계획의 수립 등-정비구역 내 행위제한 및 정비구역의 해제>에서 확인하실 수 있습니다.

■ 조합의 설립인가를 받기 위해서는 정비구역의 토지등소유자들에
게 동의를 받아야 하는 걸로 알고 있는데요, 구체적인 방법을 알
고 싶습니다.

◎ 조합의 설립인가를 받기 위해서는 정비구역의 토지등소유자들
에게 동의를 받아야 하는 걸로 알고 있는데요, 구체적인 방법을
알고 싶습니다.

Ⓐ 조합설립인가를 위해서는 조합설립 동의서에 토지등소유자(정비
구역에 위치한 건축물 및 그 부속토지의 소유자. 신탁업자가 사업시
행자로 지정되어 토지등소유자가 정비사업을 목적으로 신탁업자에게
신탁한 토지 또는 건축물에 대해서는 위탁자를 토지등소유자로 봄)
가 성명을 적고 지장(指章)을 날인하여 동의를 받는 방법으로 합니
다.

◇ 동의방법
① 조합설립인가를 위한 동의는 다음의 사항이 포함된 조합설립 동
의서에 동의를 받는 방법으로 합니다.
■ 건설되는 건축물의 설계의 개요
■ 공사비 등 정비사업비용에 드는 비용
■ 정비사업비의 분담기준
■ 사업 완료 후 소유권의 귀속에 관한 사항
■ 조합의 정관
② 동의는 서면동의서에 토지등소유자가 성명을 적고 지장(指章)을
날인하는 방법으로 하며, 주민등록증, 여권 등 신원을 확인할 수 있
는 신분증명서의 사본을 첨부해야 합니다.
③ 이 때 서면동의서는 시장·군수등이 검인(檢印)한 서면동의서를 사용
해야 하며, 검인을 받지 않은 서면동의서는 효력이 발생하지 않습니다.

## ■ 아파트 소유권이 분양회사인 경우 재건축조합의 매도청구권의 상대방은 누가되나요?

◎ 甲회사는 乙에게 아파트를 분양하였으나, 잔대금 미납으로 소유권등기는 甲회사 명의로 되어 있는 상태인데, 위 아파트 재건축을 위하여 재건축조합이 결성되었고, 재건축조합측은 재건축결의에 참가하지 않은 구분소유자에 대하여 집합건물의 소유 및 관리에 관한 법률 제48조 소정의 매도청구권을 행사하려고 하는바, 위 아파트의 경우 누구를 상대로 매수청구권을 행사하여야 하는지요?

Ⓐ 「집합건물의 소유 및 관리에 관한 법률」 제48조 제1항 내지 제4항에서 재건축결의가 있으면 집회를 소집한 자는 지체 없이 그 결의에 찬성하지 아니한 구분소유자(승계인을 포함)에게 그 결의내용에 따른 재건축에 참가할 것인지를 회답할 것을 서면으로 촉구하여야 하고, 그 촉구를 받은 구분소유자는 촉구 받은 날부터 2개월 이내에 회답하여야 하며, 그 기간 내에 회답하지 아니한 경우 그 구분소유자는 재건축에 참가하지 아니하겠다는 뜻을 회답한 것으로 보게 되고, 위 기간이 지나면 재건축결의에 찬성한 각 구분소유자, 재건축결의내용에 따른 재건축에 참가할 뜻을 회답한 각 구분소유자 또는 이들 전원의 합의에 따라 구분소유권과 대지사용권을 매수하도록 지정된 자(매수지정자)는 위 기간만료일부터 2개월 이내에 재건축에 참가하지 아니하겠다는 뜻을 회답한 구분소유자에게 구분소유권과 대지사용권을 시가로 매도할 것을 청구할 수 있고, 재건축의 결의가 있은 후에 이 구분소유자로부터 대지사용권만을 취득한 자의 대지사용권에 대해서도 같다고 규정하고 있습니다.

그리고 「도시 및 주거환경정비법」 제39조에서 사업시행자는 주택재건축사업을 시행함에 있어 ①제16조 제2항 및 제3항에 따른 조합설립의 동의를 하지 아니한 자, ②건축물 또는 토지만 소유한 자, ③제8조 제4항에 따라 시장·군수, 주택공사 등 또는 신탁업자의 사업시행자 지정에 동의를 하지 아니한 자의 토지 또는 건축물에 대하여는

「집합건물의 소유 및 관리에 관한 법률」 제48조의 규정을 준용하여 매도청구 할 수 있고, 이 경우 재건축결의는 조합설립의 동의(제3호의 경우에는 사업시행자 지정에 대한 동의)로 보며, 구분소유권 및 대지사용권은 사업시행구역안의 매도청구의 대상이 되는 토지 또는 건축물의 소유권과 그 밖의 권리로 본다고 규정하고 있습니다.

그런데 아파트를 이미 제3자에게 분양하였으나 일부 잔대금청산이 완결되지 않아 그 소유권등기명의가 아직 분양자명의로 남아 있는 경우, 「집합건물의 소유 및 관리에 관한 법률」 제48조에 따른 매도청구권 상대방은 누가 되어야 할 것인지에 관하여 판례를 보면, 아파트분양자가 분양자소유의 아파트를 이미 제3자에게 분양하여 그의 일부 잔대금청산이 완결될 때까지만 그의 소유권을 보유하고 있는 상태이더라도, 그의 소유권보존등기가 아직 분양자명의로 남아 있는 이상 그 분양자는 대외적으로 그 아파트의 처분권을 가지고 있는 적법한 소유자라고 할 것이므로, 「집합건물의 소유 및 관리에 관한 법률」 제48조에 정한 매도청구권은 대외적인 법률상의 처분권을 갖고 있는 등기부상 소유인 분양자에게 행사하여야 하며, 그로 인하여 분양자가 수분양자들에 대해 소유권이전등기의무의 이행불능에 따른 손해배상책임을 부담하게 되더라도 그 매도청구권행사가 부동산등기특별조치법이나 사회질서에 반하거나 신의성실의 원칙에 위반한다고 할 수는 없다고 하였습니다(대법원 2000. 6. 23. 선고 99다63084 판결).

따라서 위 사안에 있어서도 재건축조합에서는 등기부상의 명의자인 甲회사를 상대로 매도청구권을 행사하여야 할 것으로 보입니다.

■ 주택재건축정비사업조합이 현금청산대상자에게 매도청구 가능한
지요?

◎ 甲은 乙주택재건축정비사업조합의 조합원인데, 분양신청기간
후 수개월이 지나도록 분양신청을 하지 않고 있습니다. 이 경우
乙주택재건축정비사업조합이 甲에게 매도청구권을 행사하여 甲소
유 토지 등의 소유권이전등기청구를 할 수 있는지요?

Ⓐ 「도시 및 주거환경정비법」은 제39조에서 사업시행자는 주택재건
축사업을 시행함에 있어 ①조합설립의 동의를 하지 아니한 자, ②건
축물 또는 토지만 소유한 자, ③시장·군수 또는 주택공사 등의 사업
시행자 지정에 동의를 하지 아니한 자의 어느 하나에 해당하는 자의
토지 또는 건축물에 대하여는 집합건물의 소유 및 관리에 관한 법률
제48조의 규정을 준용하여 매도청구를 할 수 있다고 규정하고 있으
며, 「도시 및 주거환경정비법」 제47조에서 사업시행자는 ①분양신청
을 하지 아니한 자, ②분양신청기간 종료 이전에 분양신청을 철회한
자, ③제48조의 규정에 의하여 인가된 관리처분계획에 의하여 분양
대상에서 제외된 자에 해당하는 경우에는 관리처분계획 인가를 받은
날의 다음 날로부터 90일 이내에 대통령령이 정하는 절차에 따라
토지·건축물 또는 그 밖의 권리에 대하여 현금으로 청산하여야 한다
고 규정하고 있습니다.
그런데 조합원이지만 분양신청을 하지 않은 현금청산대상자를 상대
로 정비구역 내 부동산에 관한 소유권이전등기를 청구할 수 있는지
판례를 보면, 도시 및 주거환경정비법 제47조는 사업시행자인 재건
축조합이 분양신청을 하지 아니한 토지등소유자 등에 대하여 부담하
는 현금청산의무를 규정하는 것에 불과하므로, 재건축조합이 위 조
항을 근거로 하여 곧바로 현금청산대상자를 상대로 정비구역 내 부
동산에 관한 소유권이전등기를 청구할 수는 없다고 하였으나, 도시
및 주거환경정비법상의 사업시행자인 재건축조합에게는 원칙적으로
정비구역 내 부동산에 관한 수용권한도 인정되지 않는 것이고(제38
조), 제39조에서 규정하는 사업시행자의 매도청구권도 원칙적으로

조합원이 아닌 자를 상대로 하는 것으로서 조합설립에 동의한 조합원이었던 현금청산대상자에 대하여 바로 적용할 수는 없으나, 현금청산대상자는 분양신청을 하지 않는 등의 사유로 인하여 분양대상자의 지위를 상실함에 따라 조합원지위도 상실하게 되어(대법원 2010. 8. 19. 선고 2009다81203 판결) 조합탈퇴자에 준하는 신분을 가지므로, 매도청구에 관한 제39조를 준용하여 재건축조합은 현금청산대상자를 상대로 정비구역 내 부동산에 관한 소유권이전등기를 청구할 수 있다고 하였습니다. 다만, 현금청산대상자에 대한 청산금지급의무가 발생하는 시기는 「도시 및 주거환경정비법」 제46조의 규정에 따라 사업시행자가 정한 '분양신청기간의 종료일 다음날'이라고 하여야 하고(대법원 2008. 10. 9. 선고 2008다37780 판결), 현금청산의 목적물인 토지·건축물 또는 그 밖의 권리의 가액을 평가하는 기준시점도 같은 날이므로(대법원 2009. 9. 10. 선고 2009다 32850, 32867 판결), 현금청산대상자에 대한 매도청구권행사로 매매계약 성립이 의제되는 날도 같은 날로 보아야 하며, 그와 같이 보는 이상 위 매도청구권의 행사에 관하여는 그 최고절차 및 행사기간에 대하여 제39조에서 준용하는 집합건물의 소유 및 관리에 관한 법률 제48조의 규율이 없다고 하였습니다(대법원 2010. 12. 23. 선고 2010다73215 판결).

그리고 이 경우 토지등소유자의 권리제한등기 없는 소유권이전의무와 사업시행자의 청산금지급의무의 관계는 동시이행관계에 있습니다(대법원 2010. 8. 19. 선고 2009다81203 판결).

그렇다면 위 사안의 경우에도 乙주택재건축정비사업조합은 甲에게 매도청구권을 행사하여 청산금을 지급받음과 동시에 甲소유 토지 등에 대하여 분양신청기간의 종료일 다음날 매매를 원인으로 하는 소유권이전등기청구를 할 수 있을 것으로 보입니다.

## ■ 재건축조합이 재건축사업을 시행하여 신축한 집합건물의 소유권은 누구에게 귀속되나요?

◎ 재건축조합이 재건축사업을 시행하여 신축한 집합건물의 소유권은 누구에게 귀속되나요.

Ⓐ 대법원 2005. 7. 22. 선고 2003다3072 판결은, "집합건물의 소유및관리에관한법률 및 구 주택건설촉진법(2003. 5. 29. 법률 제6916호 주택법으로 전문 개정되기 전의 것)에 근거하여 설립된 재건축조합은 기존의 노후 건축물을 철거하고 재건축사업을 시행하는 것을 목적으로 하는 법인 아닌 사단으로서 그 사업구역 내에 있는 조합원들 소유의 토지는 재건축조합에게 현물로 출자되고 그 지상의 주택은 사업시행에 따라 철거될 것을 전제로 하는 것이어서, 재건축조합이 시공회사와 사이에서 조합원으로부터 출자받은 대지 상에 집합건물을 신축하기로 하는 공사계약을 체결하고 이를 시행함에 있어 도급계약당사자가 아니라 제3자에 불과한 조합원들이 그 신축자금의 일부를 제공하였다 하여 그러한 사정만 가지고 개별 조합원들이 신축된 집합건물 중 특정 부분의 구분소유권을 원시취득한다고 볼 것은 아니고 재건축조합의 규약 및 공사계약서의 내용을 모두 살펴 원시취득자를 확정하여야 한다."라고 판시하고 있습니다. 위 판결의 취지에 비추어보면, 재건축조합규약과 공사계약서의 내용상 신축건물의 소유권은 도급인인 재건축조합이 취득하고, 규약에 정해진 절차에 따라 분양신청을 하지 아니한 조합원은 위 건물에 대한 권리를 취득하지 못하는 것으로 보입니다.

# ■ 재건축조합이 취득시효 완성 후 등기전, 이해관계 있는 제3자에 해당하는지요?

◎ 甲은 X토지에 대한 점유취득 완성 후 등기를 마치기 전, X토지의 소유자 乙이 신탁법에 따라 자신이 조합원으로 있는 비법인사단인 재건축조합에 X토지를 위탁한 경우 위 재건축조합에 대하여 甲이 취득시효 완성을 원인으로 한 X토지에 대한 소유권이전등기 청구가 가능하나요?

Ⓐ 부동산에 관한 점유취득시효기간이 경과하였다고 하더라도 그 점유자가 자신의 명의로 등기하지 않고 있는 사이에 먼저 제3자 명의로 소유권이전등기가 마쳐져 버리면, 특별한 사정이 없는 한 점유자가 그 제3자에 대하여는 시효취득을 주장할 수 없으므로(대법원 1993. 9. 28. 선고 93다22883 판결 , 1995. 9. 5. 선고 95다24586 판결 등 참조), 신탁법상의 신탁은 위탁자가 수탁자에게 재산권을 이전하거나 기타의 처분을 하여 수탁자로 하여금 신탁의 목적을 위하여 재산의 관리 또는 처분을 하도록 하는 것으로서, 부동산의 신탁에 있어서 신탁자의 위탁에 의하여 수탁자 앞으로 그 소유권이전등기가 마쳐지게 되면 대내외적으로 소유권이 수탁자에게 완전히 이전되고, 위탁자와의 내부관계에 있어서 소유권이 위탁자에게 유보되어 있는 것도 아니며, 다만 수탁자는 신탁의 목적 범위 내에서 신탁계약에 정하여진 바에 따라 신탁재산을 관리하여야 하는 제한을 부담함에 불과하므로(대법원 1991. 8. 13. 선고 91다12608 판결 , 1994. 10. 14. 선고 93다62119 판결, 2002. 4. 12. 선고 2000다70460 판결 참조), 부동산에 관한 점유취득시효기간이 경과한 후 원래의 소유자의 위탁에 의하여 소유권이전등기를 마친 신탁법상의 수탁자는 그 점유자가 시효취득을 주장할 수 없는 새로운 이해관계인인 제3자에 해당하고, 그 수탁자가 해당 부동산의 공유자들을 조합원으로 한 비법인사단인 재건축조합이라고 하여 달리 볼 것도 아닙니다. 따라서 비록 乙이 재건축조합의 조합원이라고 하더라도 甲은 위 재건축조합을 상대로 X토지에 대한 점유취득 완성을 원인으로 한 소유권이전등기 청구는 불가합니다.

## ■ 한 개의 부동산을 수인이 공동소유한 경우 유효한 주택재건축조합설립 동의 요건은?

◎ 정비구역 내에 있는 토지 1필지를 甲, 乙, 丙이 공동으로 소유하고 있는데, 소재가 확인되지 않는 甲을 제외한 乙, 丙만으로 재건축조합 설립동의가 가능할까요?

Ⓐ 대법원은 구 도시 및 주거환경정비법 시행령(2016. 7. 28. 대통령령 제27409호로 개정되기 전의 것) 제28조 제1항 제2호 (가)목에 의하면, 소유권 또는 구분소유권이 여러 명의 공유에 속하는 경우에는 그 여러 명을 대표하는 1명을 토지 등 소유자로 산정하여야 하므로, 구 도시 및 주거환경정비법(2016. 1. 27. 법률 제13912호로 개정되기 전의 것) 제16조 제3항에 따라 토지 또는 건축물 소유자의 동의율을 산정함에 있어서 1필지의 토지 또는 하나의 건축물을 여러 명이 공유하고 있는 경우 그 토지 또는 건축물의 소유자가 조합설립에 동의한 것으로 보기 위하여는, 그 공유자 전원의 동의로 선임된 대표자가 조합설립에 동의하거나 대표자의 선임 없이 공유자 전원이 조합설립에 동의할 것을 요하고, 그중 일부만이 조합설립에 관하여 동의한 경우에는 유효한 조합설립 동의가 있다고 볼 수 없다고 판단한바 있습니다(대법원 2017. 2. 3. 선고 2015두50283 판결 참조). 이에 따르면, 乙, 丙만으로 유효한 조합설립 동의를 할 수 없으며, 단독소유자가 소재불명인 경우와 마찬가지로 조합설립 동의 대상이 되는 토지 또는 건축물 소유자의 수에서 제외되어야 할 것입니다.

# ■ 의결정족수 미달로 재건축조합설립인가처분무효확인소송 가능한지요?

◎ 제가 거주하는 연립주택은 건축된 후 17년 되었는데 거주자의 일부가 재건축을 결의하고 甲재건축조합을 설립하여 관할관청으로부터 그 설립인가를 받았습니다. 그런데 재건축조합의 설립을 위한 결의에 있어서 상가동 구분소유자들의 동의는 전혀 얻지 못하였고, 일부 동의 경우 재건축에 동의한 구분소유자의 수도 동 전체 구분소유자의 5분의 4에 미달하는바, 이 경우 재건축에 반대하는 입장에서 관할관청의 인가처분이 무효임을 주장하여 '주택조합설립인가처분무효확인청구'의 행정소송을 제기하려는데 가능한지요?

Ⓐ 조합설립인가의 법적성질과 관련하여, 과거 판례는 "주택건설촉진법(현행 주택법)에서 규정한 바에 따른 관할시장 등의 재건축조합설립인가는 불량·노후한 주택의 소유자들이 재건축을 위하여 한 재건축조합설립행위를 보충하여 그 법률상 효력을 완성시키는 보충행위일 뿐이므로 그 기본되는 조합설립행위에 하자가 있을 때에는 그에 대한 인가가 있다 하더라도 기본행위인 조합설립이 유효한 것으로 될 수 없고, 따라서 그 기본행위는 적법유효하나 보충행위인 인가처분에만 하자가 있는 경우에는 그 인가처분의 취소나 무효확인을 구할 수 있을 것이지만, 기본행위인 조합설립에 하자가 있는 경우에는 민사쟁송으로써 따로 그 기본행위의 취소 또는 무효확인 등을 구하는 것은 별론으로 하고 기본행위의 불성립 또는 무효를 내세워 바로 그에 대한 감독청의 인가처분의 취소 또는 무효확인을 소구할 법률상 이익이 있다고 할 수 없다.(대법원 2000. 9. 5. 선고 99두1854 판결)"라고 판시하여, 조합설립행위에 하자가 있는 경우에는 민사소송으로 그에 대한 취소 또는 무효확인소송을 제기하여야한다고 보았습니다.

그러나 최근 대법원은 입장을 변경하여 "행정청이 도시 및 주거환경정비법 등 관련 법령에 근거하여 행하는 조합설립인가처분은 단순히 사인들의 조합설립행위에 대한 보충행위로서의 성질을 갖는 것에 그치는 것이 아니라 법령상 요건을 갖출 경우 도시 및 주거환경정비법상 주택재건축사업을 시행할 수 있는 권한을 갖는 행정주체(공법인)로서의 지위를 부여하는 일종의 설권적 처분의 성격을 갖는다고 보아야 한다. 그리고 그와 같이 보는 이상 조합설립결의는 조합설립인가처분이라는 행정처분을 하는 데 필요한 요건 중 하나에 불과한 것이어서, 조합설립결의에 하자가 있다면 그 하자를 이유로 직접 항고소송의 방법으로 조합설립인가처분의 취소 또는 무효확인을 구하여야 하고, 이와는 별도로 조합설립결의 부분만을 따로 떼어내어 그 효력 유무를 다투는 확인의 소를 제기하는 것은 원고의 권리 또는 법률상의 지위에 현존하는 불안·위험을 제거하는 데 가장 유효·적절한 수단이라 할 수 없어 특별한 사정이 없는 한 확인의 이익은 인정되지 아니한다(대법원 2009. 9. 24. 선고 2008다60568 판결)고 판시하여 조합설립인가에 대한 취소 또는 무효확인을 구하는 항고소송을 제기할 것을 요구하고 있습니다. 따라서 사안의 경우, 재건축에 반대하는 입장에서 관할관청의 인가처분이 무효임을 주장하여 '주택조합설립인가처분무효확인청구'의 행정소송을 제기할 수 있을 것입니다.

## 3. 창립총회

### 3-1. 창립총회의 개최

#### ■ 총회개최

추진위원회는 조합설립을 위한 토지등소유자의 동의를 받은 후 조합설립인가를 신청하기 전에 조합설립을 위한 창립총회를 개최해야 합니다(「도시 및 주거환경정비법」 제32조제3항).

#### ■ 개최방법

① 추진위원회(공공지원에 따라 추진위원회를 구성하지 않는 경우에

는 조합설립을 추진하는 토지등소유자의 대표자를 말함)는 창립총회
14일 전까지 회의목적·안건·일시·장소·참석자격 및 구비사항 등을 인터
넷 홈페이지를 통하여 공개하고, 토지등소유자에게 등기우편으로 발
송·통지해야 합니다(「도시 및 주거환경정비법 시행령」 제27조제2항).
② 창립총회는 추진위원장(공공지원에 따라 추진위원회를 구성하지
않는 경우에는 토지등소유자의 대표자를 말함)의 직권 또는 토지등
소유자 5분의 1 이상의 요구로 추진위원장이 소집합니다. 다만, 토
지등소유자 5분의 1 이상의 소집요구에도 불구하고 추진위원장이 2
주 이상 소집요구에 응하지 않는 경우 소집요구한 자의 대표가 소
집할 수 있습니다(「도시 및 주거환경정비법 시행령」 제27조제3항).

---

※ **관련판례**
**재건축조합의 총회에서 재건축사업의 수행결과에 따라 차후에 발생하는
추가이익금의 상당한 부분에 해당하는 금액을 조합 임원들에게 인센티
브로 지급하도록 하는 내용을 결의하는 경우, 적당하다고 인정되는 범
위를 벗어난 인센티브 지급에 대한 결의 부분의 효력(무효) 및 인센티
브의 내용이 부당하게 과다한지 판단하는 기준**
재건축조합 임원의 보수 특히 인센티브(성과급)의 지급에 관한 내
용은 정비사업의 수행에 대한 신뢰성이나 공정성의 문제와도 밀접
하게 연관되어 있고 여러 가지 부작용과 문제점을 불러일으킬 수
있으므로 단순히 사적 자치에 따른 단체의 의사결정에만 맡겨둘
수는 없는 특성을 가진다. 재건축사업의 수행결과에 따라 차후에
발생하는 추가이익금의 상당한 부분에 해당하는 금액을 조합 임원
들에게 인센티브로 지급하도록 하는 내용을 총회에서 결의하는 경
우 조합 임원들에게 지급하기로 한 인센티브의 내용이 부당하게
과다하여 신의성실의 원칙이나 형평의 관념에 반한다고 볼 만한
특별한 사정이 있는 때에는 적당하다고 인정되는 범위를 벗어난
인센티브 지급에 대한 결의 부분은 그 효력이 없다고 보아야 한다.

인센티브의 내용이 부당하게 과다한지 여부는 조합 임원들이 업무를 수행한 기간, 업무수행 경과와 난이도, 실제 기울인 노력의 정도, 조합원들이 재건축사업의 결과로 얻게 되는 이익의 규모, 재건축사업으로 손실이 발생할 경우 조합 임원들이 보상액을 지급하기로 하였다면 그 손실보상액의 한도, 총회 결의 이후 재건축사업 진행 경과에 따라 조합원들이 예상할 수 없는 사정변경이 있었는지 여부, 그 밖에 변론에 나타난 여러 사정을 종합적으로 고려하여 판단하여야 한다(대법원 2020. 9. 3. 선고 2017다218987, 218994 판결).

■ **총회의 의사결정**

창립총회의 의사결정은 토지등소유자(조합설립에 동의한 토지등소유자만 해당)의 과반수 출석과 출석한 토지등소유자 과반수 찬성으로 결의합니다. 다만, 조합임원 및 대의원의 선임은 확정된 정관에서 정하는 바에 따라 선출합니다(「도시 및 주거환경정비법 시행령」 제27조제5항).

## 3-2. 창립총회의 업무

■ **업무범위**

창립총회에서는 다음의 업무를 처리합니다(「도시 및 주거환경정비법 시행령」 제27조제4항).

- 조합 정관의 확정
- 조합의 임원의 선임
- 대의원의 선임
- 그 밖에 필요한 사항으로서 인터넷 홈페이지 및 등기우편으로 사전에 통지한 사항

■ 상대방이 법적 제한이 있다는 사실을 몰랐다거나 총회결의가 유효하기 위한 정족수 또는 유효한 총회결의가 있었는지에 관하여 잘못 알았더라도 계약이 무효인지요?

◎ 도시 및 주거환경정비법에 의한 주택재건축조합의 대표자가 같은 법에 정한 강행규정에 위반하여 적법한 총회의 결의 없이 계약을 체결한 경우, 상대방이 법적 제한이 있다는 사실을 몰랐다거나 총회결의가 유효하기 위한 정족수 또는 유효한 총회결의가 있었는지에 관하여 잘못 알았더라도 계약이 무효인가요? 아니면 비진의의사표시 등으로 취소 가능한가요?

Ⓐ 계약체결의 요건을 규정하고 있는 강행법규에 위반한 계약은 무효이므로 그 경우에 계약상대방이 선의·무과실이더라도 민법 제107조의 비진의표시의 법리 또는 표현대리 법리가 적용될 여지는 없다. 따라서 도시 및 주거환경정비법에 의한 주택재건축조합의 대표자가 그 법에 정한 강행규정에 위반하여 적법한 총회의 결의 없이 계약을 체결한 경우에는 상대방이 그러한 법적 제한이 있다는 사실을 몰랐다거나 총회결의가 유효하기 위한 정족수 또는 유효한 총회결의가 있었는지에 관하여 잘못 알았더라도 계약이 무효임에는 변함이 없다. 또한 총회결의의 정족수에 관하여 강행규정에서 직접 규정하고 있지 않지만 강행규정이 유추적용되어 과반수보다 가중된 정족수에 의한 결의가 필요하다고 인정되는 경우에도 그 결의 없이 체결된 계약에 대하여 비진의표시 또는 표현대리의 법리가 유추적용될 수 없는 것은 마찬가지이다(대법원 2016. 5. 12. 선고 2013다49381 판결).

정비사업의 시공자를 조합총회에서 국토해양부장관이 정하는 경쟁입찰의 방법으로 선정하도록 규정한 구 도시 및 주거환경정비법 제11조 제1항 본문이 법률유보의 원칙에 반하는지 여부(소극)

구 도시 및 주거환경정비법(2013. 3. 23. 법률 제11690호로 개정되기 전의 것, 이하 '구 도시정비법'이라 한다) 제11조 제1항 본문은 정비사업의 시공자 선정과정에서 공정한 경쟁이 가능하도록 하는 절차나 그에 관한 평가와 의사결정 방법 등의 세부적 내용에 관하여 국토해양부장관이 정하도록 위임하고 있는데, 이는 전문적·기술적 사항이자 경미한 사항으로서 업무의 성질상 위임이 불가피한 경우에 해당한다. 그리고 입찰의 개념이나 민사법의 일반 원리에 따른 절차 등을 고려하면, 위 규정에 따라 국토해양부장관이 규율할 내용은 경쟁입찰의 구체적 종류, 입찰공고, 응찰, 낙찰로 이어지는 세부적인 입찰절차와 일정, 의사결정 방식 등의 제한에 관한 것으로서 공정한 경쟁을 담보할 수 있는 방식이 될 것임을 충분히 예측할 수 있으므로 포괄위임금지의 원칙에 반하지 않는다. 따라서 구 도시정비법 제11조 제1항 본문이 시공자 선정에 관해 매우 추상적인 기준만을 정하여 명확성 원칙에 위배된다고 볼 수도 없다.

또한 위 규정은 정비사업의 시공자 선정절차의 투명성과 공정성을 제고하기 위한 것으로서, 달리 시공자 선정의 공정성을 확보하면서도 조합이나 계약 상대방의 자유를 덜 제한할 수 있는 방안을 찾기 어렵고, 그로 인하여 사업시행자인 조합 등이 받는 불이익이 달성되는 공익보다 크다고 할 수 없으므로 과잉금지의 원칙에 반하여 계약의 자유를 침해한다고 볼 수 없다(대법원 2017. 5. 30. 선고 2014다61340 판결).

■ 상대방이 법적 제한이 있다는 사실을 몰랐다거나 총회결의가 유
  효하기 위한 정족수 또는 유효한 총회결의가 있었는지에 관하여
  잘못 알았더라도 계약이 무효인지요?

> ⓠ 도시 및 주거환경정비법에 의한 주택재건축조합의 대표자가 같
> 은 법에 정한 강행규정에 위반하여 적법한 총회의 결의 없이 계약
> 을 체결한 경우, 상대방이 법적 제한이 있다는 사실을 몰랐다거나
> 총회결의가 유효하기 위한 정족수 또는 유효한 총회결의가 있었는
> 지에 관하여 잘못 알았더라도 계약이 무효인지요?
>
> ⓐ 판례는 " 계약체결의 요건을 규정하고 있는 강행법규에 위반한
> 계약은 무효이므로 그 경우에 계약상대방이 선의·무과실이더라도
> 민법 제107조의 비진의표시의 법리 또는 표현대리 법리가 적용될
> 여지는 없다. 따라서 도시 및 주거환경정비법에 의한 주택재건축조
> 합의 대표자가 그 법에 정한 강행규정에 위반하여 적법한 총회의
> 결의 없이 계약을 체결한 경우에는 상대방이 그러한 법적 제한이
> 있다는 사실을 몰랐다거나 총회결의가 유효하기 위한 정족수 또는
> 유효한 총회결의가 있었는지에 관하여 잘못 알았더라도 계약이 무
> 효임에는 변함이 없다. 또한 총회결의의 정족수에 관하여 강행규정
> 에서 직접 규정하고 있지 않지만 강행규정이 유추적용되어 과반수
> 보다 가중된 정족수에 의한 결의가 필요하다고 인정되는 경우에도
> 그 결의 없이 체결된 계약에 대하여 비진의표시 또는 표현대리의
> 법리가 유추적용될 수 없는 것은 마찬가지이다."(대법원 2016. 5.
> 12. 선고 2013다49381 판결)고 판시하였습니다. 이러한 판례의
> 태도에 따를 때 계약은 무효라 할 것입니다.

## 4. 토지등소유자의 동의

### 4-1. 동의서 작성방법 및 동의요건

#### ■ 작성방법

① 동의는 서면동의서에 토지등소유자가 성명을 적고 지장(指章)을 날인하는 방법으로 하며, 주민등록증, 여권 등 신원을 확인할 수 있는 신분증명서의 사본을 첨부해야 합니다(「도시 및 주거환경정비법」 제36조제1항).

② 이 때 서면동의서는 시장·군수등이 검인(檢印)한 서면동의서를 사용해야 하며, 검인을 받지 않은 서면동의서는 효력이 발생하지 않습니다(「도시 및 주거환경정비법」 제36조제3항).

③ 토지등소유자가 해외에 장기체류하거나 법인인 경우 등 불가피한 사유가 있다고 시장·군수등이 인정하는 경우에는 토지등소유자의 인감도장을 찍은 서면동의서에 해당 인감증명서를 첨부하는 방법으로 할 수 있습니다(「도시 및 주거환경정비법」 제36조제2항).

#### ■ 동의요건

추진위원회 구성승인 및 조합설립인가를 위한 동의요건은 다음과 같습니다(「도시 및 주거환경정비법」 제31조제1항, 제35조제3항 및 제4항).

| 구분 | | 동의요건 |
|---|---|---|
| 추진위원회 구성승인 | | ■ 토지등소유자 과반수의 동의 |
| 조 합 설 | 주택 단지 | ■ 주택단지의 공동주택의 각 동(복리시설의 경우에는 주택단지의 복리시설 전체를 하나의 동으로 봄)별 구분소유자의 과반수 동의(공동주택의 각 동별 구분소유자 |

| 립인가 | | 가 5 이하인 경우는 제외함)<br>■ 주택단지의 전체 구분소유자의 4분의 3 이상 및 토지면적의 4분의 3 이상의 토지소유자의 동의 |
|---|---|---|
| | 주택<br>단지가<br>아닌<br>지역 | ■ 주택단지가 아닌 지역의 토지 또는 건축물 소유자의 4분의 3 이상 및 토지면적의 3분의 2 이상의 토지소유자의 동의 |

## 4-2. 동의자 수 산정방식

### ■ 산정방식

재건축사업의 경우 다음의 기준에 따라 토지등소유자의 동의자 수를 산정합니다(「도시 및 주거환경정비법」 제31조제2항, 제36조제4항 및 「도시 및 주거환경정비법 시행령」 제33조제1항제2호부터 제4호까지).

| 구분 | 산정방식 |
|---|---|
| 산정기준 | ■ 소유권 또는 구분소유권을 여럿이서 공유하는 경우에는 그 여럿을 대표하는 1인을 토지등소유자로 산정할 것<br>■ 1인이 둘 이상의 소유권 또는 구분소유권을 소유하고 있는 경우에는 소유권 또는 구분소유권의 수에 관계없이 토지등소유자를 1인으로 산정할 것<br>■ 둘 이상의 소유권 또는 구분소유권을 소유한 공유자가 동일한 경우에는 그 공유자 여럿을 대표하는 1인을 토지등소유자로 할 것<br>■ 토지등기부등본·건물등기부등본·토지대장 및 건축물관리대장에 소유자로 등재될 당시 주민등록번호의 기록이 없고 기록된 주소가 현재 주소와 다른 경우로서 소재가 확인되 |

| | |
|---|---|
| | 지 아니한 자는 토지등소유자의 수 또는 공유자 수에서 제외할 것 |
| 동의의제 | ■ 추진위원회의 구성에 동의한 토지등소유자는 조합의 설립에 동의한 것으로 봄(다만, 조합설립인가를 신청하기 전에 시장·군수등 및 추진위원회에 조합설립에 대한 반대의 의사표시를 한 경우는 그렇지 않음)<br>■ 추진위원회의 구성 또는 조합의 설립에 동의한 자로부터 토지 또는 건축물을 취득한 자는 추진위원회의 구성 또는 조합의 설립에 동의한 것으로 볼 것 |

## 4-3. 동의의 철회 또는 반대의사의 표시

### ■ 철회 또는 반대의사의 표시기준

토지등소유자의 동의의 철회 또는 반대의사 표시의 시기 및 방법 등은 다음의 기준에 따릅니다(「도시 및 주거환경정비법 시행령」 제33조제2항부터 제4항까지).

| 구분 | 내용 |
|---|---|
| 표시시기 | ■ 해당 동의에 따른 인·허가 등을 신청하기 전까지 가능함<br>■ 다음의 경우는 최초로 동의한 날부터 30일까지만 철회 가능함<br>1. 정비구역의 해제에 대한 동의<br>2. 조합설립에 대한 동의(동의 후 「도시 및 주거환경정비법 시행령」 제30조제2항 각 호의 사항이 변경되지 않은 경우만 해당)<br>※ 다만, 조합설립에 대한 동의는 최초로 동의한 날부터 30일이 지나지 않았더라도 조합설립을 위한 창립총회 후에 |

| | |
|---|---|
| | 는 철회가 불가능함 |
| 표시방법 | ■ 철회서에 토지등소유자가 성명을 적고 지장(指章)을 날인한 후 주민등록증 및 여권 등 신원을 확인할 수 있는 신분증명서 사본을 첨부하여 동의의 상대방 및 시장·군수등에게 내용증명의 방법으로 발송해야 함<br>※ 시장·군수등이 철회서를 받은 때에는 지체없이 동의의 상대방에게 철회서가 접수된 사실을 통지해야 함 |
| 효력발생 | ■ 철회서가 동의의 상대방에게 도달한 때 또는 시장·군수등이 동의의 상대방에게 철회서가 접수된 사실을 통지한 때 중 빠른 때에 효력이 발생함 |

## 5. 조합의 구성

### 5-1. 조합원

**■ 조합원의 자격**

① 재건축사업의 조합원(사업시행자가 신탁업자인 경우에는 위탁자를 말함)은 토지등소유자(재건축사업에 동의한 자만 해당)로 하되, 다음의 어느 하나에 해당하는 때에는 그 여러 명을 대표하는 1명을 조합원으로 봅니다(「도시 및 주거환경정비법」 제39조제1항 본문).

■ 토지 또는 건축물의 소유권과 지상권이 여러 명의 공유에 속하는 때

■ 여러 명의 토지등소유자가 1세대에 속하는 때. 이 경우 동일한 세대별 주민등록표 상에 등재되어 있지 않은 배우자 및 미혼인 19세 미만의 직계비속은 1세대로 보며, 1세대로 구성된 여러 명의 토지등소유자가 조합설립인가 후 세대를 분리하여 동일한 세대에 속하지 않는 때에도 이혼 및 19세 이상 자녀의 분가(세대별 주민등록을 달리하고, 실거주지를 분가한 경우

만 해당)를 제외하고는 1세대로 봄

■ 조합설립인가(조합설립인가 전에 신탁업자를 사업시행자로 지정한 경우에는 사업시행자의 지정을 말함) 후 1명의 토지 등소유자로부터 토지 또는 건축물의 소유권이나 지상권을 양수하여 여러 명이 소유하게 된 때

② 다만, 「국가균형발전 특별법」 제18조에 따른 공공기관지방이전 및 혁신도시 활성화를 위한 시책 등에 따라 이전하는 공공기관이 소유한 토지 또는 건축물을 양수한 경우 양수한 자(공유의 경우 대표자 1명을 말함)를 조합원으로 봅니다(「도시 및 주거환경정비법」 제39조제1항 단서).

## ■ 투기과열지구에서의 조합원

투기과열지구로 지정된 지역에서 재건축사업을 시행하는 경우에는 조합설립인가 후 재건축사업의 건축물 또는 토지를 양수(매매·증여, 그 밖의 권리의 변동을 수반하는 일체의 행위를 포함하되, 상속·이혼으로 인한 양도·양수의 경우는 제외)한 자는 조합원이 될 수 없습니다. 다만, 양도인이 다음의 어느 하나에 해당하는 경우 그 양도인으로부터 그 건축물 또는 토지를 양수한 자는 조합원이 될 수 있습니다(「도시 및 주거환경정비법」 제39조제2항).

■ 세대원(세대주가 포함된 세대의 구성원을 말함)의 근무상 또는 생업상의 사정이나 질병치료(「의료법」 제3조에 따른 의료기관의 장이 1년 이상의 치료나 요양이 필요하다고 인정하는 경우만 해당)·취학·결혼으로 세대원이 모두 해당 사업구역에 위치하지 않은 특별시·광역시·특별자치시·특별자치도·시 또는 군으로 이전하는 경우

- 상속으로 취득한 주택으로 세대원 모두 이전하는 경우
- 세대원 모두 해외로 이주하거나 세대원 모두 2년 이상 해외에 체류하려는 경우
- 1세대(「도시 및 주거환경정비법」 제39조제1항제2호에 따라 1세 대에 속하는 때를 말함) 1주택자로서 양도하는 주택에 대한 소유기간 및 거주기간이 「도시 및 주거환경정비법 시행령」 제37 조제1항으로 정하는 기간 이상인 경우
- 그 밖에 불가피한 사정으로 양도하는 경우로서 「도시 및 주거 환경정비법 시행령」 제37조제2항으로 정하는 경우

## 5-2. 임원

### ■ 임원의 구성 등

조합임원의 구성, 임기, 선출방법, 지위 및 결격사유 등은 다음과 같습니다(「도시 및 주거환경정비법」 제41조부터 제43조까지 및 「도 시 및 주거환경정비법 시행령」 제40조).

| 구분 | 내용 |
| --- | --- |
| 임원구성 | ■ 조합장 1명<br>■ 이사 3명 이상, 감사 1명 이상 3명 이하의 범위에서 정관으로 정함<br>※ 다만, 토지등소유자의 수가 100인을 초과하는 경우 이사의 수는 5명 이상에서 정관으로 정함 |
| 임원자격 | <공통요건><br>■ 정비구역에서 거주하고 있는 자로서 선임일 직전 3년 동안 정비구역 내 거주 기간이 1년 이상일 것<br>■ 정비구역에 위치한 건축물과 그 부속토지를 5년 이상 |

| | 소유하고 있을 것 |
|---|---|
| | <추가요건> |
| | ■ 조합장의 경우 선임일부터 관리처분계획인가를 받을 때까지 해당 정비구역에서 거주(영업을 하는 사람의 경우 영업을 의미함)할 것 |
| 임원임기 | ■ 3년 이하의 범위에서 정관으로 정함<br>■ 연임가능 |
| 선출방법 | ■ 정관으로 정함 |
| 업무대행 | ■ 시장·군수등은 다음의 어느 하나에 해당하는 경우 시·도조례로 정하는 바에 따라 변호사·회계사·기술사 등 법령으로 정하는 요건을 갖춘 사람을 전문조합관리인으로 선정하여 조합임원의 업무를 대행하게 할 수 있음<br>1. 조합임원이 사임, 해임, 임기만료, 그 밖에 불가피한 사유 등으로 직무를 수행할 수 없는 때부터 6개월 이상 선임되지 않은 경우<br>2. 총회에서 조합원 과반수의 출석과 출석 조합원 과반수의 동의로 전문조합관리인의 선정을 요청하는 경우 |
| 임원지위 | ■ 조합장은 조합을 대표하고, 그 사무를 총괄하며, 총회 또는 대의원회의 의장이 됨<br>■ 조합장이 대의원회의 의장이 되는 경우 대의원으로 봄<br>■ 조합장 또는 이사가 자기를 위하여 조합과 계약이나 소송을 할 때에는 감사가 조합을 대표함<br>■ 조합임원은 같은 목적의 정비사업을 하는 다른 조합의 임원 또는 직원을 겸할 수 없음 |
| 결격사유 | ■ 미성년자·피성년후견인 또는 피한정후견인<br>■ 파산선고를 받고 복권되지 않은 사람 |

| | |
|---|---|
| | ■ 금고 이상의 실형을 선고받고 그 집행이 종료(종료된 것으로 보는 경우를 포함)되거나 집행이 면제된 날부터 2년이 경과되지 않은 사람<br>■ 금고 이상의 형의 집행유예를 받고 그 유예기간 중에 있는 사람<br>■ 「도시 및 주거환경정비법」을 위반하여 벌금 100만원 이상의 형을 선고받고 5년이 지나지 않은 사람<br>※ 조합임원이 위 결격사유 중 어느 하나에 해당하게 되거나 선임 당시 그에 해당하는 사람이었음이 판명된 경우 또는 임원의 자격요건을 갖추지 못한 경우에는 당연 퇴임하지만, 퇴임된 임원이 퇴임 전에 관여한 행위는 효력을 유지함 |
| 임원해임 | ■ 조합원 10분의 1 이상의 요구로 소집된 총회에서 조합원 과반수의 출석과 출석 조합원 과반수의 동의를 받아 임원 해임 가능<br>※ 이 경우 요구자 대표로 선출된 사람이 해임 총회의 소집 및 진행을 할 때에는 조합장의 권한을 대행함 |

※ 관련판례
**주택재개발사업 등의 시공자, 설계자 또는 정비사업전문관리업자의 선정과 관련하여 금품을 수수하는 등의 행위를 처벌하는 규정인 도시 및 주거환경정비법 제84조의2의 신설이 조합 임원을 형법상의 수뢰죄 또는 특정범죄 가중처벌 등에 관한 법률 위반죄로 처벌하는 것이 너무 과중하여 부당하다는 반성적 고려에서 형을 가볍게 한 것인지 여부(소극)**
도시 및 주거환경정비법(이하 '도시정비법'이라고 한다)에 의한 주택재개발사업이나 주택재건축사업(이하 '재개발사업 등'이라

고 한다)을 시행하는 조합(이하 '조합'이라고 한다)의 임원은
수뢰죄 등 형법 제129조를 적용할 때는 공무원으로 의제되므
로(도시정비법 제84조), 수뢰액이 일정 금액 이상이면 특정범
죄 가중처벌 등에 관한 법률(이하 '특정범죄가중법'이라고 한
다) 제2조에 따라 가중 처벌된다. 한편 누구든지 재개발사업
등의 시공자, 설계자 또는 정비사업전문관리업자의 선정과 관
련하여 금품을 수수하는 등의 행위를 하면 도시정비법 제84조
의2에 의한 처벌대상이 된다. 이 처벌규정은 조합 임원에 대한
공무원 의제 규정인 도시정비법 제84조가 이미 존재하는 상태
에서 2012. 2. 1. 법률이 개정되어 신설된 것으로서, 기존 도
시정비법 제84조의 입법 취지, 적용대상, 법정형 등과 비교해
보면 시공자의 선정 등과 관련한 부정행위에 대하여 조합 임원
이 아닌 사람에 대해서까지 처벌 범위를 확장한 것일 뿐 조합
임원을 형법상의 수뢰죄 또는 특정범죄가중법 위반죄로 처벌하
는 것이 너무 과중하여 부당하다는 반성적 고려에서 형을 가볍
게 한 것이라고는 인정되지 아니한다(대법원 2016. 10. 27. 선
고 2016도9954 판결).

※ 관련판례
도시 및 주거환경정비법상 정비사업조합의 임원이 조합 임원의 지위
를 상실하거나 직무수행권을 상실한 후에도 조합 임원으로 등기되어
있는 상태에서 계속하여 실질적으로 조합 임원으로서 직무를 수행하
여 온 경우, 그 조합 임원을 같은 법 제84조에 따라 형법상 뇌물죄
의 적용에서 '공무원'으로 보아야 하는지 여부(적극)
도시 및 주거환경정비법(이하 '도시정비법'이라고 한다) 제84조
의 문언과 취지, 형법상 뇌물죄의 보호법익 등을 고려하면, 정비
사업조합의 임원이 정비구역 안에 있는 토지 또는 건축물의 소
유권 또는 지상권을 상실함으로써 조합 임원의 지위를 상실한
경우나 임기가 만료된 정비사업조합의 임원이 관련 규정에 따라

후임자가 선임될 때까지 계속하여 직무를 수행하다가 후임자가 선임되어 직무수행권을 상실한 경우, 그 조합 임원이 그 후에도 조합의 법인 등기부에 임원으로 등기되어 있는 상태에서 계속하여 실질적으로 조합 임원으로서의 직무를 수행하여 왔다면 직무수행의 공정과 그에 대한 사회의 신뢰 및 직무행위의 불가매수성은 여전히 보호되어야 한다. 따라서 그 조합 임원은 임원의 지위 상실이나 직무수행권의 상실에도 불구하고 도시정비법 제84조에 따라 형법 제129조 내지 제132조의 적용에서 공무원으로 보아야 한다(대법원 2016. 1. 14. 선고 2015도15798 판결).

## 5-3. 정관

### ■ 정관의 기재사항

조합의 정관에는 다음의 사항이 포함되어야 합니다(「도시 및 주거환경정비법」 제40조제1항).

| 정관의 기재사항 | |
|---|---|
| 1. 조합의 명칭 및 사무소의 소재지 | 11. 총회의 개최·조합원의 총회소집 요구 |
| 2. 조합원의 자격 | 12. 「도시 및 주거환경정비법」 제73조제3항에 따른 이자 지급 |
| 3. 조합원의 제명·탈퇴 및 교체 | |
| 4. 정비구역의 위치 및 면적 | 13. 정비사업비의 부담 시기 및 절차 |
| 5. 조합임원의 수 및 업무의 범위 | 14. 정비사업이 종결된 때의 청산절차 |
| 6. 조합임원의 권리·의무·보수·선임 방법·변경 및 해임 | 15. 청산금의 징수·지급의 방법 및 절차 |
| 7. 대의원의 수, 선임방법, 선임절차 및 대의원회의 의결방법 | 16. 시공자·설계자의 선정 및 계약서에 포함될 내용 |
| 8. 조합의 비용부담 및 조합의 회계 | 17. 정관의 변경절차 |
| 9. 정비사업의 시행연도 및 시행방법 | 18. 그 밖에 정비사업의 추진 및 조합의 운영을 위하여 필요한 사항 |

| 10. 총회의 소집 절차·시기 및 의<br>결방법 | 으로서 「도시 및 주거환경정비법 시<br>행령」 제38조로 정하는 사항 |

### ■ 정관의 변경

① 조합이 정관을 변경하려는 경우에는 총회를 개최하여 조합원 과 반수의 찬성으로 시장·군수등의 인가를 받아야 합니다. 다만, 위의 2, 3, 4, 8, 13 또는 16의 경우에는 조합원 3분의 2 이상의 찬성으로 합니다(「도시 및 주거환경정비법」 제40조제3항).

② 다만, 「도시 및 주거환경정비법 시행령」 제39조에 따른 경미한 사항을 변경하려는 때에는 「도시 및 주거환경정비법」 또는 정관으로 정하는 방법에 따라 변경하고 시장·군수등에게 신고해야 합니다(「도시 및 주거환경정비법」 제40조제4항).

### ■ 저희 조합의 조합장은 운영을 독단적으로 하는 등, 조합장으로서 자격이 충분하지 않은 것 같습니다. 조합장을 해임할 수 있나요?

◎ 저희 조합의 조합장은 운영을 독단적으로 하는 등, 조합장으로서 자격이 충분하지 않은 것 같습니다. 조합장을 해임할 수 있나요?

④ 네. 조합원 10분의 1 이상의 요구로 소집된 총회에서 요건을 갖추어 조합의 임원을 해임할 수 있습니다.

◇ 임원의 해임

① 조합임원은 조합원 10분의 1 이상의 요구로 소집된 총회에서 조합원 과반수의 출석과 출석 조합원 과반수의 동의를 받아 해임할 수 있습니다.

② 이 경우 요구자 대표로 선출된 자가 해임 총회의 소집 및 진행을

할 때에는 조합장의 권한을 대행합니다.

◇ 임원의 당연퇴임

① 만약, 조합장이 선임 당시 다음의 어느 하나에 해당하는 사람이 었음이 판명되면 당연 퇴임합니다.

· 미성년자·피성년후견인 또는 피한정후견인

· 파산선고를 받고 복권되지 않은 사람

· 금고 이상의 실형을 선고받고 그 집행이 종료(종료된 것으로 보는 경우를 포함)되거나 집행이 면제된 날부터 2년이 경과되지 않은 사람

· 금고 이상의 형의 집행유예를 받고 그 유예기간 중에 있는 사람

· 「도시 및 주거환경정비법」을 위반하여 벌금 100만원 이상의 형을 선고받고 5년이 지나지 않은 사람

# 6. 조합원총회 및 대의원회

## 6-1. 조합원총회

### ■ 총회의 구성 및 소집

총회의 구성 및 소집요건 등은 다음과 같습니다(「도시 및 주거환경 정비법」 제44조).

| 구분 | 내용 |
|---|---|
| 총회구성 | ■ 조합원으로 구성함 |
| 소집요건 | ■ 조합장이 직권으로 소집함<br>■ 조합원 5분의 1 이상(정관의 기재사항 중 조합임원의 권리·의무·보수·선임방법·변경 및 해임에 관한 사항을 변경하기 위한 총회의 경우에는 10분의 1 이상) 또는 대의원 3분의 2 이상의 요구로 조합장이 소집함<br>※ 조합임원의 사임, 해임 또는 임기만료 후 6개월 이상 조합임원이 선임되지 않은 경우에는 시장·군수등이 조합임 |

| | 원 선출을 위한 총회를 소집할 수 있음 |
|---|---|
| 소집방법 | ■ 총회를 소집하려는 자는 총회가 개최되기 7일 전까지 회의 목적·안건·일시 및 장소를 정하여 조합원에게 통지함 |
| 그 밖의 사항 | ■ 그 밖에 총회의 소집 절차·시기 등 필요한 사항은 정관으로 정함 |

## ■ 총회의 의결

총회의 의결에 관한 내용은 다음과 같습니다(「도시 및 주거환경정비법」 제45조).

| 구분 | 내용 |
|---|---|
| 의결사항 | ■ 정관의 변경(정관의 경미한 사항의 변경은 「도시 및 주거환경정비법」 또는 정관에서 총회의결사항으로 정한 경우만 해당)<br>■ 자금의 차입과 그 방법·이자율 및 상환방법<br>■ 정비사업비의 세부 항목별 사용계획이 포함된 예산안 및 예산의 사용내역<br>■ 예산으로 정한 사항 외에 조합원에게 부담이 되는 계약<br>■ 시공자·설계자 및 감정평가법인등(「도시 및 주거환경정비법」 제74조제4항에 따라 시장·군수등이 선정·계약하는 감정평가법인등은 제외함)의 선정 및 변경(다만, 감정평가법인등 선정 및 변경은 총회의 의결을 거쳐 시장·군수등에게 위탁할 수 있음)<br>■ 정비사업전문관리업자의 선정 및 변경<br>■ 조합임원의 선임 및 해임<br>■ 정비사업비의 조합원별 분담내역<br>■ 사업시행계획서의 작성 및 변경(정비사업의 중지 또는 폐 |

| | |
|---|---|
| | 지에 관한 사항을 포함하며, 경미한 변경은 제외) |
| | ■ 관리처분계획의 수립 및 변경(경미한 변경은 제외) |
| | ■ 청산금의 징수·지급(분할징수·분할지급을 포함)과 조합 해산 시의 회계보고 |
| | ■ 비용의 금액 및 징수방법 |
| | ■ 그 밖에 조합원에게 경제적 부담을 주는 사항 등 주요한 사항을 결정하기 위해 「도시 및 주거환경정비법 시행령」제42조제1항 또는 정관으로 정하는 사항 |
| | ※ 위의 사항 중 「도시 및 주거환경정비법」 또는 정관에 따라 조합원의 동의가 필요한 사항은 총회에 상정해야 함 |
| 의결방법 | ■ 조합원 과반수의 출석과 출석 조합원의 과반수 찬성(「도시 및 주거환경정비법」또는 정관에 다른 규정이 없는 경우) |
| | ■ 사업시행계획서의 작성 및 변경과 관리처분계획의 수립 및 변경에 관한 의결은 조합원 과반수의 찬성으로 의결함 |
| | ※ 다만, 정비사업비가 100분의 10(생산자물가상승률분, 분양신청을 하지 않은 자 등에 대한 손실보상 금액은 제외) 이상 늘어나는 경우에는 조합원 3분의 2 이상의 찬성으로 의결함 |
| | ■ 그 밖에 총회의 의결방법 등에 필요한 사항은 정관으로 정함 |
| 출석인원 | ■ 총회의 의결은 조합원의 100분의 10 이상이 직접 출석해야 함 |
| | ※ 다만, 창립총회, 사업시행계획서의 작성 및 변경, 관리처분계획의 수립 및 변경을 의결하는 총회 등 「도시 및 주거환경정비법 시행령」 제42조제2항으로 정하는 총회의 경 |

| | 우에는 조합원의 100분의 20 이상이 직접 출석해야 함 |
|---|---|
| 대리의결 | ▪ 조합원은 서면으로 의결권을 행사하거나 다음의 어느 하나에 해당하는 경우에는 대리인을 통하여 의결권을 행사할 수 있음<br>※ 서면으로 의결권을 행사하는 경우에는 정족수를 산정할 때에 출석한 것으로 봄<br>1. 조합원이 권한을 행사할 수 없어 배우자, 직계존비속 또는 형제자매 중에서 성년자를 대리인으로 정하여 위임장을 제출한 경우<br>2. 해외에 거주하는 조합원이 대리인을 지정하는 경우<br>3. 법인인 토지등소유자가 대리인을 지정하는 경우(이 경우 법인의 대리인은 조합임원 또는 대의원으로 선임될 수 있음) |

## 6-2. 대의원회

### ▪ 대의원회의 구성

대의원회의 구성 등과 관련한 기준은 다음과 같습니다(「도시 및 주거환경정비법」 제42조제1항·제2항, 제46조제1항부터 제4항까지, 「도시 및 주거환경정비법 시행령」제43조 및 제44조제1항).

| 구분 | 내용 |
|---|---|
| 구성대상 | ▪ 조합원의 수가 100명 이상인 조합 |
| 구성요건 | ▪ 조합원의 10분의 1 이상으로 구성함<br>※ 다만, 조합원의 10분의 1이 100명을 넘는 경우 조합원의 10분의 1의 범위에서 100명 이상으로 구성할 수 있음 |

| 대의원자격 | ■ 대의원은 조합원 중에서 선출함 <br> ■ 조합장이 아닌 조합임원은 대의원이 될 수 없음 <br> ■ 조합장은 대의원회의 의장이 되며, 이 경우 조합장은 대의원으로 봄 |
|---|---|
| 권한대행 | ■ 총회의 의결사항 중「도시 및 주거환경정비법 시행령」제43조로 정하는 사항 외에는 총회의 권한을 대행할 수 있음 |

■ **대의원회의 소집 및 의결**

대의원회의 소집 및 의결 등에 관한 사항은 다음의 범위에서 정관으로 정합니다(「도시 및 주거환경정비법」제46조제5항 및 「도시 및 주거환경정비법 시행령」제44조).

| 구분 | | 내용 |
|---|---|---|
| 소집요건 | 기준 | ■ 조합장이 필요하다고 인정하는 때 <br> ※ 다만, 다음의 어느 하나에 해당하는 때에는 조합장은 해당일부터 14일 이내에 대의원회를 소집해야 함 <br> 1. 정관으로 정하는 바에 따라 소집청구가 있는 때 <br> 2. 대의원의 3분의 1 이상(정관으로 달리 정한 경우 그에 따름)이 회의의 목적사항을 제시하여 청구하는 때 |
| | 예외 | ■ 위에 따른 소집청구가 있는 경우로서 조합장이 해당일부터 14일 이내에 정당한 이유없이 대의원회를 소집하지 않을 경우, 감사가 지체 없이 이를 소집해야 함 <br> ■ 감사가 소집하지 않을 때에는 위 기준에 따라 소집을 청구한 사람의 대표가 소집함(이 경우 미리 시장·군수등의 승인을 받아야 함) <br> ※ 예외적 기준에 따라 대의원회를 소집하는 경우 소집주체 |

| | |
|---|---|
| | 에 따라 감사 또는 소집을 청구한 사람의 대표가 의장의 직무를 대행함 |
| 소 집 방법 | ■ 집회 7일 전까지 그 회의의 목적·안건·일시 및 장소를 기재한 서면을 대의원에게 통지(이 경우 정관으로 정하는 바에 따라 대의원회의 소집내용을 공고해야 함) |
| 의결 | ■ 재적대의원 과반수의 출석과 출석대의원 과반수의 찬성으로 의결함(다만, 그 이상의 범위에서 정관으로 달리 정하는 경우 그에 따름)<br>■ 사전에 통지한 안건만 의결가능(사전에 통지하지 않은 안건으로서 대의원회 회의에서 정관으로 정하는 바에 따라 채택된 안건의 경우는 제외함)<br>■ 특정한 대의원의 이해와 관련된 사항에 대해서는 그 대의원은 의결권을 행사할 수 없음 |

# 7. 시공자 선정

## 7-1. 시공자의 선정

### ■ 조합의 시공자 선정

① 조합은 조합설립인가를 받은 후 조합총회에서 경쟁입찰 또는 수의계약(2회 이상 경쟁입찰이 유찰된 경우만 해당)의 방법으로 건설업자 또는 등록사업자를 시공자로 선정해야 합니다(「도시 및 주거환경정비법」 제29조제4항 본문).

② 사업시행자(사업대행자를 포함함)가 선정된 시공자와 공사에 관한 계약을 체결할 때에는 기존 건축물의 철거 공사(「석면안전관리법」에 따른 석면 조사·해체·제거를 포함함)에 관한 사항을 포함시켜야 합니다(「도시 및 주거환경정비법」 제29조제9항).

## 7-2. 선정방식

### ■ 경쟁입찰에 따른 시공자 선정

① 추진위원장 또는 사업시행자(청산인을 포함)는 「도시 및 주거환경정비법」 또는 다른 법령에 특별한 규정이 있는 경우를 제외하고는 계약(공사, 용역, 물품구매 및 제조 등을 포함)을 체결하려면 일반경쟁에 부쳐야 합니다(「도시 및 주거환경정비법」 제29조제1항 본문).

② 다만, 다음의 어느 하나에 해당하는 경우에는 입찰 참가자를 지명(指名)하여 경쟁에 부칠 수 있습니다(「도시 및 주거환경정비법」 제29조제1항 단서 및 「도시 및 주거환경정비법 시행령」 제24조제1항제1호).

- 계약의 성질 또는 목적에 비추어 특수한 설비·기술·자재·물품 또는 실적이 있는 자가 아니면 계약의 목적을 달성하기 곤란한 경우로서 입찰대상자가 10인 이내인 경우
- 「건설산업기본법」에 따른 건설공사(전문공사를 제외)로서 추정가격이 3억원 이하인 공사인 경우
- 「건설산업기본법」에 따른 전문공사로서 추정가격이 1억원 이하인 공사인 경우
- 공사관련 법령(「건설산업기본법」은 제외)에 따른 공사로서 추정가격이 1억원 이하인 공사인 경우
- 추정가격 1억원 이하의 물품 제조·구매, 용역, 그 밖의 계약인 경우

## ■ 수의계약 및 정관에 따른 시공자 선정

① 다음의 어느 하나에 해당하는 경우에는 수의계약(隨意契約)으로 시공자를 선정할 수 있습니다(「도시 및 주거환경정비법」 제29조제1항 단서 및 「도시 및 주거환경정비법 시행령」 제24조제1항제2호).

- 「건설산업기본법」에 따른 건설공사로서 추정가격이 2억원 이하인 공사인 경우
- 「건설산업기본법」에 따른 전문공사로서 추정가격이 1억원 이하인 공사인 경우
- 공사관련 법령(「건설산업기본법」은 제외)에 따른 공사로서 추정가격이 8천만원 이하인 공사인 경우
- 추정가격 5천만원 이하인 물품의 제조·구매, 용역, 그 밖의 계약인 경우
- 소송, 재난복구 등 예측하지 못한 긴급한 상황에 대응하기 위하여 경쟁에 부칠 여유가 없는 경우
- 일반경쟁입찰이 입찰자가 없거나 단독 응찰의 사유로 2회 이상 유찰된 경우

② 다만, 조합원이 100인 이하인 재건축사업은 조합총회에서 정관으로 정하는 바에 따라 선정할 수 있습니다(「도시 및 주거환경정비법」 제29조제4항 단서 및 「도시 및 주거환경정비법 시행령」 제24조제3항).

③ 계약의 방법 및 절차 등에 필요한 사항은 「정비사업 계약업무 처리기준」에서 확인하실 수 있습니다.

**도시 및 주거환경정비법에 의한 재건축조합이 '시공자와의 계약서에 포함될 내용'에 관한 안건을 총회에 상정하여 의결하는데, 당초 재건축결의 시 채택한 조합원의 비용분담 조건을 변경하는 내용인 경우, 정관변경에 관한 구 도시 및 주거환경정비법 제20조 제3항, 제1항 제15호를 유추적용하여 조합원 3분의 2 이상의 동의를 받아야 하는지 여부(적극) 및 위 동의를 거치지 않고 시공자와 체결한 계약의 효력(무효)**

도시 및 주거환경정비법(이하 '도시정비법'이라 한다)에 의한 재건축조합의 정관은 재건축조합의 조직, 활동, 조합원의 권리의무관계 등 단체법적 법률관계를 규율하는 것으로서 공법인인 재건축조합과 조합원에 대하여 구속력을 가지는 자치법규이므로 이에 위반하는 활동은 원칙적으로 허용되지 않는다. 그런데 구 도시 및 주거환경정비법(2005. 3. 18. 법률 제7392호로 개정되기 전의 것, 이하 '구 도시정비법'이라 한다)은 '시공자 계약서에 포함될 내용'이 조합원의 비용분담 등에 큰 영향을 미치는 점을 고려하여 이를 정관에 포함시켜야 할 사항으로 규정하고 있고(제20조 제1항 제15호), 정관 기재사항의 변경을 위해서는 조합원의 3분의 2 이상의 동의를 받도록 규정하고 있다(제20조 제3항). 그러므로 '시공자와의 계약서에 포함될 내용'에 관한 안건을 총회에 상정하여 의결하는 경우 내용이 당초의 재건축결의 시 채택한 조합원의 비용분담 조건을 변경하는 것인 때에는 비록 직접적으로 정관 변경을 하는 결의가 아니더라도 실질적으로는 정관을 변경하는 결의이므로 의결 정족수는 정관변경에 관한 규정인 구 도시정비법 제20조 제3항, 제1항 제15호의 규정을 유추적용하여 조합원의 3분의 2 이상의 동의를 요한다.

나아가 조합원의 비용분담 조건을 변경하는 안건에 대하여 특별다수의 동의요건을 요구함으로써 조합원의 이익을 보호하고 권리관계의 안정과 재건축사업의 원활한 진행을 도모하고자 하는 도시정비법 관련 규정의 취지에 비추어 보면, 재건축조합이 구 도시정비법의 유추적용에 따라 요구되는 조합원 3분의 2 이상의 동의를 거치지 아니하고 당초의 재건축결의 시 채택한 조합원의 비용분담 조건을 변경하는 취지로 시공자와 계약을 체결한 경우 계약은 효력이 없다(대법원 2016. 5. 12. 선고 2013다49381 판결).

## 7-3. 시공보증

### ■ 시공보증서의 제출

① "시공보증"이란 시공자가 공사의 계약상 의무를 이행하지 못하거나 의무이행을 하지 않을 경우 보증기관에서 시공자를 대신하여 계약이행의무를 부담하거나 총 공사금액의 30% 이상 50% 이하의 범위에서 사업시행자가 정하는 금액을 납부할 것을 보증하는 것을 말합니다(「도시 및 주거환경정비법」 제82조제1항 참조 및 「도시 및 주거환경정비법 시행령」 제73조).

② 조합이 정비사업의 시행을 위하여 시장·군수등 또는 토지주택공사등이 아닌 자를 시공자로 선정(공동사업시행자가 시공하는 경우를 포함)한 경우 그 시공자는 공사의 시공보증을 위하여 「도시 및 주거환경정비법 시행규칙」 제14조의 시공보증서를 조합에 제출해야 합니다(「도시 및 주거환경정비법」 제82조제1항 본문).

## 제2절 시장·군수에 의한 사업시행

### 1. 주민대표회의

#### ■ 주민대표회의의 구성 및 운영

① 토지등소유자가 시장·군수등 또는 토지주택공사등의 사업시행을 원하는 경우에는 정비구역 지정·고시 후 주민대표기구(이하 "주민대표회의"라 함)를 구성해야 합니다(「도시 및 주거환경정비법」 제47조제1항).

② 주민대표회의의 구성 및 운영 등과 관련한 사항은 다음과 같습니다(「도시 및 주거환경정비법」 제47조제2항부터 제6항까지, 「도시 및 주거환경정비법 시행령」 제45조제1항, 제3항, 제4항, 「도시 및 주거환경정비법 시행규칙」 제9조 및 별지 제7호서식).

| 구분 | 내용 |
|---|---|
| 회의구성 | ■ 위원장을 포함한 5명 이상 25명 이하로 구성함<br>■ 위원장과 부위원장 각 1명, 1명 이상 3명 이하의 감사 |
| 동의요건 | ■ 토지등소유자의 과반수의 동의를 받아 구성함<br>※ 이 경우 주민대표회의의 구성에 동의한 자는 사업시행자의 지정에 동의한 것으로 봄. 다만, 사업시행자의 지정 요청 전에 시장·군수등 및 주민대표회의에 사업시행자의 지정에 대한 반대의 의사표시를 한 토지등소유자의 경우에는 그렇지 않음 |
| 구성방법 | ■ 토지등소유자는 주민대표회의 승인신청서(전자문서를 포함)에 다음의 서류(전자문서를 포함)를 첨부하여 시장·군수등에게 제출해야 함<br>1. 주민대표회의가 정하는 운영규정 |

| | |
|---|---|
| | 2. 토지등소유자의 주민대표회의 구성동의서<br>3. 주민대표회의 위원장·부위원장 및 감사의 주소 및 성명<br>4. 주민대표회의 위원장·부위원장 및 감사의 선임을 증명하는 서류<br>5. 토지등소유자의 명부 |
| 의견제시 | ■ 주민대표회의 또는 세입자(상가세입자를 포함)는 사업시행자가 다음의 사항에 관하여 시행규정을 정하는 때에 의견을 제시할 수 있음<br>※ 이 경우 사업시행자는 주민대표회의 또는 세입자의 의견을 반영하기 위해 노력해야 함<br>1. 건축물의 철거<br>2. 주민의 이주(세입자의 퇴거에 관한 사항을 포함)<br>3. 토지 및 건축물의 보상(세입자에 대한 주거이전비 등 보상에 관한 사항을 포함)<br>4. 정비사업비의 부담<br>5. 세입자에 대한 임대주택의 공급 및 입주자격<br>6. 그 밖에 정비사업의 시행을 위하여 필요한 사항으로서「도시 및 주거환경정비법 시행령」제45조제2항으로 정하는 사항 |
| 경비부담 | ■ 시장·군수등 또는 토지주택공사등은 주민대표회의의 운영에 필요한 경비의 일부를 해당 정비사업비에서 지원할 수 있음 |
| 그 밖의 사항 | ■ 주민대표회의의 위원의 선출·교체 및 해임, 운영방법, 운영비용의 조달 및 그 밖에 주민대표회의의 운영에 필요한 사항은 주민대표회의가 정함 |

③ 동의서 작성방법 및 동의자수 산정방식에 관한 내용은 <사업시행-조합에 의한 사업시행-토지등소유자의 동의>에서 확인하실 수 있습니다.

## 2. 시행자 지정 및 시공자 선정

### 2-1. 사업시행자 지정

#### ■ 시장·군수등의 직접시행 또는 토지주택공사등의 지정

시장·군수등은 재건축사업이 다음의 어느 하나에 해당하는 때에는 직접 정비사업을 시행하거나 토지주택공사등(토지주택공사등이 건설업자 또는 등록사업자와 공동으로 시행하는 경우를 포함)을 사업시행자로 지정하여 재건축사업을 시행하게 할 수 있습니다(「도시 및 주거환경정비법」 제26조제1항).

- 천재지변, 「재난 및 안전관리 기본법」제27조 또는 「시설물의 안전 및 유지관리에 관한 특별법」제23조에 따른 사용제한·사용금지, 그 밖의 불가피한 사유로 긴급하게 정비사업을 시행할 필요가 있다고 인정하는 때

- 추진위원회가 시장·군수등의 구성승인을 받은 날부터 3년이내에 조합설립인가를 신청하지 않거나 조합이 조합설립인가를 받은 날부터 3년 이내에 사업시행계획인가를 신청하지 않은 때

- 지방자치단체의 장이 시행하는 도시·군계획사업과 병행하여 재건축사업을 시행할 필요가 있다고 인정하는 때

- 순환정비방식으로 재건축사업을 시행할 필요가 있다고 인정하는 때

- 사업시행계획인가가 취소된 때

- 해당 정비구역의 국·공유지 면적 또는 국·공유지와 토지주택공

사등이 소유한 토지를 합한 면적이 전체 토지면적의 2분의 1 이상으로서 토지등소유자의 과반수가 시장·군수등 또는 토지주택공사등을 사업시행자로 지정하는 것에 동의하는 때

■ 해당 정비구역의 토지면적 2분의 1 이상의 토지소유자와 토지등소유자의 3분의 2 이상에 해당하는 자가 시장·군수등 또는 토지주택공사등을 사업시행자로 지정할 것을 요청하는 때

## ■ 토지등소유자, 민관합동법인 또는 신탁업자의 지정

시장·군수등은 재건축사업이 다음의 어느 하나에 해당하는 때에는 토지등소유자, 민관합동법인 또는 신탁업자로서 「도시 및 주거환경정비법 시행령」 제21조로 정하는 요건을 갖춘 자(이하 "지정개발자"라 함)를 사업시행자로 지정하여 정비사업을 시행하게 할 수 있습니다(「도시 및 주거환경정비법」 제27조제1항).

■ 천재지변, 「재난 및 안전관리 기본법」 제27조 또는 규제 「시설물의 안전 및 유지관리에 관한 특별법」 제23조에 따른 사용제한·사용금지, 그 밖의 불가피한 사유로 긴급하게 정비사업을 시행할 필요가 있다고 인정하는 때

■ 재건축사업의 조합설립을 위한 동의요건 이상에 해당하는 자가 신탁업자를 사업시행자로 지정하는 것에 동의하는 때

## ■ 해당 내용의 고시

① 시장·군수등은 직접 정비사업을 시행하거나 토지주택공사등을 사업시행자로 지정하는 때에는 재건축사업 시행구역 등 토지등소유자에게 알릴 필요가 있는 사항으로서 「도시 및 주거환경정비법 시행령」 제20조로 정하는 사항을 해당 지방자치단체의 공보에 고시해야 합니다.

② 다만, 위 규정에 따른 천재지변 그 밖의 사유로 긴급하게 정비사업을 시행할 필요가 있다고 인정하는 때에는 토지등소유자에게 지체 없이 재건축사업의 시행 사유·시기 및 방법 등을 통보해야 합니다(「도시 및 주거환경정비법」 제26조제2항 및 제27조제2항).

③ 시장·군수등이 직접 재건축사업을 시행하거나 토지주택공사등을 사업시행자로 지정·고시한 때 또는 지정개발자를 사업시행자로 지정·고시한 때에는 그 고시일 다음 날에 추진위원회의 구성승인 또는 조합설립인가가 취소된 것으로 봅니다. 이 경우 시장·군수등은 해당 지방자치단체의 공보에 해당 내용을 고시해야 합니다(「도시 및 주거환경정비법」 제26조제3항 및 제27조제5항).

## 2-2. 사업대행자 지정

### ■ 사업대행자

시장·군수등은 다음의 어느 하나에 해당하는 경우에는 해당 조합 또는 토지등소유자를 대신하여 직접 정비사업을 시행하거나 토지주택공사등 또는 지정개발자에게 해당 조합 또는 토지등소유자를 대신하여 정비사업을 시행하게 할 수 있습니다(「도시 및 주거환경정비법」 제28조제1항).

- 장기간 정비사업이 지연되거나 권리관계에 관한 분쟁 등으로 해당 조합 또는 토지등소유자가 시행하는 정비사업을 계속 추진하기 어렵다고 인정하는 경우

- 토지등소유자(조합을 설립한 경우 조합원을 말함)의 과반수 동의로 요청하는 경우

## ■ 해당 내용의 고시

시장·군수등은 정비사업을 직접 시행하거나 지정개발자 또는 토지주택공사등에게 정비사업을 대행하도록 결정한 경우에는 관련사항을 해당 지방자치단체의 공보등에 고시해야 합니다. 이 경우, 토지등소유자 및 사업시행자에게 고시한 내용을 통지해야 합니다(「도시 및 주거환경정비법 시행령」 제22조제1항 참조 및 제2항).

## 2-3. 시공자 선정

### ■ 시공자 선정

① 시장·군수등이 직접 정비사업을 시행하거나 토지주택공사등 또는 지정개발자를 사업시행자로 지정한 경우 사업시행자는 사업시행자 지정·고시 후 경쟁입찰 또는 수의계약의 방법으로 건설업자 또는 등록사업자를 시공자로 선정해야 합니다(「도시 및 주거환경정비법」 제29조제6항).

② 사업시행자(사업대행자를 포함함)가 선정된 시공자와 공사에 관한 계약을 체결할 때에는 기존 건축물의 철거 공사(「석면안전관리법」에 따른 석면 조사·해체·제거를 포함함)에 관한 사항을 포함시켜야 합니다(「도시 및 주거환경정비법」 제29조제9항).

### ■ 시공자 선정방법

시공자를 선정하거나 주민대표회의 또는 토지등소유자 전체회의는 다음의 경쟁입찰 또는 수의계약(2회 이상 경쟁입찰이 유찰된 경우만 해당)의 방법으로 시공자를 추천할 수 있으며, 이 경우 사업시행자는 추천받은 자를 시공자로 선정해야 합니다(「도시 및 주거환경정비법」 제29조제7항, 제8항 전단 및 「도시 및 주거환경정비법 시행령」제24조제4항).

- 일반경쟁입찰·제한경쟁입찰 또는 지명경쟁입찰 중 하나일 것
- 해당 지역에서 발간되는 일간신문에 1회 이상 위의 입찰을 위한 공고를 하고, 입찰 참가자를 대상으로 현장 설명회를 개최할 것
- 해당 지역 주민을 대상으로 합동홍보설명회를 개최할 것
- 토지등소유자를 대상으로 제출된 입찰서에 대한 투표를 실시하고 그 결과를 반영할 것

# 제3절 사업시행계획인가

## 1. 사업시행계획의 수립 및 인가신청

### 1-1. 사업시행계획의 수립

#### ■ 인가절차

사업시행계획인가는 다음의 절차를 거쳐 이루어집니다.

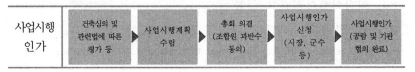

사업시행 인가 → 건축심의 및 관련법에 따른 평가 등 → 사업시행계획 수립 → 총회 의결 (조합원 과반수 동의) → 사업시행인가 신청 (시장, 군수 등) → 사업시행인가 (공람 및 기관 협의 완료)

#### ■ 사업시행계획서의 작성

사업시행자는 정비계획에 따라 다음의 사항을 포함하는 사업시행계획서를 작성해야 합니다(「도시 및 주거환경정비법」 제52조제1항).

- 토지이용계획(건축물배치계획을 포함)
- 정비기반시설 및 공동이용시설의 설치계획
- 임시거주시설을 포함한 주민이주대책
- 세입자의 주거 및 이주 대책
- 사업시행기간 동안 정비구역 내 가로등 설치, 폐쇄회로 텔레비전 설치 등 범죄예방대책
- 소형주택의 건설계획
- 기업형임대주택 또는 임대관리 위탁주택의 건설계획(필요한 경우만 해당)
- 건축물의 높이 및 용적률 등에 관한 건축계획
- 재건축사업의 시행과정에서 발생하는 폐기물의 처리계획
- 교육시설의 교육환경 보호에 관한 계획(정비구역부터 200미터 이내에 교육시설이 설치되어 있는 경우만 해당)

- 정비사업비
- 그 밖에 사업시행을 위한 사항으로서 「도시 및 주거환 경정비법 시행령」 제47조제2항으로 정하는 바에 따라 시·도조례로 정하는 사항

## 1-2. 사업시행계획인가 신청
### ■ 신청 전 절차
① 사업시행자(시장·군수등 또는 토지주택공사등은 제외)는 사업시행계획인가를 신청하기 전에 미리 총회의 의결을 거쳐야 하며, 인가받은 사항을 변경하거나 정비사업을 중지 또는 폐지하려는 경우에도 또한 같습니다(「도시 및 주거환경정비법」 제50조제3항 본문).
② 지정개발자가 정비사업을 시행하려는 경우에는 사업시행계획인가를 신청하기 전에 토지등소유자의 과반수의 동의 및 토지면적의 2분의 1 이상의 토지소유자의 동의를 받아야합니다(「도시 및 주거환경정비법」 제50조제5항 본문).
③ 동의서 작성방법 및 동의자수 산정방식에 관한 내용은 <사업시행-조합에 의한 사업시행-토지등소유자의 동의>에서 확인하실 수 있습니다.

### ■ 신청방법
① 사업시행자(공동시행의 경우를 포함하되, 사업시행자가 시장·군수등인 경우는 제외)는 정비사업을 시행하려는 경우에는사업시행계획서에 정관등과 다음의 서류를 첨부하여 시장·군수등에게 제출하고 사업시행계획인가를 받아야 합니다. 인가받은 사항을 변경하거나 정비사업을 중지 또는 폐지하려는 경우에도 또한 같습니다(「도시 및 주거환경정비법」 제50조제1항 본문, 「도시 및 주거환경정비법

시행규칙」 제10조제1항, 제2항 및 별지 제8호서식).

| 구분 | 서류 |
|------|------|
| 사 업 시 행 계 획 인가 | ■ 사업시행계획인가 신청서<br>■ 총회의결서 사본(다만, 지정개발자를 사업시행자로 지정한 경우에는 토지등소유자의 동의서 및 토지등소유자의 명부를 첨부함)<br>■ 사업시행계획서<br>■ 「도시 및 주거환경정비법」 제57조제3항에 따라 인·허가등의 의제를 받으려는 경우 제출해야 하는 서류<br>■ 「도시 및 주거환경정비법」 제63조에 따른 수용 또는 사용할 토지 또는 건축물의 명세 및 소유권 외의 권리의 명세서(천재지변, 그 밖의 불가피한 사유로 긴급하게 정비사업을 시행할 필요성이 인정되어 공공시행하는 재건축사업) |
| 사 업 시 행 계 획 변경· 중 지 또는 폐 지 인가 | ■ 사업시행계획인가 신청서<br>■ 「도시 및 주거환경정비법」 제57조제3항에 따라 인·허가등의 의제를 받으려는 경우 제출해야 하는 서류<br>■ 변경·중지 또는 폐지의 사유 및 내용을 설명하는 서류 |

② 다만, 경미한 사항을 변경하려는 때에는 시장·군수등에게 신고하면 됩니다(「도시 및 주거환경정비법」 제50조제1항 단서).

③ 경미한 사항의 변경에 관한 내용은 <사업시행-사업시행계획인가

- 사업시행계획의 인가>에서 확인하실 수 있습니다.

■ **인가여부의 통보**

시장·군수등은 특별한 사유가 없으면 사업시행계획서의 제출이 있은 날부터 60일 이내에 인가 여부를 결정하여 사업시행자에게 통보해야 합니다(「도시 및 주거환경정비법」 제50조제2항).

## 2. 사업시행계획의 인가

### 2-1. 인가 시 서류공람 및 의견청취 등

■ **서류공람**

① 시장·군수등은 사업시행계획인가를 하거나 사업시행계획서를 작성하려는 경우에는 관계 서류의 사본을 14일 이상 일반인이 공람할 수 있게 해야 합니다. 다만, 경미한 사항을 변경하려는 경우는 제외합니다(「도시 및 주거환경정비법」 제56조제1항).

② 시장·군수등은 관계 서류를 일반인에게 공람하게 하려는 때에는 그 요지와 공람장소를 해당 지방자치단체의 공보등에 공고하고, 토지등소유자에게 공고내용을 통지해야 합니다(「도시 및 주거환경정비법 시행령」 제49조).

■ **의견청취**

① 토지등소유자 또는 조합원, 그 밖에 재건축사업과 관련하여 이해관계를 가지는 자는 위의 공람기간 이내에 시장·군수등에게 서면으로 의견을 제출할 수 있습니다(「도시 및 주거환경정비법」 제56조제2항).

② 시장·군수등은 서면으로 제출된 의견을 심사하여 채택할 필요가 있다고 인정하는 때에는 이를 채택하고, 그렇지 않은 경우에는 의견을 제출한 자에게 그 사유를 알려주어야 합니다(「도시 및 주거환경정비법」 제56조제3항).

## ■ 인가내용의 고시

시장·군수등은 사업시행계획인가(시장·군수등이 사업시행계획서를 작성한 경우를 포함)를 하거나 정비사업을 변경·중지 또는 폐지하는 경우에는 다음에 해당하는 사항을 해당 지방자치단체의 공보에 고시하고, 고시한 내용을 해당 지방자치단체의 인터넷 홈페이지에 실어야 합니다(「도시 및 주거환경정비법 시행규칙」 제10조제3항 및 제4항).

| 구분 | 내용 |
|------|------|
| 공통사항 | ■ 정비사업의 종류 및 명칭<br>■ 정비구역의 위치 및 면적<br>■ 사업시행자의 성명 및 주소(법인인 경우에는 법인의 명칭 및 주된 사무소의 소재지와 대표자의 성명 및 주소를 말함)<br>■ 정비사업의 시행기간<br>■ 사업시행계획인가일 |
| 사업시행<br>계획인가 | ■ 수용 또는 사용할 토지 또는 건축물의 명세 및 소유권 외의 권리의 명세(해당하는 사업을 시행하는 경우만 해당)<br>■ 건축물의 대지면적·건폐율·용적률·높이·용도 등 건축계획에 관한 사항<br>■ 주택의 규모 등 주택건설계획<br>■ 「도시 및 주거환경정비법」제97조에 따른 정비기반시설 및 토지 등의 귀속에 관한 사항 |
| 사업시행계획<br>변경·중지 또는<br>폐지인가 | ■ 변경·중지 또는 폐지의 사유 및 내용 |

## 2-2. 인가 후 경미한 사항의 변경

### ■ 경미한 사항의 변경

① 사업시행자가 사업시행계획인가를 받은 사항 중 다음의 어느 하나에 해당하는 경미한 사항을 변경하려는 때에는 시장·군수등에게 신고해야 합니다(「도시 및 주거환경정비법」 제50조제1항 단서 및 「도시 및 주거환경정비법 시행령」 제46조).

- 정비사업비를 10퍼센트의 범위에서 변경하거나 관리처분 계획의 인가에 따라 변경하는 때(다만, 국민주택을 건설하는 사업인 경우 「주택도시기금법」에 따른 주택도시기금의 지원금액이 증가되지 않는 경우만 해당)
- 건축물이 아닌 부대시설·복리시설의 설치규모를 확대하는 때(위치가 변경되는 경우는 제외)
- 대지면적을 10퍼센트의 범위에서 변경하는 때
- 세대수와 세대당 주거전용면적을 변경하지 않고 세대당 주거전용면적의 10퍼센트의 범위에서 세대 내부구조의 위치 또는 면적을 변경하는 때
- 내장재료 또는 외장재료를 변경하는 때
- 사업시행계획인가의 조건으로 부과된 사항의 이행에 따라 변경하는 때
- 건축물의 설계와 용도별 위치를 변경하지 않는 범위에서 건축물의 배치 및 주택단지 안의 도로선형을 변경하는 때
- 「건축법 시행령」 제12조제3항 각 호의 어느 하나에 해당하는 사항을 변경하는 때
- 사업시행자의 명칭 또는 사무소 소재지를 변경하는 때
- 정비구역 또는 정비계획의 변경에 따라 사업시행계획서를 변경하는 때

- 조합설립변경 인가에 따라 사업시행계획서를 변경하는 때
- 그 밖에 시·도조례로 정하는 사항을 변경하는 때

② 위의 어느 하나에 해당하는 경미한 사항을 변경할 때에는 다음의 절차를 거치지 않아도 됩니다(「도시 및 주거환경정비법」 제50조 제5항부터 제9항까지 및 제56조제1항 단서).

- 총회의 의결
- 토지등소유자의 동의
- 해당 지방자치단체 공보를 통한 사업시행계획인가 또는 정비사업의 변경·중지·폐지 내용의 고시
- 관계서류의 공람 및 의견청취

### 2-3. 인가의 효과

**■ 인·허가 등의 의제**

사업시행자가 사업시행계획인가를 받은 때(시장·군수등이 직접 정비사업을 시행하는 경우에는 사업시행계획서를 작성한 때를 말함)에는 관계 법률에 따른 인가·허가·승인·신고·등록·협의·동의·심사·지정 또는 해제(이하 "인·허가등"이라 함)가 있은 것으로 보며, 사업시행계획인가의 고시가 있은 때에는 관계 법률에 따른 인·허가등의 고시·공고 등이 있은 것으로 봅니다( 「도시 및 주거환경정비법」 제57조제1항 각 호 외의 부분 본문).

# 3. 매도청구

## 3-1. 조합설립 등에 동의하지 않은 경우

### ■ 매도청구 절차

매도청구의 절차는 다음과 같습니다.

```
┌─────────────────────────────────┐
│          사업시행인가             │
└─────────────────────────────────┘
                        30일 이내
┌─────────────────────────────────┐
│      사업동의여부 서면촉구         │
└─────────────────────────────────┘
                        2개월 이내
┌─────────────────────────────────┐
│        토지등소유자회답           │
└─────────────────────────────────┘
                        2개월 이내
┌─────────────────────────────────┐
│          매 도 청 구              │
└─────────────────────────────────┘
```

### ■ 동의여부 회답촉구

재건축사업의 사업시행자는 사업시행계획인가의 고시가 있은 날부터 30일 이내에 다음의 어느 하나에 해당하는 자에게 조합설립 또는 사업시행자의 지정에 관한 동의 여부를 회답할 것을 서면으로 촉구해야 합니다(「도시 및 주거환경정비법」 제64조제1항).

- 조합설립에 동의하지 않은 자
- 시장·군수등, 토지주택공사등 또는 신탁업자의 사업시행자 - 지정에 동의하지 않은 자

### ■ 회답기한

① 촉구를 받은 토지등소유자는 촉구를 받은 날부터 2개월 이내에 회답해야 합니다(「도시 및 주거환경정비법」 제64조제2항).

② 2개월 이내에 회답하지 않은 경우 그 토지등소유자는 조합설립 또는 사업시행자의 지정에 동의하지 않겠다는 뜻을 회답한 것으로 봅니다(「도시 및 주거환경정비법」 제64조제3항).

## ■ 매도청구

2개월이 지나면 사업시행자는 그 기간이 만료된 때부터 2개월 이내에 조합설립 또는 사업시행자 지정에 동의하지 않겠다는 뜻을 회답한 토지등소유자와 건축물 또는 토지만 소유한 자에게 건축물 또는 토지의 소유권과 그 밖의 권리를 매도할 것을 청구할 수 있습니다 (「도시 및 주거환경정비법」제64조제4항).

---

※ 관련판례

**도시 및 주거환경정비법 제39조에 의하여 준용되는 집합건물의 소유 및 관리에 관한 법률 제48조 제4항에서 매도청구권의 행사기간을 규정한 취지 및 행사기간 내에 매도청구권을 행사하지 아니한 경우, 효력을 상실하는지 여부(적극)**

도시 및 주거환경정비법(이하 '도시정비법'이라 한다) 제39조 제1호는 사업시행자는 주택재건축사업을 시행할 때 조합 설립에 동의하지 아니하는 자의 토지 또는 건축물에 대하여는 집합건물의 소유 및 관리에 관한 법률(이하 '집합건물법'이라 한다) 제48조의 규정을 준용하여 매도청구를 할 수 있고, 이 경우 재건축결의는 조합 설립에 대한 동의로 보며, 구분소유권 및 대지사용권은 사업시행구역의 매도청구의 대상이 되는 토지 또는 건축물의 소유권과 그 밖의 권리로 본다고 규정한다. 그리고 집합건물법 제48조는 재건축의 결의가 있으면 집회를 소집한 자는 지체 없이 그 결의에 찬성하지 아니한 구분소유자에 대하여 그 결의 내용에 따른 재건축에 참가할 것인지 여부를 회답할 것을 서면으로 촉구하여야 하고(제1항), 제1항의 촉구를 받은 구분소유자는 촉구를 받은 날부터 2개월 이내에 회답하여야 하며(제2항), 제2항의 기간이 지나면 재건축 결의에 찬성한 각 구분소유자 등은 제2항의 기간 만료일부터 2개월 이내에, 재건축에 참가하지 아니하겠다는 뜻을 회답한 구분소유자와 제2항의 기간 내에 회답하지 아니한 구분소유자에게 구분소유권과 대지사용권을 시가로 매도할 것을 청구할 수 있다(제4항)고 규정한다.

이처럼 도시정비법 제39조에 의하여 준용되는 집합건물법 제48조 제4항이 매도청구권의 행사기간을 규정한 취지는, 매도청구권이 형성권으로서 재건축 참가자 다수의 의사에 의하여 매매계약의 성립을 강제하는 것이어서 만일 행사기간을 제한하지 아니하면 매도청구의 상대방은 매도청구권자가 언제 매도청구를 할지 모르게 되어 그 법적 지위가 불안하게 될 뿐만 아니라, 매도청구권자가 매수대상의 시가가 가장 낮아지는 시기를 임의로 정하여 매도청구를 할 수 있게 되어 매도청구 상대방의 권익을 부당하게 침해할 우려가 있기 때문에, 매도청구권의 행사기간을 제한함으로써 매도청구 상대방의 정당한 법적 이익을 보호하고 아울러 재건축을 둘러싼 법률관계를 조속히 확정하기 위한 것이다. 따라서 매도청구권은 그 행사기간 내에 이를 행사하지 아니하면 그 효력을 상실한다(대법원 2008. 2. 29. 선고 2006다56572 판결 참조).

그러나 매도청구권의 행사기간이 도과했다 하더라도 조합이 새로이 조합설립인가처분을 받는 것과 동일한 요건과 절차를 거쳐 조합설립변경인가처분을 받음으로써 그 조합설립변경인가처분이 새로운 조합설립인가처분의 요건을 갖춘 경우 조합은 그러한 조합설립변경인가처분에 터 잡아 새로이 매도청구권을 행사할 수 있다(대법원 2012. 12. 26. 선고 2012다90047 판결, 대법원 2013. 2. 28. 선고 2012다34146 판결 참조)(대법원 2016. 12. 29. 선고 2015다202162 판결).

## 3-2. 분양신청을 하지 않은 경우

### ■ 보상협의

① 사업시행자는 관리처분계획이 인가·고시된 다음 날부터 90일 이내에 분양신청을 하지 않은 자, 분양신청기간 종료 이전에 분양신청을 철회한 자, 투기과열지구에서 분양신청을 할 수 없는 자, 인가된 관리처분계획에 따라 분양대상에서 제외된 자와 토지, 건축물 또는 그 밖의 권리의 손실보상에 관한 협의를 해야 합니다. 다만,

사업시행자는 분양신청기간 종료일의 다음 날부터 협의를 시작할 수 있습니다(「도시 및 주거환경정비법」 제73조제1항).

② 사업시행자가위 규정에 따라 토지등소유자의 토지, 건축물 또는 그 밖의 권리에 대하여 현금으로 청산하는 경우 청산금액은 사업시행자와 토지등소유자가 협의하여 산정합니다(「도시 및 주거환경정비법 시행령」 제60조제1항 본문).

### ■ 매도청구

① 사업시행자는 위 규정에 따른 협의가 성립되지 않으면 그 기간의 만료일 다음 날부터 60일 이내에 매도청구소송을 제기해야 합니다(「도시 및 주거환경정비법」 제73조제2항).

② 사업시행자가 60일 이후에 매도청구소송을 제기한 경우 해당 토지등소유자에게 지연일수(遲延日數)에 따른 이자를 지급해야 합니다(「도시 및 주거환경정비법」 제73조제3항 전단).

③ 이 경우 이자는 다음의 기준에 따라 산정됩니다(「도시 및 주거환경정비법 시행령」 제60조제2항).

- 6개월 이내의 지연일수에 따른 이자의 이율: 100분의 5
- 6개월 초과 12개월 이내의 지연일수에 따른 이자의 이율: 100분의 10
- 12개월 초과의 지연일수에 따른 이자의 이율: 100분의 15

④ 사업시행인가 이후 분양신청 등에 관한 내용은 <관리처분계획-분양신청-분양 및 공고>에서 확인하실 수 있습니다.

■ 조합설립에 동의하지 않으면 어떻게 되나요?

◎ 제가 거주하고 있는 아파트 단지에서 재건축사업이 시행될 예정인데, 조합설립에 동의하는지의 여부를 회답할 것을 촉구하는 서면을 받았습니다. 조합설립에 동의하지 않으면 어떻게 되나요?

Ⓐ 조합설립에 동의하지 않을 경우 매도청구 절차를 거치게 됩니다.

◇ 동의여부 촉구
① 재건축사업의 사업시행자는 사업시행계획인가의 고시가 있은 날부터 30일 이내에 조합설립에 동의하지 않은 자에게 조합설립 또는 사업시행자의 지정에 관한 동의 여부를 회답할 것을 서면으로 촉구해야 합니다.
② 2개월 이내에 회답하지 않은 경우 조합설립에 동의하지 않겠다는 뜻을 회답한 것으로 봅니다.

◇ 매도청구
2개월이 지나면 사업시행자는 그 기간이 만료된 때부터 2개월 이내에 조합설립에 동의하지 않겠다는 뜻을 회답한 사람에게 건축물 또는 토지의 소유권과 그 밖의 권리를 매도할 것을 청구할 수 있습니다.

## 4. 감리자 지정

### 4-1. 감리자의 지정

■ 조합이 시행하는 재건축사업
① 재건축 정비사업조합이 시행하는 재건축사업의 사업시행계획인가를 받은 때에는 다음의 구분에 따른 감리자격이 있는 자를 해당 주택건설공사의 감리자로 지정해야 합니다(「도시 및 주거환경정비법」 제57조제1항제1호 참조, 「주택법」 제43조제1항 본문 및 「주택법 시행령」 제47조제1항).

| 구분 | 내용 |
|------|------|
| 300세대 미만의 주택건설공사 | ■ 「건축사법」제23조제1항에 따라 건축사사무소개설신고를 한 자<br>■ 「건설기술 진흥법」제26조제1항에 따라 등록한 건설기술 용역사업자 |
| 300세대 이상의 주택건설공사 | ■ 「건설기술 진흥법」제26조제1항에 따라 등록한 건설기술 용역사업자 |

② 이 경우 해당 주택건설공사를 시공하는 자의 계열회사(「독점규제 및 공정거래에 관한 법률」 제2조제3호에 따른 계열회사를 말함)인 자를 지정해서는 안 되며, 인접한 둘 이상의 주택단지에 대하여는 감리자를 공동으로 지정할 수 있습니다(「주택법 시행령」 제47조 제1항 후단 각 호 참조).

③ 감리자 지정과 관련한 자세한 사항은 「주택건설공사 감리자지 정기준」(국토교통부 고시 제2020-481호, 2020. 7. 2. 발령, 2021. 1. 3. 시행)에서 확인하실 수 있습니다.

■ **시장·군수 및 한국토지주택공사 등이 시행하는 재건축사업**

사업주체가 국가·지방자치단체·한국토지주택공사·지방공사 또는 다음에 해당하는 자인 경우와 「건축법」 제25조에 따라 공사감리를 하는 도시형 생활주택의 경우에는 감리자 지정을 하지 않아도 됩니다(「주택법」 제43조제1항 단서).

1. 다음 각 목의 자가 단독 또는 공동으로 총지분의 50퍼센트를

초과하여 출자한 부동산투자회사일 것

가. 국가

나. 지방자치단체

다. 한국토지주택공사

라. 지방공사

2. 해당 부동산투자회사의 자산관리회사가 한국토지주택공사일 것

3. 사업계획승인 대상 주택건설사업이 공공주택건설사업일 것

## 4-2. 감리자의 업무

### ■ 감리자 업무

감리자는 자기에게 소속된 자를 다음의 기준에 따라 감리원으로 배치하고, 다음의 업무를 수행해야 합니다(「주택법」 제44조제1항, 「주택법 시행령」 제47조제4항 및 제49조제1항).

| 구분 | 내용 |
|------|------|
| 감리원<br>배치기준 | ■ 감리자격이 있는 자를 공사현장에 상주시켜 감리할 것<br>■ 「주택건설공사 감리자지정기준」이 정하여 고시하는 바에 따라 공사에 대한 감리업무를 총괄하는 총괄감리원 1명과 공사분야별 감리원을 각각 배치할 것<br>■ 총괄감리원은 주택건설공사 전기간(全期間)에 걸쳐 배치하고, 공사분야별 감리원은 해당 공사의 기간 동안 배치할 것<br>■ 감리원을 해당 주택건설공사 외의 건설공사에 중복하여 배치하지 않을 것 |
| 감리자의<br>업무 | ■ 시공자가 설계도서에 맞게 시공하는지 여부의 확인<br>■ 시공자가 사용하는 건축자재가 관계 법령에 따른 기 |

준에 맞는 건축자재인지 여부의 확인
- 주택건설공사에 대하여 「건설기술 진흥법」 제55조에 따른 품질시험을 하였는지 여부의 확인
- 시공자가 사용하는 마감자재 및 제품이 「주택법」 제54조제3항에 따라 사업주체가 시장·군수·구청장에게 제출한 마감자재 목록표 및 영상물 등과 동일한지 여부의 확인
- 그 밖에 주택건설공사의 시공감리에 관한 사항으로서 「주택법 시행령」 제49조제1항으로 정하는 사항

## ■ 부실감리자 등에 대한 조치

특별시장·광역시장·특별자치시장·특별자치도지사 또는 시장·군수는 지정·배치된 감리자 또는 감리원(다른 법률에 따른 감리자 또는 그에게 소속된 감리원을 포함)이 그 업무를 수행할 때 고의 또는 중대한 과실로 감리를 부실하게 하거나 관계 법령을 위반하여 감리를 함으로써 해당 사업시행자 또는 입주자 등에게 피해를 입히는 등 주택건설공사가 부실하게 된 경우에는 그 감리자의 등록 또는 감리원의 면허나 그 밖의 자격인정 등을 한 행정기관의 장에게 등록말소·면허취소·자격정지·영업정지나 그 밖에 필요한 조치를 하도록 요청할 수 있습니다(「주택법」 제47조).

# 5. 소형주택 건설 및 정비기반시설 설치

## 5-1. 소형주택의 건설 및 공급

### ■ 건설의무

① 사업시행자는 법적상한용적률에서 정비계획으로 정하여진 용적률을 뺀 용적률(이하 "초과용적률"이라 함)의 다음에 따른 비율에 해당하는 면적에 주거전용면적 60제곱미터 이하의 소형주택을 건설해야 합니다(「도시 및 주거환경정비법」 제54조제4항 본문).

| 사업시행지역 | 비율 |
|---|---|
| 과밀억제권역 | ■ 초과용적률의 30% 이상 50% 이하로서 시·도조례로 정하는 비율 |
| 그 밖의 지역 | ■ 초과용적률의 50% 이하로서 시·도조례로 정하는 비율 |

② 다만, 천재지변, 「재난 및 안전관리 기본법」 제27조 또는 규제 「시설물의 안전 및 유지관리에 관한 특별법」 제23조에 따른 사용제한·사용금지, 그 밖의 불가피한 사유로 긴급하게 정비사업을 시행하는 경우는 제외합니다(「도시 및 주거환경정비법」 제54조제4항 단서).

③ "법적상한용적률"이란 「국토의 계획 및 이용에 관한 법률」 제78조 및 관계 법률에 따른 용적률의 상한을 말합니다.

④ 과밀억제권역에서 시행하는 재건축사업 또는 시·도조례로 정하는 지역에서 시행하는 재건축사업의 경우(재정비촉진지구에서 시행되는 재건축사업은 제외), 정비계획으로 정해진 용적률에도 불구하고 지방도시계획위원회의 심의를 거쳐 법적상한용적률까지 건축할 수 있습니다(「도시 및 주거환경정비법」 제54조제1항 참조).

## ■ 소형주택의 공급

① 사업시행자는 건설한 소형주택을 국토교통부장관, 시·도지사, 시장, 군수, 구청장 또는 토지주택공사등(이하 "인수자"라 함)에 공급해야 합니다(「도시 및 주거환경정비법」 제55조제1항).

② 소형주택의 공급가격은 「공공건설임대주택 표준건축비」(국토교통부 고시 제2016-339호, 2016. 6. 8. 발령·시행)에 따르며, 부속 토지는 인수자에게 기부채납한 것으로 봅니다(「도시 및 주거환경정비법」 제55조제2항).

③ 사업시행자는 인수자에게 공급해야 하는 소형주택을 공개추첨의 방법으로 선정해야 하며, 그 선정결과를 지체 없이 인수자에게 통보해야 합니다(「도시 및 주거환경정비법 시행령」 제48조제1항).

## 5-2. 정비기반시설의 설치

## ■ 설치의무

① "정비기반시설"이란 도로·상하수도·구거(溝渠: 도랑)·공원·공용주차장·공동구(「국토의 계획 및 이용에 관한 법률」 제2조제9호에 따른 공동구를 말함), 그 밖에 주민의 생활에 필요한 열·가스 등의 공급시설로서 녹지, 하천, 공공공지, 광장, 소방용수시설, 비상대피시설, 가스공급시설을 말합니다(「도시 및 주거환경정비법」 제2조제4호 및 「도시 및 주거환경정비법 시행령」 제3조).

② 사업시행자는 관할 지방자치단체의 장과의 협의를 거쳐 정비구역에 정비기반시설을 설치해야 합니다(「도시 및 주거환경정비법」 제96조).

## ■ 정비기반시설 및 토지 등의 귀속

① 시장·군수등 또는 토지주택공사등이 정비사업의 시행으로 새로 정비기반시설을 설치하거나 기존의 정비기반시설을 대체하는 정비기반시설을 설치한 경우 종래의 정비기반시설은 사업시행자에게 무상으로 귀속되고, 새로 설치된 정비기반시설은 그 시설을 관리할 국가 또는 지방자치단체에 무상으로 귀속됩니다(「도시 및 주거환경정비법」 제97조제1항).

② 시장·군수등 또는 토지주택공사등이 아닌 사업시행자가 정비사업의 시행으로 새로 설치한 정비기반시설은 그 시설을 관리할 국가 또는 지방자치단체에 무상으로 귀속되고, 정비사업의 시행으로 용도가 폐지되는 국가 또는 지방자치단체 소유의 정비기반시설은 사업시행자가 새로 설치한 정비기반시설의 설치비용에 상당하는 범위에서 그에게 무상으로 양도됩니다(「도시 및 주거환경정비법」 제97조제2항).

# 제4장

# 관리처분계획은 어떻게 세우나요?

# 제4장 관리처분계획은 어떻게 세우나요?

## 1. 분양신청

### 1-1. 분양신청 절차

**■ 분양신청**

분양신청절차는 다음과 같습니다.

```
┌─────────────────────────────────────┐
│          사업시행인가 고시           │
└─────────────────────────────────────┘
              ▼              120일 이내
┌─────────────────────────────────────┐
│      자산평가금액 및 분양기간통지     │
└─────────────────────────────────────┘
              ▼
┌─────────────────────────────────────┐
│        분양신청(30일~60일)          │
└─────────────────────────────────────┘
              ▼              필요시
┌─────────────────────────────────────┐
│       분양신청기간 연장(20일)        │
└─────────────────────────────────────┘
```

### 1-2. 분양신청의 통지·공고

**■ 통지 및 공고**

사업시행자는 사업시행계획인가의 고시가 있은 날(사업시행계획인가 이후 시공자를 선정한 경우에는 시공자와 계약을 체결한 날)부터 120일 이내에 다음의 사항을 토지등소유자에게 통지하고, 분양의 대상이 되는 대지 또는 건축물의 내역 등 다음의 사항을 해당 지역에서 발간 되는 일간신문에 공고해야 합니다(「도시 및 주거환경정비법」 제72조제 1항, 「도시 및 주거환경정비법 시행령」 제59조제1항 및 제2항).

| 구분 | 내용 |
|---|---|
| 공통사항 | ■ 사업시행인가의 내용<br>■ 정비사업의 종류·명칭 및 정비구역의 위치·면적<br>■ 분양신청기간 및 장소<br>■ 분양대상 대지 또는 건축물의 내역<br>■ 분양신청자격<br>■ 분양신청방법<br>■ 분양을 신청하지 않은 자에 대한 조치 |
| 그 밖의<br>통지사항 | ■ 분양대상자별 종전의 토지 또는 건축물의 명세 및 사업시행계획인가의 고시가 있은 날을 기준으로 한 가격(사업시행계획인가 전에 「도시 및 주거환경정비법」 제81조제3항에 따라 철거된 건축물은 시장·군수 등에게 허가를 받은 날을 기준으로 한 가격)<br>■ 분양대상자별 분담금의 추산액<br>■ 분양신청기간<br>■ 분양신청서<br>■ 그 밖에 시·도조례로 정하는 사항 |
| 그 밖의<br>공고사항 | ■ 토지등소유자외의 권리자의 권리신고방법<br>■ 그 밖에 시·도조례로 정하는 사항 |

## 1-3. 분양신청기간 및 방법

### ■ 신청기간

분양신청기간은 통지한 날부터 30일 이상 60일 이내로 해야 합니다. 다만, 사업시행자는 관리처분계획의 수립에 지장이 없다고 판단하는 경우에는 분양신청기간을 20일의 범위에서 한 차례 연장할 수 있습니다(「도시 및 주거환경정비법」 제72조제2항).

## ※ 관련판례

**도시 및 주거환경정비법에 따른 주택재개발·재건축 정비사업에서 조합원이 관리처분계획 수립 전 단계에서 곧바로 조합을 상대로 공법상 당사자소송의 방식으로 신축 주택에 관한 수분양자 지위나 수분양권의 확인을 구할 수 있는지 여부(소극)**

도시 및 주거환경정비법에 의한 주택재개발·재건축 정비사업에서 사업 시행의 결과로 만들어지는 신축 주택에 관한 수분양자 지위나 수분양권(이하 '수분양권'이라고만 한다)은 조합원이 된 토지 등 소유자에게 분양신청만으로 당연히 인정되는 것이 아니라 도시 및 주거환경정비법 제76조 제1항 각호의 기준에 따라 수립되는 관리처분계획으로 비로소 정하여진다. 따라서 조합원은 자신의 분양신청 내용과 달리 관리처분계획이 수립되는 경우 관리처분계획의 취소 또는 무효확인을 항고소송의 방식으로 구할 수 있을 뿐이지, 곧바로 조합을 상대로 민사소송이나 공법상 당사자소송으로 수분양권의 확인을 구하는 것은 허용되지 않는다(대법원 1996. 2. 15. 선고 94다31235 전원합의체 판결 참조).

현행 행정소송법에서는 장래에 행정청이 일정한 내용의 처분을 할 것 또는 하지 못하도록 할 것을 구하는 소송(의무이행소송, 의무확인소송 또는 예방적 금지소송)은 허용되지 않는다(대법원 1992. 2. 11. 선고 91누4126 판결, 대법원 2006. 5. 25. 선고 2003두11988 판결 참조).

따라서 조합원이 관리처분계획이 수립되기 전의 단계에서 조합을 상대로 구체적으로 정하여진 바도 없는 수분양권의 확인을 공법상 당사자소송의 방식으로 곧바로 구하는 것은 현존하는 권리·법률관계의 확인이 아닌 장래의 권리·법률관계의 확인을 구하는 것일 뿐만 아니라, 조합으로 하여금 특정한 내용으로 관리처분계획을 수립할 의무가 있음의 확인을 구하는 것이어서 현행 행정소송법상 허용되지 않는 의무확인소송에 해당하여 부적법하다(대법원 2019. 12. 13. 선고 2019두39277 판결).

## ■ 신청방법

① 대지 또는 건축물에 대한 분양을 받으려는 토지등소유자는 분양신청기간에 사업시행자에게 대지 또는 건축물에 대한 분양신청을 해야 합니다(「도시 및 주거환경정비법」 제72조제3항).

② 분양신청을 하려는 자는 분양신청서에 소유권의 내역을 분명하게 적고, 그 소유의 토지 및 건축물에 관한 등기부등본 또는 환지예정지증명원을 첨부하여 사업시행자에게 제출해야 합니다. 이 경우 우편의 방법으로 분양신청을 하는 때에는 분양신청기간 내에 발송된 것임을 증명할 수 있는 우편으로 해야 합니다(「도시 및 주거환경정비법 시행령」 제59조제3항).

③ 분양신청기간 종료 후 사업시행계획인가의 변경(경미한 사항의 변경은 제외)으로 세대수 또는 주택규모가 달라지는 경우 분양공고 등의 절차를 다시 거칠 수 있습니다(「도시 및 주거환경정비법」 제72조제4항).

## ■ 잔여분 일반분양

① 사업시행자는 분양신청을 받은 후 잔여분이 있는 경우에는 정관등 또는 사업시행계획으로 정하는 목적을 위하여 그 잔여분을 보류지(건축물을 포함)로 정하거나 조합원 또는 토지등소유자 이외의 자에게 분양할 수 있습니다(「도시 및 주거환경정비법」 제79조제4항 본문).

② 잔여분을 분양하는 경우의 공고·신청절차·공급조건·방법 및 절차 등은 「주택법」 제54조에서 확인하실 수 있습니다.

## ※ 주택법

**제54조(주택의 공급)** ① 사업주체(「건축법」 제11조에 따른 건축허가를 받아 주택 외의 시설과 주택을 동일 건축물로 하여 제15조제1항에 따른 호수 이상으로 건설·공급하는 건축주와 제49조에 따라 사용검사를 받은 주택을 사업주체로부터 일괄하여 양수받은 자를 포함한다. 이하 이 장에서 같다)는 다음 각 호에서 정하는 바에 따라 주택을 건설·공급하여야 한다. 이 경우 국가유공자, 보훈보상대상자, 장애인, 철거주택의 소유자, 그 밖에 국토교통부령으로 정하는 대상자에게는 국토교통부령으로 정하는 바에 따라 입주자모집조건 등을 달리 정하여 별도로 공급할 수 있다.

1. 사업주체(공공주택사업자는 제외한다)가 입주자를 모집하려는 경우: 국토교통부령으로 정하는 바에 따라 시장·군수·구청장의 승인(복리시설의 경우에는 신고를 말한다)을 받을 것

2. 사업주체가 건설하는 주택을 공급하려는 경우

가. 국토교통부령으로 정하는 입주자모집의 시기(사업주체 또는 시공자가 영업정지를 받거나 「건설기술 진흥법」 제53조에 따른 벌점이 국토교통부령으로 정하는 기준에 해당하는 경우 등에 달리 정한 입주자모집의 시기를 포함한다)·조건·방법·절차, 입주금(입주예정자가 사업주체에게 납입하는 주택가격을 말한다. 이하 같다)의 납부 방법·시기·절차, 주택공급계약의 방법·절차 등에 적합할 것

나. 국토교통부령으로 정하는 바에 따라 벽지·바닥재·주방용구·조명기구 등을 제외한 부분의 가격을 따로 제시하고, 이를 입주자가 선택할 수 있도록 할 것

② 주택을 공급받으려는 자는 국토교통부령으로 정하는 입주자자격, 재당첨 제한 및 공급 순위 등에 맞게 주택을 공급받아야 한다. 이 경우 제63조제1항에 따른 투기과열지구 및 제63조의2제1항에 따른 조정대상지역에서 건설·공급되는 주택을 공급받으려는 자의 입주자자격, 재당첨 제한 및 공급 순위 등은 주택의 수급 상황 및 투기 우려 등을 고려하여 국토교통부령으로 지역별로 달리 정할

수 있다.

③ 사업주체가 제1항제1호에 따라 시장·군수·구청장의 승인을 받으려는 경우(사업주체가 국가·지방자치단체·한국토지주택공사 및 지방공사인 경우에는 견본주택을 건설하는 경우를 말한다)에는 제60조에 따라 건설하는 견본주택에 사용되는 마감자재의 규격·성능 및 재질을 적은 목록표(이하 "마감자재 목록표"라 한다)와 견본주택의 각 실의 내부를 촬영한 영상물 등을 제작하여 승인권자에게 제출하여야 한다.

④ 사업주체는 주택공급계약을 체결할 때 입주예정자에게 다음 각호의 자료 또는 정보를 제공하여야 한다. 다만, 입주자 모집공고에 이를 표시(인터넷에 게재하는 경우를 포함한다)한 경우에는 그러하지 아니하다.

1. 제3항에 따른 견본주택에 사용된 마감자재 목록표

2. 공동주택 발코니의 세대 간 경계벽에 피난구를 설치하거나 경계벽을 경량구조로 건설한 경우 그에 관한 정보

⑤ 시장·군수·구청장은 제3항에 따라 받은 마감자재 목록표와 영상물 등을 제49조제1항에 따른 사용검사가 있은 날부터 2년 이상 보관하여야 하며, 입주자가 열람을 요구하는 경우에는 이를 공개하여야 한다.

⑥ 사업주체가 마감자재 생산업체의 부도 등으로 인한 제품의 품귀 등 부득이한 사유로 인하여 제15조에 따른 사업계획승인 또는 마감자재 목록표의 마감자재와 다르게 마감자재를 시공·설치하려는 경우에는 당초의 마감자재와 같은 질 이상으로 설치하여야 한다.

⑦ 사업주체가 제6항에 따라 마감자재 목록표의 자재와 다른 마감자재를 시공·설치하려는 경우에는 그 사실을 입주예정자에게 알려야 한다.

⑧ 사업주체는 공급하려는 주택에 대하여 대통령령으로 정하는 내용이 포함된 표시 및 광고(「표시·광고의 공정화에 관한 법률」 제2조에 따른 표시 또는 광고를 말한다. 이하 같다)를 한 경우 대통령령으로 정하는 바에 따라 해당 표시 또는 광고의 사본을 시장·

군수·구청장에게 제출하여야 한다. 이 경우 시장·군수·구청장은 제출받은 표시 또는 광고의 사본을 제49조제1항에 따른 사용검사가 있은 날부터 2년 이상 보관하여야 하며, 입주자가 열람을 요구하는 경우 이를 공개하여야 한다.

③ 분양신청을 하지 않은 자 등에 대한 현금청산 및 매도청구에 관한 내용은 <사업시행-사업시행계획인가-매도청구>에서 확인하실 수 있습니다.

## 2. 관리처분계획의 수립

### 2-1. 수립기준

#### ■ 계획수립

사업시행자는 분양신청기간이 종료된 때에는 분양신청의 현황을 기초로 다음의 사항이 포함된 관리처분계획을 수립하여 시장·군수등의 인가를 받아야 하며, 관리처분계획을 변경·중지 또는 폐지하려는 경우에도 또한 같습니다(「도시 및 주거환경정비법」 제74조제1항 본문).

1. 분양설계
2. 분양대상자의 주소 및 성명
3. 분양대상자별 분양예정인 대지 또는 건축물의 추산액(임대 관리 위탁주택에 관한 내용을 포함)
4. 일반 분양분, 기업형임대주택(「도시 및 주거환경정비법」 제30조제1항에 따라 선정된 기업형임대사업자의 성명 및 주소를 포함하며, 법인인 경우에는 법인의 명칭 및 소재지와 대표자의 성명 및 주소를 포함), 임대주택, 그 밖에 부대시설·복리시설 등에 해당하는 보류지 등의 명세와 추산액 및 처분방법

5. 분양대상자별 종전의 토지 또는 건축물 명세 및 사업시행계획 인가 고시가 있은 날을 기준으로 한 가격(사업시행계획인가 전에 「도시 및 주거환경정비법」 제81조제3항에 따라 철거된 건축물은 시장·군수등에게 허가를 받은 날을 기준으로 한 가격)
6. 정비사업비의 추산액(재건축사업의 경우에는 「재건축초과이익 환수에 관한 법률」에 따른 재건축부담금에 관한 사항을 포함) 및 그에 따른 조합원 분담규모 및 분담시기
7. 분양대상자의 종전 토지 또는 건축물에 관한 소유권 외의 권리 명세
8. 세입자별 손실보상을 위한 권리명세 및 그 평가액
9. 그 밖에 정비사업과 관련한 권리 등에 관하여 「도시 및 주거환 경정비법 시행령」 제62조로 정하는 사항

■ 수립기준
관리처분계획의 내용은 다음의 기준에 따릅니다(「도시 및 주거환경정비법」 제76조제1항 ).
1. 종전의 토지 또는 건축물의 면적·이용 상황·환경, 그 밖의 사항을 종합적으로 고려하여 대지 또는 건축물이 균형 있게 분양신청자에게 배분되고 합리적으로 이용되도록 합니다.
2. 지나치게 좁거나 넓은 토지 또는 건축물은 넓히거나 좁혀 대지 또는 건축물이 적정 규모가 되도록 합니다.
3. 너무 좁은 토지 또는 건축물이나 정비구역 지정 후 분할된 토지를 취득한 자에게는 현금으로 청산할 수 있습니다.
4. 재해 또는 위생상의 위해를 방지하기 위하여 토지의 규모를 조정할 특별한 필요가 있는 때에는 너무 좁은 토지를 넓혀 토지

를 갈음하여 보상을 하거나 건축물의 일부와 그 건축물이 있는 대지의 공유지분을 교부할 수 있습니다.

5. 분양설계에 관한 계획은 분양신청기간이 만료하는 날을 기준으로 하여 수립합니다.

6. 1세대 또는 1명이 하나 이상의 주택 또는 토지를 소유한 경우 1주택을 공급하고, 같은 세대에 속하지 아니하는 2명 이상이 1주택 또는 1토지를 공유한 경우에는 1주택만 공급합니다.

7. 위의 6.에도 불구하고 다음의 경우에는 각각의 방법에 따라 주택을 공급할 수 있습니다.

가. 2명 이상이 1토지를 공유한 경우로서 시·도조례로 주택 공급을 따로 정하고 있는 경우에는 시·도조례로 정하는 바에 따라 주택을 공급할 수 있습니다.

나. 다음 어느 하나에 해당하는 토지등소유자에게는 소유한 주택 수만큼 공급할 수 있습니다.

　　1) 과밀억제권역에 위치하지 않은 재건축사업의 토지등소유자. 다만, 투기과열지구 또는 「주택법」 제63조의2제1항제1호에 따라 지정된 조정대상지역에서 사업시행계획인가(최초 사업시행계획인가를 말함)를 신청하는 재건축사업의 토지등소유자는 제외함

　　2) 근로자(공무원인 근로자를 포함) 숙소, 기숙사 용도로 주택을 소유하고 있는 토지등소유자

　　3) 국가, 지방자치단체 및 토지주택공사등

　　4) 「국가균형발전 특별법」 제18조에 따른 공공기관지방이 전 및 혁신도시 활성화를 위한 시책 등에 따라 이전하는 공공기관이 소유한 주택을 양수한 자

다. 「도시 및 주거환경정비법」 제74조제1항제5호에 따른 가격의 범위 또는 종전 주택의 주거전용면적의 범위에서 2주택을 공급할 수 있고, 이 중 1주택은 주거전용면적을 60제곱미터 이하로 합니다. 다만, 60제곱미터 이하로 공급받은 1주택은 「도시 및 주거환경정비법」 제86조제2항에 따른 이전고시일 다음 날부터 3년이 지나기 전에는 주택을 전매(매매·증여나 그 밖에 권리의 변동을 수반하는 모든 행위를 포함하되 상속의 경우는 제외)하거나 전매를 알선할 수 없습니다.

라. 과밀억제권역에 위치한 재건축사업의 경우에는 토지등 소유자가 소유한 주택수의 범위에서 3주택까지 공급할 수 있습니다. 다만, 투기과열지구 또는 「주택법」 제63조의2제1항제1호에 따라 지정된 조정대상지역에서 사업시행계획인가(최초 사업시행계획인가를 말함)를 신청하는 재건축사업의 경우는 제외합니다.

---

※ 관련판례

재건축정비사업조합의 총회가 새로운 총회결의로써 종전 총회결의의 내용을 철회하거나 변경할 수 있는 자율성과 형성의 재량을 가지는지 여부(적극) / 조합의 비용부담에 관한 정관을 변경하고자 하는 총회결의에 조합원 3분의 2 이상의 의결정족수가 적용되는지 여부(원칙적 적극) 및 변경되는 정관의 내용이 상가 소유자 등 특정 집단의 이해관계에 직접적인 영향을 미치는 경우에도 마찬가지인지 여부(적극)

조합의 총회는 재건축정비사업조합의 최고의사결정기관이고 정관 변경이나 관리처분계획의 수립·변경은 총회의 결의사항이므로, 조합의 총회는 상위법령과 정관이 정한 바에 따라 새로운 총회결의로써 종전 총회결의의 내용을 철회하거나 변경할 수 있

는 자율성과 형성의 재량을 가진다. 구 도시 및 주거환경정비법
(2016. 1. 27. 법률 제13912호로 개정되기 전의 것, 이하 '구
도시정비법'이라 한다)은 '재건축정비사업조합이 조합의 비용부
담에 관한 정관을 변경하고자 하는 경우에는 제16조 제2항의
규정에도 불구하고 조합원 3분의 2 이상의 동의를 얻어 시장·군
수의 인가를 받아야 한다'고 규정(제20조 제3항, 제1항 제8호)하
고, '총회의 소집절차·시기 및 의결방법 등에 관하여는 정관으로
정한다'고 규정(제24조 제6항)하고 있으므로, 조합의 정관이 조
합의 비용부담 등에 관한 총회의 소집절차나 의결방법에 대하여
상위법령인 구 도시정비법이 정한 것보다 더 엄격한 조항을 두
지 않은 이상 조합의 비용부담에 관한 정관을 변경하고자 하는
총회결의에는 조합원 3분의 2 이상의 의결정족수가 적용되고,
변경되는 정관의 내용이 상가 소유자 등 특정 집단의 이해관계
에 직접적인 영향을 미치는 경우라 할지라도 구 도시정비법 제
16조 제2항이 적용되거나 유추적용된다고 볼 수는 없다(대법원
2020. 6. 25. 선고 2018두34732 판결).

## 2-2. 경미한 사항의 변경

### ■ 경미한 사항의 변경신고

① 사업시행자는 다음의 어느 하나에 해당하는 관리처분계획의 경
미한 사항을 변경하려는 경우에는 시장·군수등에게 신고해야 합니
다(「도시 및 주거환경정비법」 제74조제1항 단서 및 「도시 및 주거환
경정비법 시행령」 제61조).

- 계산착오·오기·누락 등에 따른 조서의 단순정정인 경우(불이익
  을 받는 자가 없는 경우에만 해당)
- 정관 및 사업시행계획인가의 변경에 따라 관리처분계획을 변경
  하는 경우
- 「도시 및 주거환경정비법」 제64조에 따른 매도청구에 대한 판
  결에 따라 관리처분계획을 변경하는 경우

- 「도시 및 주거환경정비법」 제129조에 따른 권리·의무의 변동이 있는 경우로서 분양설계의 변경을 수반하지 않는 경우
- 주택분양에 관한 권리를 포기하는 토지등소유자에 대한 임대주택의 공급에 따라 관리처분계획을 변경하는 경우
- 「민간임대주택에 관한 특별법」 제2조제7호에 따른 임대사업자의 주소(법인인 경우에는 법인의 소재지와 대표자의 성명 및 주소)를 변경하는 경우

② 경미한 사항을 변경하려는 경우에는 총회의 의결, 토지등소유자의 공람 및 의견청취 절차를 거치지 않을 수 있습니다(「도시 및 주거환경정비법」 제45조제1항제10호, 제78조제1항 단서 및 「도시 및 주거환경정비법 시행령」 제61조).

## 3. 관리처분계획의 인가

### 3-1. 인가절차 및 신청

**■ 인가절차**

분양신청 완료 후 관리처분계획을 인가받기까지의 절차는 다음과 같습니다.

```
┌─────────────────────────────────────┐
│          분양신청 완료               │
└─────────────────────────────────────┘
                  ▼
┌─────────────────────────────────────┐
│          관리처분계획 수립           │
└─────────────────────────────────────┘
                  ▼
┌─────────────────────────────────────┐
│        종전자산 및 분담금 통지       │
│         (총회개최 1개월전)           │
└─────────────────────────────────────┘
                  ▼
┌─────────────────────────────────────┐
│    관리처분계획 총회(과반수 동의)    │
└─────────────────────────────────────┘
                  ▼
┌─────────────────────────────────────┐
│      관리자처분계획 공람(30일)       │
└─────────────────────────────────────┘
                  ▼
┌─────────────────────────────────────┐
│        관리처분계획 인가 신청        │
└─────────────────────────────────────┘
                  ▼
┌─────────────────────────────────────┐
│   관리자처분계획 인가(30일 이내)     │
│      타당성 검증시(60일 이내)        │
└─────────────────────────────────────┘
```

---

**※ 관련판례**

**임대차 종료 시 구 도시 및 주거환경정비법상 관리처분계획인가·고시가 이루어진 경우, 구 상가건물 임대차보호법 제10조 제1항 제7호 (다)목에서 정한 계약갱신 거절사유가 있는지 여부(적극) 및 사업시행인가·고시가 이루어졌다는 사정만으로도 마찬가지인지 여부(원칙적 소극)**

구 도시 및 주거환경정비법(2017. 2. 8. 법률 제14567호로 전부 개정되기 전의 것, 이하 '구 도시정비법'이라 한다)에 따라 정비사업이 시행되는 경우 관리처분계획인가·고시가 이루어지면 종전 건축물의 소유자나 임차권자는 그때부터 이전고시가 있는 날까지 이를 사용·수익할 수 없고(구 도시정비법 제49조 제6항), 사업시행자는 소유자, 임차권자 등을 상대로 부동산의 인도를 구할 수 있다. 이에 따라 임대인은 원활한 정비사업 시행을 위하여 정해진 이주기간 내에 세입자를 건물에서 퇴거시킬 의무가 있다. 따라서 임대차 종료 시 이미 구 도시정비법상 관리처분계획인가 · 고시가 이루어졌다면, 임대인이 관련 법령에 따라 건물 철거를 위해 건물 점유를 회복할 필요가 있어 구 상가건물 임대차보호법(2018. 10. 16. 법률 제15791호로 개정되기 전의 것, 이하 '구 상가임대차법'이라 한다)제10조 제1항 제7호 (다)목에서 정한 계약갱신 거절사유가 있다고 할 수 있다. 그러나 구 도시정비법상 사업시행인가 · 고시가 있는 때부터 관리처분계획인가 · 고시가 이루어질 때까지는 일정한 기간의 정함이 없고 정비구역 내 건물을 사용 · 수익하는 데 별다른 법률적 제한이 없다. 이러한 점에 비추어 보면, 정비사업의 진행 경과에 비추어 임대차 종료 시 단기간 내에 관리처분계획인가 · 고시가 이루어질 것이 객관적으로 예상되는 등의 특별한 사정이 없는 한, 구 도시정비법에 따른 사업시행인가 · 고시가 이루어졌다는 사정만으로는 임대인이 건물 철거 등을 위하여 건물의 점유를 회복할 필요가 있다고 할 수 없어 구 상가임대차법 제10조 제1항 제7호 (다)목에서 정한 계약갱신 거절사유가 있다고 할 수 없다. 이와 같이 임대차 종료 시 관리처분계획인가 · 고시가 이루어졌거나 이루어질 것이 객관적으로 예상되는 등으로 구 상가임대차법 제10조 제1항 제7호 (다)목의 사유가 존재한다는 점에 대한 증명책임은 임대인에게 있다(대법원 2020. 11. 26. 선고 2019다249831 판결).

## 3-2. 계획수립 후 절차

### ■ 문서의 통지

① 조합은 관리처분계획의 수립 및 변경(경미한 변경은 제외)의 사항을 의결하기 위한 총회의 개최일부터 1개월 전에 관리처분계획 포함사항 중 3.부터 6.까지의 규정에 해당하는 사항을 각 조합원에게 문서로 통지해야 합니다(「도시 및 주거환경정비법」 제74조제3항).

② 관리처분계획 포함사항은 <관리처분계획-관리처분계획의 수립-수립기준>에서 확인할 수 있습니다.

**관리처분계획의 주요 부분을 실질적으로 변경하는 내용으로 새로운 관리처분계획을 수립하여 시장·군수의 인가를 받은 경우, 처음 관리처분계획은 효력을 상실하는지 여부(원칙적 적극)**

구 도시 및 주거환경정비법(2017. 2. 8. 법률 제14567호로 전부 개정되기 전의 것, 이하 '구 도시정비법'이라 한다) 제48조 제1항에 의하면, 사업시행자가 관리처분계획을 수립하는 경우뿐만 아니라 이를 변경·중지 또는 폐지하고자 하는 경우에도 분양신청의 현황을 기초로 분양설계, 분양대상자의 주소 및 성명, 분양대상자별 분양예정인 대지 또는 건축물의 추산액, 분양대상자별 종전의 토지 또는 건축물의 명세 및 사업시행인가의 고시가 있은 날을 기준으로 한 가격, 정비사업비의 추산액 및 그에 따른 조합원 부담규모 및 부담시기, 분양대상자의 종전의 토지 또는 건축물에 관한 소유권 외의 권리명세, 세입자별 손실보상을 위한 권리명세 및 그 평가액, 그 밖에 정비사업과 관련한 권리 등에 대하여 대통령령이 정하는 사항을 포함하여 시장·군수의 인가를 받아야 하고, 다만 대통령령이 정하는 경미한 사항을 변경하고자 하는 때에는 시장·군수에게 신고하여야 한다.

이러한 구 도시정비법 관련 규정의 내용, 형식, 취지 등에 비추어 보면, 당초 관리처분계획의 경미한 사항을 변경하는 경우와는 달리 당초 관리처분계획의 주요 부분을 실질적으로 변경하는 내용으로 새로운 관리처분계획을 수립하여 시장·군수의 인가를 받은 경우에 당초 관리처분계획은 달리 특별한 사정이 없는 한 그 효력을 상실한다고 할 것이다(대법원 2011. 2. 10. 선고 2010두19799 판결, 대법원 2012. 3. 22. 선고 2011두6400 전원합의체 판결 참조)(대법원 2018. 2. 13. 선고 2017두64224 판결).

## ■ 총회의 의결

관리처분계획을 수립 및 변경하려는 경우에는 조합원 과반수의 찬성으로 의결합니다. 다만, 정비사업비가 100분의 10(생산자물가상승률분 및 손실보상 금액은 제외) 이상 늘어나는 경우에는 조합원 3분의 2 이상의 찬성으로 의결해야 합니다(「도시 및 주거환경정비법」 제45조제4항).

---

### ※ 관련판례

**재건축정비사업조합이 아파트와 상가를 분리하여 개발이익과 비용을 별도로 정산하고 상가협의회가 상가에 관한 관리처분계획안의 내용을 자율적으로 마련하는 것을 보장한다는 내용으로 상가협의회와 합의하는 경우, 그 내용이 조합의 정관에 규정하여야 하는 사항인지 여부(원칙적 적극) / 위 내용을 조합이 채택하기로 결정하는 조합 총회결의가 정관 변경의 요건을 완전히 갖추지는 못했으나 총회결의로서 유효하게 성립하였고 정관 변경을 위한 실질적인 의결정족수를 갖춘 경우, 조합 내부적으로 업무집행기관을 구속하는 규범으로서의 효력을 가지는지 여부(적극)**

재건축정비사업조합의 조합원들 중 상가의 구분소유자들(이하 '상가조합원'이라 하고, 이와 대비되는 아파트의 구분소유자들을 '아파트조합원'이라 한다)과 아파트조합원 사이의 이해관계 및 주된 관심사항이 크게 다른 상황에서, ① 아파트와 상가를 분리하여 개발이익과 비용을 별도로 정산하고 ② 상가조합원들로 구성된 별도의 기구(이하 '상가협의회'라 한다)가 상가에 관한 관리처분계획안의 내용을 자율적으로 마련하는 것을 보장한다는 내용으로 조합과 상가협의회 사이에서 합의하는 경우가 있다(①, ②를 통틀어 소위 '상가 독립정산제 약정'이라고 불리고 있다). ①부분은 조합원별 부담액에 영향을 미칠 수 있으므로 '조합의 비용부담' 및 '조합원의 권리·의무'에 관한 사항에 해당하고, ②부분은 조합 총회에 상정하여 승인받아야 하는 관리처분계획안 중 상가 부분의 작성을 조합의 이사회가 아니라 상가협의회에게

일임한다는 내용이므로 '조합임원의 권리·의무', '임원의 업무의
분담 및 대행 등' 및 '관리처분계획'에 관한 사항에 해당하므로,
이러한 내용은 원칙적으로 조합의 정관에 규정하여야 하는 사항
이다.

다만 이러한 내용을 조합이 채택하기로 결정하는 조합 총회의
결의가 정관 변경의 요건을 완전히 갖추지는 못했다면 형식적으
로 정관이 변경된 것은 아니지만, 총회결의로서 유효하게 성립
하였고 정관 변경을 위한 실질적인 의결정족수를 갖췄다면 적어
도 조합 내부적으로 업무집행기관을 구속하는 규범으로서의 효
력은 가진다고 보아야 한다. 왜냐하면, 조합의 총회가 조합의 최
고의사결정기관이고, 정관 변경은 조합의 총회결의를 통해서 결
정된 후 감독청의 인가를 받아야 하며[구 도시 및 주거환경정비
법(2016. 1. 27. 법률 제13912호로 개정되기 전의 것) 제20조
제3항], 여기에서 감독청의 인가는 기본행위인 총회결의의 효력
을 완성시키는 보충행위일 뿐 정관의 내용 형성은 기본행위인
총회결의에서 이루어지기 때문이다(대법원 2018. 3. 13. 선고
2016두35281 판결).

## ■ 관계서류의 공람 및 의견청취

① 사업시행자는 관리처분계획인가를 신청하기 전에 관계 서류의
사본을 30일 이상 토지등소유자에게 공람하게 하고 의견을 들어야
합니다. 다만, 경미한 사항을 변경하려는 경우에는 토지등소유자의
공람 및 의견청취 절차를 생략할 수 있습니다(「도시 및 주거환경정
비법」 제78조제1항).

② 관리처분계획의 경미한 사항의 변경에 관한 내용은 <관리처분계
획-관리처분계획의 수립-수립기준>에서 확인할 수 있습니다.

③ 시장·군수등은 사업시행자의 관리처분계획인가의 신청이 있은 날

부터 30일 이내에 인가 여부를 결정하여 사업시행자에게 통보해야 합니다.

④ 다만, 시장·군수등이 관리처분계획의 타당성 검증을 요청하는 경우에는 관리처분계획인가의 신청을 받은 날부터 60일 이내에 인가 여부를 결정하여 사업시행자에게 통지해야 합니다(「도시 및 주거환경정비법」 제78조제2항).

■ 인가신청

① 사업시행자가 관리처분계획의 인가 또는 변경·중지·폐지의 인가를 받으려는 때에는 다음의 구분에 따른 서류(전자문서를 포함)를 첨부하여 시장·군수등에게 제출해야 합니다(「도시 및 주거환경정비법 시행규칙」 제12조 및 별지 제9호서식).

| 구분 | 서류 |
|---|---|
| 공통 | ■ 관리처분계획(인가, 변경·중지·폐지인가)신청서 |
| 관리처분계획 인가 | ■ 관리처분계획서<br>■ 총회의결서 사본 |
| 관리처분계획 변경·중지 또는 는 폐지인가 | ■ 변경·중지 또는 폐지의 사유와 그 내용을 설명하는 서류 |

■ 인가내용의 고시

시장·군수등이 관리처분계획을 인가하는 때에는 다음의 사항을 포함한 인가내용을 해당 지방자치단체의 공보에 고시해야 합니다(「도시 및 주거환경정비법」 제78조제4항 및 「도시 및 주거환경정비법 시행규칙」 제13조).

- 정비사업의 종류 및 명칭
- 정비구역의 위치 및 면적
- 사업시행자의 성명 및 주소
- 관리처분계획인가일
- 대지 및 건축물의 규모 등 건축계획, 분양 또는 보류지의 규모 등 분양계획, 신설 또는 폐지하는 정비기반시설의 명세, 기존 건축물의 철거 예정시기 등의 사항을 포함한 관리처분계획인가의 요지

## ■ 공람계획 및 인가내용 등의 통지

① 사업시행자는 공람을 실시하려거나 시장·군수등의 고시가 있은 때에는 공람기간·장소 등 공람계획에 관한 사항과 개략적인 공람사항을 미리 토지등소유자에게 통지하고, 분양신청을 한 자에게는 관리처분계획인가의 내용 등을 통지해야 합니다(「도시 및 주거환경정비법」 제78조제5항 및 「도시 및 주거환경정비법 시행령」 제65조제1항).

② 사업시행자는 분양신청을 한 자에게 다음의 사항을 통지해야 하며, 관리처분계획 변경의 고시가 있는 때에는 변경내용을 통지해야 합니다(「도시 및 주거환경정비법 시행령」 제65조제2항).

- 정비사업의 종류 및 명칭
- 정비사업 시행구역의 면적
- 사업시행자의 성명 및 주소
- 관리처분계획의 인가일
- 분양대상자별 기존의 토지 또는 건축물의 명세 및 가격과 분양예정인 대지 또는 건축물의 명세 및 추산가액

③ 시장·군수등이 직접 관리처분계획을 수립하는 경우

시장·군수등이 직접 관리처분계획을 수립하는 경우에도 문서의 통

지, 관계서류의 공람 및 의견청취, 인가내용의 고시, 공람계획 및 인가내용 등의 통지절차를 거쳐야 합니다(「도시 및 주거환경정비법」 제74조제5항 및 제78조제6항).

## 4. 인가의 효력

### 4-1. 대지 및 건축물에 대한 처분 또는 관리

#### ■ 대지 및 건축물의 처분 등

재건축사업의 시행으로 조성된 대지 및 건축물은 관리처분계획에 따라 처분 또는 관리해야 합니다(「도시 및 주거환경정비법」 제79조제1항).

### 4-2. 건축물 등의 공급

#### ■ 건축물의 공급

① 사업시행자는 정비사업의 시행으로 건설된 건축물을 인가받은 관리처분계획에 따라 토지등소유자에게 공급해야 합니다(「도시 및 주거환경정비법」 제79조제2항).

② 사업시행자는 위의 공급대상자에게 주택을 공급하고 남은 주택을 공급대상자 외의 자에게 공급할 수 있습니다(「도시 및 주거환경정비법」 제79조제7항).

③ 다만, 사업시행자가 매도청구소송을 통하여 법원의 승소판결을 받은 후 입주예정자에게 피해가 없도록 손실보상금을 공탁하고 분양예정인 건축물을 담보한 경우에는 법원의 승소판결이 확정되기 전이라도 입주자를 모집할 수 있으나, 준공인가 신청 전까지 해당 주택건설 대지의 소유권을 확보해야 합니다(「도시 및 주거환경정비법」 제79조제8항 단서).

#### ■ 지분형주택 등의 공급

사업시행자가 토지주택공사등인 경우에는 분양대상자와 사업시행자가 공동 소유하는 방식으로 주택(이하 "지분형주택"이라 함)을 공급할 수 있으며, 공급되는 지분형주택의 규모, 공동 소유기간 및 분양대상자는 다음과 같습니다(「도시 및 주거환경정비법」 제80조제1항 및 「도시 및 주거환경정비법 시행령」 제70조).

| 구분 | 내용 |
|---|---|
| 규모 | ■ 주거전용면적 60제곱미터 이하인 주택 |
| 공동 소유기간 | ■ 「도시 및 주거환경정비법」 제86조제2항에 따라 소유권을 취득한 날부터 10년의 범위에서 사업시행자가 정하는 기간 |
| 분양 대상자 | ※ 다음의 요건을 모두 충족하는 사람<br>■ 「도시 및 주거환경정비법」 제74조제1항제5호에 따라 산정한 종전에 소유하였던 토지 또는 건축물의 가격이 주거전용면적 60제곱미터 이하인 주택의 분양가격 이하에 해당하는 사람<br>■ 세대주로서 「도시 및 주거환경정비법」 제13조제1항에 따른 정비계획의 공람 공고일 당시 해당 정비구역에 2년 이상 실제 거주한 사람<br>■ 재건축사업의 시행으로 철거되는 주택 외 다른 주택을 소유하지 않은 사람 |
| 그 밖의 사항 | ■ 지분형주택의 공급방법·절차, 지분 취득비율, 지분 사용료 및 지분 취득가격 등에 관하여 필요한 사항은 사업시행자가 따로 정함 |

## 4-3. 건축물 등의 사용·수익의 중지 및 철거 등

### ■ 사용 또는 수익의 제한

종전의 토지 또는 건축물의 소유자·지상권자·전세권자·임차권자 등 권리자는 관리처분계획인가의 고시가 있은 때에는 이전고시가 있는 날까지 종전의 토지 또는 건축물을 사용하거나 수익할 수 없습니다. 다만, 사업시행자의 동의를 받은 경우에는 그렇지 않습니다(「도시 및 주거환경정비법」 제81조제1항제1호).

### ■ 건축물의 철거 등

① 사업시행자는 관리처분계획인가를 받은 후 기존의 건축물을 철거해야 합니다(「도시 및 주거환경정비법」 제81조제2항).

② 다음의 어느 하나에 해당하는 경우에는 기존 건축물 소유자의 동의 및 시장·군수등의 허가를 받아 해당 건축물을 철거할 수 있습니다. 이 경우 건축물의 철거는 토지등소유자로서의 권리·의무에 영향을 주지 않습니다(「도시 및 주거환경정비법」 제81조제3항).

1. 「재난 및 안전관리 기본법」·「주택법」·「건축법」 등 관계령에서 정하는 기존 건축물의 붕괴 등 안전사고의 우려가 있는 경우
2. 폐공가(廢空家)의 밀집으로 범죄발생의 우려가 있는 경우

■ 건물이 노후하거나 안전에 문제가 있는 경우가 아니더라도 임대인이 건물을 철거하거나 재건축하기 위하여 임차인의 계약갱신요구를 거절할 수 있는지요?

◎ 3층 건물을 소유한 임대인입니다. 1층을 옷가게를 하는 임차인에게 임대하였습니다. 현재 건물이 노후하거나 안전에 문제가 있는 정도는 아니지만 재건축을 하려고 계획하고 있습니다. 그런데 1층을 임대한지 2년 정도 지난 상황에서 임차인이 계약갱신요구를 하고 있는 상황입니다. 이러한 경우에 저는 임차인의 갱신요구를 거절할 수 있는지요?

④ 상가건물임대차보호법 제10조 제1항은 본문에서 "임대인은 임차인이 임대차기간 만료 전 6월부터 1월까지 사이에 행하는 계약갱신 요구에 대하여 정당한 사유 없이 이를 거절하지 못한다."고 규정하면서 단서에서 "다만, 다음 각 호의 1의 경우에는 그러하지 아니하다."고 규정하고 있습니다. 각 호에 규정 중 사안과 관련된 규정은 동조 동항 제7호 다목 "다른 법령에 따라 철거 또는 재건축이 이루어지는 경우"입니다.

결국 동법 제10조 제7호 다목의 적용과 관련하여 건물이 노후하거나 안전에 문제가 있는 정도는 아니지만 임대인이 건물을 철거하거나 재건축하려는 경우도 이에 포함되는지가 문제됩니다.

이에 관하여 대법원 판결은 아니지만 하급심 판결에서 "상가건물 임차인의 법적 지위를 보호하는 것도 중요하지만, 임대인의 동의가 없어도 임차인의 갱신요구만으로 임대차가 갱신되도록 하는 것은 사법의 대원칙인 계약자유의 원칙을 제한하는 것이므로 원칙적으로 법령에 명시적으로 규정된 경우에만 가능한 점, 상가건물임대차보호법 제10조 제1항 제7호 다목은 '철거하거나 재건축하기 위해'라고만 규정할 뿐 철거나 재건축의 구체적 사유를 규정하고 있지 아니한 점, 같은 법 제10조 제1항은 본문에서 "임대인은 임차인이 임대차기간 만료 전 6월부터 1월까지 사이에 행하는 계약갱신 요구에 대하여 정당한 사유 없이 이를 거절하지 못한다."고 규정하면서 단서에서 "다만, 다음 각 호의 1의 경우에는 그러하지 아니하다"고 규정하고 있으므로 단서에 규정되지 않은 사유라고 하더라도 정당한 사유가 있다고 판단되는 경우에는 본문의 규정에 의하여 임대인이 임차인의 갱신요구를 거절할 수 있는 것으로 해석되는 점 등에 비추어 보면, 비록 건물이 노후하거나 안전에 문제가 있는 경우가 아니더라도 임대인은 건물을 철거하거나 재건축하기 위하여 임대차계약의 갱신을 거절할 수 있다고 해석함이 상당하다."고 판시하였습니다(대구지방법원 2008. 7. 22. 선고 2008나8841 판결).

따라서 위와 같은 하급심 판례의 입장에 따를 경우 사안과 같은 경우에 임대인은 임차인의 계약갱신요구를 거절할 수 있을 것으로 보입니다.

■ 낡은 건물을 철거하고 재건축한 경우 법정지상권의 효력은?

◎ 甲은 乙에게 甲소유의 토지와 건물에 공동저당권을 설정하고 거주하던 중 저당권 설정 당시의 건물을 철거한 후 건물을 신축하였으나 준공검사를 받지 못하고 있는 상태에서 저당권자인 乙이 경매를 신청하였고, 토지만 매각되어 그 소유권이 丙에게 이전되었습니다. 이 경우 신축건물의 소유자인 甲은 토지소유자인 丙에 대하여 법정지상권을 주장할 수 있는지요?

Ⓐ 민법에서 법정지상권에 관하여, 저당물의 경매로 인하여 토지와 그 지상건물이 다른 소유자에 속한 경우에는 토지소유자는 건물소유자에 대하여 지상권을 설정한 것으로 본다고 규정하고 있습니다(민법 제366조).

그런데 동일인소유 토지와 그 지상건물에 공동저당권이 설정된 후 그 건물이 철거되고 다른 건물이 신축된 경우, 저당물의 경매로 토지와 신축건물이 서로 다른 소유자에게 속할 경우 민법 제366조에서 정한 법정지상권이 성립하는지 판례를 보면, 동일인소유에 속하는 토지 및 그 지상건물에 관하여 공동저당권이 설정된 후 그 지상건물이 철거되고 새로 건물이 신축된 경우, 그 신축건물소유자가 토지소유자와 동일하고 토지의 저당권자에게 신축건물에 관하여 토지의 저당권과 동일한 순위의 공동저당권을 설정해 주는 등 특별한 사정이 없는 한, 저당물경매로 인하여 토지와 그 신축건물이 다른 소유자에 속하더라도 그 신축건물을 위한 법정지상권은 성립하지 아니한다고 하였으며(대법원 2003. 12. 18. 선고 98다43601 전원합의체 판결, 2010. 1. 14. 선고 2009다66150 판결), 그 이유는 동일인소유에 속하는 토지 및 그 지상건물에 관하여 공동저당권이 설정된 경우, 처음부터 지상건물로 인하여 토지이용이 제한받는 것을 용인하고 토지에 대하여만 저당권을 설정하여 법정지상권의 가치만큼 감소된 토지교환가치를 담보로 취득한 경우와는 달리, 공동저당권자는 토지 및 건물 각각의 교환가치 전부를 담보로 취득한 것으로서, 저당권목적건물이 그대로 존속하는 이상은 건물을 위한 법정지상권이 성립해도 그로 인하여 토지교환가치에서 제외된 법정지상권의 가액상당 가치는 법정지상권이 성립하는 건물교환가치에서 되찾을 수 있어 궁극적으로 토지에 관하여 아무런 제한이 없는 나대지로서의 교환가치전체를 실현시킬 수 있다고 기대하지만, 건물이 철거된 후 신축된 건물에 토지와 동순위의 공동저당권이 설정되지 아니 하였는데도 그 신축건물을 위한 법정지상권이 성립한다고 해석하면, 공동저당권자가 법정지상권이 성립하는 신축건물교환가치를 취득할 수 없게 되는 결과, 법정지상권의 가액상당 가치를 되찾을 길이 막혀 당초 나대지로서의 토지교환가치전체를 기대하여 담보를 취득한 공동저당권자에게 불측의 손해를 입게 하기 때문이라고 하였습니다(대법원 2003. 12. 18. 선고 98다43601 전원합의체 판결).

따라서 위 사안에서 甲은 토지소유자인 丙에게 법정지상권을 주장하기 어려울 것으로 보입니다.

# 제5장
# 사업완료는 어떤 절차를 거쳐야 하나요?

# 제5장 사업완료는 어떤 절차를 거쳐야 하나요?

## 1. 건축물의 철거 및 착공

### 1-1. 기존 건축물의 철거

**■ 물건조서 등의 작성**

① 사업시행자는 건축물을 철거하기 전에 관리처분계획의 수립을 위하여 기존 건축물에 대한 물건조서와 사진 또는 영상자료를 만들어 이를 착공 전까지 보관해야 합니다(「도시 및 주거환경정비법 시행령」 제72조제1항).

② 물건조서를 작성할 때에는 종전 건축물의 가격산정을 위하여 건축물의 연면적, 그 실측평면도, 주요마감재료 등을 첨부해야 합니다. 다만, 실측한 면적이 건축물대장에 첨부된 건축물현황도와 일치하는 경우에는 건축물현황도로 실측평면도를 갈음할 수 있습니다(「도시 및 주거환경정비법 시행령」 제72조제2항).

**■ 철거신고**

사업시행자가 건축물을 해체 하려면 건축물 해체 허가신청서 또는 신고서(전자문서로 제출하는 것을 포함)에 다음의 사항을 규정한 해체계획서를 건축사사무소개설신고를 한 자·기술사사무소를 개설등록한 자·안전진단전문기관의 검토를 받은 후 첨부하여 허가권자(특별자치시장·특별자치도지사 또는 시장·군수·구청장)에게 제출해야 합니다. 다만, 안전관리계획 수립 대상 공사의 경우 안전관리계획을 제출하면 해체계획서를 제출한 것으로 봅니다(「건축물관리법」 제30조제1항, 제2항, 제3항 및 「건축물관리법 시행규칙」 제11조, 제12조제1항).

- 해체공사를 수행하는 자 및 해체공사의 공정 등 해체공사의 개요
- 해체공사의 영향을 받게 될 「건축법」 제2조제1항제4호에 따른 건축설비의 이동, 철거 및 보호 등에 관한 사항
- 해체공사의 작업순서, 해체공법 및 이에 따른 구조안전계획
- 해체공사 현장의 화재 방지대책, 공해 방지 방안, 교통안전 방안, 안전통로 확보 및 낙하 방지대책 등 안전관리대책
- 해체물의 처리계획
- 해체공사 후 부지정리 및 인근 환경의 보수 및 보상 등에 관한 사항

## ■ 철거시기

① 사업시행자는 관리처분계획인가를 받은 후 기존의 건축물을 철거해야 합니다(「도시 및 주거환경정비법」 제81조제2항).

② 다만, 시장·군수등은 다음의 어느 하나에 해당하는 시기에는 건축물의 철거를 제한할 수 있습니다(「도시 및 주거환경정비법」 제81조제4항).

- 일출 전과 일몰 후
- 호우, 대설, 폭풍해일, 지진해일, 태풍, 강풍, 풍랑, 한파 등으로 해당 지역에 중대한 재해발생이 예상되어 기상청장이 「기상법」제13조에 따라 특보를 발표한 때
- 「재난 및 안전관리 기본법」제3조에 따른 재난이 발생한 때
- 위의 어느 하나에 준하는 시기로 시장·군수등이 인정하는 시기

③ 사업시행자는 다음의 어느 하나에 해당하는 경우에는 관리처분계획인가를 받기 전이라도 기존 건축물 소유자의 동의 및 시장·군

수등의 허가를 받아 해당 건축물을 철거할 수 있습니다. 이 경우 건축물의 철거는 토지등소유자로서의 권리·의무에 영향을 주지 않습니다(「도시 및 주거환경정비법」 제81조제3항).

- 「재난 및 안전관리 기본법」,「주택법」,「건축법」 등 관계 법령에서 정하는 기존 건축물의 붕괴 등 안전사고의 우려가 있는 경우
- 폐공가(廢空家)의 밀집으로 범죄발생의 우려가 있는 경우

## 1-2. 착공

### ■ 착공신고

① 건축물의 공사에 착수하려는 사업시행자는 착공신고서(전자문서로 된 신고서를 포함)에 다음의 서류 및 도서를 첨부하여 허가권자에게 제출함으로써 공사계획을 신고해야 합니다. 다만, 건축물의 해체 허가를 받거나 착공 예정일을 기재한 경우에는 제외됩니다(「건축법」 제21조제1항, 「건축법 시행규칙」 제14조제1항, 별표 4의2 및 별지 제13호서식).

- 건축관계자 상호간의 계약서 사본(해당사항이 있는 경우로 한정)
- 설계도서(다만, 건축허가 또는 신고를 할 때 제출한 경우에는 제출하지 않으며, 변경사항이 있는 경우에는 변경사항을 반영한 설계도서를 제출함)
- 감리 계약서(해당사항이 있는 경우로 한정)

② 시장·군수등은 착공신고를 받은 경우 시공보증서의 제출 여부를 확인해야 합니다(「도시 및 주거환경정비법」 제82조제2항).

## 2. 준공

### 2-1. 준공인가의 신청

#### ■ 신청방법

① 시장·군수등이 아닌 사업시행자가 재건축사업 공사를 완료한 때에는 준공인가신청서(전자문서로 된 신청서를 포함)에 다음의 서류(전자문서를 포함)를 첨부하여 시장·군수등에게 제출해야 합니다(「도시 및 주거환경정비법 시행령」 제74조제1항 본문, 「도시 및 주거환경정비법 시행규칙」 제15조제1항 및 별지 제10호서식).

- 건축물·정비기반시설(「도시 및 주거환경정비법 시행령」 제3조제9호에 해당하는 것을 제외) 및 공동이용시설 등의 설치 내역서
- 공사감리자의 의견서
- 현금납부액의 납부증명 서류(「도시 및 주거환경정비법」 제17조제4항에 따라 현금을 납부한 경우만 해당)

② 다만, 사업시행자(공동시행자인 경우를 포함)가 토지주택공사인 경우로서준공인가 처리결과를 시장·군수등에게 통보한 경우에는 그렇지 않습니다(「도시 및 주거환경정비법 시행령」 제74조제1항 단서).

#### ■ 준공인가 신청 후 절차

준공인가 신청 후 조합해산에 이르기까지의 절차는 다음과 같습니다.

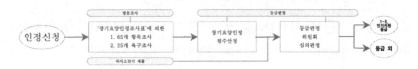

## 2-2. 준공검사의 실시

### ■ 준공검사의 실시

준공인가신청을 받은 시장·군수등은 지체 없이 준공검사를 실시해야 합니다(「도시 및 주거환경정비법」 제83조제2항 전단).

### ■ 공사완료의 고시

① 시장·군수등은 준공검사를 실시한 결과 정비사업이 인가받은 사업시행계획대로 완료되었다고 인정되는 때에는 준공인가를 하고 공사의 완료를 해당 지방자치단체의 공보에 고시해야 합니다(「도시 및 주거환경정비법」 제83조제3항).

② 시장·군수등이 직접 시행하는 정비사업에 관한 공사가 완료된 때에도 그 완료를 해당 지방자치단체의 공보에 고시해야 합니다(「도시 및 주거환경정비법」 제83조제4항).

③ 시장·군수등이 공사완료의 고시를 하는 때에는 다음의 사항을 포함해야 합니다(「도시 및 주거환경정비법 시행령」 제74조제4항).

- 정비사업의 종류 및 명칭
- 정비사업 시행구역의 위치 및 명칭
- 사업시행자의 성명 및 주소
- 준공인가의 내역

### ■ 준공인가증의 교부

① 시장·군수등은 준공인가를 한 때에는 준공인가증을 사업시행자에게 교부해야 합니다(「도시 및 주거환경정비법 시행령」 제74조제2항 참조 및 「도시 및 주거환경정비법 시행규칙」 별지 제11호서식).

② 사업시행자가 토지주택공사로서 자체적으로 처리한 준공인가결과를 시장·군수등에게 통보하거나 또는 사업시행자가 준공인가증을 교부받은 때에는 그 사실을 분양대상자에게 지체없이 통지해야 합니다(「도시 및 주거환경정비법 시행령」 제74조제3항).

## 2-3. 준공인가 전 사용허가

### ■ 건축물의 사용허가

① 시장·군수등은 준공인가를 하기 전이라도 완공된 건축물이 사용에 지장이 없는 등 다음의 기준에 적합한 경우에는 입주예정자가 완공된 건축물을 사용할 수 있도록 사업시행자에게 허가할 수 있습니다. 다만, 시장·군수등이 사업시행자인 경우에는 허가를 받지 않고 입주예정자가 완공된 건축물을 사용하게 할 수 있습니다(「도시 및 주거환경정비법」 제83조제5항 및 「도시 및 주거환경정비법 시행령」 제75조제1항).

■ 완공된 건축물에 전기·수도·난방 및 상·하수도 시설 등이 갖추어져 있어 해당 건축물을 사용하는 데 지장이 없을 것

■ 완공된 건축물이 관리처분계획에 적합할 것

■ 입주자가 공사에 따른 차량통행·소음·분진 등의 위해로부터 안전할 것

② 사업시행자가 준공인가 전 사용허가를 받으려는 때에는 사용허가신청서를 시장·군수등에게 제출해야 합니다(「도시 및 주거환경정비법 시행령」 제75조제2항 및 「도시 및 주거환경정비법 시행규칙」 별지 제12호서식).

※ 관련판례

갑 재건축조합이 재건축한 공동주택에 관하여 을 구청장으로부터 준공인가 전 사용허가를 받은 후 동·호수 추첨이 무효라는 확정판결이 있었는데도 당초의 추첨 결과에 따른 집합건축물대장 작성절차를 강행하였는데, 조합원들이 '기존의 동·호수 추첨 결과에 따라 배정된 주택에 잠정적으로 입주하는 것을 허용하되, 이로 인하여 입주한 동·호수를 분양받은 것으로 의제되는 것은 아니다'라는 취지의 가처분결정을 받은 후 입주하고 소유권보존등기를 마치자, 을 구청장이 사용승인 이후부터 조합원들이 소유권보존등기를 마치기 전까지 기간 동안 갑 조합이 공동주택의 사실상 소유자라고 보아 갑 조합에 재산세를 부과하는 처분을 한 사안에서, 처분은 하자가 중대하고 명백하여 당연무효라고 한 사례

갑 재건축조합이 재건축한 공동주택에 관하여 을 구청장으로부터 준공인가 전 사용허가를 받은 후 동·호수 추첨이 무효라는 확정판결이 있었는데도 당초의 추첨 결과에 따른 집합건축물대장 작성절차를 강행하였는데, 조합원들이 '기존의 동·호수 추첨 결과에 따라 배정된 주택에 잠정적으로 입주하는 것을 허용하되, 이로 인하여 입주한 동·호수를 분양받은 것으로 의제되는 것은 아니다'라는 취지의 가처분결정을 받은 후 입주하고 소유권보존등기를 마치자, 을 구청장이 사용승인 이후부터 조합원들이 소유권보존등기를 마치기 전까지 기간 동안 갑 조합이 공동주택의 사실상 소유자라고 보아 갑 조합에 재산세를 부과하는 처분을 한 사안에서, 재건축조합인 갑 조합은 구 지방세법(2014. 1. 1. 법률 제12153호로 개정되기 전의 것, 이하 '구 지방세법'이라 한다) 제107조 제1항에서 정한 재산세 납세의무자인 '사실상 소유자'로 볼 수 없고, 구 지방세법 제107조 제3항에서 정한 재산세 납세의무자인 '사용자'에도 해당하지 않으므로, 처분은 납세의무자가 아닌 자에게 한 과세처분으로 하자가 중대하고, 을 구청장은 조합원들에게 배정된 공동주택에 관하여 갑 조합으로부터 조합원분으로 통지를 받아 건축물관리대장을 작성하였으므로 공동주택이 조

합원용임을 이미 알고 있었던 점 등을 종합하면, 갑 조합이 공동
주택의 재산세 납세의무자가 아님은 객관적으로 명백하므로, 처
분은 하자가 중대하고 명백하여 당연무효라고 한 사례(대법원
2016. 12. 29. 선고 2014두2980, 2997 판결).

## 2-4. 준공인가의 효력

### ■ 정비구역의 해제

정비구역의 지정은 준공인가의 고시가 있은 날(관리처분계획을 수립하
는 경우에는 이전고시가 있은 때를 말함)의 다음 날에 해제된 것으로
봅니다. 이 때, 정비구역의 해제는 조합의 존속에 영향을 주지 않습니
다(「도시 및 주거환경정비법」 제84조제1항 전단 및 제2항).

### ■ 공사완료에 따른 인·허가등의 의제

① 준공인가를 하거나 공사완료를 고시하는 경우 시장·군수등이 사
업시행인가에 따라 의제되는 인·허가등에 따른 준공검사·준공인가·
사용검사·사용승인 등(이하 "준공검사·인가등"이라 함)에 관하여 관
계 행정기관의 장과 협의한 사항은 해당 준공검사·인가등을 받은
것으로 봅니다(「도시 및 주거환경정비법」 제85조제1항).
② 시장·군수등이 아닌 사업시행자가 위에 따라 준공검사·인가등의
의제를 받으려는 경우에는 준공인가를 신청하는 때에 해당 법률이
정하는 관계 서류를 함께 제출해야 합니다(「도시 및 주거환경정비
법」 제85조제2항).

# 3. 이전고시 및 청산

## 3-1. 이전고시의 실시

### ■ 소유권의 이전

① 사업시행자는 준공인가 고시가 있은 때에는 지체 없이 대지확정 측량을 하고 토지의 분할절차를 거쳐 관리처분계획에서 정한 사항을 분양받을 자에게 통지하며 대지 또는 건축물의 소유권을 이전해야 합니다(「도시 및 주거환경정비법」 제86조제1항 본문).

② 다만, 정비사업의 효율적인 추진을 위하여 필요한 경우에는 해당 정비사업에 관한 공사가 전부 완료되기 전이라도 완공된 부분은 준공인가를 받아 대지 또는 건축물별로 분양받을 자에게 그 소유권을 이전할 수 있습니다(「도시 및 주거환경정비법」 제86조제1항 단서).

③ 사업시행자가 위 규정에 따라 대지 및 건축물의 소유권을 이전하려는 때에는 그 내용을 해당 지방자치단체의 공보에 고시한 후 시장·군수등에게 보고해야 합니다(「도시 및 주거환경정비법」 제86조제2항 전단).

■ 주택재건축정비사업조합의 매도청구권 행사에 따른 소유권이전등
  기의무의 존부를 다투는 소송의 법적 성질은?

◎ 공법인인 재건축 주택재건축정비사업조합을 상대로 토지 및
건축물에 대한 주택재건축정비사업조합의 매도청구권을 둘러싼
소유권 이전등기를 구하는 소송은 어떤 형태인가요.

④ 구 도시 및 주거환경정비법(2007. 12. 21. 법률 제8785호로
개정되기 전의 것, 이하 '구 도시정비법'이라 한다)상 주택재건축정
비사업조합이 공법인이라는 사정만으로 조합 설립에 동의하지 않
은 자의 토지 및 건축물에 대한 주택재건축정비사업조합의 매도청
구권을 둘러싼 법률관계가 공법상의 법률관계에 해당한다거나 그
매도청구권 행사에 따른 소유권이전등기절차 이행을 구하는 소송
이 당연히 공법상 당사자소송에 해당한다고 볼 수는 없고, 위 법
률의 규정들이 주택재건축정비사업조합과 조합 설립에 동의하지
않은 자와의 사이에 매도청구를 둘러싼 법률관계를 특별히 공법상
의 법률관계로 설정하고 있다고 볼 수도 없으므로, 주택재건축정비
사업조합과 조합 설립에 동의하지 않은 자 사이의 매도청구를 둘
러싼 법률관계는 사법상의 법률관계로서 그 매도청구권 행사에 따
른 소유권이전등기의무의 존부를 다투는 소송은 민사소송에 의하
여야 할 것입니다.

갑 아파트 재건축정비사업조합의 매도청구권 행사에 따라 감정인이 갑 아파트 단지 내 상가에 있는 을 교회 소유 부동산들에 관한 매매대금을 산정하면서 위 부동산들을 일괄하여 감정평가한 사안에서, 을 교회가 위 부동산들을 교회의 부속시설로 이용하고 있다는 등의 사정만으로 위 부동산들이 일체로 거래되거나 용도상 불가분의 관계에 있다고 단정하기 어려운데도, 이와 같이 단정하여 위 부동산들을 일괄평가한 감정인의 감정 결과에 잘못이 없다고 본 원심판단에는 법리오해 등의 잘못이 있다고 한 사례

갑 아파트 재건축정비사업조합의 매도청구권 행사에 따라 감정인이 갑 아파트 단지 내 상가에 있는 을 교회 소유 부동산들에 관한 매매대금을 산정하면서 위 부동산들을 일괄하여 감정평가한 사안에서, 위 상가는 집합건물의 소유 및 관리에 관한 법률이 시행되기 전에 소유권이전등기가 마쳐진 것으로 현재까지 위 법률에 따른 집합건물등기가 되어 있지 않고 각 호수별로 건물등기가 되어 있는데, 을 교회가 위 부동산들을 교회의 부속시설인 소예배실, 성경공부방, 휴게실로 각 이용하고 있으나 위 부동산들은 실질적인 구분건물로서 구조상 독립성과 이용상 독립성이 유지되고 있을 뿐 아니라 개별적으로 거래대상이 된다고 보이고, 나아가 개별적으로 평가할 경우의 가치가 일괄적으로 평가한 경우의 가치보다 높을 수 있으므로, 을 교회가 위 부동산들을 교회의 부속시설로 이용하고 있다는 등의 사정만으로 위 부동산들이 일체로 거래되거나 용도상 불가분의 관계에 있다고 단정하기 어려운데도, 이와 같이 단정하여 위 부동산들을 일괄평가한 감정인의 감정 결과에 잘못이 없다고 본 원심판단에는 일괄평가 요건에 관한 법리오해 등의 잘못이 있다고 한 사례(대법원 2020. 12. 10. 선고 2020다226490 판결).

## 3-2. 이전고시의 효과

### ■ 소유권의 취득

대지 또는 건축물을 분양받을 자는 고시가 있은 날의 다음 날에 그 대지 또는 건축물의 소유권을 취득합니다(「도시 및 주거환경정비법」 제86조제2항 후단).

---

※ **관련판례**

**주택재건축사업 시행자가 조합 설립에 동의하지 않은 토지 또는 건축물 소유자를 상대로 매도청구의 소를 제기하여 매도청구권을 행사한 이후 제3자가 매도청구 대상인 토지 또는 건축물을 특정승계한 경우, 사업시행자가 민사소송법 제82조 제1항에 따라 제3자로 하여금 매도청구소송을 인수하도록 신청할 수 있는지 여부(원칙적 소극)**

구 도시 및 주거환경정비법(2012. 2. 1. 법률 제11293호로 개정되기 전의 것) 제39조, 집합건물의 소유 및 관리에 관한 법률 제48조의 규정 내용과 취지에 따르면, 재건축 참가 여부를 촉구받은 사람이 재건축에 참가하지 않겠다는 뜻을 회답하거나 2개월 이내에 회답을 하지 않았는데 토지 또는 건축물의 특정승계가 이루어진 경우, 사업시행자는 승계인에게 다시 새로운 최고를 할 필요 없이 곧바로 승계인을 상대로 매도청구권을 행사할 수 있다고 보아야 한다. 그러나 위 규정은 승계인에게 매도할 것을 청구할 수 있다고 정하고 있을 뿐이고 승계인이 매매계약상의 의무를 승계한다고 정한 것은 아니다. 따라서 사업시행자가 매도청구권을 행사한 이후에 비로소 토지 또는 건축물의 특정승계가 이루어진 경우 이미 성립한 매매계약상의 의무가 그대로 승계인에게 승계된다고 볼 수는 없다.

구 도시 및 주거환경정비법(2017. 2. 8. 법률 제14567호로 개정되기 전의 것) 제10조는 "사업시행자와 정비사업과 관련하여 권리를 갖는 자의 변동이 있은 때에는 종전의 사업시행자와 권리자의 권리·의무는 새로이 사업시행자와 권리자로 된 자가 이를 승계한다."라고 정하고 있다. 여기에서 '정비사업과 관련하여 권리

---

를 갖는 자'는 조합원 등을 가리키는 것이고, 사업시행자로부터 매도청구를 받은 토지 또는 건축물 소유자는 이에 포함되지 않는다. 따라서 매도청구권이 행사된 다음에 토지 또는 건물의 특정승계인이 이 조항에 따라 매매계약상의 권리·의무를 승계한다고 볼 수도 없다.

민사소송법 제82조 제1항은 '승계인의 소송인수'에 관하여 "소송이 법원에 계속되어 있는 동안에 제3자가 소송목적인 권리 또는 의무의 전부나 일부를 승계한 때에는 법원은 당사자의 신청에 따라 그 제3자로 하여금 소송을 인수하게 할 수 있다."라고 정하고 있다. 토지 또는 건축물에 관한 특정승계를 한 것이 토지 또는 건축물에 관한 소유권이전등기의무를 승계하는 것은 아니다. 따라서 사업시행자가 조합 설립에 동의하지 않은 토지 또는 건축물 소유자를 상대로 매도청구의 소를 제기하여 매도청구권을 행사한 이후에 제3자가 매도청구 대상인 토지 또는 건축물을 특정승계하였다고 하더라도, 특별한 사정이 없는 한 사업시행자는 민사소송법 제82조 제1항에 따라 제3자로 하여금 매도청구소송을 인수하도록 신청할 수 없다(대법원 2019. 2. 28. 선고 2016다255613 판결).

## ■ 대지 및 건축물에 대한 권리의 확정

① 대지 또는 건축물을 분양받을 자에게 이전고시 절차에 따라 소유권을 이전한 경우 종전의 토지 또는 건축물에 설정된 지상권·전세권·저당권·임차권·가등기담보권·가압류 등 등기된 권리 및 대항력을 갖춘 임차권은 소유권을 이전받은 대지 또는 건축물에 설정된 것으로 봅니다(「도시 및 주거환경정비법」 제87조제1항).

② 위 규정에 따라 취득하는 대지 또는 건축물 중 토지등소유자에게 분양하는 대지 또는 건축물은 「도시개발법」 제40조에 따라 행하여진 환지로 보며, 「도시 및 주거환경정비법」 제79조제4항에 따른 보류지와 일반에게 분양하는 대지 또는 건축물은 「도시개발법」 제

34조에 따른 보류지 또는 체비지로 봅니다(「도시 및 주거환경정비법」 제87조제2항 및 제3항).

※ **환지**: 종전토지를 사업시행 후 소유주에게 재배분하는 택지 혹은 이에 따른 행위
※ **보류지**: 사업시행자가 사업에 필요한 경비를 충당하거나 사업계획에서 정한 목적으로 사용하기 위해 처분할 수 있도록 정한 일정한 토지
※ **체비지**: 사업시행자가 경비충당 등을 위해 보류지 중 공동시설 설치 등을 위한 용지로 사용하기 위한 토지를 제외한 부분으로서 매각처분할 수 있는 토지

### ■ 권리변동의 제한

① 재건축사업에 관하여 이전고시가 있은 날부터 대지 또는 건축물에 관한 등기가 있을 때까지는 저당권 등의 다른 등기를 할 수 없습니다(「도시 및 주거환경정비법」 제88조제3항).

② 사업시행자는 이전고시가 있은 때에는 지체 없이 대지 및 건축물에 관한 등기를 지방법원지원 또는 등기소에 촉탁 또는 신청해야 하며, 등기에 필요한 사항은 「도시 및 주거환경정비 등기규칙」 (대법원 규칙 제2792호, 2018. 5. 29. 발령·시행) 제5조에 따릅니다 (「도시 및 주거환경정비법」 제88조제1항 및 제2항).

### ■ 청산금의 지급 등 절차개시

대지 또는 건축물을 분양받은 자가 종전에 소유하고 있던 토지 또는 건축물의 가격과 분양받은 대지 또는 건축물의 가격 사이에 차이가 있는 경우 사업시행자는 이전고시가 있은 후에 그 차액에 상당하는 금액을 분양받은 자로부터 징수하거나 분양받은 자에게 지급해야 합니다(「도시 및 주거환경정비법」 제89조제1항).

# 4. 청산금 징수 및 지급

## 4-1. 청산금

### ■ 청산금 징수 및 지급

대지 또는 건축물을 분양받은 자가 종전에 소유하고 있던 토지 또는 건축물의 가격과 분양받은 대지 또는 건축물의 가격 사이에 차이가 있는 경우 사업시행자는 이전고시가 있은 후에 그 차액에 상당하는 금액(이하 "청산금"이라 함)을 분양받은 자로부터 징수하거나 분양받은 자에게 지급해야 합니다(「도시 및 주거환경정비법」 제89조제1항).

---

※ 관련판례

**주택재건축사업에서 조합원이 도시 및 주거환경정비법 제47조나 조합 정관이 정한 요건을 충족하여 현금청산대상자가 된 경우, 사업시행자인 조합이 현금청산대상자에게 같은 법 제61조 제1항에 따른 부과금을 부과·징수할 수 있는지 여부(소극) / 현금청산대상자가 조합원의 지위를 상실하기 전까지 발생한 정비사업비 중 일정 부분을 도시 및 주거환경정비법 제47조에 규정된 청산절차 등에서 청산하거나 별도로 반환을 구할 수 있는 경우**

도시 및 주거환경정비법(이하 '도시정비법'이라고 한다) 제60조 제1항, 제61조 제1항, 제3항, 제47조 제1항의 내용, 형식과 체계, 사업시행자가 정비사업의 시행과정에서 정비사업비와 수입의 차액을 부과금으로 부과·징수하는 과정 등에 비추어 보면, 주택재건축사업에서 조합원이 도시정비법 제47조나 조합 정관이 정한 요건을 충족하여 현금청산대상자가 된 경우에는 조합원의 지위를 상실하므로, 사업시행자인 조합은 현금청산대상자에게 도시정비법 제61조 제1항에 따른 부과금을 부과·징수할 수 없고, 현금청산대상자가 조합원의 지위를 상실하기 전까지 발생한 정비사업비 중 일정 부분을 분담하여야 한다는 취지를 조합 정관이나 조합원 총회의 결의 또는 조합과 조합원 사이의 약정 등으로 미리 정한 경우 등에 한하여, 도시정비법 제47조에 규정된 청산절차 등에서

---

이를 청산하거나 별도로 반환을 구할 수 있다(대법원 2014. 12. 24. 선고 2013두19486 판결 참조)(대법원 2016. 8. 30. 선고 2015다207785 판결).

## 4-2. 청산금의 산정

### ■ 토지 또는 건축물의 가격평가

① 사업시행자는 종전에 소유하고 있던 토지 또는 건축물의 가격과 분양받은 대지 또는 건축물의 가격을 평가하는 경우 그 토지 또는 건축물의 규모·위치·용도·이용 상황·정비사업비 등을 참작하여 평가해야 합니다(「도시 및 주거환경정비법」 제89조제3항).

② 가격평가의 기준은 다음과 같습니다(「도시 및 주거환경정비법 시행령」 제76조제1항제2호 및 제2항제2호).

| 구분 | 평가기준 |
|---|---|
| 대지 또는 건축물을 분양받은 자가 종전에 소유하고 있던 토지 또는 건축물의 가격 | ■ 사업시행자가 정하는 바에 따라 평가함<br>※ 다만, 감정평가업자의 평가를 받으려는 경우 「도시 및 주거환경정비법」 제74조제2항제1호나목을 준용할 수 있음 |
| 분양받은 대지 또는 건축물의 가격 | |

## ■ 분양받은 대지 또는 건축물의 평가가격 가감

① 분양받은 대지 또는 건축물의 가격 평가에 있어 다음의 비용은 가산해야 하며, 보조금을 받은 경우에는 받은 보조금을 공제해야 합니다(「도시 및 주거환경정비법 시행령」제76조제3항).

■ 재건축사업의 조사·측량·설계 및 감리에 소요된 비용

■ 공사비

■ 재건축사업의 관리에 소요된 등기비용·인건비·통신비·사무용품비·이자나 그 밖에 필요한 경비

■ 융자금이 있는 경우에는 그 이자에 해당하는 금액

■ 정비기반시설 및 공동이용시설의 설치에 소요된 비용(시장·군수 등이 부담한 비용은 제외)

■ 안전진단의 실시, 정비사업전문관리업자의 선정, 회계감사, 감정평가나 그 밖에 정비사업 추진과 관련하여 지출한 비용으로서 정관등에서 정한 비용

② 건축물의 가격평가에 있어서는 층별·위치별 가중치를 참작할 수 있습니다(「도시 및 주거환경정비법시행령」제76조4항).

## 4-3. 청산금의 징수 및 지급방법 등

### ■ 분할·강제징수 및 공탁 등

청산금의 징수·공탁 및 소멸시효 등에 관한 내용은 다음과 같습니다(「도시 및 주거환경정비법」제89조제2항, 제90조 및 제93조제5항).

| 구분 | 내용 |
|------|------|
| 분할징수 및 지급 | ■ 사업시행자는 정관등에서 분할징수 및 분할지급을 정하고 있거나 총회의 의결을 거쳐 따로 정한 경우에는 관리처분계획인가 후부터 이전고시가 있은 날까지 일정 기간별로 분할징수하거나 분할지급가능 |
| 강제징수 | ■ 시장·군수등인 사업시행자는 청산금을 납부할 자가 이를 납부하지 않는 경우 지방세 체납처분의 예에 따라 징수(분할징수를 포함)가능<br>■ 시장·군수등이 아닌 사업시행자는 시장·군수등에게 청산금의 징수를 위탁가능(지방세 체납처분의 예에 따라 부과·징수할 수 있으며, 사업시행자는 징수한 금액의 100분의 4에 해당하는 금액을 해당 시장·군수등에게 교부해야 함) |
| 청산금의 공탁 | ■ 청산금을 지급받을 자가 이를 받을 수 없거나 거부한 경우에는 사업시행자는 그 청산금을 공탁가능 |
| 소멸시효 | ■ 청산금을 지급(분할지급을 포함)받을 권리 또는 이를 징수할 권리는 이전고시일 다음 날부터 5년간 행사하지 않으면 소멸 |

**주택재건축사업에서 조합원이 구 도시 및 주거환경정비법 제47조나 조합 정관이 정한 요건을 충족하여 현금청산대상자가 된 경우, 사업시행자인 조합이 현금청산대상자에게 같은 법 제61조 제1항에 따른 부과금을 부과·징수할 수 있는지 여부(소극) 및 현금청산대상자가 조합원의 지위를 상실하기 전까지 발생한 정비사업비 중 일정 부분을 같은 법 제47조에 규정된 청산절차 등에서 청산하거나 별도로 반환을 구할 수 있는 경우**

 구 도시 및 주거환경정비법(2012. 2. 1. 법률 제11293호로 개정되기 전의 것, 이하 '구 도시정비법'이라고 한다) 제60조 제1항, 제61조 제1항, 제3항, 제47조와 구 도시 및 주거환경정비법 시행령(2016. 7. 28. 대통령령 제27409호로 개정되기 전의 것) 제48조의 내용, 형식과 체계, 사업시행자가 정비사업의 시행과정에서 정비사업비와 수입의 차액을 부과금으로 부과·징수하는 과정 등에 비추어 보면, 주택재건축사업에서 조합원이 구 도시정비법 제47조나 조합 정관이 정한 요건을 충족하여 현금청산대상자가 된 경우에는 조합원의 지위를 상실하므로, 사업시행자인 조합은 현금청산대상자에게 구 도시정비법 제61조 제1항에 따른 부과금을 부과·징수할 수 없고, 다만 현금청산대상자가 조합원의 지위를 상실하기 전까지 발생한 정비사업비 중 일정 부분을 분담하여야 한다는 취지를 조합 정관이나 조합원총회의 결의 또는 조합과 조합원 사이의 약정 등으로 미리 정한 경우 등에 한하여 구 도시정비법 제47조에 규정된 청산절차 등에서 이를 청산하거나 별도로 반환을 구할 수 있다(대법원 2014. 12. 24. 선고 2013두19486 판결, 대법원 2016. 8. 30. 선고 2015다207785 판결 참조)(대법원 2016. 12. 27. 선고 2014다203212 판결).

## 4-4. 저당권 설정자의 청산금 지급

### ■ 저당권의 물상대위

재건축사업을 시행하는 지역 안에 있는 토지 또는 건축물에 저당권을 설정한 권리자는 사업시행자가 저당권이 설정된 토지 또는 건축물의 소유자에게 청산금을 지급하기 전에 압류절차를 거쳐 저당권을 행사할 수 있습니다(「도시 및 주거환경정비법」 제91조).

### ■ 공동저당된 대지와 주택이 재건축된 후 일괄매각 시 임차인의 대항력은?

◎ 저는 甲으로부터 대지와 주택이 공동담보로 근저당권이 설정되었다가 재건축되어 대지에만 근저당권이 남아 있는 주택을 임차하여 입주와 주민등록전입신고를 마치고 확정일자도 받아 두었습니다. 그런데 최근 대지상의 근저당권자가 대지뿐만 아니라 그 지상의 위 재건축된 임차주택까지 경매를 신청하였습니다. 이 경우 저는 경매절차의 매수인에게 주택임차인으로서의 대항력을 주장할 수 있는지요?

Ⓐ 대지에 대한 저당권자가 그 지상건물에 대해서도 경매를 신청할 수 있는지 여부와 관련하여 「민법」 제365조는 "토지를 목적으로 저당권을 설정한 후 그 설정자가 그 토지에 건물을 건축한 때에는 저당권자는 토지와 함께 그 건물에 대하여도 경매를 청구할 수 있다."라고 규정하고 있고, 일괄경매청구권의 규정 취지에 관하여 판례는 "민법 제365조가 토지를 목적으로 한 저당권을 설정한 후 그 저당권설정자가 그 토지에 건물을 축조한 때에는 저당권자가 토지와 건물을 일괄하여 경매를 청구할 수 있도록 규정한 취지는, 저당권은 담보물의 교환가치의 취득을 목적으로 할 뿐 담보물의 이용을 제한하지 아니하여 저당권설정자로서는 저당권설정 후에도 그 지상에 건물을 신축할 수 있는데, 후에 그 저당권의 실행으로 토지가 제3자에게 경락 될 경우에 건물을 철거하여야 한다면 사회경제적으

로 현저한 불이익이 생기게 되어 이를 방지할 필요가 있으므로 이러한 이해관계를 조절하고, 저당권자에게도 저당토지상의 건물의 존재로 인하여 생기게 되는 경매의 어려움을 해소하여 저당권의 실행을 쉽게 할 수 있도록 한 데에 있다."라고 하였습니다(대법원 2001. 6. 13.자 2001마1632 결정, 2003. 5. 11. 선고 2003다3850 판결).

그런데 위 사안과 같이 대지와 그 지상 주택이 공동담보로 근저당권이 설정되었다가 기존주택이 멸실되고 새로이 주택을 건축한 경우에도 위 규정에 의한 일괄경매가 가능한 것인지 문제됩니다.

이에 관하여 대법원은 "토지와 그 지상건물의 소유자가 이에 대하여 공동저당권을 설정한 후 건물을 철거하고 그 토지 상에 새로이 건물을 축조하여 소유하고 있는 경우에는 건물이 없는 나대지 상에 저당권을 설정한 후 그 설정자가 건물을 축조한 경우와 마찬가지로 저당권자는 민법 제365조에 의하여 그 토지와 신축건물의 일괄경매를 청구할 수 있다."라고 판시한 바 있습니다(대법원 1998. 4. 28.자 97마2935 결정). 그러므로 토지와 주택을 일괄하여 경매신청한 부분에 대한 법률상 하자는 없는 것으로 보입니다.

다만, 「민법」 제365조의 단서는, "그러나 그 건물의 경락대금에 대하여는 우선변제를 받을 권리가 없다."라고 규정하고 있으므로, 위 근저당권은 대지부분에 한하여 우선변제권이 인정되고 건물부분에 대해서는 일반 채권자와 동일한 권리를 갖는다 할 것입니다.

따라서 귀하가 위 경매절차에서 권리신고 겸 배당요구신청을 하고 다른 우선권자가 없다면, 귀하는 확정일자에 의한 임차보증금 우선변제로서 대지에 대하여는 위 근저당권자보다 후순위로, 건물에 대하여는 제1순위로 매각대금의 배당을 받게 될 것으로 보입니다. 그리고 귀하는 「주택임대차보호법」 제3조의 규정에 의한 대항력을 갖춘 경우이므로 위 경매절차에서 배당받지 못한 임차보증금이 있을 경우에는 경매절차의 매수인에게 대항력을 주장하여 보증금을 반환받을 때까지 위 주택에 계속 거주할 수 있을 것으로 보입니다.

# ■ 저당된 토지에 재건축한 주택 임차인의 토지매각금에 대한 권리는 어떻게 주장하나요?

◎ 甲은 소액보증금으로 乙로부터 주택을 임차하여 입주와 주민등록을 마쳤는데, 위 주택은 그 대지와 함께 丙에게 담보로 제공되어 근저당권이 설정된 상태의 구 주택이 철거되고 다시 신축된 주택입니다. 이 경우 위 주택 등이 경매된다면 甲이 대지의 매각대금에서는 소액임차인으로서 최우선변제를 받을 수 없는지요?

Ⓐ 「주택임대차보호법」제8조 제1항 및 제3항은 임차인은 보증금 중 일정액을 다른 담보물권자보다 우선하여 변제받을 권리가 있고, 우선변제를 받을 임차인 및 보증금 중 일정액의 범위와 기준은 같은 법 제8조의2에 따른 주택임대차위원회의 심의를 거쳐 대통령령으로 정하되, 주택가액(대지의 가액을 포함)의 2분의 1을 넘지 못하도록 규정하고 있습니다.

그러므로 보통의 일반적인 주택임차인은 위 규정에 근거하여 대지를 포함한 주택의 매각대금에서 우선변제권 등을 주장할 수 있습니다.

그런데 대지에 저당권이 설정된 후에 건물이 신축되었고, 그 신축건물을 임차한 소액임차인이 대지에 대한 경매절차의 매각대금에 대하여도 최우선변제권을 주장할 수 있는가에 관하여 판례는 "저당권설정 후에 비로소 건물이 신축된 경우에까지 공시방법이 불완전한 소액임차인에게 우선변제권을 인정한다면 저당권자가 예측할 수 없는 손해를 입게 되는 범위가 지나치게 확대되어 부당하므로, 이러한 경우에는 소액임차인은 대지의 환가대금에 대하여 우선변제를 받을 수 없다고 보아야 한다."라고 하였습니다(대법원 1999. 7. 23. 선고 99다25532 판결).

그러나 임대인이 토지와 그 지상 주택에 근저당권을 설정하였다가 임의로 주택을 멸실 시키고 그 자리에 다시 주택을 신축하여 이를 임대한 후 토지에 대한 근저당권의 실행으로 주택이 일괄

매각된 경우, 주택임차인이 토지부분의 매각대금에서도 소액보증금을 우선변제 받을 수 있는지에 관하여 하급심 판례는 "임대인이 토지와 그 지상 주택에 근저당권을 설정하였다가 임의로 주택을 멸실 시키고 그 자리에 다시 주택을 신축하여 이를 임대한 후 토지에 대한 근저당권실행으로 주택이 함께 일괄경매 된 경우, 주택임대차보호법이 별다른 제한 없이 소액임차인에 대해 대지의 가액을 포함한 주택가액의 2분의 1의 범위 내에서 우선변제권이 있다고 규정하고 있는 점 및 이미 토지 위에 종전의 건물, 특히 주택이 건립되어 있어 근저당권자가 토지 및 종전 주택에 근저당권을 설정할 당시 이미 그 주택에 우선변제권이 인정될 소액임차인이 존재하리라는 것을 고려하여 그 담보가치를 정하였으리라고 보이는 특별한 사정이 있는 점에 비추어 새로 건립된 주택의 소액임차인에게 대지 부분의 배당금액에 대하여도 우선변제권을 인정하여야 한다."라고 하였습니다(서울지법서부지원 1998. 7. 22. 선고 97가단37992 판결).

따라서 위 하급심 판례의 취지대로라면 위 사안에서 甲은 대지의 매각대금에서도 최우선변제를 받을 수 있을 것으로 보입니다.

# 5. 조합해산

## 5-1. 조합의 해산 결의

### ■ 사업완료 외의 사유에 의한 조합 해산

사업완료 외의 사유로 인한 조합의 해산은 조합원총회의 의결을 거쳐야 하며, 이는 대의원회가 대행할 수 없습니다(「도시 및 주거환경정비법 시행령」 제42조제1항제1호 및 제43조제10호 본문).

### ■ 사업완료로 인한 조합 해산

재건축사업의 완료로 인한 조합의 해산의 경우에는 대의원회에서 이를 대행할 수 있습니다(「도시 및 주거환경정비법 시행령」 제43조제10호 단서).

## 5-2. 조합청산절차

### ■ 청산인

① 법인이 해산한 경우에는 파산의 경우를 제외하고는 정관 또는 총회의 의결로 달리 정한 바가 없으면 이사가 청산인이 되므로, 조합의 경우에는 특별한 사정이 없는 한 조합장이 청산인이 됩니다(「민법」 제82조 참조).

② 청산인은 현존하는 조합사무의 종결, 채권추심 및 채무변제, 잔여재산의 인도와 이 업무들을 행하기 위해 필요한 모든 행위를 할 수 있습니다(「민법」 제87조).

### ■ 청산종결

① 조합이 해산된 경우 청산인은 취임 후 3주간 내에 해산의 사유 및 연월일, 청산인의 성명 및 주소를, 청산인의 대표권을 제한한 때에는 그 제한을 주된 사무소 및 분사무소 소재지에서 등기하고 주무관청에 신고해야 합니다(「민법」 제85조 및 제86조).

② 청산이 종결한 때에는 청산인은 3주간내에 이를 등기하고 주무관청에 신고해야 합니다(「민법」 제94조).

# 제6장

# 사업비용은 누가 부담하나요?

# 제6장 사업비용은 누가 부담하나요?

## 1. 사업비용의 부담

### 1-1. 비용부담

#### ■ 비용부담의 원칙 및 예외

① 재건축사업비는 「도시 및 주거환경정비법」 또는 다른 법령에 특별한 규정이 있는 경우를 제외하고는 사업시행자가 부담합니다(「도시 및 주거환경정비법」 제92조제1항).

② 시장·군수등이 아닌 사업시행자가 시행하는 재건축사업의 정비계획에 따라 설치되는 다음의 시설에 대하여는 그 건설에 드는 비용의 전부 또는 일부를 부담할 수 있습니다(「도시 및 주거환경정비법」 제92조제2항 및 「도시 및 주거환경정비법 시행령」 제77조).

1. 도시·군계획시설 중 도로, 공원, 상·하수도, 공원, 공용주차장, 공동구, 녹지, 하천, 공공공지, 광장에 해당하는 주요 정비기반시설 및 공동이용시설

2. 임시거주시설

### 1-2. 비용의 조달

#### ■ 부과금·연체료의 부과 및 징수

① 사업시행자는 토지등소유자로부터 재건축사업비와 재건축사업의 시행과정에서 발생한 수입의 차액을 부과금으로 부과 및 징수할 수 있습니다(「도시 및 주거환경정비법」 제93조제1항).

② 사업시행자는 토지등소유자가 부과금의 납부를 태만히 한 때에는 정관등에서 정하는 바에 따라 연체료를 부과·징수할 수 있습니다(「도시 및 주거환경정비법」 제93조제2항 및 제3항).

## ■ 부과 및 징수의 위탁

① 시장·군수등이 아닌 사업시행자는 부과금 또는 연체료를 체납하는 자가 있는 때에는 시장·군수등에게 그 부과·징수를 위탁할 수 있습니다(「도시 및 주거환경정비법」 제93조제4항).

② 시장·군수등은 부과·징수를 위탁받은 경우에는 지방세 체납처분의 예에 따라 부과·징수할 수 있으며, 이 경우 사업시행자는 징수한 금액의 100분의 4에 해당하는 금액을 해당 시장·군수등에게 교부해야 합니다(「도시 및 주거환경정비법」 제93조제5항).

## 1-3. 정비기반시설의 비용부담

### ■ 정비기반시설 관리자의 비용부담

① 시장·군수등은 자신이 시행하는 정비사업으로 현저한 이익을 받는 정비기반시설의 관리자가 있는 경우에는 「도시 및 주거환경정비법 시행령」 제78조로 정하는 방법 및 절차에 따라 해당 정비사업비의 일부를 그 정비기반시설의 관리자와 협의하여 그 관리자에게 부담시킬 수 있습니다(「도시 및 주거환경정비법」 제94조제1항).

② 사업시행자는 정비사업을 시행하는 지역에 전기·가스 등의 공급시설을 설치하기 위하여 공동구를 설치하는 경우에는 다른 법령에 따라 그 공동구에 수용될 시설을 설치할 의무가 있는 자에게 「도시 및 주거환경정비법 시행규칙」 제16조에 따라 공동구의 설치에 드는 비용을 부담시킬 수 있습니다(「도시 및 주거환경정비법」 제94조제2항 및 제3항).

## 1-4. 공사비의 검증

### ■ 공사비 검증 요청

① 재건축사업의 사업시행자(시장·군수등 또는 토지주택공사등이 단독 또는 공동으로 정비사업을 시행하는 경우는 제외함)는 시공자와 계약 체결 후 다음의 어느 하나에 해당하는 때에는 정비사업 지원기구에 공사비 검증을 요청해야 합니다(「도시 및 주거환경정비법」 제29조의2제1항).

- 토지등소유자 또는 조합원 5분의 1 이상이 사업시행자에게 검증 의뢰를 요청하는 경우
- 공사비의 증액 비율(당초 계약금액 대비 누적 증액 규모의 비율로서 생산자물가상승률은 제외한다)이 다음 각 목의 어느 하나에 해당하는 경우
 1. 사업시행계획인가 이전에 시공자를 선정한 경우: 100분의 10 이상
 2. 사업시행계획인가 이후에 시공자를 선정한 경우: 100분의 5 이상
- 제1호 또는 제2호에 따른 공사비 검증이 완료된 이후 공사비의 증액 비율(검증 당시 계약금액 대비 누적 증액 규모의 비율로서 생산자물가상승률은 제외한다)이 100분의 3 이상인 경우

② 공사비 검증의 방법 및 절차, 검증 수수료, 그 밖에 필요한 사항은 국토교통부장관이 정하여 고시하는 바에 따릅니다(「도시 및 주거환경정비법」 제29조의2제2항).

## 2. 재건축부담금의 산정

### 2-1. 재건축부담금이란?

#### ■ 재건축부담금의 의의

"재건축부담금"이란 재건축초과이익 중 「재건축초과이익 환수에 관한 법률」에 따라 국토교통부장관이 부과·징수하는 금액을 말하며, 국토교통부장관은 재건축사업에서 발생되는 재건축초과이익을 재건축부담금으로 징수해야 합니다(「재건축초과이익 환수에 관한 법률」 제2조제3호 및 제3조).

### 2-2. 재건축부담금의 산정기준

#### ■ 납부의무자

① 조합(신탁업자를 포함)은 「재건축초과이익 환수에 관한 법률」이 정하는 바에 따라 재건축부담금을 납부할 의무가 있습니다(「재건축초과이익 환수에 관한 법률」 제6조제1항 본문).

② 신탁업자가 재건축부담금을 납부하는 경우에는 해당 재건축사업의 신탁재산 범위에서 납부할 의무가 있습니다(「재건축초과이익 환수에 관한 법률」 제6조제2항).

#### ■ 조합원 등의 2차 납부

종료시점 부과대상 주택을 공급받은 조합원(조합이 해산된 경우 또는 신탁이 종료된 경우는 부과종료 시점 당시의 조합원 또는 위탁자를 말함)이 다음의 어느 하나에 해당하는 경우에는 2차적으로 재건축부담금을 납부해야 합니다(「재건축초과이익 환수에 관한 법률」 제6조제1항 단서).

- 조합이 해산된 경우
- 조합의 재산으로 그 조합에 부과되거나 그 조합이 납부할 재건축부담금·가산금 등에 충당하여도 부족한 경우

- 신탁이 종료된 경우
- 신탁업자가 해당 재건축사업의 신탁재산으로 납부할 재건축부담금·가산금 등에 충당하여도 부족한 경우

■ **부과기준**
① 재건축부담금의 부과기준은 종료시점 부과대상 주택의 가격 총액(이하 "종료시점 주택가액"이라 한다)에서 다음의 모든 금액을 공제한 금액으로 합니다(「재건축초과이익 환수에 관한 법률」제7조 본문).
- 개시시점 부과대상 주택의 가격 총액(이하 "개시시점 주택 가액"이라 함)
- 부과기간 동안의 개시시점 부과대상 주택의 정상주택가격 상승분 총액
- 개발비용 등

② 다만, 부과대상 주택 중 일반분양분의 종료시점 주택가액은 분양시점 분양가격의 총액과 종료시점까지 미분양된 일반분양분의 가액을 반영한 총액으로 합니다(「재건축초과이익 환수에 관한 법률」제7조 단서 및 제9조제3항).
③ 일반적인 경우
재건축초과이익 = 종료시점 주택가액-(개시시점 주택가액 + 정상주택가격상승분 + 개발비용)
④ 부과대상주택 중 일반분양분의 경우
재건축초과이익 = 분양시점 분양가격의 총액 + 종료시점까지 미분양된 일반분양분의 가액(종료시점 주택가액 사전방식 준용)

## ■ 기준시점

① 재건축부담금의 부과개시시점은 재건축사업을 위하여 최초로 구성된 조합설립추진위원회가 승인된 날이며, 부과종료시점은 해당 재건축사업의 준공인가일입니다(「재건축초과이익 환수에 관한 법률」 제8조제1항 본문 및 제3항 본문).

② 부과개시시점부터 부과종료시점까지의 기간이 10년을 초과하는 경우에는 부과종료시점으로부터 역산하여 10년이 되는 날을 부과개시시점으로 합니다(「재건축초과이익 환수에 관한 법률」 제8조제2항).

③ 다만, 부과대상이 되는 재건축사업의 전부 또는 일부가 다음의 어느 하나에 해당하는 경우 부과개시시점 및 부과종료시점은 다음과 같습니다(「재건축초과이익 환수에 관한 법률」 제8조제1항 단서 및 제3항).

| 구분 | 내용 |
|---|---|
| 부과 개시 시점 | ■ 2003년 7월 1일 이전에 조합설립인가를 받은 재건축사업: 최초로 조합설립인가를 받은 날<br>■ 추진위원회 또는 재건축조합이 합병된 경우: 각각의 최초 추진위원회 승인일 또는 재건축조합인가일<br>■ 추진위원회의 구성 승인이 없는 경우: 신탁업자가 사업시행자로 최초 지정 승인된 날<br>■ 그 밖에 「재건축초과이익 환수에 관한 법률 시행령」 제5조로 정하는 날 |
| 부과 종료 시점 | ■ 관계법령에 의하여 재건축사업의 일부가 준공인가된 날<br>■ 관계행정청의 인가 등을 받아 건축물의 사용을 개시한 날<br>■ 그 밖에 관계법령으로 정한 날 |

## ■ 공제대상 금액의 산정

공제대상 금액의 산정은 다음과 같습니다(「재건축초과이익 환수에 관한 법률」 제9조, 제10조제1항, 제11조제1항 및 「재건축초과이익 환수에 관한 법률 시행령」 제7조제1항).

| 구분 | | 산정금액 |
|------|------|----------|
| 주택가액 | 개시시점 | ■ 「부동산 가격공시에 관한 법률」에 따라 공시된 부과대상 주택가격(공시된 주택가격이 없는 경우는 국토교통부장관이 산정한 부과개시시점 현재의 주택가격)총액에 공시기준일부터 개시시점까지의 정상주택가격상승분을 반영한 가액 |
| | 종료시점 | ■ 국토교통부장관이 한국부동산원에 의뢰하여 종료시점 현재의 주택가격 총액을 조사·산정하고 이를 부동산가격공시위원회의 심의를 거쳐 결정한 가액<br>※ 이 경우 산정된 종료시점 현재의 주택가격은 「부동산 가격공시에 관한 법률」제16조, 제17조 및 제18조에 따라 공시된 주택가격으로 봄 |
| 정상주택가격상승분 | | ■ 정상주택가격상승분은 개시시점 주택가액에 국토교통부장관이 고시하는 정기예금이자율과 종료시점까지의 해당 재건축 사업장이 소재하는 특별자치시·특별자치도·시·군·구의 평균주택가격상승률 중 높은 비율을 곱하여 산정 |
| 개발비용 등 | | ※ 해당 재건축사업의 시행과 관련하여 지출된 다음의 금액을 합하여 산출함 |

- 공사비, 설계감리비, 부대비용 및 그 밖의 경비
- 관계법령의 규정 또는 인가 등의 조건에 의하여 납부의무자가 국가 또는 지방자치단체에 납부한 제세공과금
- 관계법령의 규정 또는 인가 등의 조건에 의하여 납부의무자가 공공시설 또는 토지 등을 국가 또는 지방자치단체에 제공하거나 기부한 경우에는 그 가액(다만, 그 대가로 「국토의 계획 및 이용에 관한 법률」, 「도시 및 주거환경정비법」 및 「빈집 및 소규모주택 정비에 관한 특례법」에 따라 용적률 등이 완화된 경우는 제외)
- 그 밖에 「재건축초과이익 환수에 관한 법률 시행령」 제9조제1항에서 정하는 사항

## ■ 부과율

① 납부의무자가 납부해야 할 재건축부담금은 「재건축초과이익 환수에 관한 법률」 제7조의 규정에 따라 산정된 재건축초과이익을 해당 조합원 수로 나눈 금액에 다음의 부과율을 적용하여 계산한 금액을 그 부담금액으로 합니다(「재건축초과이익 환수에 관한 법률」 제12조).

| 조합원 1인당 평균이익 | 부과율 |
|---|---|
| 3천만원 이하 | ■ 면제 |
| 3천만원 초과 5천만원 이하 | ■ 3천만원을 초과하는 금액의 100분의 10 × 조합원수 |
| 5천만원 초과 7천만원 이하 | ■ 200만원 × 조합원수 + 5천만원을 초과하는 금액의 100분의 20 × 조합원수 |
| 7천만원 초과 9천만원 이하 | ■ 600만원 × 조합원수 + 7천만원을 초과하는 금액의 100분의 30 × 조합원수 |
| 9천만원 초과 1억1천만원 이하 | ■ 1천200만원 × 조합원수 + 9천만원을 초과하는 금액의 100분의 40 × 조합원수 |
| 1억1천만원 초과 | ■ 2천만원 × 조합원수 + 1억1천만원을 초과하는 금액의 100분의 50 × 조합원수 |

② 재건축부담금 = 재건축초과이익 × 부과율

# 3. 재건축부담금 등의 징수

## 3-1. 재건축부담금의 부과 및 납부

### ■ 부담금 산정자료 제출

① 납부의무자는「재건축초과이익 환수에 관한 법률」에서 구분하고 있는 재건축사업의 성격에 따라 재건축부담금 산정에 필요한 자료를「재건축초과이익 환수에 관한 법률 시행규칙」제7조에서 정하는 바에 따라 국토교통부장관에게 제출해야 합니다(「재건축초과이익 환수에 관한 법률」제14조제1항).

1. 정비기반시설은 양호하나 노후·불량건축물에 해당하는 공동주택이 밀집한 지역에서 주거환경을 개선하기 위한 재건축사업 (「도시 및 주거환경정비법」제2조제2호다목)

- 사업시행인가 고시일부터 3개월 이내(「재건축초과이익 환수에 관한 법률」제14조제1항제1호)

- 다만, 기한 내에 시공사가 선정되지 않으면 시공사와의 계약 체결일부터 1개월 이내로 연장 가능(「재건축초과이익 환수에 관한 법률」제14조제1항 단서)

2. 정비기반시설이 양호한 지역에서 소규모로 공동주택을 재건축하기 위한 소규모재건축사업(「빈집 및 소규모주택 정비에 관한 특례법」제2조제1항제3호다목)

- 조합설립인가를 받은 후 시공사와의 계약 체결일부터 1개 월 이내(「재건축초과이익 환수에 관한 법률」제14조제1항 제2호)

② 국토교통부장관은 부과종료시점부터 5개월 이내에 재건축부담금을 결정·부과해야 합니다. 다만, 납부의무자가 이의제기를 한 경우에는 그 결과의 서면통지일로부터 1개월 이내에 재건축부담금을 결정·부과해야 합니다(「재건축초과이익 환수에 관한 법률」제15조제1항).

## ■ 부담금의 결정 및 부과

① 국토교통부장관은 부과종료시점부터 4개월 이내에 재건축부담금을 결정·부과해야 합니다. 다만, 납부의무자가 이의제기를 한 경우에는 그 결과의 서면통지일로부터 1개월 이내에 재건축부담금을 결정·부과해야 합니다(「재건축초과이익 환수에 관한 법률」 제15조제1항).

② 국토교통부장관은 재건축부담금을 결정·부과하기 전에 부과종료시점부터 3개월 이내에 그 부과기준 및 재건축부담금을 미리 서면으로 통지해야 합니다(「재건축초과이익 환수에 관한 법률」 제15조제2항).

## ■ 이의제기

① 재건축부담금을 통지받은 납무의무자는 부담금에 대하여 이의가 있는 경우 사전통지를 받은 날로부터 50일 이내에 국토교통부장관에게 심사(이하 "고지 전 심사"라 함)를 청구할 수 있습니다(「재건축초과이익 환수에 관한 법률」 제16조제1항).

② 고지 전 심사를 청구하고자 할 때에는 다음의 사항을 기재한 고지 전 심사청구서를 국토교통부장관에게 제출해야 합니다(「재건축초과이익 환수에 관한 법률」 제16조제2항 및 「재건축초과이익 환수에 관한 법률 시행령」 제12조제1항).

- 청구인의 성명(청구인이 법인인 경우 법인의 명칭 및 대표자의 성명을 말함)
- 청구인의 주소 또는 거소(청구인이 법인인 경우 법인의 주소 및 대표자의 주소 또는 거소를 말함)
- 재건축부담금 부과대상 주택에 관한 자세한 내용
- 사전통지된 부과기준과 재건축부담금
- 고지 전 심사의 청구 이유

## ■ 부담금의 납부

① 재건축부담금의 납부의무자는 부과일부터 6개월 이내에 재건축부담금을 납부해야 합니다(「재건축초과이익 환수에 관한 법률」 제17조제1항).

② 재건축부담금은 현금에 의한 납부를 원칙으로 합니다. 다만, 금융위원회의 허가를 받아 설립된 금융결제원 또는 국토교통부장관이 납부대행기관으로 지정하여 고시한 기관을 통하여 신용카드·직불카드 등으로 납부하거나 해당 재건축사업으로 건설·공급되는 주택으로 납부(이하 "물납"이라 함)할 수 있습니다(「재건축초과이익 환수에 관한 법률」 제17조제2항 및 「재건축초과이익 환수에 관한 법률 시행령」 제12조의2제1항).

③ 물납의 기준, 절차 및 그 밖에 필요한 사항은 「재건축초과이익 환수에 관한 법률 시행령」 제13조에서 확인하실 수 있습니다.

---

※ 재건축초과이익 환수에 관한 법률 시행령

제13조(물납의 신청 등) ①법 제17조제4항에 따라 물납을 신청하려는 자는 재건축부담금의 금액, 물납하려는 주택의 소재지, 물납 대상 주택의 면적·위치·가격 등을 적은 물납신청서를 국토교통부장관에게 제출하여야 한다.

②국토교통부장관은 제1항에 따른 물납신청서를 받은 날부터 30일 이내에 신청인에게 수납여부를 서면으로 통지하여야 한다.

③물납을 신청할 수 있는 주택의 가액은 해당재건축부담금의 부과액을 초과할 수 없으며, 납부의무자는 부과된 재건축부담금과 물납주택의 가액과의 차액을 현금으로 납부하여야 한다.

④물납에 충당할 주택의 가액 산정은 법 제9조에 따라 산정된 부과종료시점의 주택가액에 부과종료시점부터 제2항에 따라 서면으로 통지한 날까지의 정상주택가격상승분을 합한 금액으로 한다.

---

## 4. 그 밖의 부담금

### 4-1. 광역교통시설부담금

① 광역교통시행계획이 수립·고시된 대도시권에서 재건축사업을 시행하는 자는 광역교통시설 등의 건설 및 개량을 위한 광역교통시설부담금을 납부해야 합니다(「대도시권 광역교통 관리에 관한 특별법」 제11조제1항제5호).

② 다만, 도시지역에서 시행되는 재건축사업은 부담금의 75%를, 그 외의 지역에서 시행되는 재건축사업은 부담금의 50%를 경감받습니다(「대도시권 광역교통 관리에 관한 특별법」 제11조의2제2항제3호 및 제4호 참조).

③ 광역교통시설부담금은 다음의 공식에 따라 산정됩니다(「대도시권 광역교통 관리에 관한 특별법」 제11조의3제1항제2호).

> ※ 광역교통시설부담금 = {1㎡당 표준건축비 × 부과율 × 건축연면적} - 공제액

### 4-2. 학교용지부담금

① "학교용지부담금"이란 개발사업에 대하여 특별시장·광역시장·특별자치시장·도지사 또는 특별자치도지사가 학교용지를 확보하거나, 학교용지를 확보할 수 없는 경우 가까운 곳에 있는 학교를 증축하기 위하여 개발사업을 시행하는 자에게 징수하는 경비를 말합니다(「학교용지 확보 등에 관한 특례법」 제2조제3호).

② 재건축사업을 통해 100가구 규모 이상의 주택건설용 토지를 조성·개발하거나 공동주택을 건설하는 경우 학교용지부담금 징수의 대상이 됩니다(「학교용지 확보 등에 관한 특례법」 제2조제2호다목).

③ 부담금은 공동주택인 경우에는 가구별 공동주택 분양가격에 1천분의 8을 곱한 금액이 부과되며, 정비사업 시행 결과 해당 정비

구역 및 사업시행구역 내 가구 수가 증가하지 않는 경우에는 부담금이 부과·징수되지 않습니다(「학교용지 확보 등에 관한 특례법」 제5조제1항제5호 참조 및 제5조의2 참조).

■ 얼마 전 납부해야 할 재건축부담금을 서면으로 통지받았는데, 생각보다 많은 액수에 놀랐습니다. 이 부담금이 제대로 산정된건지 이의제기를 하고 싶은데, 방법이 없을까요?

◎ 얼마 전 납부해야 할 재건축부담금을 서면으로 통지받았는데, 생각보다 많은 액수에 놀랐습니다. 이 부담금이 제대로 산정된건지 이의제기를 하고 싶은데, 방법이 없을까요?

Ⓐ 재건축부담금을 통지받은 납부의무자가 부담금에 대하여 이의가 있는 경우에는 사전통지를 받은 날로부터 50일 이내에 심사청구서를 국토교통부장관에게 제출함으로써 이의제기를 할 수 있습니다.

◇ 재건축부담금에 대한 이의제기

① 재건축부담금을 통지받은 납무의무자는 부담금에 대하여 이의가 있는 경우 사전통지를 받은 날부터 50일 이내에 국토교통부장관에게 심사(이하 "고지 전 심사"라 함)를 청구할 수 있습니다.

② 고지 전 심사를 청구하고자 할 때에는 다음의 사항을 기재한 고지 전 심사청구서를 국토교통부장관에게 제출해야 합니다.

▪ 청구인의 성명(청구인이 법인인 경우 법인의 명칭 및 대표자의 성명을 말함)

▪ 청구인의 주소 또는 거소(청구인이 법인인 경우 법인의 주소 및 대표자의 주소 또는 거소를 말함)

▪ 재건축부담금 부과대상 주택에 관한 자세한 내용

▪ 사전통지된 부과기준과 재건축부담금

▪ 고지 전 심사의 청구 이유

# 5. 그 밖의 사항

## 5-1. 회계감사 및 정보공개

### ■ 회계감사의 실시

시장·군수등 또는 토지주택공사등이 아닌 사업시행자는 다음의 어느 하나에 해당하는 시기에 「주식회사의 외부감사에 관한 법률」 제2조 제7호 및 제9조에 따른 감사인의 회계감사를 받아야 하며, 그 감사 결과를 회계감사가 종료된 날부터 15일 이내에 시장·군수등 및 해당 조합에 보고하고 조합원이 공람할 수 있도록 해야 합니다(「도시 및 주거환경정비법」 제112조제1항).

1. 추진위원회에서 조합으로 인계되기 전 7일 이내

2. 사업시행계획인가의 고시일부터 20일 이내(지정개발자가 사업시 행자인 경우)

3. 준공인가의 신청일부터 7일 이내(지정개발자가 사업시행자인 경우)

### ■ 감사기관의 선정 및 계약

① 회계감사가 필요한 경우 사업시행자는 시장·군수등에게 회계감 사기관의 선정·계약을 요청해야하며, 시장·군수등은 요청이 있는 경 우 즉시 회계감사기관을 선정하여 회계감사가 이루어지도록 해야 합니다(「도시 및 주거환경정비법」 제112조제2항).

② 사업시행자가 위 규정에 따라 회계감사기관의 선정·계약을 요청 하려는 경우 시장·군수등에게 회계감사에 필요한 비용을 미리 예치 해야 합니다. 시장·군수등은 회계감사가 끝난 경우 예치된 금액에 서 회계감사비용을 직접 지급한 후 나머지 비용은 사업시행자와 정 산해야 합니다(「도시 및 주거환경정비법」 제112조제4항).

## 5-2. 정보공개

### ■ 관련자료의 공개

① 추진위원장 또는 사업시행자(조합의 경우 청산인을 포함한 조합임원을 말함)는 재건축사업의 시행에 관한 다음의 서류 및 관련 자료가 작성되거나 변경된 후 15일 이내에 이를 조합원, 토지등소유자 또는 세입자가 알 수 있도록 인터넷과 그 밖의 방법을 병행하여 공개해야 합니다(「도시 및 주거환경정비법」 제124조제1항).

- 추진위원회 운영규정 및 정관등
- 설계자·시공자·철거업자 및 정비사업전문관리업자 등 용역업체의 선정계약서
- 추진위원회·주민총회·조합총회 및 조합의 이사회·대의원회의 의사록
- 사업시행계획서
- 관리처분계획서
- 해당 정비사업의 시행에 관한 공문서
- 회계감사보고서
- 월별 자금의 입금·출금 세부내역
- 결산보고서
- 청산인의 업무 처리 현황
- 그 밖에 정비사업 시행에 관하여 「도시 및 주거환경정비법시행령」 제94조제1항으로 정하는 서류 및 관련 자료

② 추진위원장 또는 사업시행자(조합의 경우 조합임원을 말함)는 매 분기가 끝나는 달의 다음 달 15일까지 공개대상의 목록, 개략적인 내용, 공개장소, 열람·복사 방법 등을 조합원 또는 토지등소유자에게 서면으로 통지해야 합니다(「도시 및 주거환경정비법」 제124조제2항 및 「도시 및 주거환경정비법 시행령」 제94조제2항).

■ 자료의 열람·복사

① 조합원, 토지등소유자가 위의 공개 대상이 되는 서류와 토지등소유자 명부, 조합원 명부 등 정비사업 시행에 관한 서류와 관련 자료에 대하여 열람·복사 요청을 한 경우 추진위원장이나 사업시행자는 15일 이내에 그 요청에 따라야 합니다(「도시 및 주거환경정비법」 제124조제4항).

② 추진위원장 또는 사업시행자는 서류 및 관련 자료의 공개 및 열람·복사 등을 하는 경우에는 주민등록번호를 제외하고 공개해야 하며, 토지등소유자 또는 조합원의 열람·복사 요청은 사용목적 등을 기재한 서면(전자문서를 포함)으로 해야 합니다(「도시 및 주거환경정비법」 제124조제3항 및 「도시 및 주거환경정비법 시행규칙」 제22조).

## 5-3. 관련자료의 보관 및 인계

■ 자료의 보관·인계

① 추진위원장·정비사업전문관리업자 또는 사업시행자(조합의 경우 청산인을 포함한 조합임원을 말함)는 공개대상이 되는 서류 및 관련 자료와 총회 또는 중요한 회의(조합원 또는 토지등소유자의 비용부담을 수반하거나 권리·의무의 변동을 발생시키는 경우로서 「도시 및 주거환경정비법 시행령」 제94조제3항으로 정하는 회의를 말함)가 있은 때에는 속기록·녹음 또는 영상자료를 만들어 청산 시까지 보관해야 합니다(「도시 및 주거환경정비법」 제125조제1항).

② 시장·군수등 또는 토지주택공사등이 아닌 사업시행자는 정비사업을 완료하거나 폐지한 때에는 시·도조례로 정하는 바에 따라 관계 서류를 시장·군수등에게 인계해야 합니다(「도시 및 주거환경정비법」 제125조제2항).

③ 시장·군수등 또는 토지주택공사등인 사업시행자와 관계 서류를 인계받은 시장·군수등은 해당 재건축사업의 관계 서류를 5년간 보관해야 합니다(「도시 및 주거환경정비법」 제125조제3항).

# 6. 공공지원

## 6-1. 정비사업의 공공지원

### ■ 공공지원제도란?

① 재건축사업의 계획 수립단계에서부터 사업완료 시까지 사업진행 관리를 공공에서 지원하는 제도를 말합니다.

② 재건축사업의 공공관리를 위해 해당 정비구역의 구청장이 공공지원자가 되며, 공공지원자는 주민들이 추진위원회 구성, 조합임원선출, 시공자나 설계자와 같은 주요 용역업체의 선정 등 정비사업의 주요결정을 합리적이고 투명하게 할 수 있도록 도와주는 '도우미' 역할을 수행합니다.

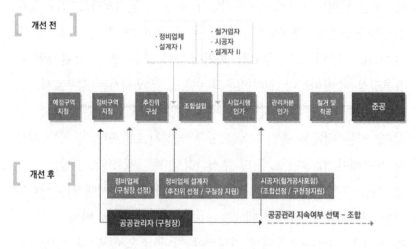

## ■ 공공지원 및 공공지원의 위탁

시장·군수등은 재건축사업의 투명성 강화 및 효율성 제고를 위하여 시·도조례로 정하는 정비사업에 대하여 사업시행 과정을 지원(이하 "공공지원"이라 함)하거나 토지주택공사등, 신탁업자, 「주택도시기금법」에 따른 주택도시보증공사 또는 한국토지주택공사, 한국부동산원에 공공지원을 위탁할 수 있습니다(「도시 및 주거환경정비법」 제118조제1항 및 「도시 및 주거환경정비법 시행령」 제81조제3항).

## ■ 시장·군수등 및 위탁관리자의 업무

재건축사업을 공공지원하는 시장·군수등 및 공공지원을 위탁받은 자(이하 "위탁지원자"라 함)는 다음의 업무를 수행합니다(「도시 및 주거환경정비법」 제118조제2항).

- 추진위원회 또는 주민대표회의 구성
- 정비사업전문관리업자의 선정(위탁지원자는 선정을 위한 지원만 해당)
- 설계자 및 시공자 선정 방법 등
- 세입자의 주거 및 이주 대책(이주 거부에 따른 협의 대책을 포함) 수립
- 관리처분계획 수립
- 그 밖에 시·도조례로 정하는 사항

## ■ 공공지원의 비용

공공지원에 필요한 비용은 시장·군수등이 부담하되, 특별시장, 광역시장 또는 도지사는 관할 구역의 시장, 군수 또는 구청장에게 특별시·광역시 또는 도의 조례로 정하는 바에 따라 그 비용의 일부를 지원할 수 있습니다(「도시 및 주거환경정비법」 제118조제4항).

## ■ 시·도 조례로의 위임

공공지원의 시행을 위한 방법과 절차, 기준 및 도시·주거환경정비기금의 지원, 시공자 선정 시기 등에 필요한 사항은 시·도조례로 정하는 바에 따릅니다(「도시 및 주거환경정비법」 제118조제6항).

■ 재건축사업의 절차가 어렵고 까다로울 뿐 아니라, 사업진행과정에 많은 문제점들이 있다는 뉴스를 많이 봤습니다. 혹시 재건축사업을 진행하는 데 있어 도움을 받을 수 있는 방법이 있을까요?

◎ 재건축사업의 절차가 어렵고 까다로울 뿐 아니라, 사업진행과정에 많은 문제점들이 있다는 뉴스를 많이 봤습니다. 혹시 재건축사업을 진행하는 데 있어 도움을 받을 수 있는 방법이 있을까요?

Ⓐ 네. 공공지원제도를 통해 재건축사업의 계획 수립단계에서부터 사업완료 시까지 사업진행관리에 대한 도움을 받을 수 있습니다.

◇ 공공지원제도

① 재건축사업의 계획 수립단계에서부터 사업완료 시까지 사업진행관리를 공공에서 지원하는 제도를 말합니다.

② 재건축사업의 공공관리를 위해 해당 정비구역의 구청장이 공공지원자가 되며, 공공지원자는 주민들이 추진위원회 구성, 조합임원선출, 시공자나 설계자와 같은 주요 용역업체의 선정 등 정비사업의 주요결정을 합리적이고 투명하게 할 수 있도록 도와주는 '도우미' 역할을 수행합니다.

◇ 공공지원의 비용부담

공공지원에 필요한 비용은 특별자치시장, 특별자치도지사, 시장, 군수 또는 구청장이 부담하되, 특별시장, 광역시장 또는 도지사는 관할 구역의 시장, 군수 또는 구청장에게 특별시·광역시 또는 도의조례로 정하는 바에 따라 그 비용의 일부를 지원할 수 있습니다.

# 7. 분쟁조정위원회의 조정

## 7-1. 분쟁조정위원회의 구성

### ■ 조정위원회의 구성

재건축사업의 시행으로 발생한 분쟁을 조정하기 위하여 정비구역이 지정된 특별자치시, 특별자치도, 또는 시·군·구(자치구를 말함)에 도시분쟁조정위원회(이하 "조정위원회"라 한다)를 둡니다. 다만, 시장·군수등을 당사자로 하여 발생한 재건축사업의 시행과 관련된 분쟁 등의 조정을 위하여 필요한 경우에는 시·도에 조정위원회를 둘 수 있습니다(「도시 및 주거환경정비법」 제116조제1항).

### ■ 조정위원회의 업무

조정위원회는 재건축사업의 시행과 관련한 분쟁 사항을 심사·조정하되, 「주택법」, 「공익사업을 위한 토지 등의 취득 및 보상에 관한 법률」, 그 밖의 관계 법률에 따라 설치된 위원회의 심사대상에 포함되는 사항은 제외할 수 있습니다(「도시 및 주거환경정비법」 제117조제1항).

## 7-2. 위원회의 조정

### ■ 분쟁조정 신청

① 시장·군수등은 분쟁당사자가 재건축사업의 시행으로 인하여 발생한 분쟁의 조정을 신청하는 경우 또는 시장·군수등이 조정위원회의 조정이 필요하다고 인정하는 경우 조정위원회를 개최할 수 있으며, 조정위원회는 조정신청을 받은 날(시장·군수등이 조정이 필요하다고 인정한 경우 조정위원회를 처음 개최한 날을 말함)부터 60일 이내에 조정절차를 마쳐야 합니다(「도시 및 주거환경정비법」 제117조제2항 본문).

② 다만, 조정기간 내에 조정절차를 마칠 수 없는 정당한 사유가 있다고 판단되는 경우에는 조정위원회의 의결로 30일 이내에서 한 차례만 연장할 수 있습니다(「도시 및 주거환경정비법」 제117조제2 항 단서).

■ **분과위원회 심사**
조정위원회의 위원장은 조정위원회의 심사에 앞서 분과위원회에서 사전 심사를 담당하게 할 수 있으며, 분과위원회의 위원 전원이 일치된 의견으로 조정위원회 심사가 필요 없다고 인정하는 경우에는 조정위원회에 회부하지 않고 분과위원회의 심사로 조정절차를 마칠 수 있습니다(「도시 및 주거환경정비법」 제117조제3항).

■ **조정안 작성 및 제시**
조정위원회 또는 분과위원회는 조정절차를 마친 경우 조정안을 작성하여 지체 없이 각 당사자에게 제시해야 하며, 조정안을 제시받은 각 당사자는 그 제시받은 날부터 15일 이내에 그 수락 여부를 조정위원회 또는 분과위원회에 통보해야 합니다(「도시 및 주거환경정비법」 제117조제4항).

■ **조정서 작성 및 서명·날인**
당사자가 조정안을 수락한 경우 조정위원회는 즉시 조정서를 작성하고, 위원장 및 각 당사자는 이에 서명·날인해야 합니다(「도시 및 주거환경정비법」 제117조제5항).

# 부록 : 관련법령

## – 도시 및 주거환경정비법

# 도시 및 주거환경정비법

[시행 2021. 7. 14] [법률 제18046호, 2021. 4. 13, 일부개정]

## 제1장 총칙

**제1조(목적)** 이 법은 도시기능의 회복이 필요하거나 주거환경이 불량한 지역을 계획적으로 정비하고 노후·불량건축물을 효율적으로 개량하기 위하여 필요한 사항을 규정함으로써 도시환경을 개선하고 주거생활의 질을 높이는 데 이바지함을 목적으로 한다.

**제2조(정의)** 이 법에서 사용하는 용어의 뜻은 다음과 같다. <개정 2017. 8. 9., 2021. 1. 5., 2021. 1. 12., 2021. 4. 13.>

1. "정비구역"이란 정비사업을 계획적으로 시행하기 위하여 제16조에 따라 지정·고시된 구역을 말한다.

2. "정비사업"이란 이 법에서 정한 절차에 따라 도시기능을 회복하기 위하여 정비구역에서 정비기반시설을 정비하거나 주택 등 건축물을 개량 또는 건설하는 다음 각 목의 사업을 말한다.

   가. 주거환경개선사업: 도시저소득 주민이 집단거주하는 지역으로서 정비기반시설이 극히 열악하고 노후·불량건축물이 과도하게 밀집한 지역의 주거환경을 개선하거나 단독주택 및 다세대주택이 밀집한 지역에서 정비기반시설과 공동이용시설 확충을 통하여 주거환경을 보전·정비·개량하기 위한 사업

   나. 재개발사업: 정비기반시설이 열악하고 노후·불량건축물이 밀집한 지역에서 주거환경을 개선하거나 상업지역·공업지역 등에서 도시기능의 회복 및 상권활성화 등을 위하여 도시환경을 개선하기 위한 사업. 이 경우 다음 요건을 모두 갖추어 시행하는 재개발사업을 "공공재개발사업"이라 한다.

      1) 특별자치시장, 특별자치도지사, 시장, 군수, 자치구의 구청장(이하 "시장·군수등"이라 한다) 또는 제10호에 따른 토지주택공사등(조합과 공동으로 시행하는 경우를 포함한다)이 제24조에 따른 주거환경개선사업의 시행자, 제25조제1

항 또는 제26조제1항에 따른 재개발사업의 시행자나 제28
조에 따른 재개발사업의 대행자(이하 "공공재개발사업 시행
자"라 한다)일 것

2) 건설·공급되는 주택의 전체 세대수 또는 전체 연면적 중
토지등소유자 대상 분양분(제80조에 따른 지분형주택은 제
외한다)을 제외한 나머지 주택의 세대수 또는 연면적의
100분의 50 이상을 제80조에 따른 지분형주택, 「공공주택
특별법」에 따른 공공임대주택(이하 "공공임대주택"이라 한
다) 또는 「민간임대주택에 관한 특별법」 제2조제4호에 따
른 공공지원민간임대주택(이하 "공공지원민간임대주택"이라
한다)으로 건설·공급할 것. 이 경우 주택 수 산정방법 및
주택 유형별 건설비율은 대통령령으로 정한다.

다. 재건축사업: 정비기반시설은 양호하나 노후·불량건축물에
해당하는 공동주택이 밀집한 지역에서 주거환경을 개선하기
위한 사업. 이 경우 다음 요건을 모두 갖추어 시행하는 재건
축사업을 "공공재건축사업"이라 한다.

1) 시장·군수등 또는 토지주택공사등(조합과 공동으로 시행
하는 경우를 포함한다)이 제25조제2항 또는 제26조제1항에
따른 재건축사업의 시행자나 제28조제1항에 따른 재건축사
업의 대행자(이하 "공공재건축사업 시행자"라 한다)일 것

2) 종전의 용적률, 토지면적, 기반시설 현황 등을 고려하여 대
통령령으로 정하는 세대수 이상을 건설·공급할 것. 다만,
제8조제1항에 따른 정비구역의 지정권자가 「국토의 계획
및 이용에 관한 법률」 제18조에 따른 도시·군기본계획,
토지이용 현황 등 대통령령으로 정하는 불가피한 사유로
해당하는 세대수를 충족할 수 없다고 인정하는 경우에는
그러하지 아니하다.

3. "노후·불량건축물"이란 다음 각 목의 어느 하나에 해당하는
건축물을 말한다.

가. 건축물이 훼손되거나 일부가 멸실되어 붕괴, 그 밖의 안전
사고의 우려가 있는 건축물

나. 내진성능이 확보되지 아니한 건축물 중 중대한 기능적 결함

또는 부실 설계·시공으로 구조적 결함 등이 있는 건축물로
서 대통령령으로 정하는 건축물

다. 다음의 요건을 모두 충족하는 건축물로서 대통령령으로 정하
는 바에 따라 특별시·광역시·특별자치시·도·특별자치도
또는 「지방자치법」 제198조에 따른 서울특별시·광역시 및
특별자치시를 제외한 인구 50만 이상 대도시(이하 "대도시"라
한다)의 조례(이하 "시·도조례"라 한다)로 정하는 건축물

  1) 주변 토지의 이용 상황 등에 비추어 주거환경이 불량한 곳
  에 위치할 것

  2) 건축물을 철거하고 새로운 건축물을 건설하는 경우 건설에
  드는 비용과 비교하여 효용의 현저한 증가가 예상될 것

라. 도시미관을 저해하거나 노후화된 건축물로서 대통령령으로
정하는 바에 따라 시·도조례로 정하는 건축물

4. "정비기반시설"이란 도로·상하수도·구거(溝渠: 도랑)·공원·
공용주차장·공동구(「국토의 계획 및 이용에 관한 법률」 제2조
제9호에 따른 공동구를 말한다. 이하 같다), 그 밖에 주민의 생
활에 필요한 열·가스 등의 공급시설로서 대통령령으로 정하는
시설을 말한다.

5. "공동이용시설"이란 주민이 공동으로 사용하는 놀이터·마을회
관·공동작업장, 그 밖에 대통령령으로 정하는 시설을 말한다.

6. "대지"란 정비사업으로 조성된 토지를 말한다.

7. "주택단지"란 주택 및 부대시설·복리시설을 건설하거나 대지
로 조성되는 일단의 토지로서 다음 각 목의 어느 하나에 해당
하는 일단의 토지를 말한다.

가. 「주택법」 제15조에 따른 사업계획승인을 받아 주택 및 부대
시설·복리시설을 건설한 일단의 토지

나. 가목에 따른 일단의 토지 중 「국토의 계획 및 이용에 관한
법률」 제2조제7호에 따른 도시·군계획시설(이하 "도시·군
계획시설"이라 한다)인 도로나 그 밖에 이와 유사한 시설로
분리되어 따로 관리되고 있는 각각의 토지

다. 가목에 따른 일단의 토지 둘 이상이 공동으로 관리되고 있
는 경우 그 전체 토지

라. 제67조에 따라 분할된 토지 또는 분할되어 나가는 토지

마. 「건축법」 제11조에 따라 건축허가를 받아 아파트 또는 연립주택을 건설한 일단의 토지

8. "사업시행자"란 정비사업을 시행하는 자를 말한다.

9. "토지등소유자"란 다음 각 목의 어느 하나에 해당하는 자를 말한다. 다만, 제27조제1항에 따라 「자본시장과 금융투자업에 관한 법률」 제8조제7항에 따른 신탁업자(이하 "신탁업자"라 한다)가 사업시행자로 지정된 경우 토지등소유자가 정비사업을 목적으로 신탁업자에게 신탁한 토지 또는 건축물에 대하여는 위탁자를 토지등소유자로 본다.

가. 주거환경개선사업 및 재개발사업의 경우에는 정비구역에 위치한 토지 또는 건축물의 소유자 또는 그 지상권자

나. 재건축사업의 경우에는 정비구역에 위치한 건축물 및 그 부속토지의 소유자

10. "토지주택공사등"이란 「한국토지주택공사법」에 따라 설립된 한국토지주택공사 또는 「지방공기업법」에 따라 주택사업을 수행하기 위하여 설립된 지방공사를 말한다.

11. "정관등"이란 다음 각 목의 것을 말한다.

가. 제40조에 따른 조합의 정관

나. 사업시행자인 토지등소유자가 자치적으로 정한 규약

다. 시장·군수등, 토지주택공사등 또는 신탁업자가 제53조에 따라 작성한 시행규정

[시행일 : 2022. 1. 13.] 제2조

**제3조(도시·주거환경정비 기본방침)** 국토교통부장관은 도시 및 주거환경을 개선하기 위하여 10년마다 다음 각 호의 사항을 포함한 기본방침을 정하고, 5년마다 타당성을 검토하여 그 결과를 기본방침에 반영하여야 한다.

1. 도시 및 주거환경 정비를 위한 국가 정책 방향

2. 제4조제1항에 따른 도시·주거환경정비기본계획의 수립 방향

3. 노후·불량 주거지 조사 및 개선계획의 수립

4. 도시 및 주거환경 개선에 필요한 재정지원계획

5. 그 밖에 도시 및 주거환경 개선을 위하여 필요한 사항으로서 대통령령으로 정하는 사항

## 제2장 기본계획의 수립 및 정비구역의 지정

**제4조(도시·주거환경정비기본계획의 수립)** ① 특별시장·광역시장·특별자치시장·특별자치도지사 또는 시장은 관할 구역에 대하여 도시·주거환경정비기본계획(이하 "기본계획"이라 한다)을 10년 단위로 수립하여야 한다. 다만, 도지사가 대도시가 아닌 시로서 기본계획을 수립할 필요가 없다고 인정하는 시에 대하여는 기본계획을 수립하지 아니할 수 있다.

② 특별시장·광역시장·특별자치시장·특별자치도지사 또는 시장(이하 "기본계획의 수립권자"라 한다)은 기본계획에 대하여 5년마다 타당성을 검토하여 그 결과를 기본계획에 반영하여야 한다. <개정 2020. 6. 9.>

**제5조(기본계획의 내용)** ① 기본계획에는 다음 각 호의 사항이 포함되어야 한다.

1. 정비사업의 기본방향
2. 정비사업의 계획기간
3. 인구·건축물·토지이용·정비기반시설·지형 및 환경 등의 현황
4. 주거지 관리계획
5. 토지이용계획·정비기반시설계획·공동이용시설설치계획 및 교통계획
6. 녹지·조경·에너지공급·폐기물처리 등에 관한 환경계획
7. 사회복지시설 및 주민문화시설 등의 설치계획
8. 도시의 광역적 재정비를 위한 기본방향
9. 제16조에 따라 정비구역으로 지정할 예정인 구역(이하 "정비예정구역"이라 한다)의 개략적 범위
10. 단계별 정비사업 추진계획(정비예정구역별 정비계획의 수립시기가 포함되어야 한다)
11. 건폐율·용적률 등에 관한 건축물의 밀도계획
12. 세입자에 대한 주거안정대책
13. 그 밖에 주거환경 등을 개선하기 위하여 필요한 사항으로서 대통령령으로 정하는 사항

② 기본계획의 수립권자는 기본계획에 다음 각 호의 사항을 포함

하는 경우에는 제1항제9호 및 제10호의 사항을 생략할 수 있다.
1. 생활권의 설정, 생활권별 기반시설 설치계획 및 주택수급계획
2. 생활권별 주거지의 정비·보전·관리의 방향
③ 기본계획의 작성기준 및 작성방법은 국토교통부장관이 정하여 고시한다.

**제6조(기본계획 수립을 위한 주민의견청취 등)** ① 기본계획의 수립권자는 기본계획을 수립하거나 변경하려는 경우에는 14일 이상 주민에게 공람하여 의견을 들어야 하며, 제시된 의견이 타당하다고 인정되면 이를 기본계획에 반영하여야 한다.
② 기본계획의 수립권자는 제1항에 따른 공람과 함께 지방의회의 의견을 들어야 한다. 이 경우 지방의회는 기본계획의 수립권자가 기본계획을 통지한 날부터 60일 이내에 의견을 제시하여야 하며, 의견제시 없이 60일이 지난 경우 이의가 없는 것으로 본다.
③ 제1항 및 제2항에도 불구하고 대통령령으로 정하는 경미한 사항을 변경하는 경우에는 주민공람과 지방의회의 의견청취 절차를 거치지 아니할 수 있다.

**제7조(기본계획의 확정·고시 등)** ① 기본계획의 수립권자(대도시의 시장이 아닌 시장은 제외한다)는 기본계획을 수립하거나 변경하려면 관계 행정기관의 장과 협의한 후 「국토의 계획 및 이용에 관한 법률」 제113조제1항 및 제2항에 따른 지방도시계획위원회(이하 "지방도시계획위원회"라 한다)의 심의를 거쳐야 한다. 다만, 대통령령으로 정하는 경미한 사항을 변경하는 경우에는 관계 행정기관의 장과의 협의 및 지방도시계획위원회의 심의를 거치지 아니한다.
② 대도시의 시장이 아닌 시장은 기본계획을 수립하거나 변경하려면 도지사의 승인을 받아야 하며, 도지사가 이를 승인하려면 관계 행정기관의 장과 협의한 후 지방도시계획위원회의 심의를 거쳐야 한다. 다만, 제1항 단서에 해당하는 변경의 경우에는 도지사의 승인을 받지 아니할 수 있다.
③ 기본계획의 수립권자는 기본계획을 수립하거나 변경한 때에는 지체 없이 이를 해당 지방자치단체의 공보에 고시하고 일반인이 열람할 수 있도록 하여야 한다.
④ 기본계획의 수립권자는 제3항에 따라 기본계획을 고시한 때에

는 국토교통부령으로 정하는 방법 및 절차에 따라 국토교통부장관에게 보고하여야 한다.

**제8조(정비구역의 지정)** ① 특별시장·광역시장·특별자치시장·특별자치도지사·시장 또는 군수(광역시의 군수는 제외하며, 이하 "정비구역의 지정권자"라 한다)는 기본계획에 적합한 범위에서 노후·불량건축물이 밀집하는 등 대통령령으로 정하는 요건에 해당하는 구역에 대하여 제16조에 따라 정비계획을 결정하여 정비구역을 지정(변경지정을 포함한다)할 수 있다.

② 제1항에도 불구하고 제26조제1항제1호 및 제27조제1항제1호에 따라 정비사업을 시행하려는 경우에는 기본계획을 수립하거나 변경하지 아니하고 정비구역을 지정할 수 있다.

③ 정비구역의 지정권자는 정비구역의 진입로 설치를 위하여 필요한 경우에는 진입로 지역과 그 인접지역을 포함하여 정비구역을 지정할 수 있다.

④ 정비구역의 지정권자는 정비구역 지정을 위하여 직접 제9조에 따른 정비계획을 입안할 수 있다.

⑤ 자치구의 구청장 또는 광역시의 군수(이하 제9조, 제11조 및 제20조에서 "구청장등"이라 한다)는 제9조에 따른 정비계획을 입안하여 특별시장·광역시장에게 정비구역 지정을 신청하여야 한다. 이 경우 제15조제2항에 따른 지방의회의 의견을 첨부하여야 한다.

**제9조(정비계획의 내용)** ① 정비계획에는 다음 각 호의 사항이 포함되어야 한다. <개정 2018. 1. 16., 2021. 4. 13.>
1. 정비사업의 명칭
2. 정비구역 및 그 면적
3. 도시·군계획시설의 설치에 관한 계획
4. 공동이용시설 설치계획
5. 건축물의 주용도·건폐율·용적률·높이에 관한 계획
6. 환경보전 및 재난방지에 관한 계획
7. 정비구역 주변의 교육환경 보호에 관한 계획
8. 세입자 주거대책
9. 정비사업시행 예정시기
10. 정비사업을 통하여 공공지원민간임대주택을 공급하거나 같은

조 제11호에 따른 주택임대관리업자(이하 "주택임대관리업자"라
한다)에게 임대할 목적으로 주택을 위탁하려는 경우에는 다음
각 목의 사항. 다만, 나목과 다목의 사항은 건설하는 주택 전체
세대수에서 공공지원민간임대주택 또는 임대할 목적으로 주택임
대관리업자에게 위탁하려는 주택(이하 "임대관리 위탁주택"이라
한다)이 차지하는 비율이 100분의 20 이상, 임대기간이 8년 이
상의 범위 등에서 대통령령으로 정하는 요건에 해당하는 경우로
한정한다.
  가. 공공지원민간임대주택 또는 임대관리 위탁주택에 관한 획지
      별 토지이용 계획
  나. 주거·상업·업무 등의 기능을 결합하는 등 복합적인 토지이
      용을 증진시키기 위하여 필요한 건축물의 용도에 관한 계획
  다. 「국토의 계획 및 이용에 관한 법률」 제36조제1항제1호가목
      에 따른 주거지역을 세분 또는 변경하는 계획과 용적률에 관
      한 사항
  라. 그 밖에 공공지원민간임대주택 또는 임대관리 위탁주택의
      원활한 공급 등을 위하여 대통령령으로 정하는 사항
11. 「국토의 계획 및 이용에 관한 법률」 제52조제1항 각 호의 사
    항에 관한 계획(필요한 경우로 한정한다)
12. 그 밖에 정비사업의 시행을 위하여 필요한 사항으로서 대통령
    령으로 정하는 사항
② 제1항제10호다목을 포함하는 정비계획은 기본계획에서 정하는
제5조제1항제11호에 따른 건폐율·용적률 등에 관한 건축물의 밀
도계획에도 불구하고 달리 입안할 수 있다.
③ 제8조제4항 및 제5항에 따라 정비계획을 입안하는 특별자치시
장, 특별자치도지사, 시장, 군수 또는 구청장등(이하 "정비계획의
입안권자"라 한다)이 제5조제2항 각 호의 사항을 포함하여 기본계
획을 수립한 지역에서 정비계획을 입안하는 경우에는 그 정비구역
을 포함한 해당 생활권에 대하여 같은 항 각 호의 사항에 대한 세
부 계획을 입안할 수 있다.
④ 정비계획의 작성기준 및 작성방법은 국토교통부장관이 정하여
고시한다.

**제10조(임대주택 및 주택규모별 건설비율)** ① 정비계획의 입안권자는 주택수급의 안정과 저소득 주민의 입주기회 확대를 위하여 정비사업으로 건설하는 주택에 대하여 다음 각 호의 구분에 따른 범위에서 국토교통부장관이 정하여 고시하는 임대주택 및 주택규모별 건설비율 등을 정비계획에 반영하여야 한다. <개정 2021. 4. 13.>

1. 「주택법」 제2조제6호에 따른 국민주택규모의 주택(이하 "국민주택규모 주택"이라 한다)이 전체 세대수의 100분의 90 이하에서 대통령령으로 정하는 범위
2. 임대주택(공공임대주택 및 「민간임대주택에 관한 특별법」에 따른 민간임대주택을 말한다. 이하 같다)이 전체 세대수 또는 전체 연면적의 100분의 30 이하에서 대통령령으로 정하는 범위

② 사업시행자는 제1항에 따라 고시된 내용에 따라 주택을 건설하여야 한다.

**제11조(기본계획 및 정비계획 수립 시 용적률 완화)** ① 기본계획의 수립권자 또는 정비계획의 입안권자는 정비사업의 원활한 시행을 위하여 기본계획을 수립하거나 정비계획을 입안하려는 경우에는(기본계획 또는 정비계획을 변경하려는 경우에도 또한 같다) 「국토의 계획 및 이용에 관한 법률」 제36조에 따른 주거지역에 대하여는 같은 법 제78조에 따라 조례로 정한 용적률에도 불구하고 같은 조 및 관계 법률에 따른 용적률의 상한까지 용적률을 정할 수 있다.

② 기본계획의 수립권자 또는 정비계획의 입안권자는 천재지변, 그 밖의 불가피한 사유로 건축물이 붕괴할 우려가 있어 긴급히 정비사업을 시행할 필요가 있다고 인정하는 경우에는 용도지역의 변경을 통해 용적률을 완화하여 기본계획을 수립하거나 정비계획을 입안할 수 있다. 이 경우 기본계획의 수립권자, 정비계획의 입안권자 및 정비구역의 지정권자는 용도지역의 변경을 이유로 기부채납을 요구하여서는 아니 된다. <신설 2021. 4. 13.>

③ 구청장등 또는 대도시의 시장이 아닌 시장은 제1항에 따라 정비계획을 입안하거나 변경입안하려는 경우 기본계획의 변경 또는 변경승인을 특별시장·광역시장·도지사에게 요청할 수 있다. <개정 2021. 4. 13.>

**제12조(재건축사업 정비계획 입안을 위한 안전진단)** ① 정비계획의 입안권자는 재건축사업 정비계획의 입안을 위하여 제5조제1항제10호에 따른 정비예정구역별 정비계획의 수립시기가 도래한 때에 안전진단을 실시하여야 한다.

② 정비계획의 입안권자는 제1항에도 불구하고 다음 각 호의 어느 하나에 해당하는 경우에는 안전진단을 실시하여야 한다. 이 경우 정비계획의 입안권자는 안전진단에 드는 비용을 해당 안전진단의 실시를 요청하는 자에게 부담하게 할 수 있다.

1. 제14조에 따라 정비계획의 입안을 제안하려는 자가 입안을 제안하기 전에 해당 정비예정구역에 위치한 건축물 및 그 부속토지의 소유자 10분의 1 이상의 동의를 받아 안전진단의 실시를 요청하는 경우

2. 제5조제2항에 따라 정비예정구역을 지정하지 아니한 지역에서 재건축사업을 하려는 자가 사업예정구역에 있는 건축물 및 그 부속토지의 소유자 10분의 1 이상의 동의를 받아 안전진단의 실시를 요청하는 경우

3. 제2조제3호나목에 해당하는 건축물의 소유자로서 재건축사업을 시행하려는 자가 해당 사업예정구역에 위치한 건축물 및 그 부속토지의 소유자 10분의 1 이상의 동의를 받아 안전진단의 실시를 요청하는 경우

③ 제1항에 따른 재건축사업의 안전진단은 주택단지의 건축물을 대상으로 한다. 다만, 대통령령으로 정하는 주택단지의 건축물인 경우에는 안전진단 대상에서 제외할 수 있다.

④ 정비계획의 입안권자는 현지조사 등을 통하여 해당 건축물의 구조안전성, 건축마감, 설비노후도 및 주거환경 적합성 등을 심사하여 안전진단의 실시 여부를 결정하여야 하며, 안전진단의 실시가 필요하다고 결정한 경우에는 대통령령으로 정하는 안전진단기관에 안전진단을 의뢰하여야 한다.

⑤ 제4항에 따라 안전진단을 의뢰받은 안전진단기관은 국토교통부장관이 정하여 고시하는 기준(건축물의 내진성능 확보를 위한 비용을 포함한다)에 따라 안전진단을 실시하여야 하며, 국토교통부령으로 정하는 방법 및 절차에 따라 안전진단 결과보고서를 작성하

여 정비계획의 입안권자 및 제2항에 따라 안전진단의 실시를 요청한 자에게 제출하여야 한다.

⑥ 정비계획의 입안권자는 제5항에 따른 안전진단의 결과와 도시계획 및 지역여건 등을 종합적으로 검토하여 정비계획의 입안 여부를 결정하여야 한다.

⑦ 제1항부터 제6항까지의 규정에 따른 안전진단의 대상·기준·실시기관·지정절차 및 수수료 등에 필요한 사항은 대통령령으로 정한다.

**제13조(안전진단 결과의 적정성 검토)** ① 정비계획의 입안권자(특별자치시장 및 특별자치도지사는 제외한다. 이하 이 조에서 같다)는 제12조제6항에 따라 정비계획의 입안 여부를 결정한 경우에는 지체 없이 특별시장·광역시장·도지사에게 결정내용과 해당 안전진단 결과보고서를 제출하여야 한다.

②특별시장·광역시장·특별자치시장·도지사·특별자치도지사(이하 "시·도지사"라 한다)는 필요한 경우 「국토안전관리원법」에 따른 국토안전관리원 또는 「과학기술분야 정부출연연구기관 등의 설립·운영 및 육성에 관한 법률」에 따른 한국건설기술연구원에 안전진단 결과의 적정성에 대한 검토를 의뢰할 수 있다. <개정 2020. 6. 9.>

③ 국토교통부장관은 시·도지사에게 안전진단 결과보고서의 제출을 요청할 수 있으며, 필요한 경우 시·도지사에게 안전진단 결과의 적정성에 대한 검토를 요청할 수 있다. <개정 2020. 6. 9.>

④ 시·도지사는 제2항 및 제3항에 따른 검토결과에 따라 정비계획의 입안권자에게 정비계획 입안결정의 취소 등 필요한 조치를 요청할 수 있으며, 정비계획의 입안권자는 특별한 사유가 없으면 그 요청에 따라야 한다. 다만, 특별자치시장 및 특별자치도지사는 직접 정비계획의 입안결정의 취소 등 필요한 조치를 할 수 있다.

⑤ 제1항부터 제4항까지의 규정에 따른 안전진단 결과의 평가 등에 필요한 사항은 대통령령으로 정한다.

**제14조(정비계획의 입안 제안)** ① 토지등소유자(제5호의 경우에는 제26조제1항제1호 및 제27조제1항제1호에 따라 사업시행자가 되려는 자를 말한다)는 다음 각 호의 어느 하나에 해당하는 경우에는

정비계획의 입안권자에게 정비계획의 입안을 제안할 수 있다. <개정 2018. 1. 16., 2021. 4. 13.>

1. 제5조제1항제10호에 따른 단계별 정비사업 추진계획상 정비예정구역별 정비계획의 입안시기가 지났음에도 불구하고 정비계획이 입안되지 아니하거나 같은 호에 따른 정비예정구역별 정비계획의 수립시기를 정하고 있지 아니한 경우
2. 토지등소유자가 제26조제1항제7호 및 제8호에 따라 토지주택공사등을 사업시행자로 지정 요청하려는 경우
3. 대도시가 아닌 시 또는 군으로서 시·도조례로 정하는 경우
4. 정비사업을 통하여 공공지원민간임대주택을 공급하거나 임대할 목적으로 주택을 주택임대관리업자에게 위탁하려는 경우로서 제9조제1항제10호 각 목을 포함하는 정비계획의 입안을 요청하려는 경우
5. 제26조제1항제1호 및 제27조제1항제1호에 따라 정비사업을 시행하려는 경우
6. 토지등소유자(조합이 설립된 경우에는 조합원을 말한다. 이하 이 호에서 같다)가 3분의 2 이상의 동의로 정비계획의 변경을 요청하는 경우. 다만, 제15조제3항에 따른 경미한 사항을 변경하는 경우에는 토지등소유자의 동의절차를 거치지 아니한다.
7. 토지등소유자가 공공재개발사업 또는 공공재건축사업을 추진하려는 경우
② 정비계획 입안의 제안을 위한 토지등소유자의 동의, 제안서의 처리 등에 필요한 사항은 대통령령으로 정한다.

**제15조(정비계획 입안을 위한 주민의견청취 등)** ① 정비계획의 입안권자는 정비계획을 입안하거나 변경하려면 주민에게 서면으로 통보한 후 주민설명회 및 30일 이상 주민에게 공람하여 의견을 들어야 하며, 제시된 의견이 타당하다고 인정되면 이를 정비계획에 반영하여야 한다.

② 정비계획의 입안권자는 제1항에 따른 주민공람과 함께 지방의회의 의견을 들어야 한다. 이 경우 지방의회는 정비계획의 입안권자가 정비계획을 통지한 날부터 60일 이내에 의견을 제시하여야 하며, 의견제시 없이 60일이 지난 경우 이의가 없는 것으로 본다.

③ 제1항 및 제2항에도 불구하고 대통령령으로 정하는 경미한 사항을 변경하는 경우에는 주민에 대한 서면통보, 주민설명회, 주민공람 및 지방의회의 의견청취 절차를 거치지 아니할 수 있다.

④ 정비계획의 입안권자는 제97조, 제98조, 제101조 등에 따라 정비기반시설 및 국유·공유재산의 귀속 및 처분에 관한 사항이 포함된 정비계획을 입안하려면 미리 해당 정비기반시설 및 국유·공유재산의 관리청의 의견을 들어야 한다.

제16조(정비계획의 결정 및 정비구역의 지정·고시) ① 정비구역의 지정권자는 정비구역을 지정하거나 변경지정하려면 지방도시계획위원회의 심의를 거쳐야 한다. 다만, 제15조제3항에 따른 경미한 사항을 변경하는 경우에는 지방도시계획위원회의 심의를 거치지 아니할 수 있다. <개정 2018. 6. 12.>

② 정비구역의 지정권자는 정비구역을 지정(변경지정을 포함한다. 이하 같다)하거나 정비계획을 결정(변경결정을 포함한다. 이하 같다)한 때에는 정비계획을 포함한 정비구역 지정의 내용을 해당 지방자치단체의 공보에 고시하여야 한다. 이 경우 지형도면 고시 등에 대하여는 「토지이용규제 기본법」 제8조에 따른다. <개정 2018. 6. 12., 2020. 6. 9.>

③ 정비구역의 지정권자는 제2항에 따라 정비계획을 포함한 정비구역을 지정·고시한 때에는 국토교통부령으로 정하는 방법 및 절차에 따라 국토교통부장관에게 그 지정의 내용을 보고하여야 하며, 관계 서류를 일반인이 열람할 수 있도록 하여야 한다.

제17조(정비구역 지정·고시의 효력 등) ① 제16조제2항 전단에 따라 정비구역의 지정·고시가 있는 경우 해당 정비구역 및 정비계획 중 「국토의 계획 및 이용에 관한 법률」 제52조제1항 각 호의 어느 하나에 해당하는 사항은 같은 법 제50조에 따라 지구단위계획구역 및 지구단위계획으로 결정·고시된 것으로 본다. <개정 2018. 6. 12.>

② 「국토의 계획 및 이용에 관한 법률」에 따른 지구단위계획구역에 대하여 제9조제1항 각 호의 사항을 모두 포함한 지구단위계획을 결정·고시(변경 결정·고시하는 경우를 포함한다)하는 경우 해당 지구단위계획구역은 정비구역으로 지정·고시된 것으로 본다.

③ 정비계획을 통한 토지의 효율적 활용을 위하여 「국토의 계획 및 이용에 관한 법률」 제52조제3항에 따른 건폐율·용적률 등의 완화규정은 제9조제1항에 따른 정비계획에 준용한다. 이 경우 "지구단위계획구역"은 "정비구역"으로, "지구단위계획"은 "정비계획"으로 본다.

④ 제3항에도 불구하고 용적률이 완화되는 경우로서 사업시행자가 정비구역에 있는 대지의 가액 일부에 해당하는 금액을 현금으로 납부한 경우에는 대통령령으로 정하는 공공시설 또는 기반시설(이하 이 항에서 "공공시설등"이라 한다)의 부지를 제공하거나 공공시설등을 설치하여 제공한 것으로 본다.

⑤ 제4항에 따른 현금납부 및 부과 방법 등에 필요한 사항은 대통령령으로 정한다.

**제18조(정비구역의 분할, 통합 및 결합)** ① 정비구역의 지정권자는 정비사업의 효율적인 추진 또는 도시의 경관보호를 위하여 필요하다고 인정하는 경우에는 다음 각 호의 방법에 따라 정비구역을 지정할 수 있다.

1. 하나의 정비구역을 둘 이상의 정비구역으로 분할
2. 서로 연접한 정비구역을 하나의 정비구역으로 통합
3. 서로 연접하지 아니한 둘 이상의 구역(제8조제1항에 따라 대통령령으로 정하는 요건에 해당하는 구역으로 한정한다) 또는 정비구역을 하나의 정비구역으로 결합

② 제1항에 따라 정비구역을 분할·통합하거나 서로 떨어진 구역을 하나의 정비구역으로 결합하여 지정하려는 경우 시행 방법과 절차에 관한 세부사항은 시·도조례로 정한다.

**제19조(행위제한 등)** ① 정비구역에서 다음 각 호의 어느 하나에 해당하는 행위를 하려는 자는 시장·군수등의 허가를 받아야 한다. 허가받은 사항을 변경하려는 때에도 또한 같다.

1. 건축물의 건축
2. 공작물의 설치
3. 토지의 형질변경
4. 토석의 채취
5. 토지분할

6. 물건을 쌓아 놓는 행위
7. 그 밖에 대통령령으로 정하는 행위
② 다음 각 호의 어느 하나에 해당하는 행위는 제1항에도 불구하고 허가를 받지 아니하고 할 수 있다. <개정 2019. 4. 23.>
1. 재해복구 또는 재난수습에 필요한 응급조치를 위한 행위
2. 기존 건축물의 붕괴 등 안전사고의 우려가 있는 경우 해당 건축물에 대한 안전조치를 위한 행위
3. 그 밖에 대통령령으로 정하는 행위
③ 제1항에 따라 허가를 받아야 하는 행위로서 정비구역의 지정 및 고시 당시 이미 관계 법령에 따라 행위허가를 받았거나 허가를 받을 필요가 없는 행위에 관하여 그 공사 또는 사업에 착수한 자는 대통령령으로 정하는 바에 따라 시장·군수등에게 신고한 후 이를 계속 시행할 수 있다.
④ 시장·군수등은 제1항을 위반한 자에게 원상회복을 명할 수 있다. 이 경우 명령을 받은 자가 그 의무를 이행하지 아니하는 때에는 시장·군수등은 「행정대집행법」에 따라 대집행할 수 있다.
⑤ 제1항에 따른 허가에 관하여 이 법에 규정된 사항을 제외하고는 「국토의 계획 및 이용에 관한 법률」 제57조부터 제60조까지 및 제62조를 준용한다.
⑥ 제1항에 따라 허가를 받은 경우에는 「국토의 계획 및 이용에 관한 법률」 제56조에 따라 허가를 받은 것으로 본다.
⑦ 국토교통부장관, 시·도지사, 시장, 군수 또는 구청장(자치구의 구청장을 말한다. 이하 같다)은 비경제적인 건축행위 및 투기 수요의 유입을 막기 위하여 제6조제1항에 따라 기본계획을 공람 중인 정비예정구역 또는 정비계획을 수립 중인 지역에 대하여 3년 이내의 기간(1년의 범위에서 한 차례만 연장할 수 있다)을 정하여 대통령령으로 정하는 방법과 절차에 따라 다음 각 호의 행위를 제한할 수 있다.
1. 건축물의 건축
2. 토지의 분할
⑧ 정비예정구역 또는 정비구역(이하 "정비구역등"이라 한다)에서는 「주택법」 제2조제11호가목에 따른 지역주택조합의 조합원을

모집해서는 아니 된다. <신설 2018. 6. 12.>

**제20조(정비구역등의 해제)** ① 정비구역의 지정권자는 다음 각 호의 어느 하나에 해당하는 경우에는 정비구역등을 해제하여야 한다. <개정 2018. 6. 12.>

1. 정비예정구역에 대하여 기본계획에서 정한 정비구역 지정 예정일부터 3년이 되는 날까지 특별자치시장, 특별자치도지사, 시장 또는 군수가 정비구역을 지정하지 아니하거나 구청장등이 정비구역의 지정을 신청하지 아니하는 경우

2. 재개발사업·재건축사업[제35조에 따른 조합(이하 "조합"이라 한다)이 시행하는 경우로 한정한다]이 다음 각 목의 어느 하나에 해당하는 경우

  가. 토지등소유자가 정비구역으로 지정·고시된 날부터 2년이 되는 날까지 제31조에 따른 조합설립추진위원회(이하 "추진위원회"라 한다)의 승인을 신청하지 아니하는 경우

  나. 토지등소유자가 정비구역으로 지정·고시된 날부터 3년이 되는 날까지 제35조에 따른 조합설립인가(이하 "조합설립인가"라 한다)를 신청하지 아니하는 경우(제31조제4항에 따라 추진위원회를 구성하지 아니하는 경우로 한정한다)

  다. 추진위원회가 추진위원회 승인일부터 2년이 되는 날까지 조합설립인가를 신청하지 아니하는 경우

  라. 조합이 조합설립인가를 받은 날부터 3년이 되는 날까지 제50조에 따른 사업시행계획인가(이하 "사업시행계획인가"라 한다)를 신청하지 아니하는 경우

3. 토지등소유자가 시행하는 재개발사업으로서 토지등소유자가 정비구역으로 지정·고시된 날부터 5년이 되는 날까지 사업시행계획인가를 신청하지 아니하는 경우

② 구청장등은 제1항 각 호의 어느 하나에 해당하는 경우에는 특별시장·광역시장에게 정비구역등의 해제를 요청하여야 한다.

③ 특별자치시장, 특별자치도지사, 시장, 군수 또는 구청장등이 다음 각 호의 어느 하나에 해당하는 경우에는 30일 이상 주민에게 공람하여 의견을 들어야 한다.

1. 제1항에 따라 정비구역등을 해제하는 경우

2. 제2항에 따라 정비구역등의 해제를 요청하는 경우

④ 특별자치시장, 특별자치도지사, 시장, 군수 또는 구청장등은 제3항에 따른 주민공람을 하는 경우에는 지방의회의 의견을 들어야 한다. 이 경우 지방의회는 특별자치시장, 특별자치도지사, 시장, 군수 또는 구청장등이 정비구역등의 해제에 관한 계획을 통지한 날부터 60일 이내에 의견을 제시하여야 하며, 의견제시 없이 60일이 지난 경우 이의가 없는 것으로 본다.

⑤ 정비구역의 지정권자는 제1항부터 제4항까지의 규정에 따라 정비구역등의 해제를 요청받거나 정비구역등을 해제하려면 지방도시계획위원회의 심의를 거쳐야 한다. 다만, 「도시재정비 촉진을 위한 특별법」 제5조에 따른 재정비촉진지구에서는 같은 법 제34조에 따른 도시재정비위원회(이하 "도시재정비위원회"라 한다)의 심의를 거쳐 정비구역등을 해제하여야 한다. <개정 2021. 4. 13.>

⑥ 제1항에도 불구하고 정비구역의 지정권자는 다음 각 호의 어느 하나에 해당하는 경우에는 제1항제1호부터 제3호까지의 규정에 따른 해당 기간을 2년의 범위에서 연장하여 정비구역등을 해제하지 아니할 수 있다.

1. 정비구역등의 토지등소유자(조합을 설립한 경우에는 조합원을 말한다)가 100분의 30 이상의 동의로 제1항제1호부터 제3호까지의 규정에 따른 해당 기간이 도래하기 전까지 연장을 요청하는 경우

2. 정비사업의 추진 상황으로 보아 주거환경의 계획적 정비 등을 위하여 정비구역등의 존치가 필요하다고 인정하는 경우

⑦ 정비구역의 지정권자는 제5항에 따라 정비구역등을 해제하는 경우(제6항에 따라 해제하지 아니한 경우를 포함한다)에는 그 사실을 해당 지방자치단체의 공보에 고시하고 국토교통부장관에게 통보하여야 하며, 관계 서류를 일반인이 열람할 수 있도록 하여야 한다.

**제21조(정비구역등의 직권해제)** ① 정비구역의 지정권자는 다음 각 호의 어느 하나에 해당하는 경우 지방도시계획위원회의 심의를 거쳐 정비구역등을 해제할 수 있다. 이 경우 제1호 및 제2호에 따른 구체적인 기준 등에 필요한 사항은 시·도조례로 정한다. <개정 2019. 4. 23., 2020. 6. 9.>

1. 정비사업의 시행으로 토지등소유자에게 과도한 부담이 발생할 것으로 예상되는 경우
2. 정비구역등의 추진 상황으로 보아 지정 목적을 달성할 수 없다고 인정되는 경우
3. 토지등소유자의 100분의 30 이상이 정비구역등(추진위원회가 구성되지 아니한 구역으로 한정한다)의 해제를 요청하는 경우
4. 제23조제1항제1호에 따른 방법으로 시행 중인 주거환경개선사업의 정비구역이 지정·고시된 날부터 10년 이상 지나고, 추진 상황으로 보아 지정 목적을 달성할 수 없다고 인정되는 경우로서 토지등소유자의 과반수가 정비구역의 해제에 동의하는 경우
5. 추진위원회 구성 또는 조합 설립에 동의한 토지등소유자의 2분의 1 이상 3분의 2 이하의 범위에서 시·도조례로 정하는 비율 이상의 동의로 정비구역의 해제를 요청하는 경우(사업시행계획인가를 신청하지 아니한 경우로 한정한다)
6. 추진위원회가 구성되거나 조합이 설립된 정비구역에서 토지등소유자 과반수의 동의로 정비구역의 해제를 요청하는 경우(사업시행계획인가를 신청하지 아니한 경우로 한정한다)
② 제1항에 따른 정비구역등의 해제의 절차에 관하여는 제20조제3항부터 제5항까지 및 제7항을 준용한다.
③ 제1항에 따라 정비구역등을 해제하여 추진위원회 구성승인 또는 조합설립인가가 취소되는 경우 정비구역의 지정권자는 해당 추진위원회 또는 조합이 사용한 비용의 일부를 대통령령으로 정하는 범위에서 시·도조례로 정하는 바에 따라 보조할 수 있다.

**제21조의2(도시재생선도지역 지정 요청)** 제20조 또는 제21조에 따라 정비구역등이 해제된 경우 정비구역의 지정권자는 해제된 정비구역등을 「도시재생 활성화 및 지원에 관한 특별법」에 따른 도시재생선도지역으로 지정하도록 국토교통부장관에게 요청할 수 있다.
[본조신설 2019. 4. 23.]

**제22조(정비구역등 해제의 효력)** ① 제20조 및 제21조에 따라 정비구역등이 해제된 경우에는 정비계획으로 변경된 용도지역, 정비기반시설 등은 정비구역 지정 이전의 상태로 환원된 것으로 본다. 다만, 제21조제1항제4호의 경우 정비구역의 지정권자는 정비기반

시설의 설치 등 해당 정비사업의 추진 상황에 따라 환원되는 범위를 제한할 수 있다.

② 제20조 및 제21조에 따라 정비구역등(재개발사업 및 재건축사업을 시행하려는 경우로 한정한다. 이하 이 항에서 같다)이 해제된 경우 정비구역의 지정권자는 해제된 정비구역등을 제23조제1항제1호의 방법으로 시행하는 주거환경개선구역(주거환경개선사업을 시행하는 정비구역을 말한다. 이하 같다)으로 지정할 수 있다. 이 경우 주거환경개선구역으로 지정된 구역은 제7조에 따른 기본계획에 반영된 것으로 본다.

③ 제20조제7항 및 제21조제2항에 따라 정비구역등이 해제·고시된 경우 추진위원회 구성승인 또는 조합설립인가는 취소된 것으로 보고, 시장·군수등은 해당 지방자치단체의 공보에 그 내용을 고시하여야 한다.


### 제3장 정비사업의 시행

#### 제1절 정비사업의 시행방법 등

제23조(정비사업의 시행방법) ① 주거환경개선사업은 다음 각 호의 어느 하나에 해당하는 방법 또는 이를 혼용하는 방법으로 한다.

1. 제24조에 따른 사업시행자가 정비구역에서 정비기반시설 및 공동이용시설을 새로 설치하거나 확대하고 토지등소유자가 스스로 주택을 보전·정비하거나 개량하는 방법

2. 제24조에 따른 사업시행자가 제63조에 따라 정비구역의 전부 또는 일부를 수용하여 주택을 건설한 후 토지등소유자에게 우선 공급하거나 대지를 토지등소유자 또는 토지등소유자 외의 자에게 공급하는 방법

3. 제24조에 따른 사업시행자가 제69조제2항에 따라 환지로 공급하는 방법

4. 제24조에 따른 사업시행자가 정비구역에서 제74조에 따라 인가받은 관리처분계획에 따라 주택 및 부대시설·복리시설을 건설하여 공급하는 방법

② 재개발사업은 정비구역에서 제74조에 따라 인가받은 관리처분

계획에 따라 건축물을 건설하여 공급하거나 제69조제2항에 따라 환지로 공급하는 방법으로 한다.

③ 재건축사업은 정비구역에서 제74조에 따라 인가받은 관리처분계획에 따라 주택, 부대시설·복리시설 및 오피스텔(「건축법」 제2조제2항에 따른 오피스텔을 말한다. 이하 같다)을 건설하여 공급하는 방법으로 한다. 다만, 주택단지에 있지 아니하는 건축물의 경우에는 지형여건·주변의 환경으로 보아 사업 시행상 불가피한 경우로서 정비구역으로 보는 사업에 한정한다.

④ 제3항에 따라 오피스텔을 건설하여 공급하는 경우에는 「국토의 계획 및 이용에 관한 법률」에 따른 준주거지역 및 상업지역에서만 건설할 수 있다. 이 경우 오피스텔의 연면적은 전체 건축물 연면적의 100분의 30 이하이어야 한다.

**제24조(주거환경개선사업의 시행자)** ① 제23조제1항제1호에 따른 방법으로 시행하는 주거환경개선사업은 시장·군수등이 직접 시행하되, 토지주택공사등을 사업시행자로 지정하여 시행하게 하려는 경우에는 제15조제1항에 따른 공람공고일 현재 토지등소유자의 과반수의 동의를 받아야 한다.

② 제23조제1항제2호부터 제4호까지의 규정에 따른 방법으로 시행하는 주거환경개선사업은 시장·군수등이 직접 시행하거나 다음 각 호에서 정한 자에게 시행하게 할 수 있다.

1. 시장·군수등이 다음 각 목의 어느 하나에 해당하는 자를 사업시행자로 지정하는 경우
   가. 토지주택공사등
   나. 주거환경개선사업을 시행하기 위하여 국가, 지방자치단체, 토지주택공사등 또는 「공공기관의 운영에 관한 법률」 제4조에 따른 공공기관이 총지분의 100분의 50을 초과하는 출자로 설립한 법인

2. 시장·군수등이 제1호에 해당하는 자와 다음 각 목의 어느 하나에 해당하는 자를 공동시행자로 지정하는 경우
   가. 「건설산업기본법」 제9조에 따른 건설업자(이하 "건설업자"라 한다)
   나. 「주택법」 제7조제1항에 따라 건설업자로 보는 등록사업자

(이하 "등록사업자"라 한다)

③ 제2항에 따라 시행하려는 경우에는 제15조제1항에 따른 공람공고일 현재 해당 정비예정구역의 토지 또는 건축물의 소유자 또는 지상권자의 3분의 2 이상의 동의와 세입자(제15조제1항에 따른 공람공고일 3개월 전부터 해당 정비예정구역에 3개월 이상 거주하고 있는 자를 말한다) 세대수의 과반수의 동의를 각각 받아야 한다. 다만, 세입자의 세대수가 토지등소유자의 2분의 1 이하인 경우 등 대통령령으로 정하는 사유가 있는 경우에는 세입자의 동의 절차를 거치지 아니할 수 있다.

④ 시장·군수등은 천재지변, 그 밖의 불가피한 사유로 건축물이 붕괴할 우려가 있어 긴급히 정비사업을 시행할 필요가 있다고 인정하는 경우에는 제1항 및 제3항에도 불구하고 토지등소유자 및 세입자의 동의 없이 자신이 직접 시행하거나 토지주택공사등을 사업시행자로 지정하여 시행하게 할 수 있다. 이 경우 시장·군수등은 지체 없이 토지등소유자에게 긴급한 정비사업의 시행 사유·방법 및 시기 등을 통보하여야 한다.

**제25조(재개발사업·재건축사업의 시행자)** ① 재개발사업은 다음 각 호의 어느 하나에 해당하는 방법으로 시행할 수 있다.

1. 조합이 시행하거나 조합이 조합원의 과반수의 동의를 받아 시장·군수등, 토지주택공사등, 건설업자, 등록사업자 또는 대통령령으로 정하는 요건을 갖춘 자와 공동으로 시행하는 방법

2. 토지등소유자가 20인 미만인 경우에는 토지등소유자가 시행하거나 토지등소유자가 토지등소유자의 과반수의 동의를 받아 시장·군수등, 토지주택공사등, 건설업자, 등록사업자 또는 대통령령으로 정하는 요건을 갖춘 자와 공동으로 시행하는 방법

② 재건축사업은 조합이 시행하거나 조합이 조합원의 과반수의 동의를 받아 시장·군수등, 토지주택공사등, 건설업자 또는 등록사업자와 공동으로 시행할 수 있다.

**제26조(재개발사업·재건축사업의 공공시행자)** ① 시장·군수등은 재개발사업 및 재건축사업이 다음 각 호의 어느 하나에 해당하는 때에는 제25조에도 불구하고 직접 정비사업을 시행하거나 토지주택공사등(토지주택공사등이 건설업자 또는 등록사업자와 공동으로

시행하는 경우를 포함한다)을 사업시행자로 지정하여 정비사업을 시행하게 할 수 있다. <개정 2018. 6. 12.>

1. 천재지변, 「재난 및 안전관리 기본법」 제27조 또는 「시설물의 안전 및 유지관리에 관한 특별법」 제23조에 따른 사용제한·사용금지, 그 밖의 불가피한 사유로 긴급하게 정비사업을 시행할 필요가 있다고 인정하는 때

2. 제16조제2항 전단에 따라 고시된 정비계획에서 정한 정비사업 시행 예정일부터 2년 이내에 사업시행계획인가를 신청하지 아니하거나 사업시행계획인가를 신청한 내용이 위법 또는 부당하다고 인정하는 때(재건축사업의 경우는 제외한다)

3. 추진위원회가 시장·군수등의 구성승인을 받은 날부터 3년 이내에 조합설립인가를 신청하지 아니하거나 조합이 조합설립인가를 받은 날부터 3년 이내에 사업시행계획인가를 신청하지 아니한 때

4. 지방자치단체의 장이 시행하는 「국토의 계획 및 이용에 관한 법률」 제2조제11호에 따른 도시·군계획사업과 병행하여 정비사업을 시행할 필요가 있다고 인정하는 때

5. 제59조제1항에 따른 순환정비방식으로 정비사업을 시행할 필요가 있다고 인정하는 때

6. 제113조에 따라 사업시행계획인가가 취소된 때

7. 해당 정비구역의 국·공유지 면적 또는 국·공유지와 토지주택공사등이 소유한 토지를 합한 면적이 전체 토지면적의 2분의 1 이상으로서 토지등소유자의 과반수가 시장·군수등 또는 토지주택공사등을 사업시행자로 지정하는 것에 동의하는 때

8. 해당 정비구역의 토지면적 2분의 1 이상의 토지소유자와 토지등소유자의 3분의 2 이상에 해당하는 자가 시장·군수등 또는 토지주택공사등을 사업시행자로 지정할 것을 요청하는 때. 이 경우 제14조제1항제2호에 따라 토지등소유자가 정비계획의 입안을 제안한 경우 입안제안에 동의한 토지등소유자는 토지주택공사등의 사업시행자 지정에 동의한 것으로 본다. 다만, 사업시행자의 지정 요청 전에 시장·군수등 및 제47조에 따른 주민대표회의에 사업시행자의 지정에 대한 반대의 의사표시를 한 토지등

소유자의 경우에는 그러하지 아니하다.

② 시장·군수등은 제1항에 따라 직접 정비사업을 시행하거나 토지주택공사등을 사업시행자로 지정하는 때에는 정비사업 시행구역 등 토지등소유자에게 알릴 필요가 있는 사항으로서 대통령령으로 정하는 사항을 해당 지방자치단체의 공보에 고시하여야 한다. 다만, 제1항제1호의 경우에는 토지등소유자에게 지체 없이 정비사업의 시행 사유·시기 및 방법 등을 통보하여야 한다.

③ 제2항에 따라 시장·군수등이 직접 정비사업을 시행하거나 토지주택공사등을 사업시행자로 지정·고시한 때에는 그 고시일 다음 날에 추진위원회의 구성승인 또는 조합설립인가가 취소된 것으로 본다. 이 경우 시장·군수등은 해당 지방자치단체의 공보에 해당 내용을 고시하여야 한다.

**제27조(재개발사업·재건축사업의 지정개발자)** ① 시장·군수등은 재개발사업 및 재건축사업이 다음 각 호의 어느 하나에 해당하는 때에는 토지등소유자, 「사회기반시설에 대한 민간투자법」 제2조제12호에 따른 민관합동법인 또는 신탁업자로서 대통령령으로 정하는 요건을 갖춘 자(이하 "지정개발자"라 한다)를 사업시행자로 지정하여 정비사업을 시행하게 할 수 있다. <개정 2018. 6. 12.>

1. 천재지변, 「재난 및 안전관리 기본법」 제27조 또는 「시설물의 안전 및 유지관리에 관한 특별법」 제23조에 따른 사용제한·사용금지, 그 밖의 불가피한 사유로 긴급하게 정비사업을 시행할 필요가 있다고 인정하는 때

2. 제16조제2항 전단에 따라 고시된 정비계획에서 정한 정비사업 시행 예정일부터 2년 이내에 사업시행계획인가를 신청하지 아니하거나 사업시행계획인가를 신청한 내용이 위법 또는 부당하다고 인정하는 때(재건축사업의 경우는 제외한다)

3. 제35조에 따른 재개발사업 및 재건축사업의 조합설립을 위한 동의요건 이상에 해당하는 자가 신탁업자를 사업시행자로 지정하는 것에 동의하는 때

② 시장·군수등은 제1항에 따라 지정개발자를 사업시행자로 지정하는 때에는 정비사업 시행구역 등 토지등소유자에게 알릴 필요가 있는 사항으로서 대통령령으로 정하는 사항을 해당 지방자치단체

의 공보에 고시하여야 한다. 다만, 제1항제1호의 경우에는 토지등소유자에게 지체 없이 정비사업의 시행 사유·시기 및 방법 등을 통보하여야 한다.

③ 신탁업자는 제1항제3호에 따른 사업시행자 지정에 필요한 동의를 받기 전에 다음 각 호에 관한 사항을 토지등소유자에게 제공하여야 한다.

1. 토지등소유자별 분담금 추산액 및 산출근거
2. 그 밖에 추정분담금의 산출 등과 관련하여 시·도조례로 정하는 사항

④ 제1항제3호에 따른 토지등소유자의 동의는 국토교통부령으로 정하는 동의서에 동의를 받는 방법으로 한다. 이 경우 동의서에는 다음 각 호의 사항이 모두 포함되어야 한다.

1. 건설되는 건축물의 설계의 개요
2. 건축물의 철거 및 새 건축물의 건설에 드는 공사비 등 정비사업에 드는 비용(이하 "정비사업비"라 한다)
3. 정비사업비의 분담기준(신탁업자에게 지급하는 신탁보수 등의 부담에 관한 사항을 포함한다)
4. 사업 완료 후 소유권의 귀속
5. 정비사업의 시행방법 등에 필요한 시행규정
6. 신탁계약의 내용

⑤ 제2항에 따라 시장·군수등이 지정개발자를 사업시행자로 지정·고시한 때에는 그 고시일 다음 날에 추진위원회의 구성승인 또는 조합설립인가가 취소된 것으로 본다. 이 경우 시장·군수등은 해당 지방자치단체의 공보에 해당 내용을 고시하여야 한다.

**제28조(재개발사업·재건축사업의 사업대행자)** ① 시장·군수등은 다음 각 호의 어느 하나에 해당하는 경우에는 해당 조합 또는 토지등소유자를 대신하여 직접 정비사업을 시행하거나 토지주택공사 등 또는 지정개발자에게 해당 조합 또는 토지등소유자를 대신하여 정비사업을 시행하게 할 수 있다.

1. 장기간 정비사업이 지연되거나 권리관계에 관한 분쟁 등으로 해당 조합 또는 토지등소유자가 시행하는 정비사업을 계속 추진하기 어렵다고 인정하는 경우

2. 토지등소유자(조합을 설립한 경우에는 조합원을 말한다)의 과반
   수 동의로 요청하는 경우

② 제1항에 따라 정비사업을 대행하는 시장·군수등, 토지주택공
사등 또는 지정개발자(이하 "사업대행자"라 한다)는 사업시행자에
게 청구할 수 있는 보수 또는 비용의 상환에 대한 권리로써 사업
시행자에게 귀속될 대지 또는 건축물을 압류할 수 있다.

③ 제1항에 따라 정비사업을 대행하는 경우 사업대행의 개시결정,
그 결정의 고시 및 효과, 사업대행자의 업무집행, 사업대행의 완료
와 그 고시 등에 필요한 사항은 대통령령으로 정한다.

**제29조(계약의 방법 및 시공자 선정 등)** ① 추진위원장 또는 사업시
행자(청산인을 포함한다)는 이 법 또는 다른 법령에 특별한 규정이
있는 경우를 제외하고는 계약(공사, 용역, 물품구매 및 제조 등을
포함한다. 이하 같다)을 체결하려면 일반경쟁에 부쳐야 한다. 다
만, 계약규모, 재난의 발생 등 대통령령으로 정하는 경우에는 입찰
참가자를 지명(**指名**)하여 경쟁에 부치거나 수의계약(**隨意契約**)으로
할 수 있다. <신설 2017. 8. 9.>

② 제1항 본문에 따라 일반경쟁의 방법으로 계약을 체결하는 경우
로서 대통령령으로 정하는 규모를 초과하는 계약은 「전자조달의
이용 및 촉진에 관한 법률」 제2조제4호의 국가종합전자조달시스템
(이하 "전자조달시스템"이라 한다)을 이용하여야 한다. <신설
2017. 8. 9.>

③ 제1항 및 제2항에 따라 계약을 체결하는 경우 계약의 방법 및
절차 등에 필요한 사항은 국토교통부장관이 정하여 고시한다. <신
설 2017. 8. 9.>

④ 조합은 조합설립인가를 받은 후 조합총회에서 제1항에 따라 경쟁
입찰 또는 수의계약(2회 이상 경쟁입찰이 유찰된 경우로 한정한다)의
방법으로 건설업자 또는 등록사업자를 시공자로 선정하여야 한다. 다
만, 대통령령으로 정하는 규모 이하의 정비사업은 조합총회에서 정관
으로 정하는 바에 따라 선정할 수 있다. <개정 2017. 8. 9.>

⑤ 토지등소유자가 제25조제1항제2호에 따라 재개발사업을 시행
하는 경우에는 제1항에도 불구하고 사업시행계획인가를 받은 후
제2조제11호나목에 따른 규약에 따라 건설업자 또는 등록사업자를

시공자로 선정하여야 한다. <개정 2017. 8. 9.>

⑥ 시장·군수등이 제26조제1항 및 제27조제1항에 따라 직접 정비사업을 시행하거나 토지주택공사등 또는 지정개발자를 사업시행자로 지정한 경우 사업시행자는 제26조제2항 및 제27조제2항에 따른 사업시행자 지정·고시 후 제1항에 따른 경쟁입찰 또는 수의계약의 방법으로 건설업자 또는 등록사업자를 시공자로 선정하여야 한다. <개정 2017. 8. 9.>

⑦ 제6항에 따라 시공자를 선정하거나 제23조제1항제4호의 방법으로 시행하는 주거환경개선사업의 사업시행자가 시공자를 선정하는 경우 제47조에 따른 주민대표회의 또는 제48조에 따른 토지등소유자 전체회의는 대통령령으로 정하는 경쟁입찰 또는 수의계약(2회 이상 경쟁입찰이 유찰된 경우로 한정한다)의 방법으로 시공자를 추천할 수 있다. <개정 2017. 8. 9.>

⑧ 제7항에 따라 주민대표회의 또는 토지등소유자 전체회의가 시공자를 추천한 경우 사업시행자는 추천받은 자를 시공자로 선정하여야 한다. 이 경우 시공자와의 계약에 관해서는 「지방자치단체를 당사자로 하는 계약에 관한 법률」 제9조 또는 「공공기관의 운영에 관한 법률」 제39조를 적용하지 아니한다. <개정 2017. 8. 9.>

⑨ 사업시행자(사업대행자를 포함한다)는 제4항부터 제8항까지의 규정에 따라 선정된 시공자와 공사에 관한 계약을 체결할 때에는 기존 건축물의 철거 공사(「석면안전관리법」에 따른 석면 조사·해체·제거를 포함한다)에 관한 사항을 포함시켜야 한다. <개정 2017. 8. 9.>
[제목개정 2017. 8. 9.]

**제29조의2(공사비 검증 요청 등)** ① 재개발사업·재건축사업의 사업시행자(시장·군수등 또는 토지주택공사등이 단독 또는 공동으로 정비사업을 시행하는 경우는 제외한다)는 시공자와 계약 체결 후 다음 각 호의 어느 하나에 해당하는 때에는 제114조에 따른 정비사업 지원기구에 공사비 검증을 요청하여야 한다.

1. 토지등소유자 또는 조합원 5분의 1 이상이 사업시행자에게 검증 의뢰를 요청하는 경우

2. 공사비의 증액 비율(당초 계약금액 대비 누적 증액 규모의 비율로서 생산자물가상승률은 제외한다)이 다음 각 목의 어느 하

나에 해당하는 경우

　　가. 사업시행계획인가 이전에 시공자를 선정한 경우: 100분의
　　　　10 이상

　　나. 사업시행계획인가 이후에 시공자를 선정한 경우: 100분의 5 이상

　3. 제1호 또는 제2호에 따른 공사비 검증이 완료된 이후 공사비의
　　증액 비율(검증 당시 계약금액 대비 누적 증액 규모의 비율로서
　　생산자물가상승률은 제외한다)이 100분의 3 이상인 경우

② 제1항에 따른 공사비 검증의 방법 및 절차, 검증 수수료, 그
밖에 필요한 사항은 국토교통부장관이 정하여 고시한다.

[본조신설 2019. 4. 23.]

제30조(임대사업자의 선정) ① 사업시행자는 공공지원민간임대주택
을 원활히 공급하기 위하여 국토교통부장관이 정하는 경쟁입찰의
방법 또는 수의계약(2회 이상 경쟁입찰이 유찰된 경우와 공공재개
발사업을 통해 건설·공급되는 공공지원민간임대주택을 국가가 출
자·설립한 법인 등 대통령령으로 정한 자에게 매각하는 경우로
한정한다)의 방법으로 「민간임대주택에 관한 특별법」 제2조제7호
에 따른 임대사업자(이하 "임대사업자"라 한다)를 선정할 수 있다.
<개정 2018. 1. 16., 2021. 4. 13.>

② 제1항에 따른 임대사업자의 선정절차 등에 필요한 사항은 국토
교통부장관이 정하여 고시할 수 있다. <개정 2018. 1. 16.>

[제목개정 2018. 1. 16.]

### 제2절 조합설립추진위원회 및 조합의 설립 등

제31조(조합설립추진위원회의 구성·승인) ① 조합을 설립하려는 경
우에는 제16조에 따른 정비구역 지정·고시 후 다음 각 호의 사항
에 대하여 토지등소유자 과반수의 동의를 받아 조합설립을 위한
추진위원회를 구성하여 국토교통부령으로 정하는 방법과 절차에
따라 시장·군수등의 승인을 받아야 한다.

　1. 추진위원회 위원장(이하 "추진위원장"이라 한다)을 포함한 5명
　　이상의 추진위원회 위원(이하 "추진위원"이라 한다)

　2. 제34조제1항에 따른 운영규정

② 제1항에 따라 추진위원회의 구성에 동의한 토지등소유자(이하 이 조에서 "추진위원회 동의자"라 한다)는 제35조제1항부터 제5항까지의 규정에 따른 조합의 설립에 동의한 것으로 본다. 다만, 조합설립인가를 신청하기 전에 시장·군수등 및 추진위원회에 조합설립에 대한 반대의 의사표시를 한 추진위원회 동의자의 경우에는 그러하지 아니하다.

③ 제1항에 따른 토지등소유자의 동의를 받으려는 자는 대통령령으로 정하는 방법 및 절차에 따라야 한다. 이 경우 동의를 받기 전에 제2항의 내용을 설명·고지하여야 한다.

④ 정비사업에 대하여 제118조에 따른 공공지원을 하려는 경우에는 추진위원회를 구성하지 아니할 수 있다. 이 경우 조합설립 방법 및 절차 등에 필요한 사항은 대통령령으로 정한다.

**제32조(추진위원회의 기능)** ① 추진위원회는 다음 각 호의 업무를 수행할 수 있다.

1. 제102조에 따른 정비사업전문관리업자(이하 "정비사업전문관리업자"라 한다)의 선정 및 변경

2. 설계자의 선정 및 변경

3. 개략적인 정비사업 시행계획서의 작성

4. 조합설립인가를 받기 위한 준비업무

5. 그 밖에 조합설립을 추진하기 위하여 대통령령으로 정하는 업무

② 추진위원회가 정비사업전문관리업자를 선정하려는 경우에는 제31조에 따라 추진위원회 승인을 받은 후 제29조제1항에 따른 경쟁입찰 또는 수의계약(2회 이상 경쟁입찰이 유찰된 경우로 한정한다)의 방법으로 선정하여야 한다. <개정 2017. 8. 9.>

③ 추진위원회는 제35조제2항, 제3항 및 제5항에 따른 조합설립인가를 신청하기 전에 대통령령으로 정하는 방법 및 절차에 따라 조합설립을 위한 창립총회를 개최하여야 한다.

④ 추진위원회가 제1항에 따라 수행하는 업무의 내용이 토지등소유자의 비용부담을 수반하거나 권리·의무에 변동을 발생시키는 경우로서 대통령령으로 정하는 사항에 대하여는 그 업무를 수행하기 전에 대통령령으로 정하는 비율 이상의 토지등소유자의 동의를 받아야 한다.

**제33조(추진위원회의 조직)** ① 추진위원회는 추진위원회를 대표하는 추진위원장 1명과 감사를 두어야 한다.

② 추진위원의 선출에 관한 선거관리는 제41조제3항을 준용한다. 이 경우 "조합"은 "추진위원회"로, "조합임원"은 "추진위원"으로 본다.

③ 토지등소유자는 제34조에 따른 추진위원회의 운영규정에 따라 추진위원회에 추진위원의 교체 및 해임을 요구할 수 있으며, 추진위원장이 사임, 해임, 임기만료, 그 밖에 불가피한 사유 등으로 직무를 수행할 수 없는 때부터 6개월 이상 선임되지 아니한 경우 그 업무의 대행에 관하여는 제41조제5항 단서를 준용한다. 이 경우 "조합임원"은 "추진위원장"으로 본다.

④ 제3항에 따른 추진위원의 교체·해임 절차 등에 필요한 사항은 제34조제1항에 따른 운영규정에 따른다.

⑤ 추진위원의 결격사유는 제43조제1항부터 제3항까지를 준용한다. 이 경우 "조합"은 "추진위원회"로, "조합임원"은 "추진위원"으로 본다.

**제34조(추진위원회의 운영)** ① 국토교통부장관은 추진위원회의 공정한 운영을 위하여 다음 각 호의 사항을 포함한 추진위원회의 운영규정을 정하여 고시하여야 한다.

1. 추진위원의 선임방법 및 변경
2. 추진위원의 권리·의무
3. 추진위원회의 업무범위
4. 추진위원회의 운영방법
5. 토지등소유자의 운영경비 납부
6. 추진위원회 운영자금의 차입
7. 그 밖에 추진위원회의 운영에 필요한 사항으로서 대통령령으로 정하는 사항

② 추진위원회는 운영규정에 따라 운영하여야 하며, 토지등소유자는 운영에 필요한 경비를 운영규정에 따라 납부하여야 한다.

③ 추진위원회는 수행한 업무를 제44조에 따른 총회(이하 "총회"라 한다)에 보고하여야 하며, 그 업무와 관련된 권리·의무는 조합이 포괄승계한다.

④ 추진위원회는 사용경비를 기재한 회계장부 및 관계 서류를 조

합설립인가일부터 30일 이내에 조합에 인계하여야 한다.

⑤ 추진위원회의 운영에 필요한 사항은 대통령령으로 정한다.

**제35조(조합설립인가 등)** ① 시장·군수등, 토지주택공사등 또는 지정개발자가 아닌 자가 정비사업을 시행하려는 경우에는 토지등소유자로 구성된 조합을 설립하여야 한다. 다만, 제25조제1항제2호에 따라 토지등소유자가 재개발사업을 시행하려는 경우에는 그러하지 아니하다.

② 재개발사업의 추진위원회(제31조제4항에 따라 추진위원회를 구성하지 아니하는 경우에는 토지등소유자를 말한다)가 조합을 설립하려면 토지등소유자의 4분의 3 이상 및 토지면적의 2분의 1 이상의 토지소유자의 동의를 받아 다음 각 호의 사항을 첨부하여 시장·군수등의 인가를 받아야 한다.

1. 정관

2. 정비사업비와 관련된 자료 등 국토교통부령으로 정하는 서류

3. 그 밖에 시·도조례로 정하는 서류

③ 재건축사업의 추진위원회(제31조제4항에 따라 추진위원회를 구성하지 아니하는 경우에는 토지등소유자를 말한다)가 조합을 설립하려는 때에는 주택단지의 공동주택의 각 동(복리시설의 경우에는 주택단지의 복리시설 전체를 하나의 동으로 본다)별 구분소유자의 과반수 동의(공동주택의 각 동별 구분소유자가 5 이하인 경우는 제외한다)와 주택단지의 전체 구분소유자의 4분의 3 이상 및 토지면적의 4분의 3 이상의 토지소유자의 동의를 받아 제2항 각 호의 사항을 첨부하여 시장·군수등의 인가를 받아야 한다.

④ 제3항에도 불구하고 주택단지가 아닌 지역이 정비구역에 포함된 때에는 주택단지가 아닌 지역의 토지 또는 건축물 소유자의 4분의 3 이상 및 토지면적의 3분의 2 이상의 토지소유자의 동의를 받아야 한다. <개정 2019. 4. 23.>

⑤ 제2항 및 제3항에 따라 설립된 조합이 인가받은 사항을 변경하고자 하는 때에는 총회에서 조합원의 3분의 2 이상의 찬성으로 의결하고, 제2항 각 호의 사항을 첨부하여 시장·군수등의 인가를 받아야 한다. 다만, 대통령령으로 정하는 경미한 사항을 변경하려는 때에는 총회의 의결 없이 시장·군수등에게 신고하고 변경할 수 있다.

⑥ 시장·군수등은 제5항 단서에 따른 신고를 받은 날부터 20일 이내에 신고수리 여부를 신고인에게 통지하여야 한다. <신설 2021. 3. 16.>

⑦ 시장·군수등이 제6항에서 정한 기간 내에 신고수리 여부 또는 민원 처리 관련 법령에 따른 처리기간의 연장을 신고인에게 통지하지 아니하면 그 기간(민원 처리 관련 법령에 따라 처리기간이 연장 또는 재연장된 경우에는 해당 처리기간을 말한다)이 끝난 날의 다음 날에 신고를 수리한 것으로 본다. <신설 2021. 3. 16.>

⑧ 조합이 정비사업을 시행하는 경우 「주택법」 제54조를 적용할 때에는 조합을 같은 법 제2조제10호에 따른 사업주체로 보며, 조합설립인가일부터 같은 법 제4조에 따른 주택건설사업 등의 등록을 한 것으로 본다. <개정 2021. 3. 16.>

⑨ 제2항부터 제5항까지의 규정에 따른 토지등소유자에 대한 동의의 대상 및 절차, 조합설립 신청 및 인가 절차, 인가받은 사항의 변경 등에 필요한 사항은 대통령령으로 정한다. <개정 2021. 3. 16.>

⑩ 추진위원회는 조합설립에 필요한 동의를 받기 전에 추정분담금 등 대통령령으로 정하는 정보를 토지등소유자에게 제공하여야 한다. <개정 2021. 3. 16.>

**제36조(토지등소유자의 동의방법 등)** ① 다음 각 호에 대한 동의(동의한 사항의 철회 또는 제26조제1항제8호 단서, 제31조제2항 단서 및 제47조제4항 단서에 따른 반대의 의사표시를 포함한다)는 서면동의서에 토지등소유자가 성명을 적고 지장(**指章**)을 날인하는 방법으로 하며, 주민등록증, 여권 등 신원을 확인할 수 있는 신분증명서의 사본을 첨부하여야 한다. <개정 2021. 3. 16.>

1. 제20조제6항제1호에 따라 정비구역등 해제의 연장을 요청하는 경우
2. 제21조제1항제4호에 따라 정비구역의 해제에 동의하는 경우
3. 제24조제1항에 따라 주거환경개선사업의 시행자를 토지주택공사등으로 지정하는 경우
4. 제25조제1항제2호에 따라 토지등소유자가 재개발사업을 시행하려는 경우

5. 제26조 또는 제27조에 따라 재개발사업·재건축사업의 공공시행자 또는 지정개발자를 지정하는 경우

6. 제31조제1항에 따라 조합설립을 위한 추진위원회를 구성하는 경우

7. 제32조제4항에 따라 추진위원회의 업무가 토지등소유자의 비용부담을 수반하거나 권리·의무에 변동을 가져오는 경우

8. 제35조제2항부터 제5항까지의 규정에 따라 조합을 설립하는 경우

9. 제47조제3항에 따라 주민대표회의를 구성하는 경우

10. 제50조제6항에 따라 사업시행계획인가를 신청하는 경우

11. 제58조제3항에 따라 사업시행자가 사업시행계획서를 작성하려는 경우

② 제1항에도 불구하고 토지등소유자가 해외에 장기체류하거나 법인인 경우. 등 불가피한 사유가 있다고 시장·군수등이 인정하는 경우에는 토지등소유자의 인감도장을 찍은 서면동의서에 해당 인감증명서를 첨부하는 방법으로 할 수 있다.

③ 제1항 및 제2항에 따라 서면동의서를 작성하는 경우 제31조제1항 및 제35조제2항부터 제4항까지의 규정에 해당하는 때에는 시장·군수등이 대통령령으로 정하는 방법에 따라 검인(檢印)한 서면동의서를 사용하여야 하며, 검인을 받지 아니한 서면동의서는 그 효력이 발생하지 아니한다.

④ 제1항, 제2항 및 제12조에 따른 토지등소유자의 동의자 수 산정 방법 및 절차 등에 필요한 사항은 대통령령으로 정한다.

**제37조(토지등소유자의 동의서 재사용의 특례)** ① 조합설립인가(변경인가를 포함한다. 이하 이 조에서 같다)를 받은 후에 동의서 위조, 동의 철회, 동의율 미달 또는 동의자 수 산정방법에 관한 하자 등으로 다툼이 있는 경우로서 다음 각 호의 어느 하나에 해당하는 때에는 동의서의 유효성에 다툼이 없는 토지등소유자의 동의서를 다시 사용할 수 있다.

1. 조합설립인가의 무효 또는 취소소송 중에 일부 동의서를 추가 또는 보완하여 조합설립변경인가를 신청하는 때

2. 법원의 판결로 조합설립인가의 무효 또는 취소가 확정되어 조

합설립인가를 다시 신청하는 때

② 조합(제1항제2호의 경우에는 추진위원회를 말한다)이 제1항에 따른 토지등소유자의 동의서를 다시 사용하려면 다음 각 호의 요건을 충족하여야 한다.

1. 토지등소유자에게 기존 동의서를 다시 사용할 수 있다는 취지와 반대 의사표시의 절차 및 방법을 설명·고지할 것
2. 제1항제2호의 경우에는 다음 각 목의 요건
   가. 조합설립인가의 무효 또는 취소가 확정된 조합과 새롭게 설립하려는 조합이 추진하려는 정비사업의 목적과 방식이 동일할 것
   나. 조합설립인가의 무효 또는 취소가 확정된 날부터 3년의 범위에서 대통령령으로 정하는 기간 내에 새로운 조합을 설립하기 위한 창립총회를 개최할 것

③ 제1항에 따른 토지등소유자의 동의서 재사용의 요건(정비사업의 내용 및 정비계획의 변경범위 등을 포함한다), 방법 및 절차 등에 필요한 사항은 대통령령으로 정한다.

**제38조(조합의 법인격 등)** ① 조합은 법인으로 한다.

② 조합은 조합설립인가를 받은 날부터 30일 이내에 주된 사무소의 소재지에서 대통령령으로 정하는 사항을 등기하는 때에 성립한다.

③ 조합은 명칭에 "정비사업조합"이라는 문자를 사용하여야 한다.

**제39조(조합원의 자격 등)** ① 제25조에 따른 정비사업의 조합원(사업시행자가 신탁업자인 경우에는 위탁자를 말한다. 이하 이 조에서 같다)은 토지등소유자(재건축사업의 경우에는 재건축사업에 동의한 자만 해당한다)로 하되, 다음 각 호의 어느 하나에 해당하는 때에는 그 여러 명을 대표하는 1명을 조합원으로 본다. 다만, 「국가균형발전 특별법」 제18조에 따른 공공기관지방이전 및 혁신도시 활성화를 위한 시책 등에 따라 이전하는 공공기관이 소유한 토지 또는 건축물을 양수한 경우 양수한 자(공유의 경우 대표자 1명을 말한다)를 조합원으로 본다. <개정 2017. 8. 9., 2018. 3. 20.>

1. 토지 또는 건축물의 소유권과 지상권이 여러 명의 공유에 속하는 때
2. 여러 명의 토지등소유자가 1세대에 속하는 때. 이 경우 동일한 세대별 주민등록표 상에 등재되어 있지 아니한 배우자 및 미혼

인 19세 미만의 직계비속은 1세대로 보며, 1세대로 구성된 여러 명의 토지등소유자가 조합설립인가 후 세대를 분리하여 동일한 세대에 속하지 아니하는 때에도 이혼 및 19세 이상 자녀의 분가(세대별 주민등록을 달리하고, 실거주지를 분가한 경우로 한정한다)를 제외하고는 1세대로 본다.

3. 조합설립인가(조합설립인가 전에 제27조제1항제3호에 따라 신탁업자를 사업시행자로 지정한 경우에는 사업시행자의 지정을 말한다. 이하 이 조에서 같다) 후 1명의 토지등소유자로부터 토지 또는 건축물의 소유권이나 지상권을 양수하여 여러 명이 소유하게 된 때

② 「주택법」 제63조제1항에 따른 투기과열지구(이하 "투기과열지구"라 한다)로 지정된 지역에서 재건축사업을 시행하는 경우에는 조합설립인가 후, 재개발사업을 시행하는 경우에는 제74조에 따른 관리처분계획의 인가 후 해당 정비사업의 건축물 또는 토지를 양수(매매·증여, 그 밖의 권리의 변동을 수반하는 모든 행위를 포함하되, 상속·이혼으로 인한 양도·양수의 경우는 제외한다. 이하 이 조에서 같다)한 자는 제1항에도 불구하고 조합원이 될 수 없다. 다만, 양도인이 다음 각 호의 어느 하나에 해당하는 경우 그 양도인으로부터 그 건축물 또는 토지를 양수한 자는 그러하지 아니하다. <개정 2017. 10. 24., 2020. 6. 9., 2021. 4. 13.>

1. 세대원(세대주가 포함된 세대의 구성원을 말한다. 이하 이 조에서 같다)의 근무상 또는 생업상의 사정이나 질병치료(「의료법」 제3조에 따른 의료기관의 장이 1년 이상의 치료나 요양이 필요하다고 인정하는 경우로 한정한다)·취학·결혼으로 세대원이 모두 해당 사업구역에 위치하지 아니한 특별시·광역시·특별자치시·특별자치도·시 또는 군으로 이전하는 경우

2. 상속으로 취득한 주택으로 세대원 모두 이전하는 경우

3. 세대원 모두 해외로 이주하거나 세대원 모두 2년 이상 해외에 체류하려는 경우

4. 1세대(제1항제2호에 따라 1세대에 속하는 때를 말한다) 1주택자로서 양도하는 주택에 대한 소유기간 및 거주기간이 대통령령으로 정하는 기간 이상인 경우

5. 제80조에 따른 지분형주택을 공급받기 위하여 건축물 또는 토지를 토지주택공사등과 공유하려는 경우
6. 공공임대주택, 「공공주택 특별법」에 따른 공공분양주택의 공급 및 대통령령으로 정하는 사업을 목적으로 건축물 또는 토지를 양수하려는 공공재개발사업 시행자에게 양도하려는 경우
7. 그 밖에 불가피한 사정으로 양도하는 경우로서 대통령령으로 정하는 경우
③ 사업시행자는 제2항 각 호 외의 부분 본문에 따라 조합원의 자격을 취득할 수 없는 경우 정비사업의 토지, 건축물 또는 그 밖의 권리를 취득한 자에게 제73조를 준용하여 손실보상을 하여야 한다.

**제40조(정관의 기재사항 등)** ① 조합의 정관에는 다음 각 호의 사항이 포함되어야 한다.
1. 조합의 명칭 및 사무소의 소재지
2. 조합원의 자격
3. 조합원의 제명·탈퇴 및 교체
4. 정비구역의 위치 및 면적
5. 제41조에 따른 조합의 임원(이하 "조합임원"이라 한다)의 수 및 업무의 범위
6. 조합임원의 권리·의무·보수·선임방법·변경 및 해임
7. 대의원의 수, 선임방법, 선임절차 및 대의원회의 의결방법
8. 조합의 비용부담 및 조합의 회계
9. 정비사업의 시행연도 및 시행방법
10. 총회의 소집 절차·시기 및 의결방법
11. 총회의 개최 및 조합원의 총회소집 요구
12. 제73조제3항에 따른 이자 지급
13. 정비사업비의 부담 시기 및 절차
14. 정비사업이 종결된 때의 청산절차
15. 청산금의 징수·지급의 방법 및 절차
16. 시공자·설계자의 선정 및 계약서에 포함될 내용
17. 정관의 변경절차
18. 그 밖에 정비사업의 추진 및 조합의 운영을 위하여 필요한 사항으로서 대통령령으로 정하는 사항

② 시·도지사는 제1항 각 호의 사항이 포함된 표준정관을 작성하여 보급할 수 있다. <개정 2019. 4. 23.>

③ 조합이 정관을 변경하려는 경우에는 제35조제2항부터 제5항까지의 규정에도 불구하고 총회를 개최하여 조합원 과반수의 찬성으로 시장·군수등의 인가를 받아야 한다. 다만, 제1항제2호·제3호·제4호·제8호·제13호 또는 제16호의 경우에는 조합원 3분의 2 이상의 찬성으로 한다.

④ 제3항에도 불구하고 대통령령으로 정하는 경미한 사항을 변경하려는 때에는 이 법 또는 정관으로 정하는 방법에 따라 변경하고 시장·군수등에게 신고하여야 한다.

⑤ 시장·군수등은 제4항에 따른 신고를 받은 날부터 20일 이내에 신고수리 여부를 신고인에게 통지하여야 한다. <신설 2021. 3. 16.>

⑥ 시장·군수등이 제5항에서 정한 기간 내에 신고수리 여부 또는 민원 처리 관련 법령에 따른 처리기간의 연장을 신고인에게 통지하지 아니하면 그 기간(민원 처리 관련 법령에 따라 처리기간이 연장 또는 재연장된 경우에는 해당 처리기간을 말한다)이 끝난 날의 다음 날에 신고를 수리한 것으로 본다. <신설 2021. 3. 16.>

**제41조(조합의 임원)** ① 조합은 다음 각 호의 어느 하나의 요건을 갖춘 조합장 1명과 이사, 감사를 임원으로 둔다. 이 경우 조합장은 선임일부터 제74조제1항에 따른 관리처분계획인가를 받을 때까지는 해당 정비구역에서 거주(영업을 하는 자의 경우 영업을 말한다. 이하 이 조 및 제43조에서 같다)하여야 한다. <개정 2019. 4. 23.>

1. 정비구역에서 거주하고 있는 자로서 선임일 직전 3년 동안 정비구역 내 거주 기간이 1년 이상일 것

2. 정비구역에 위치한 건축물 또는 토지(재건축사업의 경우에는 건축물과 그 부속토지를 말한다)를 5년 이상 소유하고 있을 것

3. 삭제 <2019. 4. 23.>

② 조합의 이사와 감사의 수는 대통령령으로 정하는 범위에서 정관으로 정한다.

③ 조합은 총회 의결을 거쳐 조합임원의 선출에 관한 선거관리를 「선거관리위원회법」 제3조에 따라 선거관리위원회에 위탁할 수 있다.

④ 조합임원의 임기는 3년 이하의 범위에서 정관으로 정하되, 연임할 수 있다.

⑤ 조합임원의 선출방법 등은 정관으로 정한다. 다만, 시장·군수 등은 다음 각 호의 어느 하나에 해당하는 경우 시·도조례로 정하는 바에 따라 변호사·회계사·기술사 등으로서 대통령령으로 정하는 요건을 갖춘 자를 전문조합관리인으로 선정하여 조합임원의 업무를 대행하게 할 수 있다. <개정 2019. 4. 23.>

1. 조합임원이 사임, 해임, 임기만료, 그 밖에 불가피한 사유 등으로 직무를 수행할 수 없는 때부터 6개월 이상 선임되지 아니한 경우
2. 총회에서 조합원 과반수의 출석과 출석 조합원 과반수의 동의로 전문조합관리인의 선정을 요청하는 경우

⑥ 제5항에 따른 전문조합관리인의 선정절차, 업무집행 등에 필요한 사항은 대통령령으로 정한다.

**제42조(조합임원의 직무 등)** ① 조합장은 조합을 대표하고, 그 사무를 총괄하며, 총회 또는 제46조에 따른 대의원회의 의장이 된다.

② 제1항에 따라 조합장이 대의원회의 의장이 되는 경우에는 대의원으로 본다.

③ 조합장 또는 이사가 자기를 위하여 조합과 계약이나 소송을 할 때에는 감사가 조합을 대표한다.

④ 조합임원은 같은 목적의 정비사업을 하는 다른 조합의 임원 또는 직원을 겸할 수 없다.

**제43조(조합임원 등의 결격사유 및 해임)** ① 다음 각 호의 어느 하나에 해당하는 자는 조합임원 또는 전문조합관리인이 될 수 없다. <개정 2019. 4. 23., 2020. 6. 9.>

1. 미성년자·피성년후견인 또는 피한정후견인
2. 파산선고를 받고 복권되지 아니한 자
3. 금고 이상의 실형을 선고받고 그 집행이 종료(종료된 것으로 보는 경우를 포함한다)되거나 집행이 면제된 날부터 2년이 지나지 아니한 자
4. 금고 이상의 형의 집행유예를 받고 그 유예기간 중에 있는 자
5. 이 법을 위반하여 벌금 100만원 이상의 형을 선고받고 10년이 지나지 아니한 자

② 조합임원이 다음 각 호의 어느 하나에 해당하는 경우에는 당연 퇴임한다. <개정 2019. 4. 23., 2020. 6. 9.>

1. 제1항 각 호의 어느 하나에 해당하게 되거나 선임 당시 그에 해당하는 자이었음이 밝혀진 경우

2. 조합임원이 제41조제1항에 따른 자격요건을 갖추지 못한 경우

③ 제2항에 따라 퇴임된 임원이 퇴임 전에 관여한 행위는 그 효력을 잃지 아니한다.

④ 조합임원은 제44조제2항에도 불구하고 조합원 10분의 1 이상의 요구로 소집된 총회에서 조합원 과반수의 출석과 출석 조합원 과반수의 동의를 받아 해임할 수 있다. 이 경우 요구자 대표로 선출된 자가 해임 총회의 소집 및 진행을 할 때에는 조합장의 권한을 대행한다.

⑤ 제41조제5항제2호에 따라 시장·군수등이 전문조합관리인을 선정한 경우 전문조합관리인이 업무를 대행할 임원은 당연 퇴임한다. <신설 2019. 4. 23.>

[제목개정 2019. 4. 23.]

제44조(총회의 소집) ① 조합에는 조합원으로 구성되는 총회를 둔다.

② 총회는 조합장이 직권으로 소집하거나 조합원 5분의 1 이상(정관의 기재사항 중 제40조제1항제6호에 따른 조합임원의 권리·의무·보수·선임방법·변경 및 해임에 관한 사항을 변경하기 위한 총회의 경우는 10분의 1 이상으로 한다) 또는 대의원 3분의 2 이상의 요구로 조합장이 소집한다. <개정 2019. 4. 23.>

③ 제2항에도 불구하고 조합임원의 사임, 해임 또는 임기만료 후 6개월 이상 조합임원이 선임되지 아니한 경우에는 시장·군수등이 조합임원 선출을 위한 총회를 소집할 수 있다.

④ 제2항 및 제3항에 따라 총회를 소집하려는 자는 총회가 개최되기 7일 전까지 회의 목적·안건·일시 및 장소를 정하여 조합원에게 통지하여야 한다.

⑤ 총회의 소집 절차·시기 등에 필요한 사항은 정관으로 정한다.

제45조(총회의 의결) ① 다음 각 호의 사항은 총회의 의결을 거쳐야 한다. <개정 2019. 4. 23., 2020. 4. 7., 2021. 3. 16.>

1. 정관의 변경(제40조제4항에 따른 경미한 사항의 변경은 이 법

또는 정관에서 총회의결사항으로 정한 경우로 한정한다)

2. 자금의 차입과 그 방법·이자율 및 상환방법

3. 정비사업비의 세부 항목별 사용계획이 포함된 예산안 및 예산의 사용내역

4. 예산으로 정한 사항 외에 조합원에게 부담이 되는 계약

5. 시공자·설계자 및 감정평가법인등(제74조제4항에 따라 시장·군수등이 선정·계약하는 감정평가법인등은 제외한다)의 선정 및 변경. 다만, 감정평가법인등 선정 및 변경은 총회의 의결을 거쳐 시장·군수등에게 위탁할 수 있다.

6. 정비사업전문관리업자의 선정 및 변경

7. 조합임원의 선임 및 해임

8. 정비사업비의 조합원별 분담내역

9. 제52조에 따른 사업시행계획서의 작성 및 변경(제50조제1항 본문에 따른 정비사업의 중지 또는 폐지에 관한 사항을 포함하며, 같은 항 단서에 따른 경미한 변경은 제외한다)

10. 제74조에 따른 관리처분계획의 수립 및 변경(제74조제1항 각 호 외의 부분 단서에 따른 경미한 변경은 제외한다)

11. 제89조에 따른 청산금의 징수·지급(분할징수·분할지급을 포함한다)과 조합 해산 시의 회계보고

12. 제93조에 따른 비용의 금액 및 징수방법

13. 그 밖에 조합원에게 경제적 부담을 주는 사항 등 주요한 사항을 결정하기 위하여 대통령령 또는 정관으로 정하는 사항

② 제1항 각 호의 사항 중 이 법 또는 정관에 따라 조합원의 동의가 필요한 사항은 총회에 상정하여야 한다.

③ 총회의 의결은 이 법 또는 정관에 다른 규정이 없으면 조합원 과반수의 출석과 출석 조합원의 과반수 찬성으로 한다.

④ 제1항제9호 및 제10호의 경우에는 조합원 과반수의 찬성으로 의결한다. 다만, 정비사업비가 100분의 10(생산자물가상승률분, 제73조에 따른 손실보상 금액은 제외한다) 이상 늘어나는 경우에는 조합원 3분의 2 이상의 찬성으로 의결하여야 한다.

⑤ 조합원은 서면으로 의결권을 행사하거나 다음 각 호의 어느 하나에 해당하는 경우에는 대리인을 통하여 의결권을 행사할 수 있

다. 서면으로 의결권을 행사하는 경우에는 정족수를 산정할 때에
출석한 것으로 본다.

1. 조합원이 권한을 행사할 수 없어 배우자, 직계존비속 또는 형제
자매 중에서 성년자를 대리인으로 정하여 위임장을 제출하는 경우
2. 해외에 거주하는 조합원이 대리인을 지정하는 경우
3. 법인인 토지등소유자가 대리인을 지정하는 경우. 이 경우 법인
의 대리인은 조합임원 또는 대의원으로 선임될 수 있다.

⑥ 총회의 의결은 조합원의 100분의 10 이상이 직접 출석하여야
한다. 다만, 창립총회, 사업시행계획서의 작성 및 변경, 관리처분계
획의 수립 및 변경을 의결하는 총회 등 대통령령으로 정하는 총회
의 경우에는 조합원의 100분의 20 이상이 직접 출석하여야 한다.

⑦ 총회의 의결방법 등에 필요한 사항은 정관으로 정한다.

**제46조(대의원회)** ① 조합원의 수가 100명 이상인 조합은 대의원회
를 두어야 한다.

② 대의원회는 조합원의 10분의 1 이상으로 구성한다. 다만, 조합
원의 10분의 1이 100명을 넘는 경우에는 조합원의 10분의 1의 범
위에서 100명 이상으로 구성할 수 있다.

③ 조합장이 아닌 조합임원은 대의원이 될 수 없다.

④ 대의원회는 총회의 의결사항 중 대통령령으로 정하는 사항 외
에는 총회의 권한을 대행할 수 있다.

⑤ 대의원의 수, 선임방법, 선임절차 및 대의원회의 의결방법 등은
대통령령으로 정하는 범위에서 정관으로 정한다.

**제47조(주민대표회의)** ① 토지등소유자가 시장·군수등 또는 토지주
택공사등의 사업시행을 원하는 경우에는 정비구역 지정·고시 후
주민대표기구(이하 "주민대표회의"라 한다)를 구성하여야 한다.

② 주민대표회의는 위원장을 포함하여 5명 이상 25명 이하로 구
성한다.

③ 주민대표회의는 토지등소유자의 과반수의 동의를 받아 구성하
며, 국토교통부령으로 정하는 방법 및 절차에 따라 시장·군수등
의 승인을 받아야 한다.

④ 제3항에 따라 주민대표회의의 구성에 동의한 자는 제26조제1
항제8호 후단에 따른 사업시행자의 지정에 동의한 것으로 본다.

다만, 사업시행자의 지정 요청 전에 시장·군수등 및 주민대표회의에 사업시행자의 지정에 대한 반대의 의사표시를 한 토지등소유자의 경우에는 그러하지 아니하다.

⑤ 주민대표회의 또는 세입자(상가세입자를 포함한다. 이하 같다)는 사업시행자가 다음 각 호의 사항에 관하여 제53조에 따른 시행규정을 정하는 때에 의견을 제시할 수 있다. 이 경우 사업시행자는 주민대표회의 또는 세입자의 의견을 반영하기 위하여 노력하여야 한다.

1. 건축물의 철거
2. 주민의 이주(세입자의 퇴거에 관한 사항을 포함한다)
3. 토지 및 건축물의 보상(세입자에 대한 주거이전비 등 보상에 관한 사항을 포함한다)
4. 정비사업비의 부담
5. 세입자에 대한 임대주택의 공급 및 입주자격
6. 그 밖에 정비사업의 시행을 위하여 필요한 사항으로서 대통령령으로 정하는 사항

⑥ 주민대표회의의 운영, 비용부담, 위원의 선임 방법 및 절차 등에 필요한 사항은 대통령령으로 정한다.

**제48조(토지등소유자 전체회의)** ① 제27조제1항제3호에 따라 사업시행자로 지정된 신탁업자는 다음 각 호의 사항에 관하여 해당 정비사업의 토지등소유자(재건축사업의 경우에는 신탁업자를 사업시행자로 지정하는 것에 동의한 토지등소유자를 말한다. 이하 이 조에서 같다) 전원으로 구성되는 회의(이하 "토지등소유자 전체회의"라 한다)의 의결을 거쳐야 한다.

1. 시행규정의 확정 및 변경
2. 정비사업비의 사용 및 변경
3. 정비사업전문관리업자와의 계약 등 토지등소유자의 부담이 될 계약
4. 시공자의 선정 및 변경
5. 정비사업비의 토지등소유자별 분담내역
6. 자금의 차입과 그 방법·이자율 및 상환방법
7. 제52조에 따른 사업시행계획서의 작성 및 변경(제50조제1항 본문에 따른 정비사업의 중지 또는 폐지에 관한 사항을 포함하며,

같은 항 단서에 따른 경미한 변경은 제외한다)

8. 제74조에 따른 관리처분계획의 수립 및 변경(제74조제1항 각 호 외의 부분 단서에 따른 경미한 변경은 제외한다)

9. 제89조에 따른 청산금의 징수·지급(분할징수·분할지급을 포함한다)과 조합 해산 시의 회계보고

10. 제93조에 따른 비용의 금액 및 징수방법

11. 그 밖에 토지등소유자에게 부담이 되는 것으로 시행규정으로 정하는 사항

② 토지등소유자 전체회의는 사업시행자가 직권으로 소집하거나 토지등소유자 5분의 1 이상의 요구로 사업시행자가 소집한다.

③ 토지등소유자 전체회의의 소집 절차·시기 및 의결방법 등에 관하여는 제44조제5항, 제45조제3항·제4항·제6항 및 제7항을 준용한다. 이 경우 "총회"는 "토지등소유자 전체회의"로, "정관"은 "시행규정"으로, "조합원"은 "토지등소유자"로 본다.

**제49조(민법의 준용)** 조합에 관하여는 이 법에 규정된 사항을 제외하고는 「민법」 중 사단법인에 관한 규정을 준용한다.

### 제3절 사업시행계획 등

**제50조(사업시행계획인가)** ① 사업시행자(제25조제1항 및 제2항에 따른 공동시행의 경우를 포함하되, 사업시행자가 시장·군수등인 경우는 제외한다)는 정비사업을 시행하려는 경우에는 제52조에 따른 사업시행계획서(이하 "사업시행계획서"라 한다)에 정관등과 그 밖에 국토교통부령으로 정하는 서류를 첨부하여 시장·군수등에게 제출하고 사업시행계획인가를 받아야 하고, 인가받은 사항을 변경하거나 정비사업을 중지 또는 폐지하려는 경우에도 또한 같다. 다만, 대통령령으로 정하는 경미한 사항을 변경하려는 때에는 시장·군수등에게 신고하여야 한다.

② 시장·군수등은 제1항 단서에 따른 신고를 받은 날부터 20일 이내에 신고수리 여부를 신고인에게 통지하여야 한다. <신설 2021. 3. 16.>

③ 시장·군수등이 제2항에서 정한 기간 내에 신고수리 여부 또는

민원 처리 관련 법령에 따른 처리기간의 연장을 신고인에게 통지하지 아니하면 그 기간(민원 처리 관련 법령에 따라 처리기간이 연장 또는 재연장된 경우에는 해당 처리기간을 말한다)이 끝난 날의 다음 날에 신고를 수리한 것으로 본다. <신설 2021. 3. 16.>

④ 시장·군수등은 특별한 사유가 없으면 제1항에 따라 사업시행계획서의 제출이 있은 날부터 60일 이내에 인가 여부를 결정하여 사업시행자에게 통보하여야 한다. <개정 2021. 3. 16.>

⑤ 사업시행자(시장·군수등 또는 토지주택공사등은 제외한다)는 사업시행계획인가를 신청하기 전에 미리 총회의 의결을 거쳐야 하며, 인가받은 사항을 변경하거나 정비사업을 중지 또는 폐지하려는 경우에도 또한 같다. 다만, 제1항 단서에 따른 경미한 사항의 변경은 총회의 의결을 필요로 하지 아니한다. <개정 2021. 3. 16.>

⑥ 토지등소유자가 제25조제1항제2호에 따라 재개발사업을 시행하려는 경우에는 사업시행계획인가를 신청하기 전에 사업시행계획서에 대하여 토지등소유자의 4분의 3 이상 및 토지면적의 2분의 1 이상의 토지소유자의 동의를 받아야 한다. 다만, 인가받은 사항을 변경하려는 경우에는 규약으로 정하는 바에 따라 토지등소유자의 과반수의 동의를 받아야 하며, 제1항 단서에 따른 경미한 사항의 변경인 경우에는 토지등소유자의 동의를 필요로 하지 아니한다. <개정 2021. 3. 16.>

⑦ 지정개발자가 정비사업을 시행하려는 경우에는 사업시행계획인가를 신청하기 전에 토지등소유자의 과반수의 동의 및 토지면적의 2분의 1 이상의 토지소유자의 동의를 받아야 한다. 다만, 제1항 단서에 따른 경미한 사항의 변경인 경우에는 토지등소유자의 동의를 필요로 하지 아니한다. <개정 2021. 3. 16.>

⑧ 제26조제1항제1호 및 제27조제1항제1호에 따른 사업시행자는 제7항에도 불구하고 토지등소유자의 동의를 필요로 하지 아니한다. <개정 2021. 3. 16.>

⑨ 시장·군수등은 제1항에 따른 사업시행계획인가(시장·군수등이 사업시행계획서를 작성한 경우를 포함한다)를 하거나 정비사업을 변경·중지 또는 폐지하는 경우에는 국토교통부령으로 정하는 방법 및 절차에 따라 그 내용을 해당 지방자치단체의 공보에 고시

하여야 한다. 다만, 제1항 단서에 따른 경미한 사항을 변경하려는 경우에는 그러하지 아니하다. <개정 2021. 3. 16.>

**제51조(기반시설의 기부채납 기준)** ① 시장·군수등은 제50조제1항에 따라 사업시행계획을 인가하는 경우 사업시행자가 제출하는 사업시행계획에 해당 정비사업과 직접적으로 관련이 없거나 과도한 정비기반시설의 기부채납을 요구하여서는 아니 된다.

② 국토교통부장관은 정비기반시설의 기부채납과 관련하여 다음 각 호의 사항이 포함된 운영기준을 작성하여 고시할 수 있다.

1. 정비기반시설의 기부채납 부담의 원칙 및 수준

2. 정비기반시설의 설치기준 등

③ 시장·군수등은 제2항에 따른 운영기준의 범위에서 지역여건 또는 사업의 특성 등을 고려하여 따로 기준을 정할 수 있으며, 이 경우 사전에 국토교통부장관에게 보고하여야 한다.

**제52조(사업시행계획서의 작성)** ① 사업시행자는 정비계획에 따라 다음 각 호의 사항을 포함하는 사업시행계획서를 작성하여야 한다. <개정 2018. 1. 16., 2021. 4. 13.>

1. 토지이용계획(건축물배치계획을 포함한다)

2. 정비기반시설 및 공동이용시설의 설치계획

3. 임시거주시설을 포함한 주민이주대책

4. 세입자의 주거 및 이주 대책

5. 사업시행기간 동안 정비구역 내 가로등 설치, 폐쇄회로 텔레비전 설치 등 범죄예방대책

6. 제10조에 따른 임대주택의 건설계획(재건축사업의 경우는 제외한다)

7. 제54조제4항, 제101조의5 및 제101조의6에 따른 국민주택규모 주택의 건설계획(주거환경개선사업의 경우는 제외한다)

8. 공공지원민간임대주택 또는 임대관리 위탁주택의 건설계획(필요한 경우로 한정한다)

9. 건축물의 높이 및 용적률 등에 관한 건축계획

10. 정비사업의 시행과정에서 발생하는 폐기물의 처리계획

11. 교육시설의 교육환경 보호에 관한 계획(정비구역부터 200미터 이내에 교육시설이 설치되어 있는 경우로 한정한다)

12. 정비사업비

13. 그 밖에 사업시행을 위한 사항으로서 대통령령으로 정하는 바에 따라 시·도조례로 정하는 사항

② 사업시행자가 제1항에 따른 사업시행계획서에 「공공주택 특별법」 제2조제1호에 따른 공공주택(이하 "공공주택"이라 한다) 건설계획을 포함하는 경우에는 공공주택의 구조·기능 및 설비에 관한 기준과 부대시설·복리시설의 범위, 설치기준 등에 필요한 사항은 같은 법 제37조에 따른다.

**제53조(시행규정의 작성)** 시장·군수등, 토지주택공사등 또는 신탁업자가 단독으로 정비사업을 시행하는 경우 다음 각 호의 사항을 포함하는 시행규정을 작성하여야 한다.

1. 정비사업의 종류 및 명칭
2. 정비사업의 시행연도 및 시행방법
3. 비용부담 및 회계
4. 토지등소유자의 권리·의무
5. 정비기반시설 및 공동이용시설의 부담
6. 공고·공람 및 통지의 방법
7. 토지 및 건축물에 관한 권리의 평가방법
8. 관리처분계획 및 청산(분할징수 또는 납입에 관한 사항을 포함한다). 다만, 수용의 방법으로 시행하는 경우는 제외한다.
9. 시행규정의 변경
10. 사업시행계획서의 변경
11. 토지등소유자 전체회의(신탁업자가 사업시행자인 경우로 한정한다)
12. 그 밖에 시·도조례로 정하는 사항

**제54조(재건축사업 등의 용적률 완화 및 국민주택규모 주택 건설비율)** ① 사업시행자는 다음 각 호의 어느 하나에 해당하는 정비사업(「도시재정비 촉진을 위한 특별법」 제2조제1호에 따른 재정비촉진지구에서 시행되는 재개발사업 및 재건축사업은 제외한다. 이하 이 조에서 같다)을 시행하는 경우 정비계획(이 법에 따라 정비계획으로 의제되는 계획을 포함한다. 이하 이 조에서 같다)으로 정하여진 용적률에도 불구하고 지방도시계획위원회의 심의를 거쳐 「국토의 계획 및 이용에 관한 법률」 제78조 및 관계 법률에 따른 용적률의 상한(이하 이 조에서 "법적상한용적률"이라 한다)까지 건축할 수 있다.

1. 「수도권정비계획법」 제6조제1항제1호에 따른 과밀억제권역(이하 "과밀억제권역"이라 한다)에서 시행하는 재개발사업 및 재건축사업(「국토의 계획 및 이용에 관한 법률」 제78조에 따른 주거지역으로 한정한다. 이하 이 조에서 같다)

2. 제1호 외의 경우 시·도조례로 정하는 지역에서 시행하는 재개발사업 및 재건축사업

② 제1항에 따라 사업시행자가 정비계획으로 정하여진 용적률을 초과하여 건축하려는 경우에는 「국토의 계획 및 이용에 관한 법률」 제78조에 따라 특별시·광역시·특별자치시·특별자치도·시 또는 군의 조례로 정한 용적률 제한 및 정비계획으로 정한 허용세대수의 제한을 받지 아니한다.

③ 제1항의 관계 법률에 따른 용적률의 상한은 다음 각 호의 어느 하나에 해당하여 건축행위가 제한되는 경우 건축이 가능한 용적률을 말한다.

1. 「국토의 계획 및 이용에 관한 법률」 제76조에 따른 건축물의 층수제한

2. 「건축법」 제60조에 따른 높이제한

3. 「건축법」 제61조에 따른 일조 등의 확보를 위한 건축물의 높이제한

4. 「공항시설법」 제34조에 따른 장애물 제한표면구역 내 건축물의 높이제한

5. 「군사기지 및 군사시설 보호법」 제10조에 따른 비행안전구역 내 건축물의 높이제한

6. 「문화재보호법」 제12조에 따른 건설공사 시 문화재 보호를 위한 건축제한

7. 그 밖에 시장·군수등이 건축 관계 법률의 건축제한으로 용적률의 완화가 불가능하다고 근거를 제시하고, 지방도시계획위원회 또는 「건축법」 제4조에 따라 시·도에 두는 건축위원회가 심의를 거쳐 용적률 완화가 불가능하다고 인정한 경우

④ 사업시행자는 법적상한용적률에서 정비계획으로 정하여진 용적률을 뺀 용적률(이하 "초과용적률"이라 한다)의 다음 각 호에 따른 비율에 해당하는 면적에 국민주택규모 주택을 건설하여야 한다.

다만, 제24조제4항, 제26조제1항제1호 및 제27조제1항제1호에 따른 정비사업을 시행하는 경우에는 그러하지 아니하다. <개정 2021. 4. 13.>

1. 과밀억제권역에서 시행하는 재건축사업은 초과용적률의 100분의 30 이상 100분의 50 이하로서 시·도조례로 정하는 비율

2. 과밀억제권역에서 시행하는 재개발사업은 초과용적률의 100분의 50 이상 100분의 75 이하로서 시·도조례로 정하는 비율

3. 과밀억제권역 외의 지역에서 시행하는 재건축사업은 초과용적률의 100분의 50 이하로서 시·도조례로 정하는 비율

4. 과밀억제권역 외의 지역에서 시행하는 재개발사업은 초과용적률의 100분의 75 이하로서 시·도조례로 정하는 비율

[제목개정 2021. 4. 13.]

**제55조(국민주택규모 주택의 공급 및 인수)** ① 사업시행자는 제54조제4항에 따라 건설한 국민주택규모 주택을 국토교통부장관, 시·도지사, 시장, 군수, 구청장 또는 토지주택공사등(이하 "인수자"라 한다)에 공급하여야 한다. <개정 2021. 4. 13.>

② 제1항에 따른 국민주택규모 주택의 공급가격은 「공공주택 특별법」 제50조의4에 따라 국토교통부장관이 고시하는 공공건설임대주택의 표준건축비로 하며, 부속 토지는 인수자에게 기부채납한 것으로 본다. <개정 2021. 4. 13.>

③ 사업시행자는 제54조제1항 및 제2항에 따라 정비계획상 용적률을 초과하여 건축하려는 경우에는 사업시행계획인가를 신청하기 전에 미리 제1항 및 제2항에 따른 국민주택규모 주택에 관한 사항을 인수자와 협의하여 사업시행계획서에 반영하여야 한다. <개정 2021. 4. 13.>

④ 제1항 및 제2항에 따른 국민주택규모 주택의 인수를 위한 절차와 방법 등에 필요한 사항은 대통령령으로 정할 수 있으며, 인수된 국민주택규모 주택은 대통령령으로 정하는 장기공공임대주택으로 활용하여야 한다. 다만, 토지등소유자의 부담 완화 등 대통령령으로 정하는 요건에 해당하는 경우에는 인수된 국민주택규모 주택을 장기공공임대주택이 아닌 임대주택으로 활용할 수 있다. <개정 2021. 4. 13.>

⑤ 제2항에도 불구하고 제4항 단서에 따른 임대주택의 인수자는 임대의무기간에 따라 감정평가액의 100분의 50 이하의 범위에서 대통령령으로 정하는 가격으로 부속 토지를 인수하여야 한다.
[제목개정 2021. 4. 13.]

**제56조(관계 서류의 공람과 의견청취)** ① 시장·군수등은 사업시행계획인가를 하거나 사업시행계획서를 작성하려는 경우에는 대통령령으로 정하는 방법 및 절차에 따라 관계 서류의 사본을 14일 이상 일반인이 공람할 수 있게 하여야 한다. 다만, 제50조제1항 단서에 따른 경미한 사항을 변경하려는 경우에는 그러하지 아니하다.
② 토지등소유자 또는 조합원, 그 밖에 정비사업과 관련하여 이해관계를 가지는 자는 제1항의 공람기간 이내에 시장·군수등에게 서면으로 의견을 제출할 수 있다.
③ 시장·군수등은 제2항에 따라 제출된 의견을 심사하여 채택할 필요가 있다고 인정하는 때에는 이를 채택하고, 그러하지 아니한 경우에는 의견을 제출한 자에게 그 사유를 알려주어야 한다.

**제57조(인·허가등의 의제 등)** ① 사업시행자가 사업시행계획인가를 받은 때(시장·군수등이 직접 정비사업을 시행하는 경우에는 사업시행계획서를 작성한 때를 말한다. 이하 이 조에서 같다)에는 다음 각 호의 인가·허가·승인·신고·등록·협의·동의·심사·지정 또는 해제(이하 "인·허가등"이라 한다)가 있은 것으로 보며, 제50조제9항에 따른 사업시행계획인가의 고시가 있은 때에는 다음 각 호의 관계 법률에 따른 인·허가등의 고시·공고 등이 있은 것으로 본다. <개정 2020. 3. 31., 2020. 6. 9., 2021. 3. 16.>
1. 「주택법」 제15조에 따른 사업계획의 승인
2. 「공공주택 특별법」 제35조에 따른 주택건설사업계획의 승인
3. 「건축법」 제11조에 따른 건축허가, 같은 법 제20조에 따른 가설건축물의 건축허가 또는 축조신고 및 같은 법 제29조에 따른 건축협의
4. 「도로법」 제36조에 따른 도로관리청이 아닌 자에 대한 도로공사 시행의 허가 및 같은 법 제61조에 따른 도로의 점용 허가
5. 「사방사업법」 제20조에 따른 사방지의 지정해제
6. 「농지법」 제34조에 따른 농지전용의 허가·협의 및 같은 법 제

35조에 따른 농지전용신고

7. 「산지관리법」 제14조·제15조에 따른 산지전용허가 및 산지전용
   신고, 같은 법 제15조의2에 따른 산지일시사용허가·신고와 「산림
   자원의 조성 및 관리에 관한 법률」 제36조제1항·제4항에 따른
   입목벌채등의 허가·신고 및 「산림보호법」 제9조제1항 및 같은 조
   제2항제1호에 따른 산림보호구역에서의 행위의 허가. 다만, 「산림
   자원의 조성 및 관리에 관한 법률」에 따른 채종림·시험림과 「산
   림보호법」에 따른 산림유전자원보호구역의 경우는 제외한다.
8. 「하천법」 제30조에 따른 하천공사 시행의 허가 및 하천공사실
   시계획의 인가, 같은 법 제33조에 따른 하천의 점용허가 및 같
   은 법 제50조에 따른 하천수의 사용허가
9. 「수도법」 제17조에 따른 일반수도사업의 인가 및 같은 법 제
   52조 또는 제54조에 따른 전용상수도 또는 전용공업용수도 설치
   의 인가
10. 「하수도법」 제16조에 따른 공공하수도 사업의 허가 및 같은
    법 제34조제2항에 따른 개인하수처리시설의 설치신고
11. 「공간정보의 구축 및 관리 등에 관한 법률」 제15조제3항에
    따른 지도등의 간행 심사
12. 「유통산업발전법」 제8조에 따른 대규모점포등의 등록
13. 「국유재산법」 제30조에 따른 사용허가(재개발사업으로 한정한다)
14. 「공유재산 및 물품 관리법」 제20조에 따른 사용·수익허가(재
    개발사업으로 한정한다)
15. 「공간정보의 구축 및 관리 등에 관한 법률」 제86조제1항에
    따른 사업의 착수·변경의 신고
16. 「국토의 계획 및 이용에 관한 법률」 제86조에 따른 도시·군
    계획시설 사업시행자의 지정 및 같은 법 제88조에 따른 실시계
    획의 인가
17. 「전기안전관리법」 제8조에 따른 자가용전기설비의 공사계획의
    인가 및 신고
18. 「화재예방, 소방시설 설치·유지 및 안전관리에 관한 법률」
    제7조제1항에 따른 건축허가등의 동의, 「위험물안전관리법」 제6
    조제1항에 따른 제조소등의 설치의 허가(제조소등은 공장건축물

또는 그 부속시설과 관계있는 것으로 한정한다)

② 사업시행자가 공장이 포함된 구역에 대하여 재개발사업의 사업시행계획인가를 받은 때에는 제1항에 따른 인·허가등 외에 다음 각 호의 인·허가등이 있은 것으로 보며, 제50조제9항에 따른 사업시행계획인가를 고시한 때에는 다음 각 호의 관계 법률에 따른 인·허가등의 고시·공고 등이 있은 것으로 본다. <개정 2021. 3. 16.>

1. 「산업집적활성화 및 공장설립에 관한 법률」 제13조에 따른 공장설립등의 승인 및 같은 법 제15조에 따른 공장설립등의 완료신고

2. 「폐기물관리법」 제29조제2항에 따른 폐기물처리시설의 설치승인 또는 설치신고(변경승인 또는 변경신고를 포함한다)

3. 「대기환경보전법」 제23조, 「물환경보전법」 제33조 및 「소음·진동관리법」 제8조에 따른 배출시설설치의 허가 및 신고

4. 「총포·도검·화약류 등의 안전관리에 관한 법률」 제25조제1항에 따른 화약류저장소 설치의 허가

③ 사업시행자는 정비사업에 대하여 제1항 및 제2항에 따른 인·허가등의 의제를 받으려는 경우에는 제50조제1항에 따른 사업시행계획인가를 신청하는 때에 해당 법률에서 정하는 관계 서류를 함께 제출하여야 한다. 다만, 사업시행계획인가를 신청한 때에 시공자가 선정되어 있지 아니하여 관계 서류를 제출할 수 없거나 제6항에 따라 사업시행계획인가를 하는 경우에는 시장·군수등이 정하는 기한까지 제출할 수 있다. <개정 2020. 6. 9.>

④ 시장·군수등은 사업시행계획인가를 하거나 사업시행계획서를 작성하려는 경우 제1항 각 호 및 제2항 각 호에 따라 의제되는 인·허가등에 해당하는 사항이 있는 때에는 미리 관계 행정기관의 장과 협의하여야 하고, 협의를 요청받은 관계 행정기관의 장은 요청받은 날(제3항 단서의 경우에는 서류가 관계 행정기관의 장에게 도달된 날을 말한다)부터 30일 이내에 의견을 제출하여야 한다. 이 경우 관계 행정기관의 장이 30일 이내에 의견을 제출하지 아니하면 협의된 것으로 본다.

⑤ 시장·군수등은 사업시행계획인가(시장·군수등이 사업시행계획서를 작성한 경우를 포함한다)를 하려는 경우 정비구역부터 200미터 이내에 교육시설이 설치되어 있는 때에는 해당 지방자치단체

의 교육감 또는 교육장과 협의하여야 하며, 인가받은 사항을 변경하는 경우에도 또한 같다.

⑥ 시장·군수등은 제4항 및 제5항에도 불구하고 천재지변이나 그밖의 불가피한 사유로 긴급히 정비사업을 시행할 필요가 있다고 인정하는 때에는 관계 행정기관의 장 및 교육감 또는 교육장과 협의를 마치기 전에 제50조제1항에 따른 사업시행계획인가를 할 수 있다. 이 경우 협의를 마칠 때까지는 제1항 및 제2항에 따른 인·허가등을 받은 것으로 보지 아니한다.

⑦ 제1항이나 제2항에 따라 인·허가등을 받은 것으로 보는 경우에는 관계 법률 또는 시·도조례에 따라 해당 인·허가등의 대가로 부과되는 수수료와 해당 국·공유지의 사용 또는 점용에 따른 사용료 또는 점용료를 면제한다.

**제58조(사업시행계획인가의 특례)** ① 사업시행자는 일부 건축물의 존치 또는 리모델링(「주택법」 제2조제25호 또는 「건축법」 제2조제1항제10호에 따른 리모델링을 말한다. 이하 같다)에 관한 내용이 포함된 사업시행계획서를 작성하여 사업시행계획인가를 신청할 수 있다.

② 시장·군수등은 존치 또는 리모델링하는 건축물 및 건축물이 있는 토지가 「주택법」 및 「건축법」에 따른 다음 각 호의 건축 관련 기준에 적합하지 아니하더라도 대통령령으로 정하는 기준에 따라 사업시행계획인가를 할 수 있다.

1. 「주택법」 제2조제12호에 따른 주택단지의 범위
2. 「주택법」 제35조제1항제3호 및 제4호에 따른 부대시설 및 복리시설의 설치기준
3. 「건축법」 제44조에 따른 대지와 도로의 관계
4. 「건축법」 제46조에 따른 건축선의 지정
5. 「건축법」 제61조에 따른 일조 등의 확보를 위한 건축물의 높이 제한

③ 사업시행자가 제1항에 따라 사업시행계획서를 작성하려는 경우에는 존치 또는 리모델링하는 건축물 소유자의 동의(「집합건물의 소유 및 관리에 관한 법률」 제2조제2호에 따른 구분소유자가 있는 경우에는 구분소유자의 3분의 2 이상의 동의와 해당 건축물 연면적의 3분의 2 이상의 구분소유자의 동의로 한다)를 받아야 한다. 다만, 정비계획에서 존치 또는 리모델링하는 것으로 계획된 경우

에는 그러하지 아니한다.

**제59조(순환정비방식의 정비사업 등)** ① 사업시행자는 정비구역의 안과 밖에 새로 건설한 주택 또는 이미 건설되어 있는 주택의 경우 그 정비사업의 시행으로 철거되는 주택의 소유자 또는 세입자(정비구역에서 실제 거주하는 자로 한정한다. 이하 이 항 및 제61조제1항에서 같다)를 임시로 거주하게 하는 등 그 정비구역을 순차적으로 정비하여 주택의 소유자 또는 세입자의 이주대책을 수립하여야 한다.

② 사업시행자는 제1항에 따른 방식으로 정비사업을 시행하는 경우에는 임시로 거주하는 주택(이하 "순환용주택"이라 한다)을 「주택법」 제54조에도 불구하고 제61조에 따른 임시거주시설로 사용하거나 임대할 수 있으며, 대통령령으로 정하는 방법과 절차에 따라 토지주택공사등이 보유한 공공임대주택을 순환용주택으로 우선 공급할 것을 요청할 수 있다.

③ 사업시행자는 순환용주택에 거주하는 자가 정비사업이 완료된 후에도 순환용주택에 계속 거주하기를 희망하는 때에는 대통령령으로 정하는 바에 따라 분양하거나 계속 임대할 수 있다. 이 경우 사업시행자가 소유하는 순환용주택은 제74조에 따라 인가받은 관리처분계획에 따라 토지등소유자에게 처분된 것으로 본다.

**제60조(지정개발자의 정비사업비의 예치 등)** ① 시장·군수등은 재개발사업의 사업시행계획인가를 하는 경우 해당 정비사업의 사업시행자가 지정개발자(지정개발자가 토지등소유자인 경우로 한정한다)인 때에는 정비사업비의 100분의 20의 범위에서 시·도조례로 정하는 금액을 예치하게 할 수 있다.

② 제1항에 따른 예치금은 제89조제1항 및 제2항에 따른 청산금의 지급이 완료된 때에 반환한다.

③ 제1항 및 제2항에 따른 예치 및 반환 등에 필요한 사항은 시·도조례로 정한다.

## 제4절 정비사업 시행을 위한 조치 등

제61조(임시거주시설·임시상가의 설치 등) ① 사업시행자는 주거환경개선사업 및 재개발사업의 시행으로 철거되는 주택의 소유자 또는 세입자에게 해당 정비구역 안과 밖에 위치한 임대주택 등의 시설에 임시로 거주하게 하거나 주택자금의 융자를 알선하는 등 임시거주에 상응하는 조치를 하여야 한다.

② 사업시행자는 제1항에 따라 임시거주시설(이하 "임시거주시설"이라 한다)의 설치 등을 위하여 필요한 때에는 국가·지방자치단체, 그 밖의 공공단체 또는 개인의 시설이나 토지를 일시 사용할 수 있다.

③ 국가 또는 지방자치단체는 사업시행자로부터 임시거주시설에 필요한 건축물이나 토지의 사용신청을 받은 때에는 대통령령으로 정하는 사유가 없으면 이를 거절하지 못한다. 이 경우 사용료 또는 대부료는 면제한다.

④ 사업시행자는 정비사업의 공사를 완료한 때에는 완료한 날부터 30일 이내에 임시거주시설을 철거하고, 사용한 건축물이나 토지를 원상회복하여야 한다.

⑤ 재개발사업의 사업시행자는 사업시행으로 이주하는 상가세입자가 사용할 수 있도록 정비구역 또는 정비구역 인근에 임시상가를 설치할 수 있다.

제62조(임시거주시설·임시상가의 설치 등에 따른 손실보상) ① 사업시행자는 제61조에 따라 공공단체(지방자치단체는 제외한다) 또는 개인의 시설이나 토지를 일시 사용함으로써 손실을 입은 자가 있는 경우에는 손실을 보상하여야 하며, 손실을 보상하는 경우에는 손실을 입은 자와 협의하여야 한다.

② 사업시행자 또는 손실을 입은 자는 제1항에 따른 손실보상에 관한 협의가 성립되지 아니하거나 협의할 수 없는 경우에는 「공익사업을 위한 토지 등의 취득 및 보상에 관한 법률」 제49조에 따라 설치되는 관할 토지수용위원회에 재결을 신청할 수 있다.

③ 제1항 또는 제2항에 따른 손실보상은 이 법에 규정된 사항을 제외하고는 「공익사업을 위한 토지 등의 취득 및 보상에 관한 법

률」을 준용한다.

**제63조(토지 등의 수용 또는 사용)** 사업시행자는 정비구역에서 정비사업(재건축사업의 경우에는 제26조제1항제1호 및 제27조제1항제1호에 해당하는 사업으로 한정한다)을 시행하기 위하여 「공익사업을 위한 토지 등의 취득 및 보상에 관한 법률」 제3조에 따른 토지·물건 또는 그 밖의 권리를 취득하거나 사용할 수 있다.

**제64조(재건축사업에서의 매도청구)** ① 재건축사업의 사업시행자는 사업시행계획인가의 고시가 있은 날부터 30일 이내에 다음 각 호의 자에게 조합설립 또는 사업시행자의 지정에 관한 동의 여부를 회답할 것을 서면으로 촉구하여야 한다.

1. 제35조제3항부터 제5항까지에 따른 조합설립에 동의하지 아니한 자

2. 제26조제1항 및 제27조제1항에 따라 시장·군수등, 토지주택공사등 또는 신탁업자의 사업시행자 지정에 동의하지 아니한 자

② 제1항의 촉구를 받은 토지등소유자는 촉구를 받은 날부터 2개월 이내에 회답하여야 한다.

③ 제2항의 기간 내에 회답하지 아니한 경우 그 토지등소유자는 조합설립 또는 사업시행자의 지정에 동의하지 아니하겠다는 뜻을 회답한 것으로 본다.

④ 제2항의 기간이 지나면 사업시행자는 그 기간이 만료된 때부터 2개월 이내에 조합설립 또는 사업시행자 지정에 동의하지 아니하겠다는 뜻을 회답한 토지등소유자와 건축물 또는 토지만 소유한 자에게 건축물 또는 토지의 소유권과 그 밖의 권리를 매도할 것을 청구할 수 있다.

**제65조(「공익사업을 위한 토지 등의 취득 및 보상에 관한 법률」의 준용)** ① 정비구역에서 정비사업의 시행을 위한 토지 또는 건축물의 소유권과 그 밖의 권리에 대한 수용 또는 사용은 이 법에 규정된 사항을 제외하고는 「공익사업을 위한 토지 등의 취득 및 보상에 관한 법률」을 준용한다. 다만, 정비사업의 시행에 따른 손실보상의 기준 및 절차는 대통령령으로 정할 수 있다.

② 제1항에 따라 「공익사업을 위한 토지 등의 취득 및 보상에 관

한 법률」을 준용하는 경우 사업시행계획인가 고시(시장·군수등이 직접 정비사업을 시행하는 경우에는 제50조제9항에 따른 사업시행계획서의 고시를 말한다. 이하 이 조에서 같다)가 있은 때에는 같은 법 제20조제1항 및 제22조제1항에 따른 사업인정 및 그 고시가 있은 것으로 본다. <개정 2021. 3. 16.>

③ 제1항에 따른 수용 또는 사용에 대한 재결의 신청은 「공익사업을 위한 토지 등의 취득 및 보상에 관한 법률」 제23조 및 같은 법 제28조제1항에도 불구하고 사업시행계획인가(사업시행계획변경인가를 포함한다)를 할 때 정한 사업시행기간 이내에 하여야 한다.

④ 대지 또는 건축물을 현물보상하는 경우에는 「공익사업을 위한 토지 등의 취득 및 보상에 관한 법률」 제42조에도 불구하고 제83조에 따른 준공인가 이후에도 할 수 있다.

제66조(용적률에 관한 특례) 사업시행자가 다음 각 호의 어느 하나에 해당하는 경우에는 「국토의 계획 및 이용에 관한 법률」 제78조제1항에도 불구하고 해당 정비구역에 적용되는 용적률의 100분의 125 이하의 범위에서 대통령령으로 정하는 바에 따라 특별시·광역시·특별자치시·특별자치도·시 또는 군의 조례로 용적률을 완화하여 정할 수 있다.

1. 제65조제1항 단서에 따라 대통령령으로 정하는 손실보상의 기준 이상으로 세입자에게 주거이전비를 지급하거나 영업의 폐지 또는 휴업에 따른 손실을 보상하는 경우

2. 제65조제1항 단서에 따른 손실보상에 더하여 임대주택을 추가로 건설하거나 임대상가를 건설하는 등 추가적인 세입자 손실보상 대책을 수립하여 시행하는 경우

제67조(재건축사업의 범위에 관한 특례) ① 사업시행자 또는 추진위원회는 다음 각 호의 어느 하나에 해당하는 경우에는 그 주택단지 안의 일부 토지에 대하여 「건축법」 제57조에도 불구하고 분할하려는 토지면적이 같은 조에서 정하고 있는 면적에 미달되더라도 토지분할을 청구할 수 있다.

1. 「주택법」 제15조제1항에 따라 사업계획승인을 받아 건설한 둘 이상의 건축물이 있는 주택단지에 재건축사업을 하는 경우

2. 제35조제3항에 따른 조합설립의 동의요건을 충족시키기 위하여

필요한 경우

② 사업시행자 또는 추진위원회는 제1항에 따라 토지분할 청구를 하는 때에는 토지분할의 대상이 되는 토지 및 그 위의 건축물과 관련된 토지등소유자와 협의하여야 한다.

③ 사업시행자 또는 추진위원회는 제2항에 따른 토지분할의 협의가 성립되지 아니한 경우에는 법원에 토지분할을 청구할 수 있다.

④ 시장·군수등은 제3항에 따라 토지분할이 청구된 경우에 분할되어 나가는 토지 및 그 위의 건축물이 다음 각 호의 요건을 충족하는 때에는 토지분할이 완료되지 아니하여 제1항에 따른 동의요건에 미달되더라도 「건축법」 제4조에 따라 특별자치시·특별자치도·시·군·구(자치구를 말한다)에 설치하는 건축위원회의 심의를 거쳐 조합설립인가와 사업시행계획인가를 할 수 있다.

1. 해당 토지 및 건축물과 관련된 토지등소유자의 수가 전체의 10분의 1 이하일 것
2. 분할되어 나가는 토지 위의 건축물이 분할선 상에 위치하지 아니할 것
3. 그 밖에 사업시행계획인가를 위하여 대통령령으로 정하는 요건에 해당할 것

제68조(건축규제의 완화 등에 관한 특례) ① 주거환경개선사업에 따른 건축허가를 받은 때와 부동산등기(소유권 보존등기 또는 이전등기로 한정한다)를 하는 때에는 「주택도시기금법」 제8조의 국민주택채권의 매입에 관한 규정을 적용하지 아니한다.

② 주거환경개선구역에서 「국토의 계획 및 이용에 관한 법률」 제43조제2항에 따른 도시·군계획시설의 결정·구조 및 설치의 기준 등에 필요한 사항은 국토교통부령으로 정하는 바에 따른다.

③ 사업시행자는 주거환경개선구역에서 다음 각 호의 어느 하나에 해당하는 사항은 시·도조례로 정하는 바에 따라 기준을 따로 정할 수 있다.

1. 「건축법」 제44조에 따른 대지와 도로의 관계(소방활동에 지장이 없는 경우로 한정한다)
2. 「건축법」 제60조 및 제61조에 따른 건축물의 높이 제한(사업시행자가 공동주택을 건설·공급하는 경우로 한정한다)

④ 사업시행자는 공공재건축사업을 위한 정비구역 또는 제26조제1항제1호 및 제27조제1항제1호에 따른 재건축구역(재건축사업을 시행하는 정비구역을 말한다. 이하 같다)에서 다음 각 호의 어느 하나에 해당하는 사항에 대하여 대통령령으로 정하는 범위에서 「건축법」 제72조제2항에 따른 지방건축위원회 또는 지방도시계획위원회의 심의를 거쳐 그 기준을 완화받을 수 있다. <개정 2021. 4. 13.>

1. 「건축법」 제42조에 따른 대지의 조경기준
2. 「건축법」 제55조에 따른 건폐율의 산정기준
3. 「건축법」 제58조에 따른 대지 안의 공지 기준
4. 「건축법」 제60조 및 제61조에 따른 건축물의 높이 제한
5. 「주택법」 제35조제1항제3호 및 제4호에 따른 부대시설 및 복리시설의 설치기준

5의2. 「도시공원 및 녹지 등에 관한 법률」 제14조에 따른 도시공원 또는 녹지 확보기준

6. 제1호부터 제5호까지 및 제5호의2에서 규정한 사항 외에 공공재건축사업 또는 제26조제1항제1호 및 제27조제1항제1호에 따른 재건축사업의 원활한 시행을 위하여 대통령령으로 정하는 사항

**제69조(다른 법령의 적용 및 배제)** ① 주거환경개선구역은 해당 정비구역의 지정·고시가 있은 날부터 「국토의 계획 및 이용에 관한 법률」 제36조제1항제1호가목 및 같은 조 제2항에 따라 주거지역을 세분하여 정하는 지역 중 대통령령으로 정하는 지역으로 결정·고시된 것으로 본다. 다만, 다음 각 호의 어느 하나에 해당하는 경우에는 그러하지 아니하다.

1. 해당 정비구역이 「개발제한구역의 지정 및 관리에 관한 특별조치법」 제3조제1항에 따라 결정된 개발제한구역인 경우
2. 시장·군수등이 주거환경개선사업을 위하여 필요하다고 인정하여 해당 정비구역의 일부분을 종전 용도지역으로 그대로 유지하거나 동일면적의 범위에서 위치를 변경하는 내용으로 정비계획을 수립한 경우
3. 시장·군수등이 제9조제1항제10호다목의 사항을 포함하는 정비계획을 수립한 경우

② 정비사업과 관련된 환지에 관하여는 「도시개발법」 제28조부터 제

49조까지의 규정을 준용한다. 이 경우 같은 법 제41조제2항 본문에 따른 "환지처분을 하는 때"는 "사업시행계획인가를 하는 때"로 본다.
③ 주거환경개선사업의 경우에는 「공익사업을 위한 토지 등의 취득 및 보상에 관한 법률」 제78조제4항을 적용하지 아니하며, 「주택법」을 적용할 때에는 이 법에 따른 사업시행자(토지주택공사등이 공동사업시행자인 경우에는 토지주택공사등을 말한다)는 「주택법」에 따른 사업주체로 본다. <개정 2019. 4. 23.>
④ 공공재개발사업 시행자 또는 공공재건축사업 시행자는 공공재개발사업 또는 공공재건축사업을 시행하는 경우 「건설기술 진흥법」 등 관계 법령에도 불구하고 대통령령으로 정하는 바에 따라 건설사업관리기술인의 배치기준을 별도로 정할 수 있다. <신설 2021. 4. 13.>

**제70조(지상권 등 계약의 해지)** ① 정비사업의 시행으로 지상권·전세권 또는 임차권의 설정 목적을 달성할 수 없는 때에는 그 권리자는 계약을 해지할 수 있다.
② 제1항에 따라 계약을 해지할 수 있는 자가 가지는 전세금·보증금, 그 밖의 계약상의 금전의 반환청구권은 사업시행자에게 행사할 수 있다.
③ 제2항에 따른 금전의 반환청구권의 행사로 해당 금전을 지급한 사업시행자는 해당 토지등소유자에게 구상할 수 있다.
④ 사업시행자는 제3항에 따른 구상이 되지 아니하는 때에는 해당 토지등소유자에게 귀속될 대지 또는 건축물을 압류할 수 있다. 이 경우 압류한 권리는 저당권과 동일한 효력을 가진다.
⑤ 제74조에 따라 관리처분계획의 인가를 받은 경우 지상권·전세권설정계약 또는 임대차계약의 계약기간은 「민법」 제280조·제281조 및 제312조제2항, 「주택임대차보호법」 제4조제1항, 「상가건물 임대차보호법」 제9조제1항을 적용하지 아니한다.

**제71조(소유자의 확인이 곤란한 건축물 등에 대한 처분)** ① 사업시행자는 다음 각 호에서 정하는 날 현재 건축물 또는 토지의 소유자의 소재 확인이 현저히 곤란한 때에는 전국적으로 배포되는 둘 이상의 일간신문에 2회 이상 공고하고, 공고한 날부터 30일 이상이 지난 때에는 그 소유자의 해당 건축물 또는 토지의 감정평가액

에 해당하는 금액을 법원에 공탁하고 정비사업을 시행할 수 있다.

1. 제25조에 따라 조합이 사업시행자가 되는 경우에는 제35조에 따른 조합설립인가일
2. 제25조제1항제2호에 따라 토지등소유자가 시행하는 재개발사업의 경우에는 제50조에 따른 사업시행계획인가일
3. 제26조제1항에 따라 시장·군수등, 토지주택공사등이 정비사업을 시행하는 경우에는 같은 조 제2항에 따른 고시일
4. 제27조제1항에 따라 지정개발자를 사업시행자로 지정하는 경우에는 같은 조 제2항에 따른 고시일

② 재건축사업을 시행하는 경우 조합설립인가일 현재 조합원 전체의 공동소유인 토지 또는 건축물은 조합 소유의 토지 또는 건축물로 본다.

③ 제2항에 따라 조합 소유로 보는 토지 또는 건축물의 처분에 관한 사항은 제74조제1항에 따른 관리처분계획에 명시하여야 한다.

④ 제1항에 따른 토지 또는 건축물의 감정평가는 제74조제4항제1호를 준용한다. <개정 2021. 3. 16.>

### 제5절 관리처분계획 등

제72조(분양공고 및 분양신청) ① 사업시행자는 제50조제9항에 따른 사업시행계획인가의 고시가 있은 날(사업시행계획인가 이후 시공자를 선정한 경우에는 시공자와 계약을 체결한 날)부터 120일 이내에 다음 각 호의 사항을 토지등소유자에게 통지하고, 분양의 대상이 되는 대지 또는 건축물의 내역 등 대통령령으로 정하는 사항을 해당 지역에서 발간되는 일간신문에 공고하여야 한다. 다만, 토지등소유자 1인이 시행하는 재개발사업의 경우에는 그러하지 아니하다. <개정 2021. 3. 16.>

1. 분양대상자별 종전의 토지 또는 건축물의 명세 및 사업시행계획인가의 고시가 있은 날을 기준으로 한 가격(사업시행계획인가 전에 제81조제3항에 따라 철거된 건축물은 시장·군수등에게 허가를 받은 날을 기준으로 한 가격)
2. 분양대상자별 분담금의 추산액
3. 분양신청기간

4. 그 밖에 대통령령으로 정하는 사항

② 제1항제3호에 따른 분양신청기간은 통지한 날부터 30일 이상 60일 이내로 하여야 한다. 다만, 사업시행자는 제74조제1항에 따른 관리처분계획의 수립에 지장이 없다고 판단하는 경우에는 분양신청기간을 20일의 범위에서 한 차례만 연장할 수 있다.

③ 대지 또는 건축물에 대한 분양을 받으려는 토지등소유자는 제2항에 따른 분양신청기간에 대통령령으로 정하는 방법 및 절차에 따라 사업시행자에게 대지 또는 건축물에 대한 분양신청을 하여야 한다.

④ 사업시행자는 제2항에 따른 분양신청기간 종료 후 제50조제1항에 따른 사업시행계획인가의 변경(경미한 사항의 변경은 제외한다)으로 세대수 또는 주택규모가 달라지는 경우 제1항부터 제3항까지의 규정에 따라 분양공고 등의 절차를 다시 거칠 수 있다.

⑤ 사업시행자는 정관등으로 정하고 있거나 총회의 의결을 거친 경우 제4항에 따라 제73조제1항제1호 및 제2호에 해당하는 토지등소유자에게 분양신청을 다시 하게 할 수 있다

⑥ 제3항부터 제5항까지의 규정에도 불구하고 투기과열지구의 정비사업에서 제74조에 따른 관리처분계획에 따라 같은 조 제1항제2호 또는 제1항제4호가목의 분양대상자 및 그 세대에 속한 자는 분양대상자 선정일(조합원 분양분의 분양대상자는 최초 관리처분계획 인가일을 말한다)부터 5년 이내에는 투기과열지구에서 제3항부터 제5항까지의 규정에 따른 분양신청을 할 수 없다. 다만, 상속, 결혼, 이혼으로 조합원 자격을 취득한 경우에는 분양신청을 할 수 있다. <신설 2017. 10. 24.>

⑦ 공공재개발사업 시행자는 제39조제2항제6호에 따라 건축물 또는 토지를 양수하려는 경우 무분별한 분양신청을 방지하기 위하여 제1항 또는 제4항에 따른 분양공고 시 양수대상이 되는 건축물 또는 토지의 조건을 함께 공고하여야 한다. <신설 2021. 4. 13.>

**제73조(분양신청을 하지 아니한 자 등에 대한 조치)** ① 사업시행자는 관리처분계획이 인가·고시된 다음 날부터 90일 이내에 다음 각 호에서 정하는 자와 토지, 건축물 또는 그 밖의 권리의 손실보상에 관한 협의를 하여야 한다. 다만, 사업시행자는 분양신청기간 종료일

의 다음 날부터 협의를 시작할 수 있다. <개정 2017. 10. 24.>

1. 분양신청을 하지 아니한 자
2. 분양신청기간 종료 이전에 분양신청을 철회한 자
3. 제72조제6항 본문에 따라 분양신청을 할 수 없는 자
4. 제74조에 따라 인가된 관리처분계획에 따라 분양대상에서 제외된 자

② 사업시행자는 제1항에 따른 협의가 성립되지 아니하면 그 기간의 만료일 다음 날부터 60일 이내에 수용재결을 신청하거나 매도청구소송을 제기하여야 한다.

③ 사업시행자는 제2항에 따른 기간을 넘겨서 수용재결을 신청하거나 매도청구소송을 제기한 경우에는 해당 토지등소유자에게 지연일수(遲延日數)에 따른 이자를 지급하여야 한다. 이 경우 이자는 100분의 15 이하의 범위에서 대통령령으로 정하는 이율을 적용하여 산정한다.

제74조(관리처분계획의 인가 등) ① 사업시행자는 제72조에 따른 분양신청기간이 종료된 때에는 분양신청의 현황을 기초로 다음 각호의 사항이 포함된 관리처분계획을 수립하여 시장·군수등의 인가를 받아야 하며, 관리처분계획을 변경·중지 또는 폐지하려는 경우에도 또한 같다. 다만, 대통령령으로 정하는 경미한 사항을 변경하려는 경우에는 시장·군수등에게 신고하여야 한다. <개정 2018. 1. 16.>

1. 분양설계
2. 분양대상자의 주소 및 성명
3. 분양대상자별 분양예정인 대지 또는 건축물의 추산액(임대관리 위탁주택에 관한 내용을 포함한다)
4. 다음 각 목에 해당하는 보류지 등의 명세와 추산액 및 처분방법. 다만, 나목의 경우에는 제30조제1항에 따라 선정된 임대사업자의 성명 및 주소(법인인 경우에는 법인의 명칭 및 소재지와 대표자의 성명 및 주소)를 포함한다.
   가. 일반 분양분
   나. 공공지원민간임대주택
   다. 임대주택

라. 그 밖에 부대시설·복리시설 등

5. 분양대상자별 종전의 토지 또는 건축물 명세 및 사업시행계획 인가 고시가 있은 날을 기준으로 한 가격(사업시행계획인가 전에 제81조제3항에 따라 철거된 건축물은 시장·군수등에게 허가를 받은 날을 기준으로 한 가격)

6. 정비사업비의 추산액(재건축사업의 경우에는 「재건축초과이익 환수에 관한 법률」에 따른 재건축부담금에 관한 사항을 포함한다) 및 그에 따른 조합원 분담규모 및 분담시기

7. 분양대상자의 종전 토지 또는 건축물에 관한 소유권 외의 권리 명세

8. 세입자별 손실보상을 위한 권리명세 및 그 평가액

9. 그 밖에 정비사업과 관련한 권리 등에 관하여 대통령령으로 정하는 사항

② 시장·군수등은 제1항 각 호 외의 부분 단서에 따른 신고를 받은 날부터 20일 이내에 신고수리 여부를 신고인에게 통지하여야 한다. <신설 2021. 3. 16.>

③ 시장·군수등이 제2항에서 정한 기간 내에 신고수리 여부 또는 민원 처리 관련 법령에 따른 처리기간의 연장을 신고인에게 통지하지 아니하면 그 기간(민원 처리 관련 법령에 따라 처리기간이 연장 또는 재연장된 경우에는 해당 처리기간을 말한다)이 끝난 날의 다음 날에 신고를 수리한 것으로 본다. <신설 2021. 3. 16.>

④ 정비사업에서 제1항제3호·제5호 및 제8호에 따라 재산 또는 권리를 평가할 때에는 다음 각 호의 방법에 따른다. <개정 2020. 4. 7., 2021. 3. 16.>

1. 「감정평가 및 감정평가사에 관한 법률」에 따른 감정평가법인등 중 다음 각 목의 구분에 따른 감정평가법인등이 평가한 금액을 산술평균하여 산정한다. 다만, 관리처분계획을 변경·중지 또는 폐지하려는 경우 분양예정 대상인 대지 또는 건축물의 추산액과 종전의 토지 또는 건축물의 가격은 사업시행자 및 토지등소유자 전원이 합의하여 산정할 수 있다.

　가. 주거환경개선사업 또는 재개발사업: 시장·군수등이 선정·계약한 2인 이상의 감정평가법인등

나. 재건축사업: 시장·군수등이 선정·계약한 1인 이상의 감정
　　　평가법인등과 조합총회의 의결로 선정·계약한 1인 이상의
　　　감정평가법인등

2. 시장·군수등은 제1호에 따라 감정평가법인등을 선정·계약하
　　는 경우 감정평가법인등의 업무수행능력, 소속 감정평가사의 수,
　　감정평가 실적, 법규 준수 여부, 평가계획의 적정성 등을 고려하
　　여 객관적이고 투명한 절차에 따라 선정하여야 한다. 이 경우
　　감정평가법인등의 선정·절차 및 방법 등에 필요한 사항은 시·
　　도조례로 정한다.

3. 사업시행자는 제1호에 따라 감정평가를 하려는 경우 시장·군
　　수등에게 감정평가법인등의 선정·계약을 요청하고 감정평가에
　　필요한 비용을 미리 예치하여야 한다. 시장·군수등은 감정평가
　　가 끝난 경우 예치된 금액에서 감정평가 비용을 직접 지불한 후
　　나머지 비용을 사업시행자와 정산하여야 한다.

⑤ 조합은 제45조제1항제10호의 사항을 의결하기 위한 총회의 개
최일부터 1개월 전에 제1항제3호부터 제6호까지의 규정에 해당하
는 사항을 각 조합원에게 문서로 통지하여야 한다. <개정 2021.
3. 16.>

⑥ 제1항에 따른 관리처분계획의 내용, 관리처분의 방법 등에 필
요한 사항은 대통령령으로 정한다. <개정 2021. 3. 16.>

⑦ 제1항 각 호의 관리처분계획의 내용과 제4항부터 제6항까지의
규정은 시장·군수등이 직접 수립하는 관리처분계획에 준용한다.
<개정 2021. 3. 16.>

**제75조(사업시행계획인가 및 관리처분계획인가의 시기 조정)** ① 특
별시장·광역시장 또는 도지사는 정비사업의 시행으로 정비구역
주변 지역에 주택이 현저하게 부족하거나 주택시장이 불안정하게
되는 등 특별시·광역시 또는 도의 조례로 정하는 사유가 발생하
는 경우에는 「주거기본법」 제9조에 따른 시·도 주거정책심의위원
회의 심의를 거쳐 사업시행계획인가 또는 제74조에 따른 관리처분
계획인가의 시기를 조정하도록 해당 시장, 군수 또는 구청장에게
요청할 수 있다. 이 경우 요청을 받은 시장, 군수 또는 구청장은
특별한 사유가 없으면 그 요청에 따라야 하며, 사업시행계획인가

또는 관리처분계획인가의 조정 시기는 인가를 신청한 날부터 1년을 넘을 수 없다.

② 특별자치시장 및 특별자치도지사는 정비사업의 시행으로 정비구역 주변 지역에 주택이 현저하게 부족하거나 주택시장이 불안정하게 되는 등 특별자치시 및 특별자치도의 조례로 정하는 사유가 발생하는 경우에는 「주거기본법」 제9조에 따른 시·도 주거정책심의위원회의 심의를 거쳐 사업시행계획인가 또는 제74조에 따른 관리처분계획인가의 시기를 조정할 수 있다. 이 경우 사업시행계획인가 또는 관리처분계획인가의 조정 시기는 인가를 신청한 날부터 1년을 넘을 수 없다.

③ 제1항 및 제2항에 따른 사업시행계획인가 또는 관리처분계획인가의 시기 조정의 방법 및 절차 등에 필요한 사항은 특별시·광역시·특별자치시·도 또는 특별자치도의 조례로 정한다.

**제76조(관리처분계획의 수립기준)** ① 제74조제1항에 따른 관리처분계획의 내용은 다음 각 호의 기준에 따른다. <개정 2017. 10. 24., 2018. 3. 20.>

1. 종전의 토지 또는 건축물의 면적·이용 상황·환경, 그 밖의 사항을 종합적으로 고려하여 대지 또는 건축물이 균형 있게 분양신청자에게 배분되고 합리적으로 이용되도록 한다.

2. 지나치게 좁거나 넓은 토지 또는 건축물은 넓히거나 좁혀 대지 또는 건축물이 적정 규모가 되도록 한다.

3. 너무 좁은 토지 또는 건축물이나 정비구역 지정 후 분할된 토지를 취득한 자에게는 현금으로 청산할 수 있다.

4. 재해 또는 위생상의 위해를 방지하기 위하여 토지의 규모를 조정할 특별한 필요가 있는 때에는 너무 좁은 토지를 넓혀 토지를 갈음하여 보상을 하거나 건축물의 일부와 그 건축물이 있는 대지의 공유지분을 교부할 수 있다.

5. 분양설계에 관한 계획은 제72조에 따른 분양신청기간이 만료하는 날을 기준으로 하여 수립한다.

6. 1세대 또는 1명이 하나 이상의 주택 또는 토지를 소유한 경우 1주택을 공급하고, 같은 세대에 속하지 아니하는 2명 이상이 1주택 또는 1토지를 공유한 경우에는 1주택만 공급한다.

7. 제6호에도 불구하고 다음 각 목의 경우에는 각 목의 방법에 따라 주택을 공급할 수 있다.
  가. 2명 이상이 1토지를 공유한 경우로서 시·도조례로 주택공급을 따로 정하고 있는 경우에는 시·도조례로 정하는 바에 따라 주택을 공급할 수 있다.
  나. 다음 어느 하나에 해당하는 토지등소유자에게는 소유한 주택 수만큼 공급할 수 있다.
    1) 과밀억제권역에 위치하지 아니한 재건축사업의 토지등소유자. 다만, 투기과열지구 또는 「주택법」 제63조의2제1항제1호에 따라 지정된 조정대상지역에서 사업시행계획인가(최초 사업시행계획인가를 말한다)를 신청하는 재건축사업의 토지등소유자는 제외한다.
    2) 근로자(공무원인 근로자를 포함한다) 숙소, 기숙사 용도로 주택을 소유하고 있는 토지등소유자
    3) 국가, 지방자치단체 및 토지주택공사등
    4) 「국가균형발전 특별법」 제18조에 따른 공공기관지방이전 및 혁신도시 활성화를 위한 시책 등에 따라 이전하는 공공기관이 소유한 주택을 양수한 자
  다. 제74조제1항제5호에 따른 가격의 범위 또는 종전 주택의 주거전용면적의 범위에서 2주택을 공급할 수 있고, 이 중 1주택은 주거전용면적을 60제곱미터 이하로 한다. 다만, 60제곱미터 이하로 공급받은 1주택은 제86조제2항에 따른 이전고시일 다음 날부터 3년이 지나기 전에는 주택을 전매(매매·증여나 그 밖에 권리의 변동을 수반하는 모든 행위를 포함하되 상속의 경우는 제외한다)하거나 전매를 알선할 수 없다.
  라. 과밀억제권역에 위치한 재건축사업의 경우에는 토지등소유자가 소유한 주택수의 범위에서 3주택까지 공급할 수 있다. 다만, 투기과열지구 또는 「주택법」 제63조의2제1항제1호에 따라 지정된 조정대상지역에서 사업시행계획인가(최초 사업시행계획인가를 말한다)를 신청하는 재건축사업의 경우에는 그러하지 아니하다.
② 제1항에 따른 관리처분계획의 수립기준 등에 필요한 사항은 대

통령령으로 정한다.

[법률 제14567호(2017. 2. 8.) 부칙 제2조의 규정에 의하여 이 조
제1항제7호나목4)는 2018년 1월 26일까지 유효함]

**제77조(주택 등 건축물을 분양받을 권리의 산정 기준일)** ① 정비사
업을 통하여 분양받을 건축물이 다음 각 호의 어느 하나에 해당하
는 경우에는 제16조제2항 전단에 따른 고시가 있은 날 또는 시·
도지사가 투기를 억제하기 위하여 기본계획 수립 후 정비구역 지
정·고시 전에 따로 정하는 날(이하 이 조에서 "기준일"이라 한다)
의 다음 날을 기준으로 건축물을 분양받을 권리를 산정한다. <개
정 2018. 6. 12.>

1. 1필지의 토지가 여러 개의 필지로 분할되는 경우
2. 단독주택 또는 다가구주택이 다세대주택으로 전환되는 경우
3. 하나의 대지 범위에 속하는 동일인 소유의 토지와 주택 등 건
   축물을 토지와 주택 등 건축물로 각각 분리하여 소유하는 경우
4. 나대지에 건축물을 새로 건축하거나 기존 건축물을 철거하고
   다세대주택, 그 밖의 공동주택을 건축하여 토지등소유자의 수가
   증가하는 경우

② 시·도지사는 제1항에 따라 기준일을 따로 정하는 경우에는 기
준일·지정사유·건축물을 분양받을 권리의 산정 기준 등을 해당
지방자치단체의 공보에 고시하여야 한다.

**제78조(관리처분계획의 공람 및 인가절차 등)** ① 사업시행자는 제74
조에 따른 관리처분계획인가를 신청하기 전에 관계 서류의 사본을
30일 이상 토지등소유자에게 공람하게 하고 의견을 들어야 한다.
다만, 제74조제1항 각 호 외의 부분 단서에 따라 대통령령으로 정
하는 경미한 사항을 변경하려는 경우에는 토지등소유자의 공람 및
의견청취 절차를 거치지 아니할 수 있다.

② 시장·군수등은 사업시행자의 관리처분계획인가의 신청이 있은
날부터 30일 이내에 인가 여부를 결정하여 사업시행자에게 통보하
여야 한다. 다만, 시장·군수등은 제3항에 따라 관리처분계획의
타당성 검증을 요청하는 경우에는 관리처분계획인가의 신청을 받
은 날부터 60일 이내에 인가 여부를 결정하여 사업시행자에게 통
지하여야 한다. <개정 2017. 8. 9.>

③ 시장·군수등은 다음 각 호의 어느 하나에 해당하는 경우에는 대통령령으로 정하는 공공기관에 관리처분계획의 타당성 검증을 요청하여야 한다. 이 경우 시장·군수등은 타당성 검증 비용을 사업시행자에게 부담하게 할 수 있다. <신설 2017. 8. 9.>

1. 제74조제1항제6호에 따른 정비사업비가 제52조제1항제12호에 따른 정비사업비 기준으로 100분의 10 이상으로서 대통령령으로 정하는 비율 이상 늘어나는 경우
2. 제74조제1항제6호에 따른 조합원 분담규모가 제72조제1항제2호에 따른 분양대상자별 분담금의 추산액 총액 기준으로 100분의 20 이상으로서 대통령령으로 정하는 비율 이상 늘어나는 경우
3. 조합원 5분의 1 이상이 관리처분계획인가 신청이 있은 날부터 15일 이내에 시장·군수등에게 타당성 검증을 요청한 경우
4. 그 밖에 시장·군수등이 필요하다고 인정하는 경우

④ 시장·군수등이 제2항에 따라 관리처분계획을 인가하는 때에는 그 내용을 해당 지방자치단체의 공보에 고시하여야 한다. <개정 2017. 8. 9.>

⑤ 사업시행자는 제1항에 따라 공람을 실시하려거나 제4항에 따른 시장·군수등의 고시가 있은 때에는 대통령령으로 정하는 방법과 절차에 따라 토지등소유자에게는 공람계획을 통지하고, 분양신청을 한 자에게는 관리처분계획인가의 내용 등을 통지하여야 한다. <개정 2017. 8. 9.>

⑥ 제1항, 제4항 및 제5항은 시장·군수등이 직접 관리처분계획을 수립하는 경우에 준용한다. <개정 2017. 8. 9.>

**제79조(관리처분계획에 따른 처분 등)** ① 정비사업의 시행으로 조성된 대지 및 건축물은 관리처분계획에 따라 처분 또는 관리하여야 한다.

② 사업시행자는 정비사업의 시행으로 건설된 건축물을 제74조에 따라 인가받은 관리처분계획에 따라 토지등소유자에게 공급하여야 한다.

③ 사업시행자(제23조제1항제2호에 따라 대지를 공급받아 주택을 건설하는 자를 포함한다. 이하 이 항, 제6항 및 제7항에서 같다)는

정비구역에 주택을 건설하는 경우에는 입주자 모집 조건·방법·절차, 입주금(계약금·중도금 및 잔금을 말한다)의 납부 방법·시기·절차, 주택공급 방법·절차 등에 관하여 「주택법」 제54조에도 불구하고 대통령령으로 정하는 범위에서 시장·군수등의 승인을 받아 따로 정할 수 있다.

④ 사업시행자는 제72조에 따른 분양신청을 받은 후 잔여분이 있는 경우에는 정관등 또는 사업시행계획으로 정하는 목적을 위하여 그 잔여분을 보류지(건축물을 포함한다)로 정하거나 조합원 또는 토지등소유자 이외의 자에게 분양할 수 있다. 이 경우 분양공고와 분양신청절차 등에 필요한 사항은 대통령령으로 정한다.

⑤ 국토교통부장관, 시·도지사, 시장, 군수, 구청장 또는 토지주택공사등은 조합이 요청하는 경우 재개발사업의 시행으로 건설된 임대주택을 인수하여야 한다. 이 경우 재개발임대주택의 인수 절차 및 방법, 인수 가격 등에 필요한 사항은 대통령령으로 정한다.

⑥ 사업시행자는 정비사업의 시행으로 임대주택을 건설하는 경우에는 임차인의 자격·선정방법·임대보증금·임대료 등 임대조건에 관한 기준 및 무주택 세대주에게 우선 매각하도록 하는 기준 등에 관하여 「민간임대주택에 관한 특별법」 제42조 및 제44조, 「공공주택 특별법」 제48조, 제49조 및 제50조의3에도 불구하고 대통령령으로 정하는 범위에서 시장·군수등의 승인을 받아 따로 정할 수 있다. 다만, 재개발임대주택으로서 최초의 임차인 선정이 아닌 경우에는 대통령령으로 정하는 범위에서 인수자가 따로 정한다.

⑦ 사업시행자는 제2항부터 제6항까지의 규정에 따른 공급대상자에게 주택을 공급하고 남은 주택을 제2항부터 제6항까지의 규정에 따른 공급대상자 외의 자에게 공급할 수 있다.

⑧ 제7항에 따른 주택의 공급 방법·절차 등은 「주택법」 제54조를 준용한다. 다만, 사업시행자가 제64조에 따른 매도청구소송을 통하여 법원의 승소판결을 받은 후 입주예정자에게 피해가 없도록 손실보상금을 공탁하고 분양예정인 건축물을 담보한 경우에는 법원의 승소판결이 확정되기 전이라도 「주택법」 제54조에도 불구하고 입주자를 모집할 수 있으나, 제83조에 따른 준공인가 신청 전

까지 해당 주택건설 대지의 소유권을 확보하여야 한다.

**제80조(지분형주택 등의 공급)** ① 사업시행자가 토지주택공사등인 경우에는 분양대상자와 사업시행자가 공동 소유하는 방식으로 주택(이하 "지분형주택"이라 한다)을 공급할 수 있다. 이 경우 공급되는 지분형주택의 규모, 공동 소유기간 및 분양대상자 등 필요한 사항은 대통령령으로 정한다.

② 국토교통부장관, 시·도지사, 시장, 군수, 구청장 또는 토지주택공사등은 정비구역에 세입자와 대통령령으로 정하는 면적 이하의 토지 또는 주택을 소유한 자의 요청이 있는 경우에는 제79조제5항에 따라 인수한 임대주택의 일부를 「주택법」에 따른 토지임대부 분양주택으로 전환하여 공급하여야 한다.

**제81조(건축물 등의 사용·수익의 중지 및 철거 등)** ① 종전의 토지 또는 건축물의 소유자·지상권자·전세권자·임차권자 등 권리자는 제78조제4항에 따른 관리처분계획인가의 고시가 있은 때에는 제86조에 따른 이전고시가 있는 날까지 종전의 토지 또는 건축물을 사용하거나 수익할 수 없다. 다만, 다음 각 호의 어느 하나에 해당하는 경우에는 그러하지 아니하다. <개정 2017. 8. 9.>

1. 사업시행자의 동의를 받은 경우
2. 「공익사업을 위한 토지 등의 취득 및 보상에 관한 법률」에 따른 손실보상이 완료되지 아니한 경우

② 사업시행자는 제74조제1항에 따른 관리처분계획인가를 받은 후 기존의 건축물을 철거하여야 한다.

③ 사업시행자는 다음 각 호의 어느 하나에 해당하는 경우에는 제2항에도 불구하고 기존 건축물 소유자의 동의 및 시장·군수등의 허가를 받아 해당 건축물을 철거할 수 있다. 이 경우 건축물의 철거는 토지등소유자로서의 권리·의무에 영향을 주지 아니한다.

1. 「재난 및 안전관리 기본법」·「주택법」·「건축법」 등 관계 법령에서 정하는 기존 건축물의 붕괴 등 안전사고의 우려가 있는 경우
2. 폐공가(**廢空家**)의 밀집으로 범죄발생의 우려가 있는 경우

④ 시장·군수등은 사업시행자가 제2항에 따라 기존의 건축물을 철거하는 경우 다음 각 호의 어느 하나에 해당하는 시기에는 건축물의 철거를 제한할 수 있다.

1. 일출 전과 일몰 후
2. 호우, 대설, 폭풍해일, 지진해일, 태풍, 강풍, 풍랑, 한파 등으로 해당 지역에 중대한 재해발생이 예상되어 기상청장이 「기상법」 제13조에 따라 특보를 발표한 때
3. 「재난 및 안전관리 기본법」 제3조에 따른 재난이 발생한 때
4. 제1호부터 제3호까지의 규정에 준하는 시기로 시장·군수등이 인정하는 시기

제82조(시공보증) ① 조합이 정비사업의 시행을 위하여 시장·군수등 또는 토지주택공사등이 아닌 자를 시공자로 선정(제25조에 따른 공동사업시행자가 시공하는 경우를 포함한다)한 경우 그 시공자는 공사의 시공보증(시공자가 공사의 계약상 의무를 이행하지 못하거나 의무이행을 하지 아니할 경우 보증기관에서 시공자를 대신하여 계약이행의무를 부담하거나 총 공사금액의 100분의 50 이하 대통령령으로 정하는 비율 이상의 범위에서 사업시행자가 정하는 금액을 납부할 것을 보증하는 것을 말한다)을 위하여 국토교통부령으로 정하는 기관의 시공보증서를 조합에 제출하여야 한다. <개정 2018. 6. 12.>
② 시장·군수등은 「건축법」 제21조에 따른 착공신고를 받는 경우에는 제1항에 따른 시공보증서의 제출 여부를 확인하여야 한다.


### 제6절 공사완료에 따른 조치 등

제83조(정비사업의 준공인가) ① 시장·군수등이 아닌 사업시행자가 정비사업 공사를 완료한 때에는 대통령령으로 정하는 방법 및 절차에 따라 시장·군수등의 준공인가를 받아야 한다.
② 제1항에 따라 준공인가신청을 받은 시장·군수등은 지체 없이 준공검사를 실시하여야 한다. 이 경우 시장·군수등은 효율적인 준공검사를 위하여 필요한 때에는 관계 행정기관·공공기관·연구기관, 그 밖의 전문기관 또는 단체에게 준공검사의 실시를 의뢰할 수 있다.
③ 시장·군수등은 제2항 전단 또는 후단에 따른 준공검사를 실시한 결과 정비사업이 인가받은 사업시행계획대로 완료되었다고 인

정되는 때에는 준공인가를 하고 공사의 완료를 해당 지방자치단체
의 공보에 고시하여야 한다.

④ 시장·군수등은 직접 시행하는 정비사업에 관한 공사가 완료된
때에는 그 완료를 해당 지방자치단체의 공보에 고시하여야 한다.

⑤ 시장·군수등은 제1항에 따른 준공인가를 하기 전이라도 완공
된 건축물이 사용에 지장이 없는 등 대통령령으로 정하는 기준에
적합한 경우에는 입주예정자가 완공된 건축물을 사용할 수 있도록
사업시행자에게 허가할 수 있다. 다만, 시장·군수등이 사업시행자
인 경우에는 허가를 받지 아니하고 입주예정자가 완공된 건축물을
사용하게 할 수 있다.

⑥ 제3항 및 제4항에 따른 공사완료의 고시 절차 및 방법, 그 밖
에 필요한 사항은 대통령령으로 정한다.

**제84조(준공인가 등에 따른 정비구역의 해제)** ① 정비구역의 지정은
제83조에 따른 준공인가의 고시가 있은 날(관리처분계획을 수립하
는 경우에는 이전고시가 있은 때를 말한다)의 다음 날에 해제된
것으로 본다. 이 경우 지방자치단체는 해당 지역을 「국토의 계획
및 이용에 관한 법률」 에 따른 지구단위계획으로 관리하여야 한다.

② 제1항에 따른 정비구역의 해제는 조합의 존속에 영향을 주지
아니한다.

**제85조(공사완료에 따른 관련 인·허가등의 의제)** ① 제83조제1항부
터 제4항까지의 규정에 따라 준공인가를 하거나 공사완료를 고시
하는 경우 시장·군수등이 제57조에 따라 의제되는 인·허가등에
따른 준공검사·준공인가·사용검사·사용승인 등(이하 "준공검사
·인가등"이라 한다)에 관하여 제3항에 따라 관계 행정기관의 장
과 협의한 사항은 해당 준공검사·인가등을 받은 것으로 본다.

② 시장·군수등이 아닌 사업시행자는 제1항에 따른 준공검사·인
가등의 의제를 받으려는 경우에는 제83조제1항에 따른 준공인가를
신청하는 때에 해당 법률에서 정하는 관계 서류를 함께 제출하여
야 한다. <개정 2020. 6. 9.>

③ 시장·군수등은 제83조제1항부터 제4항까지의 규정에 따른 준
공인가를 하거나 공사완료를 고시하는 경우 그 내용에 제57조에
따라 의제되는 인·허가등에 따른 준공검사·인가등에 해당하는

사항이 있은 때에는 미리 관계 행정기관의 장과 협의하여야 한다.
④ 관계 행정기관의 장은 제3항에 따른 협의를 요청받은 날부터
10일 이내에 의견을 제출하여야 한다. <신설 2021. 3. 16.>
⑤ 관계 행정기관의 장이 제4항에서 정한 기간(「민원 처리에 관한
법률」 제20조제2항에 따라 회신기간을 연장한 경우에는 그 연장
된 기간을 말한다) 내에 의견을 제출하지 아니하면 협의가 이루어
진 것으로 본다. <신설 2021. 3. 16.>
⑥ 제57조제6항은 제1항에 따른 준공검사·인가등의 의제에 준용
한다. <개정 2021. 3. 16.>

제86조(이전고시 등) ① 사업시행자는 제83조제3항 및 제4항에 따른
고시가 있은 때에는 지체 없이 대지확정측량을 하고 토지의 분할절
차를 거쳐 관리처분계획에서 정한 사항을 분양받을 자에게 통지하
고 대지 또는 건축물의 소유권을 이전하여야 한다. 다만, 정비사업
의 효율적인 추진을 위하여 필요한 경우에는 해당 정비사업에 관한
공사가 전부 완료되기 전이라도 완공된 부분은 준공인가를 받아 대
지 또는 건축물별로 분양받을 자에게 소유권을 이전할 수 있다.
② 사업시행자는 제1항에 따라 대지 및 건축물의 소유권을 이전하
려는 때에는 그 내용을 해당 지방자치단체의 공보에 고시한 후 시
장·군수등에게 보고하여야 한다. 이 경우 대지 또는 건축물을 분
양받을 자는 고시가 있은 날의 다음 날에 그 대지 또는 건축물의
소유권을 취득한다.

제87조(대지 및 건축물에 대한 권리의 확정) ① 대지 또는 건축물을
분양받을 자에게 제86조제2항에 따라 소유권을 이전한 경우 종전
의 토지 또는 건축물에 설정된 지상권·전세권·저당권·임차권·
가등기담보권·가압류 등 등기된 권리 및 「주택임대차보호법」 제3
조제1항의 요건을 갖춘 임차권은 소유권을 이전받은 대지 또는 건
축물에 설정된 것으로 본다.
② 제1항에 따라 취득하는 대지 또는 건축물 중 토지등소유자에게
분양하는 대지 또는 건축물은 「도시개발법」 제40조에 따라 행하여
진 환지로 본다.
③ 제79조제4항에 따른 보류지와 일반에게 분양하는 대지 또는 건
축물은 「도시개발법」 제34조에 따른 보류지 또는 체비지로 본다.

**제88조(등기절차 및 권리변동의 제한)** ① 사업시행자는 제86조제2항에 따른 이전고시가 있은 때에는 지체 없이 대지 및 건축물에 관한 등기를 지방법원지원 또는 등기소에 촉탁 또는 신청하여야 한다.

② 제1항의 등기에 필요한 사항은 대법원규칙으로 정한다.

③ 정비사업에 관하여 제86조제2항에 따른 이전고시가 있은 날부터 제1항에 따른 등기가 있을 때까지는 저당권 등의 다른 등기를 하지 못한다.

**제89조(청산금 등)** ① 대지 또는 건축물을 분양받은 자가 종전에 소유하고 있던 토지 또는 건축물의 가격과 분양받은 대지 또는 건축물의 가격 사이에 차이가 있는 경우 사업시행자는 제86조제2항에 따른 이전고시가 있은 후에 그 차액에 상당하는 금액(이하 "청산금"이라 한다)을 분양받은 자로부터 징수하거나 분양받은 자에게 지급하여야 한다.

② 제1항에도 불구하고 사업시행자는 정관등에서 분할징수 및 분할지급을 정하고 있거나 총회의 의결을 거쳐 따로 정한 경우에는 관리처분계획인가 후부터 제86조제2항에 따른 이전고시가 있은 날까지 일정 기간별로 분할징수하거나 분할지급할 수 있다.

③ 사업시행자는 제1항 및 제2항을 적용하기 위하여 종전에 소유하고 있던 토지 또는 건축물의 가격과 분양받은 대지 또는 건축물의 가격을 평가하는 경우 그 토지 또는 건축물의 규모·위치·용도·이용 상황·정비사업비 등을 참작하여 평가하여야 한다.

④ 제3항에 따른 가격평가의 방법 및 절차 등에 필요한 사항은 대통령령으로 정한다.

**제90조(청산금의 징수방법 등)** ① 시장·군수등인 사업시행자는 청산금을 납부할 자가 이를 납부하지 아니하는 경우 지방세 체납처분의 예에 따라 징수(분할징수를 포함한다. 이하 이 조에서 같다)할 수 있으며, 시장·군수등이 아닌 사업시행자는 시장·군수등에게 청산금의 징수를 위탁할 수 있다. 이 경우 제93조제5항을 준용한다.

② 제89조제1항에 따른 청산금을 지급받을 자가 받을 수 없거나 받기를 거부한 때에는 사업시행자는 그 청산금을 공탁할 수 있다.

③ 청산금을 지급(분할지급을 포함한다)받을 권리 또는 이를 징수

할 권리는 제86조제2항에 따른 이전고시일의 다음 날부터 5년간 행사하지 아니하면 소멸한다.

**제91조(저당권의 물상대위)** 정비구역에 있는 토지 또는 건축물에 저당권을 설정한 권리자는 사업시행자가 저당권이 설정된 토지 또는 건축물의 소유자에게 청산금을 지급하기 전에 압류절차를 거쳐 저당권을 행사할 수 있다.


## 제4장 비용의 부담 등

**제92조(비용부담의 원칙)** ① 정비사업비는 이 법 또는 다른 법령에 특별한 규정이 있는 경우를 제외하고는 사업시행자가 부담한다.

② 시장·군수등은 시장·군수등이 아닌 사업시행자가 시행하는 정비사업의 정비계획에 따라 설치되는 다음 각 호의 시설에 대하여는 그 건설에 드는 비용의 전부 또는 일부를 부담할 수 있다.

1. 도시·군계획시설 중 대통령령으로 정하는 주요 정비기반시설 및 공동이용시설

2. 임시거주시설

**제93조(비용의 조달)** ① 사업시행자는 토지등소유자로부터 제92조제1항에 따른 비용과 정비사업의 시행과정에서 발생한 수입의 차액을 부과금으로 부과·징수할 수 있다.

② 사업시행자는 토지등소유자가 제1항에 따른 부과금의 납부를 게을리한 때에는 연체료를 부과·징수할 수 있다. <개정 2020. 6. 9.>

③ 제1항 및 제2항에 따른 부과금 및 연체료의 부과·징수에 필요한 사항은 정관등으로 정한다.

④ 시장·군수등이 아닌 사업시행자는 부과금 또는 연체료를 체납하는 자가 있는 때에는 시장·군수등에게 그 부과·징수를 위탁할 수 있다.

⑤ 시장·군수등은 제4항에 따라 부과·징수를 위탁받은 경우에는 지방세 체납처분의 예에 따라 부과·징수할 수 있다. 이 경우 사업시행자는 징수한 금액의 100분의 4에 해당하는 금액을 해당 시장·군수등에게 교부하여야 한다.

**제94조(정비기반시설 관리자의 비용부담)** ① 시장·군수등은 자신이 시행하는 정비사업으로 현저한 이익을 받는 정비기반시설의 관리자가 있는 경우에는 대통령령으로 정하는 방법 및 절차에 따라 해당 정비사업비의 일부를 그 정비기반시설의 관리자와 협의하여 그 관리자에게 부담시킬 수 있다.

② 사업시행자는 정비사업을 시행하는 지역에 전기·가스 등의 공급시설을 설치하기 위하여 공동구를 설치하는 경우에는 다른 법령에 따라 그 공동구에 수용될 시설을 설치할 의무가 있는 자에게 공동구의 설치에 드는 비용을 부담시킬 수 있다.

③ 제2항의 비용부담의 비율 및 부담방법과 공동구의 관리에 필요한 사항은 국토교통부령으로 정한다.

**제95조(보조 및 융자)** ① 국가 또는 시·도는 시장, 군수, 구청장 또는 토지주택공사등이 시행하는 정비사업에 관한 기초조사 및 정비사업의 시행에 필요한 시설로서 대통령령으로 정하는 정비기반시설, 임시거주시설 및 주거환경개선사업에 따른 공동이용시설의 건설에 드는 비용의 일부를 보조하거나 융자할 수 있다. 이 경우 국가 또는 시·도는 다음 각 호의 어느 하나에 해당하는 사업에 우선적으로 보조하거나 융자할 수 있다.

1. 시장·군수등 또는 토지주택공사등이 다음 각 목의 어느 하나에 해당하는 지역에서 시행하는 주거환경개선사업

   가. 제20조 및 제21조에 따라 해제된 정비구역등

   나. 「도시재정비 촉진을 위한 특별법」 제7조제2항에 따라 재정비촉진지구가 해제된 지역

2. 국가 또는 지방자치단체가 도시영세민을 이주시켜 형성된 낙후지역으로서 대통령령으로 정하는 지역에서 시장·군수등 또는 토지주택공사등이 단독으로 시행하는 재개발사업

② 시장·군수등은 사업시행자가 토지주택공사등인 주거환경개선사업과 관련하여 제1항에 따른 정비기반시설 및 공동이용시설, 임시거주시설을 건설하는 경우 건설에 드는 비용의 전부 또는 일부를 토지주택공사등에게 보조하여야 한다.

③ 국가 또는 지방자치단체는 시장·군수등이 아닌 사업시행자가 시행하는 정비사업에 드는 비용의 일부를 보조 또는 융자하거나

융자를 알선할 수 있다.

④ 국가 또는 지방자치단체는 제1항 및 제2항에 따라 정비사업에 필요한 비용을 보조 또는 융자하는 경우 제59조제1항에 따른 순환정비방식의 정비사업에 우선적으로 지원할 수 있다. 이 경우 순환정비방식의 정비사업의 원활한 시행을 위하여 국가 또는 지방자치단체는 다음 각 호의 비용 일부를 보조 또는 융자할 수 있다. <개정 2018. 6. 12.>

1. 순환용주택의 건설비
2. 순환용주택의 단열보완 및 창호교체 등 에너지 성능 향상과 효율개선을 위한 리모델링 비용
3. 공가(空家)관리비

⑤ 국가는 다음 각 호의 어느 하나에 해당하는 비용의 전부 또는 일부를 지방자치단체 또는 토지주택공사등에 보조 또는 융자할 수 있다.

1. 제59조제2항에 따라 토지주택공사등이 보유한 공공임대주택을 순환용주택으로 조합에게 제공하는 경우 그 건설비 및 공가관리비 등의 비용
2. 제79조제5항에 따라 시·도지사, 시장, 군수, 구청장 또는 토지주택공사등이 재개발임대주택을 인수하는 경우 그 인수 비용

⑥ 국가 또는 지방자치단체는 제80조제2항에 따라 토지임대부 분양주택을 공급받는 자에게 해당 공급비용의 전부 또는 일부를 보조 또는 융자할 수 있다.

제96조(정비기반시설의 설치) 사업시행자는 관할 지방자치단체의 장과의 협의를 거쳐 정비구역에 정비기반시설(주거환경개선사업의 경우에는 공동이용시설을 포함한다)을 설치하여야 한다.

제97조(정비기반시설 및 토지 등의 귀속) ① 시장·군수등 또는 토지주택공사등이 정비사업의 시행으로 새로 정비기반시설을 설치하거나 기존의 정비기반시설을 대체하는 정비기반시설을 설치한 경우에는 「국유재산법」 및 「공유재산 및 물품 관리법」에도 불구하고 종래의 정비기반시설은 사업시행자에게 무상으로 귀속되고, 새로 설치된 정비기반시설은 그 시설을 관리할 국가 또는 지방자치단체에 무상으로 귀속된다.

② 시장·군수등 또는 토지주택공사등이 아닌 사업시행자가 정비사업의 시행으로 새로 설치한 정비기반시설은 그 시설을 관리할 국가 또는 지방자치단체에 무상으로 귀속되고, 정비사업의 시행으로 용도가 폐지되는 국가 또는 지방자치단체 소유의 정비기반시설은 사업시행자가 새로 설치한 정비기반시설의 설치비용에 상당하는 범위에서 그에게 무상으로 양도된다.

③ 제1항 및 제2항의 정비기반시설에 해당하는 도로는 다음 각 호의 어느 하나에 해당하는 도로를 말한다.

1. 「국토의 계획 및 이용에 관한 법률」 제30조에 따라 도시·군관리계획으로 결정되어 설치된 도로

2. 「도로법」 제23조에 따라 도로관리청이 관리하는 도로

3. 「도시개발법」 등 다른 법률에 따라 설치된 국가 또는 지방자치단체 소유의 도로

4. 그 밖에 「공유재산 및 물품 관리법」에 따른 공유재산 중 일반인의 교통을 위하여 제공되고 있는 부지. 이 경우 부지의 사용 형태, 규모, 기능 등 구체적인 기준은 시·도조례로 정할 수 있다.

④ 시장·군수등은 제1항부터 제3항까지의 규정에 따른 정비기반시설의 귀속 및 양도에 관한 사항이 포함된 정비사업을 시행하거나 그 시행을 인가하려는 경우에는 미리 그 관리청의 의견을 들어야 한다. 인가받은 사항을 변경하려는 경우에도 또한 같다.

⑤ 사업시행자는 제1항부터 제3항까지의 규정에 따라 관리청에 귀속될 정비기반시설과 사업시행자에게 귀속 또는 양도될 재산의 종류와 세목을 정비사업의 준공 전에 관리청에 통지하여야 하며, 해당 정비기반시설은 그 정비사업이 준공인가되어 관리청에 준공인가통지를 한 때에 국가 또는 지방자치단체에 귀속되거나 사업시행자에게 귀속 또는 양도된 것으로 본다.

⑥ 제5항에 따른 정비기반시설에 대한 등기의 경우 정비사업의 시행인가서와 준공인가서(시장·군수등이 직접 정비사업을 시행하는 경우에는 제50조제9항에 따른 사업시행계획인가의 고시와 제83조제4항에 따른 공사완료의 고시를 말한다)는 「부동산등기법」에 따른 등기원인을 증명하는 서류를 갈음한다. <개정 2020. 6. 9., 2021. 3. 16.>

⑦ 제1항 및 제2항에 따라 정비사업의 시행으로 용도가 폐지되는 국가 또는 지방자치단체 소유의 정비기반시설의 경우 정비사업의 시행 기간 동안 해당 시설의 대부료는 면제된다.

**제98조(국유·공유재산의 처분 등)** ① 시장·군수등은 제50조 및 제52조에 따라 인가하려는 사업시행계획 또는 직접 작성하는 사업시행계획서에 국유·공유재산의 처분에 관한 내용이 포함되어 있는 때에는 미리 관리청과 협의하여야 한다. 이 경우 관리청이 불분명한 재산 중 도로·구거(도랑) 등은 국토교통부장관을, 하천은 환경부장관을, 그 외의 재산은 기획재정부장관을 관리청으로 본다. <개정 2020. 12. 31., 2021. 1. 5.>
② 제1항에 따라 협의를 받은 관리청은 20일 이내에 의견을 제시하여야 한다.
③ 정비구역의 국유·공유재산은 정비사업 외의 목적으로 매각되거나 양도될 수 없다.
④ 정비구역의 국유·공유재산은 「국유재산법」 제9조 또는 「공유재산 및 물품 관리법」 제10조에 따른 국유재산종합계획 또는 공유재산관리계획과 「국유재산법」 제43조 및 「공유재산 및 물품 관리법」 제29조에 따른 계약의 방법에도 불구하고 사업시행자 또는 점유자 및 사용자에게 다른 사람에 우선하여 수의계약으로 매각 또는 임대될 수 있다.
⑤ 제4항에 따라 다른 사람에 우선하여 매각 또는 임대될 수 있는 국유·공유재산은 「국유재산법」, 「공유재산 및 물품 관리법」 및 그 밖에 국·공유지의 관리와 처분에 관한 관계 법령에도 불구하고 사업시행계획인가의 고시가 있은 날부터 종전의 용도가 폐지된 것으로 본다.
⑥ 제4항에 따라 정비사업을 목적으로 우선하여 매각하는 국·공유지는 사업시행계획인가의 고시가 있은 날을 기준으로 평가하며, 주거환경개선사업의 경우 매각가격은 평가금액의 100분의 80으로 한다. 다만, 사업시행계획인가의 고시가 있은 날부터 3년 이내에 매매계약을 체결하지 아니한 국·공유지는 「국유재산법」 또는 「공유재산 및 물품 관리법」에서 정한다.
[시행일 : 2022. 1. 1.] 제98조

**제99조(국유·공유재산의 임대)** ① 지방자치단체 또는 토지주택공사 등은 주거환경개선구역 및 재개발구역(재개발사업을 시행하는 정비구역을 말한다. 이하 같다)에서 임대주택을 건설하는 경우에는 「국유재산법」 제46조제1항 또는 「공유재산 및 물품 관리법」 제31조에도 불구하고 국·공유지 관리청과 협의하여 정한 기간 동안 국·공유지를 임대할 수 있다.

② 시장·군수등은 「국유재산법」 제18조제1항 또는 「공유재산 및 물품 관리법」 제13조에도 불구하고 제1항에 따라 임대하는 국·공유지 위에 공동주택, 그 밖의 영구시설물을 축조하게 할 수 있다. 이 경우 해당 시설물의 임대기간이 종료되는 때에는 임대한 국·공유지 관리청에 기부 또는 원상으로 회복하여 반환하거나 국·공유지 관리청으로부터 매입하여야 한다.

③ 제1항에 따라 임대하는 국·공유지의 임대료는 「국유재산법」 또는 「공유재산 및 물품 관리법」에서 정한다.

**제100조(공동이용시설 사용료의 면제)** ① 지방자치단체의 장은 마을 공동체 활성화 등 공익 목적을 위하여 「공유재산 및 물품 관리법」 제20조에 따라 주거환경개선구역 내 공동이용시설에 대한 사용 허가를 하는 경우 같은 법 제22조에도 불구하고 사용료를 면제할 수 있다.

② 제1항에 따른 공익 목적의 기준, 사용료 면제 대상 및 그 밖에 필요한 사항은 시·도조례로 정한다.

**제101조(국·공유지의 무상양여 등)** ① 다음 각 호의 어느 하나에 해당하는 구역에서 국가 또는 지방자치단체가 소유하는 토지는 제50조제9항에 따른 사업시행계획인가의 고시가 있은 날부터 종전의 용도가 폐지된 것으로 보며, 「국유재산법」, 「공유재산 및 물품 관리법」 및 그 밖에 국·공유지의 관리 및 처분에 관하여 규정한 관계 법령에도 불구하고 해당 사업시행자에게 무상으로 양여된다. 다만, 「국유재산법」 제6조제2항에 따른 행정재산 또는 「공유재산 및 물품 관리법」 제5조제2항에 따른 행정재산과 국가 또는 지방자치단체가 양도계약을 체결하여 정비구역지정 고시일 현재 대금의 일부를 수령한 토지에 대하여는 그러하지 아니하다. <개정 2021. 3. 16.>

1. 주거환경개선구역
2. 국가 또는 지방자치단체가 도시영세민을 이주시켜 형성된 낙후
   지역으로서 대통령령으로 정하는 재개발구역(이 항 각 호 외의
   부분 본문에도 불구하고 무상양여 대상에서 국유지는 제외하고,
   공유지는 시장·군수등 또는 토지주택공사등이 단독으로 사업시
   행자가 되는 경우로 한정한다)
② 제1항 각 호에 해당하는 구역에서 국가 또는 지방자치단체가
소유하는 토지는 제16조제2항 전단에 따른 정비구역지정의 고시가
있은 날부터 정비사업 외의 목적으로 양도되거나 매각될 수 없다.
<개정 2018. 6. 12.>
③ 제1항에 따라 무상양여된 토지의 사용수익 또는 처분으로 발생
한 수입은 주거환경개선사업 또는 재개발사업 외의 용도로 사용할
수 없다.
④ 시장·군수등은 제1항에 따른 무상양여의 대상이 되는 국·공
유지를 소유 또는 관리하고 있는 국가 또는 지방자치단체와 협의
를 하여야 한다.
⑤ 사업시행자에게 양여된 토지의 관리처분에 필요한 사항은 국토
교통부장관의 승인을 받아 해당 시·도조례 또는 토지주택공사등
의 시행규정으로 정한다.


### 제5장 공공재개발사업 및 공공재건축사업〈신설 2021. 4. 13.〉

제101조의2(공공재개발사업 예정구역의 지정·고시) ① 정비구역의
지정권자는 비경제적인 건축행위 및 투기 수요의 유입을 방지하
고, 합리적인 사업계획을 수립하기 위하여 공공재개발사업을 추진
하려는 구역을 공공재개발사업 예정구역으로 지정할 수 있다. 이
경우 공공재개발사업 예정구역의 지정·고시에 관한 절차는 제16
조를 준용한다.
② 정비계획의 입안권자 또는 토지주택공사등은 정비구역의 지정
권자에게 공공재개발사업 예정구역의 지정을 신청할 수 있다. 이
경우 토지주택공사등은 정비계획의 입안권자를 통하여 신청하여야
한다.
③ 공공재개발사업 예정구역에서 제19조제7항 각 호의 어느 하나

에 해당하는 행위 또는 같은 조 제8항의 행위를 하려는 자는 시장·군수등의 허가를 받아야 한다. 허가받은 사항을 변경하려는 때에도 또한 같다.

④ 공공재개발사업 예정구역 내에 분양받을 건축물이 제77조제1항 각 호의 어느 하나에 해당하는 경우에는 제77조에도 불구하고 공공재개발사업 예정구역 지정·고시가 있은 날 또는 시·도지사가 투기를 억제하기 위하여 공공재개발사업 예정구역 지정·고시 전에 따로 정하는 날의 다음 날을 기준으로 건축물을 분양받을 권리를 산정한다. 이 경우 시·도지사가 건축물을 분양받을 권리일을 따로 정하는 경우에는 제77조제2항을 준용한다.

⑤ 정비구역의 지정권자는 공공재개발사업 예정구역이 지정·고시된 날부터 2년이 되는 날까지 공공재개발사업 예정구역이 공공재개발사업을 위한 정비구역으로 지정되지 아니하거나, 공공재개발사업 시행자가 지정되지 아니하면 그 2년이 되는 날의 다음 날에 공공재개발사업 예정구역 지정을 해제하여야 한다. 다만, 정비구역의 지정권자는 1회에 한하여 1년의 범위에서 공공재개발사업 예정구역의 지정을 연장할 수 있다.

⑥ 제1항에 따른 공공재개발사업 예정구역의 지정과 제2항에 따른 지정 신청에 필요한 사항 및 그 절차는 대통령령으로 정한다.
[본조신설 2021. 4. 13.]

**제101조의3(공공재개발사업을 위한 정비구역 지정 등)** ① 정비구역의 지정권자는 제8조제1항에도 불구하고 기본계획을 수립하거나 변경하지 아니하고 공공재개발사업을 위한 정비계획을 결정하여 정비구역을 지정할 수 있다.

② 정비계획의 입안권자는 공공재개발사업의 추진을 전제로 정비계획을 작성하여 정비구역의 지정권자에게 공공재개발사업을 위한 정비구역의 지정을 신청할 수 있다. 이 경우 공공재개발사업을 시행하려는 공공재개발사업 시행자는 정비계획의 입안권자에게 공공재개발사업을 위한 정비계획의 수립을 제안할 수 있다.

③ 정비계획의 지정권자는 공공재개발사업을 위한 정비구역을 지정·고시한 날부터 1년이 되는 날까지 공공재개발사업 시행자가 지정되지 아니하면 그 1년이 되는 날의 다음 날에 공공재개발사업을 위한 정비구역의 지정을 해제하여야 한다. 다만, 정비구역의 지

정권자는 1회에 한하여 1년의 범위에서 공공재개발사업을 위한 정비구역의 지정을 연장할 수 있다.
[본조신설 2021. 4. 13.]

**제101조의4(공공재개발사업 예정구역 및 공공재개발사업·공공재건축사업을 위한 정비구역 지정을 위한 특례)** ① 지방도시계획위원회 또는 도시재정비위원회는 공공재개발사업 예정구역 또는 공공재개발사업·공공재건축사업을 위한 정비구역의 지정에 필요한 사항을 심의하기 위하여 분과위원회를 둘 수 있다. 이 경우 분과위원회의 심의는 지방도시계획위원회 또는 도시재정비위원회의 심의로 본다.

② 정비구역의 지정권자가 공공재개발사업 또는 공공재건축사업을 위한 정비구역의 지정·변경을 고시한 때에는 제7조에 따른 기본계획의 수립·변경, 「도시재정비 촉진을 위한 특별법」 제5조에 따른 재정비촉진지구의 지정·변경 및 같은 법 제12조에 따른 재정비촉진계획의 결정·변경이 고시된 것으로 본다.
[본조신설 2021. 4. 13.]

**제101조의5(공공재개발사업에서의 용적률 완화 및 주택 건설비율 등)** ① 공공재개발사업 시행자는 공공재개발사업(「도시재정비촉진을 위한 특별법」 제2조제1호에 따른 재정비촉진지구에서 시행되는 공공재개발사업을 포함한다)을 시행하는 경우 「국토의 계획 및 이용에 관한 법률」 제78조 및 조례에도 불구하고 지방도시계획위원회 및 도시재정비위원회의 심의를 거쳐 법적상한용적률의 100분의 120(이하 "법적상한초과용적률"이라 한다)까지 건축할 수 있다.

② 공공재개발사업 시행자는 제54조에도 불구하고 법적상한초과용적률에서 정비계획으로 정하여진 용적률을 뺀 용적률의 100분의 20 이상 100분의 50 이하로서 시·도조례로 정하는 비율에 해당하는 면적에 국민주택규모 주택을 건설하여 인수자에게 공급하여야 한다. 다만, 제24조제4항, 제26조제1항제1호 및 제27조제1항제1호에 따른 정비사업을 시행하는 경우에는 그러하지 아니한다.

③ 제2항에 따른 국민주택규모 주택의 공급 및 인수방법에 관하여는 제55조를 준용한다.
[본조신설 2021. 4. 13.]

**제101조의6(공공재건축사업에서의 용적률 완화 및 주택 건설비율 등)** ① 공공재건축사업을 위한 정비구역에 대해서는 해당 정비구역의 지정·고시가 있은 날부터 「국토의 계획 및 이용에 관한 법률」 제36조제1항제1호가목 및 같은 조 제2항에 따라 주거지역을 세분하여 정하는 지역 중 대통령령으로 정하는 지역으로 결정·고시된 것으로 보아 해당 지역에 적용되는 용적률 상한까지 용적률을 정할 수 있다. 다만, 다음 각 호의 어느 하나에 해당하는 경우에는 그러하지 아니하다.

1. 해당 정비구역이 「개발제한구역의 지정 및 관리에 관한 특별조치법」 제3조제1항에 따라 결정된 개발제한구역인 경우
2. 시장·군수등이 공공재건축사업을 위하여 필요하다고 인정하여 해당 정비구역의 일부분을 종전 용도지역으로 그대로 유지하거나 동일면적의 범위에서 위치를 변경하는 내용으로 정비계획을 수립한 경우
3. 시장·군수등이 제9조제1항제10호다목의 사항을 포함하는 정비계획을 수립한 경우

② 공공재건축사업 시행자는 공공재건축사업(「도시재정비 촉진을 위한 특별법」 제2조제1호에 따른 재정비촉진지구에서 시행되는 공공재건축사업을 포함한다)을 시행하는 경우 제54조제4항에도 불구하고 제1항에 따라 완화된 용적률에서 정비계획으로 정하여진 용적률을 뺀 용적률의 100분의 40 이상 100분의 70 이하로서 주택 증가 규모, 공공재건축사업을 위한 정비구역의 재정적 여건 등을 고려하여 시·도조례로 정하는 비율에 해당하는 면적에 국민주택규모 주택을 건설하여 인수자에게 공급하여야 한다.

③ 제2항에 따른 주택의 공급가격은 「공공주택 특별법」 제50조의4에 따라 국토교통부장관이 고시하는 공공건설임대주택의 표준건축비로 하고, 제4항 단서에 따라 분양을 목적으로 인수한 주택의 공급가격은 「주택법」 제57조제4항에 따라 국토교통부장관이 고시하는 기본형건축비로 한다. 이 경우 부속 토지는 인수자에게 기부채납한 것으로 본다.

④ 제2항에 따른 국민주택규모 주택의 공급 및 인수방법에 관하여는 제55조를 준용한다. 다만, 인수자는 공공재건축사업 시행자로

- 502 -

부터 공급받은 주택 중 대통령령으로 정하는 비율에 해당하는 주택에 대해서는 「공공주택 특별법」 제48조에 따라 분양할 수 있다.
⑤ 제3항 후단에도 불구하고 제4항 단서에 따른 분양주택의 인수자는 감정평가액의 100분의 50 이상의 범위에서 대통령령으로 정하는 가격으로 부속 토지를 인수하여야 한다.
[본조신설 2021. 4. 13.]

**제101조의7(공공재개발사업 및 공공재건축사업의 사업시행계획 통합 심의)** ① 정비구역의 지정권자는 공공재개발사업 또는 공공재건축사업의 사업시행계획인가와 관련된 다음 각 호의 사항을 통합하여 검토 및 심의(이하 "통합심의"라 한다)할 수 있다.
1. 「건축법」에 따른 건축물의 건축 및 특별건축구역의 지정 등에 관한 사항
2. 「경관법」에 따른 경관 심의에 관한 사항
3. 「교육환경 보호에 관한 법률」에 따른 교육환경평가
4. 「국토의 계획 및 이용에 관한 법률」에 따른 도시·군관리계획에 관한 사항
5. 「도시교통정비 촉진법」에 따른 교통영향평가에 관한 사항
6. 「자연재해대책법」에 따른 재해영향평가 등에 관한 사항
7. 「환경영향평가법」에 따른 환경영향평가 등에 관한 사항
8. 그 밖에 국토교통부장관, 시·도지사 또는 시장·군수등이 필요하다고 인정하여 통합심의에 부치는 사항
② 공공재개발사업 시행자 또는 공공재건축사업 시행자가 통합심의를 신청하는 경우에는 제1항 각 호와 관련된 서류를 첨부하여야 한다. 이 경우 정비구역의 지정권자는 통합심의를 효율적으로 처리하기 위하여 필요한 경우 제출기한을 정하여 제출하도록 할 수 있다.
③ 정비구역의 지정권자가 통합심의를 하는 경우에는 다음 각 호의 어느 하나에 해당하는 위원회에 속하고 해당 위원회의 위원장의 추천을 받은 위원, 정비구역의 지정권자가 속한 지방자치단체 소속 공무원 및 제50조에 따른 사업시행계획 인가권자가 속한 지방자치단체 소속 공무원으로 소집된 통합심의위원회를 구성하여 통합심의하여야 한다. 이 경우 통합심의위원회의 구성, 통합심의의

방법 및 절차에 관한 사항은 대통령령으로 정한다.

1. 「건축법」에 따른 건축위원회
2. 「경관법」에 따른 경관위원회
3. 「교육환경 보호에 관한 법률」에 따른 교육환경보호위원회
4. 지방도시계획위원회
5. 「도시교통정비 촉진법」에 따른 교통영향평가심의위원회
6. 도시재정비위원회(공공재개발사업 또는 공공재건축사업을 위한 정비구역이 재정비촉진지구 내에 있는 경우에 한한다)
7. 「자연재해대책법」에 따른 재해영향평가심의위원회
8. 「환경영향평가법」에 따른 환경영향평가협의회
9. 제1항제8호에 대하여 심의권한을 가진 관련 위원회

④ 시장·군수등은 특별한 사유가 없으면 통합심의 결과를 반영하여 사업시행계획을 인가하여야 한다.

⑤ 통합심의를 거친 경우에는 제1항 각 호의 사항에 대한 검토·심의·조사·협의·조정 또는 재정을 거친 것으로 본다.

[본조신설 2021. 4. 13.]


## 제6장 정비사업전문관리업 〈개정 2021. 4. 13.〉

**제102조(정비사업전문관리업의 등록)** ① 다음 각 호의 사항을 추진위원회 또는 사업시행자로부터 위탁받거나 이와 관련한 자문을 하려는 자는 대통령령으로 정하는 자본·기술인력 등의 기준을 갖춰 시·도지사에게 등록 또는 변경(대통령령으로 정하는 경미한 사항의 변경은 제외한다)등록하여야 한다. 다만, 주택의 건설 등 정비사업 관련 업무를 하는 공공기관 등으로 대통령령으로 정하는 기관의 경우에는 그러하지 아니하다.

1. 조합설립의 동의 및 정비사업의 동의에 관한 업무의 대행
2. 조합설립인가의 신청에 관한 업무의 대행
3. 사업성 검토 및 정비사업의 시행계획서의 작성
4. 설계자 및 시공자 선정에 관한 업무의 지원
5. 사업시행계획인가의 신청에 관한 업무의 대행
6. 관리처분계획의 수립에 관한 업무의 대행
7. 제118조제2항제2호에 따라 시장·군수등이 정비사업전문관리

업자를 선정한 경우에는 추진위원회 설립에 필요한 다음 각 목의 업무

　가. 동의서 제출의 접수

　나. 운영규정 작성 지원

　다. 그 밖에 시·도조례로 정하는 사항

② 제1항에 따른 등록의 절차 및 방법, 등록수수료 등에 필요한 사항은 대통령령으로 정한다.

③ 시·도지사는 제1항에 따라 정비사업전문관리업의 등록 또는 변경등록한 현황, 제106조제1항에 따라 정비사업전문관리업의 등록취소 또는 업무정지를 명한 현황을 국토교통부령으로 정하는 방법 및 절차에 따라 국토교통부장관에게 보고하여야 한다.

**제103조(정비사업전문관리업자의 업무제한 등)** 정비사업전문관리업자는 동일한 정비사업에 대하여 다음 각 호의 업무를 병행하여 수행할 수 없다.

1. 건축물의 철거

2. 정비사업의 설계

3. 정비사업의 시공

4. 정비사업의 회계감사

5. 그 밖에 정비사업의 공정한 질서유지에 필요하다고 인정하여 대통령령으로 정하는 업무

**제104조(정비사업전문관리업자와 위탁자와의 관계)** 정비사업전문관리업자에게 업무를 위탁하거나 자문을 요청한 자와 정비사업전문관리업자의 관계에 관하여 이 법에 규정된 사항을 제외하고는 「민법」 중 위임에 관한 규정을 준용한다.

**제105조(정비사업전문관리업자의 결격사유)** ① 다음 각 호의 어느 하나에 해당하는 자는 정비사업전문관리업의 등록을 신청할 수 없으며, 정비사업전문관리업자의 업무를 대표 또는 보조하는 임직원이 될 수 없다. <개정 2020. 6. 9.>

1. 미성년자(대표 또는 임원이 되는 경우로 한정한다)·피성년후견인 또는 피한정후견인

2. 파산선고를 받은 자로서 복권되지 아니한 자

3. 정비사업의 시행과 관련한 범죄행위로 인하여 금고 이상의 실
   형의 선고를 받고 그 집행이 종료(종료된 것으로 보는 경우를
   포함한다)되거나 집행이 면제된 날부터 2년이 지나지 아니한 자
4. 정비사업의 시행과 관련한 범죄행위로 인하여 금고 이상의 형
   의 집행유예를 받고 그 유예기간 중에 있는 자
5. 이 법을 위반하여 벌금형 이상의 선고를 받고 2년이 지나지 아
   니한 자
6. 제106조에 따라 등록이 취소된 후 2년이 지나지 아니한 자(법
   인인 경우 그 대표자를 말한다)
7. 법인의 업무를 대표 또는 보조하는 임직원 중 제1호부터 제6호
   까지 중 어느 하나에 해당하는 자가 있는 법인
② 정비사업전문관리업자의 업무를 대표 또는 보조하는 임직원이
제1항 각 호의 어느 하나에 해당하게 되거나 선임 당시 그에 해당
하였던 자로 밝혀진 때에는 당연 퇴직한다. <개정 2020. 6. 9.>
③ 제2항에 따라 퇴직된 임직원이 퇴직 전에 관여한 행위는 효력
을 잃지 아니한다.

**제106조(정비사업전문관리업의 등록취소 등)** ① 시·도지사는 정비
사업전문관리업자가 다음 각 호의 어느 하나에 해당하는 때에는
그 등록을 취소하거나 1년 이내의 기간을 정하여 업무의 전부 또
는 일부의 정지를 명할 수 있다. 다만, 제1호·제4호·제8호 및
제9호에 해당하는 때에는 그 등록을 취소하여야 한다.
1. 거짓, 그 밖의 부정한 방법으로 등록을 한 때
2. 제102조제1항에 따른 등록기준에 미달하게 된 때
3. 추진위원회, 사업시행자 또는 시장·군수등의 위탁이나 자문에
   관한 계약 없이 제102조제1항 각 호에 따른 업무를 수행한 때
4. 제102조제1항 각 호에 따른 업무를 직접 수행하지 아니한 때
5. 고의 또는 과실로 조합에게 계약금액(정비사업전문관리업자가
   조합과 체결한 총계약금액을 말한다)의 3분의 1 이상의 재산상
   손실을 끼친 때
6. 제107조에 따른 보고·자료제출을 하지 아니하거나 거짓으로
   한 때 또는 조사·검사를 거부·방해 또는 기피한 때
7. 제111조에 따른 보고·자료제출을 하지 아니하거나 거짓으로

한 때 또는 조사를 거부·방해 또는 기피한 때

8. 최근 3년간 2회 이상의 업무정지처분을 받은 자로서 그 정지처분을 받은 기간이 합산하여 12개월을 초과한 때

9. 다른 사람에게 자기의 성명 또는 상호를 사용하여 이 법에서 정한 업무를 수행하게 하거나 등록증을 대여한 때

10. 이 법을 위반하여 벌금형 이상의 선고를 받은 경우(법인의 경우에는 그 소속 임직원을 포함한다)

11. 그 밖에 이 법 또는 이 법에 따른 명령이나 처분을 위반한 때

② 제1항에 따른 등록의 취소 및 업무의 정지처분에 관한 기준은 대통령령으로 정한다.

③ 제1항에 따라 등록취소처분 등을 받은 정비사업전문관리업자와 등록취소처분 등을 명한 시·도지사는 추진위원회 또는 사업시행자에게 해당 내용을 지체 없이 통지하여야 한다. <개정 2019. 8. 20.>

④ 정비사업전문관리업자는 제1항에 따라 등록취소처분 등을 받기 전에 계약을 체결한 업무는 계속하여 수행할 수 있다. 이 경우 정비사업전문관리업자는 해당 업무를 완료할 때까지는 정비사업전문관리업자로 본다.

⑤ 정비사업전문관리업자는 제4항 전단에도 불구하고 다음 각 호의 어느 하나에 해당하는 경우에는 업무를 계속하여 수행할 수 없다.

1. 사업시행자가 제3항에 따른 통지를 받거나 처분사실을 안 날부터 3개월 이내에 총회 또는 대의원회의 의결을 거쳐 해당 업무 계약을 해지한 경우

2. 정비사업전문관리업자가 등록취소처분 등을 받은 날부터 3개월 이내에 사업시행자로부터 업무의 계속 수행에 대하여 동의를 받지 못한 경우. 이 경우 사업시행자가 동의를 하려는 때에는 총회 또는 대의원회의 의결을 거쳐야 한다.

3. 제1항 각 호 외의 부분 단서에 따라 등록이 취소된 경우

**제107조(정비사업전문관리업자에 대한 조사 등)** ① 국토교통부장관 또는 시·도지사는 다음 각 호의 어느 하나에 해당하는 경우 정비사업전문관리업자에 대하여 그 업무에 관한 사항을 보고하게 하거

나 자료의 제출, 그 밖의 필요한 명령을 할 수 있으며, 소속 공무원에게 영업소 등에 출입하여 장부·서류 등을 조사 또는 검사하게 할 수 있다. <개정 2019. 8. 20.>

1. 등록요건 또는 결격사유 등 이 법에서 정한 사항의 위반 여부를 확인할 필요가 있는 경우

2. 정비사업전문관리업자와 토지등소유자, 조합원, 그 밖에 정비사업과 관련한 이해관계인 사이에 분쟁이 발생한 경우

3. 그 밖에 시·도조례로 정하는 경우

② 제1항에 따라 출입·검사 등을 하는 공무원은 권한을 표시하는 증표를 지니고 관계인에게 내보여야 한다.

③ 국토교통부장관 또는 시·도지사가 정비사업전문관리업자에게 제1항에 따른 업무에 관한 사항의 보고, 자료의 제출을 하게 하거나, 소속 공무원에게 조사 또는 검사하게 하려는 경우에는 「행정조사기본법」 제17조에 따라 사전통지를 하여야 한다. <신설 2019. 8. 20.>

④ 제1항에 따라 업무에 관한 사항의 보고 또는 자료의 제출 명령을 받은 정비사업전문관리업자는 그 명령을 받은 날부터 15일 이내에 이를 보고 또는 제출(전자문서를 이용한 보고 또는 제출을 포함한다)하여야 한다. <신설 2019. 8. 20.>

⑤ 국토교통부장관 또는 시·도지사는 제1항에 따른 업무에 관한 사항의 보고, 자료의 제출, 조사 또는 검사 등이 완료된 날부터 30일 이내에 그 결과를 통지하여야 한다. <신설 2019. 8. 20.>

**제108조(정비사업전문관리업 정보의 종합관리)** ① 국토교통부장관은 정비사업전문관리업자의 자본금·사업실적·경영실태 등에 관한 정보를 종합적이고 체계적으로 관리하고 추진위원회 또는 사업시행자 등에게 제공하기 위하여 정비사업전문관리업 정보종합체계를 구축·운영할 수 있다.

② 제1항에 따른 정비사업전문관리업 정보종합체계의 구축·운영에 필요한 사항은 국토교통부령으로 정한다.

**제109조(협회의 설립 등)** ① 정비사업전문관리업자는 정비사업전문관리업의 전문화와 정비사업의 건전한 발전을 도모하기 위하여 정비사업전문관리업자단체(이하 "협회"라 한다)를 설립할 수 있다.

② 협회는 법인으로 한다.

③ 협회는 주된 사무소의 소재지에서 설립등기를 하는 때에 성립한다.

④ 협회를 설립하려는 때에는 회원의 자격이 있는 50명 이상을 발기인으로 하여 정관을 작성한 후 창립총회의 의결을 거쳐 국토교통부장관의 인가를 받아야 한다. 협회가 정관을 변경하려는 때에도 또한 같다.

⑤ 이 법에 따라 시·도지사로부터 업무정지처분을 받은 회원의 권리·의무는 영업정지기간 중 정지되며, 정비사업전문관리업의 등록이 취소된 때에는 회원의 자격을 상실한다.

⑥ 협회의 정관, 설립인가의 취소, 그 밖에 필요한 사항은 대통령령으로 정한다.

⑦ 협회에 관하여 이 법에 규정된 사항을 제외하고는 「민법」 중 사단법인에 관한 규정을 준용한다.

**제110조(협회의 업무 및 감독)** ① 협회의 업무는 다음 각 호와 같다.

1. 정비사업전문관리업 및 정비사업의 건전한 발전을 위한 조사·연구

2. 회원의 상호 협력증진을 위한 업무

3. 정비사업전문관리 기술 인력과 정비사업전문관리업 종사자의 자질향상을 위한 교육 및 연수

4. 그 밖에 대통령령으로 정하는 업무

② 국토교통부장관은 협회의 업무 수행 현황 또는 이 법의 위반 여부를 확인할 필요가 있는 때에는 협회에게 업무에 관한 사항을 보고하게 하거나 자료의 제출, 그 밖에 필요한 명령을 할 수 있으며, 소속 공무원에게 그 사무소 등에 출입하여 장부·서류 등을 조사 또는 검사하게 할 수 있다. <개정 2019. 8. 20.>

③ 제2항에 따른 업무에 관한 사항의 보고, 자료의 제출, 조사 또는 검사에 관하여는 제107조제2항부터 제5항까지의 규정을 준용한다. <신설 2019. 8. 20.>

## 제7장 감독 등 〈개정 2021. 4. 13.〉

**제111조(자료의 제출 등)** ① 시·도지사는 국토교통부령으로 정하는 방법 및 절차에 따라 정비사업의 추진실적을 분기별로 국토교통부장관에게, 시장, 군수 또는 구청장은 시·도조례로 정하는 바에 따라 정비사업의 추진실적을 특별시장·광역시장 또는 도지사에게 보고하여야 한다.

② 국토교통부장관, 시·도지사, 시장, 군수 또는 구청장은 정비사업의 원활한 시행을 감독하기 위하여 필요한 경우로서 다음 각 호의 어느 하나에 해당하는 때에는 추진위원회·사업시행자·정비사업전문관리업자·설계자 및 시공자 등 이 법에 따른 업무를 하는 자에게 그 업무에 관한 사항을 보고하게 하거나 자료의 제출, 그 밖의 필요한 명령을 할 수 있으며, 소속 공무원에게 영업소 등에 출입하여 장부·서류 등을 조사 또는 검사하게 할 수 있다. <개정 2019. 8. 20., 2020. 6. 9.>

1. 이 법의 위반 여부를 확인할 필요가 있는 경우
2. 토지등소유자, 조합원, 그 밖에 정비사업과 관련한 이해관계인 사이에 분쟁이 발생된 경우
3. 그 밖에 시·도조례로 정하는 경우

③ 제2항에 따른 업무에 관한 사항의 보고, 자료의 제출, 조사 또는 검사에 관하여는 제107조제2항부터 제5항까지의 규정을 준용한다. <개정 2019. 8. 20.>

**제112조(회계감사)** ① 시장·군수등 또는 토지주택공사등이 아닌 사업시행자 또는 추진위원회는 다음 각 호의 어느 하나에 해당하는 경우에는 다음 각 호의 구분에 따른 기간 이내에 「주식회사 등의 외부감사에 관한 법률」 제2조제7호 및 제9조에 따른 감사인의 회계감사를 받기 위하여 시장·군수등에게 회계감사기관의 선정·계약을 요청하여야 하며, 그 감사결과를 회계감사가 종료된 날부터 15일 이내에 시장·군수등 및 해당 조합에 보고하고 조합원이 공람할 수 있도록 하여야 한다. 다만, 지정개발자가 사업시행자인 경우에는 제1호에 해당하는 경우는 제외한다. <개정 2017. 10. 31., 2021. 1. 5., 2021. 3. 16.>

1. 제34조제4항에 따라 추진위원회에서 사업시행자로 인계되기 전까지 납부 또는 지출된 금액과 계약 등으로 지출될 것이 확정된 금액의 합이 대통령령으로 정한 금액 이상인 경우: 추진위원회에서 사업시행자로 인계되기 전 7일 이내

2. 제50조제9항에 따른 사업시행계획인가 고시일 전까지 납부 또는 지출된 금액이 대통령령으로 정하는 금액 이상인 경우: 사업시행계획인가의 고시일부터 20일 이내

3. 제83조제1항에 따른 준공인가 신청일까지 납부 또는 지출된 금액이 대통령령으로 정하는 금액 이상인 경우: 준공인가의 신청일부터 7일 이내

4. 토지등소유자 또는 조합원 5분의 1 이상이 사업시행자에게 회계감사를 요청하는 경우: 제4항에 따른 절차를 고려한 상당한 기간 이내

② 시장·군수등은 제1항에 따른 요청이 있는 경우 즉시 회계감사기관을 선정하여 회계감사가 이루어지도록 하여야 한다. <개정 2021. 1. 5.>

③ 제2항에 따라 회계감사기관을 선정·계약한 경우 시장·군수등은 공정한 회계감사를 위하여 선정된 회계감사기관을 감독하여야 하며, 필요한 처분이나 조치를 명할 수 있다.

④ 사업시행자 또는 추진위원회는 제1항에 따라 회계감사기관의 선정·계약을 요청하려는 경우 시장·군수등에게 회계감사에 필요한 비용을 미리 예치하여야 한다. 시장·군수등은 회계감사가 끝난 경우 예치된 금액에서 회계감사비용을 직접 지불한 후 나머지 비용은 사업시행자와 정산하여야 한다. <개정 2021. 1. 5.>

제113조(감독) ① 정비사업의 시행이 이 법 또는 이 법에 따른 명령·처분이나 사업시행계획서 또는 관리처분계획에 위반되었다고 인정되는 때에는 정비사업의 적정한 시행을 위하여 필요한 범위에서 국토교통부장관은 시·도지사, 시장, 군수, 구청장, 추진위원회, 주민대표회의, 사업시행자 또는 정비사업전문관리업자에게, 특별시장, 광역시장 또는 도지사는 시장, 군수, 구청장, 추진위원회, 주민대표회의, 사업시행자 또는 정비사업전문관리업자에게, 시장·군수는 추진위원회, 주민대표회의, 사업시행자 또는 정비사업전문관리

업자에게 처분의 취소・변경 또는 정지, 공사의 중지・변경, 임원의 개선 권고, 그 밖의 필요한 조치를 취할 수 있다.

② 국토교통부장관, 시・도지사, 시장, 군수 또는 구청장은 이 법에 따른 정비사업의 원활한 시행을 위하여 관계 공무원 및 전문가로 구성된 점검반을 구성하여 정비사업 현장조사를 통하여 분쟁의 조정, 위법사항의 시정요구 등 필요한 조치를 할 수 있다. 이 경우 관할 지방자치단체의 장과 조합 등은 대통령령으로 정하는 자료의 제공 등 점검반의 활동에 적극 협조하여야 한다.

③ 제2항에 따른 정비사업 현장조사에 관하여는 제107조제2항, 제3항 및 제5항을 준용한다. <개정 2019. 8. 20.>

**제113조의2(시공자 선정 취소 명령 또는 과징금)** ① 시・도지사(해당 정비사업을 관할하는 시・도지사를 말한다. 이하 이 조 및 제113조의3에서 같다)는 건설업자가 다음 각 호의 어느 하나에 해당하는 경우 사업시행자에게 건설업자의 해당 정비사업에 대한 시공자 선정을 취소할 것을 명하거나 그 건설업자에게 사업시행자와 시공자 사이의 계약서상 공사비의 100분의 20 이하에 해당하는 금액의 범위에서 과징금을 부과할 수 있다. 이 경우 시공자 선정 취소의 명을 받은 사업시행자는 시공자 선정을 취소하여야 한다.

1. 건설업자가 제132조를 위반한 경우
2. 건설업자가 제132조의2를 위반하여 관리・감독 등 필요한 조치를 하지 아니한 경우로서 용역업체의 임직원(건설업자가 고용한 개인을 포함한다. 이하 같다)이 제132조를 위반한 경우

② 제1항에 따라 과징금을 부과하는 위반행위의 종류와 위반 정도 등에 따른 과징금의 금액 등에 필요한 사항은 대통령령으로 정한다.

③ 시・도지사는 제1항에 따라 과징금의 부과처분을 받은 자가 납부기한까지 과징금을 내지 아니하면 「지방행정제재・부과금의 징수 등에 관한 법률」에 따라 징수한다. <개정 2020. 3. 24.>

[본조신설 2018. 6. 12.]

**제113조의3(건설업자의 입찰참가 제한)** ① 시・도지사는 제113조의2 제1항 각 호의 어느 하나에 해당하는 건설업자에 대해서는 2년 이내의 범위에서 대통령령으로 정하는 기간 동안 정비사업의 입찰참가를 제한할 수 있다.

② 시·도지사는 제1항에 따라 건설업자에 대한 정비사업의 입찰 참가를 제한하려는 경우에는 대통령령으로 정하는 바에 따라 대상, 기간, 사유, 그 밖의 입찰참가 제한과 관련된 내용을 공개하고, 관할 구역의 시장, 군수 또는 구청장 및 사업시행자에게 통보하여야 한다. 이 경우 통보를 받은 사업시행자는 해당 건설업자의 입찰 참가자격을 제한하여야 한다.

③ 사업시행자는 제2항에 따라 입찰참가를 제한받은 건설업자와 계약(수의계약을 포함한다)을 체결해서는 아니 된다.

[본조신설 2018. 6. 12.]

제114조(정비사업 지원기구) 국토교통부장관 또는 시·도지사는 다음 각 호의 업무를 수행하기 위하여 정비사업 지원기구를 설치할 수 있다. 이 경우 국토교통부장관은 「한국부동산원법」에 따른 한국부동산원 또는 「한국토지주택공사법」에 따라 설립된 한국토지주택공사에, 시·도지사는 「지방공기업법」에 따라 주택사업을 수행하기 위하여 설립된 지방공사에 정비사업 지원기구의 업무를 대행하게 할 수 있다. <개정 2018. 1. 16., 2019. 4. 23., 2020. 6. 9., 2021. 4. 13.>

1. 정비사업 상담지원업무
2. 정비사업전문관리제도의 지원
3. 전문조합관리인의 교육 및 운영지원
4. 소규모 영세사업장 등의 사업시행계획 및 관리처분계획 수립지원
5. 정비사업을 통한 공공지원민간임대주택 공급 업무 지원
6. 제29조의2에 따른 공사비 검증 업무
7. 공공재개발사업 및 공공재건축사업의 지원
8. 그 밖에 국토교통부장관이 정하는 업무

제115조(교육의 실시) 국토교통부장관, 시·도지사, 시장, 군수 또는 구청장은 추진위원장 및 감사, 조합임원, 전문조합관리인, 정비사업전문관리업자의 대표자 및 기술인력, 토지등소유자 등에 대하여 대통령령으로 정하는 바에 따라 교육을 실시할 수 있다.

제116조(도시분쟁조정위원회의 구성 등) ① 정비사업의 시행으로 발생한 분쟁을 조정하기 위하여 정비구역이 지정된 특별자치시, 특

별자치도, 또는 시·군·구(자치구를 말한다. 이하 이 조에서 같다)에 도시분쟁조정위원회(이하 "조정위원회"라 한다)를 둔다. 다만, 시장·군수등을 당사자로 하여 발생한 정비사업의 시행과 관련된 분쟁 등의 조정을 위하여 필요한 경우에는 시·도에 조정위원회를 둘 수 있다.

② 조정위원회는 부시장·부지사·부구청장 또는 부군수를 위원장으로 한 10명 이내의 위원으로 구성한다.

③ 조정위원회 위원은 정비사업에 대한 학식과 경험이 풍부한 사람으로서 다음 각 호의 어느 하나에 해당하는 사람 중에서 시장·군수등이 임명 또는 위촉한다. 이 경우 제1호, 제3호 및 제4호에 해당하는 사람이 각 2명 이상 포함되어야 한다.

1. 해당 특별자치시, 특별자치도 또는 시·군·구에서 정비사업 관련 업무에 종사하는 5급 이상 공무원
2. 대학이나 연구기관에서 부교수 이상 또는 이에 상당하는 직에 재직하고 있는 사람
3. 판사, 검사 또는 변호사의 직에 5년 이상 재직한 사람
4. 건축사, 감정평가사, 공인회계사로서 5년 이상 종사한 사람
5. 그 밖에 정비사업에 전문적 지식을 갖춘 사람으로서 시·도조례로 정하는 자

④ 조정위원회에는 위원 3명으로 구성된 분과위원회(이하 "분과위원회"라 한다)를 두며, 분과위원회에는 제3항제1호 및 제3호에 해당하는 사람이 각 1명 이상 포함되어야 한다.

**제117조(조정위원회의 조정 등)** ① 조정위원회는 정비사업의 시행과 관련하여 다음 각 호의 어느 하나에 해당하는 분쟁 사항을 심사·조정한다. 다만, 「주택법」, 「공익사업을 위한 토지 등의 취득 및 보상에 관한 법률」, 그 밖의 관계 법률에 따라 설치된 위원회의 심사대상에 포함되는 사항은 제외할 수 있다.

1. 매도청구권 행사 시 감정가액에 대한 분쟁
2. 공동주택 평형 배정방법에 대한 분쟁
3. 그 밖에 대통령령으로 정하는 분쟁

② 시장·군수등은 다음 각 호의 어느 하나에 해당하는 경우 조정위원회를 개최할 수 있으며, 조정위원회는 조정신청을 받은 날(제

2호의 경우 조정위원회를 처음 개최한 날을 말한다)부터 60일 이내에 조정절차를 마쳐야 한다. 다만, 조정기간 내에 조정절차를 마칠 수 없는 정당한 사유가 있다고 판단되는 경우에는 조정위원회의 의결로 그 기간을 한 차례만 연장할 수 있으며 그 기간은 30일 이내로 한다. <개정 2017. 8. 9.>

1. 분쟁당사자가 정비사업의 시행으로 인하여 발생한 분쟁의 조정을 신청하는 경우

2. 시장·군수등이 조정위원회의 조정이 필요하다고 인정하는 경우

③ 조정위원회의 위원장은 조정위원회의 심사에 앞서 분과위원회에서 사전 심사를 담당하게 할 수 있다. 다만, 분과위원회의 위원 전원이 일치된 의견으로 조정위원회의 심사가 필요없다고 인정하는 경우에는 조정위원회에 회부하지 아니하고 분과위원회의 심사로 조정절차를 마칠 수 있다.

④ 조정위원회 또는 분과위원회는 제2항 또는 제3항에 따른 조정절차를 마친 경우 조정안을 작성하여 지체 없이 각 당사자에게 제시하여야 한다. 이 경우 조정안을 제시받은 각 당사자는 제시받은 날부터 15일 이내에 수락 여부를 조정위원회 또는 분과위원회에 통보하여야 한다.

⑤ 당사자가 조정안을 수락한 경우 조정위원회는 즉시 조정서를 작성한 후, 위원장 및 각 당사자는 조정서에 서명·날인하여야 한다.

⑥ 제5항에 따라 당사자가 강제집행을 승낙하는 취지의 내용이 기재된 조정서에 서명·날인한 경우 조정서의 정본은 「민사집행법」 제56조에도 불구하고 집행력 있는 집행권원과 같은 효력을 가진다. 다만, 청구에 관한 이의의 주장에 대하여는 「민사집행법」 제44조제2항을 적용하지 아니한다.

⑦ 그 밖에 조정위원회의 구성·운영 및 비용의 부담, 조정기간 연장 등에 필요한 사항은 시·도조례로 정한다. <개정 2017. 8. 9.>

**제118조(정비사업의 공공지원)** ① 시장·군수등은 정비사업의 투명성 강화 및 효율성 제고를 위하여 시·도조례로 정하는 정비사업에 대하여 사업시행 과정을 지원(이하 "공공지원"이라 한다)하거나 토지주택공사등, 신탁업자, 「주택도시기금법」에 따른 주택도시보증공사 또는 이 법 제102조제1항 각 호 외의 부분 단서에 따라 대

통령령으로 정하는 기관에 공공지원을 위탁할 수 있다.

② 제1항에 따라 정비사업을 공공지원하는 시장·군수등 및 공공지원을 위탁받은 자(이하 "위탁지원자"라 한다)는 다음 각 호의 업무를 수행한다.

1. 추진위원회 또는 주민대표회의 구성

2. 정비사업전문관리업자의 선정(위탁지원자는 선정을 위한 지원으로 한정한다)

3. 설계자 및 시공자 선정 방법 등

4. 제52조제1항제4호에 따른 세입자의 주거 및 이주 대책(이주 거부에 따른 협의 대책을 포함한다) 수립

5. 관리처분계획 수립

6. 그 밖에 시·도조례로 정하는 사항

③ 시장·군수등은 위탁지원자의 공정한 업무수행을 위하여 관련 자료의 제출 및 조사, 현장점검 등 필요한 조치를 할 수 있다. 이 경우 위탁지원자의 행위에 대한 대외적인 책임은 시장·군수등에게 있다.

④ 공공지원에 필요한 비용은 시장·군수등이 부담하되, 특별시장, 광역시장 또는 도지사는 관할 구역의 시장, 군수 또는 구청장에게 특별시·광역시 또는 도의 조례로 정하는 바에 따라 그 비용의 일부를 지원할 수 있다.

⑤ 추진위원회가 제2항제2호에 따라 시장·군수등이 선정한 정비사업전문관리업자를 선정하는 경우에는 제32조제2항을 적용하지 아니한다.

⑥ 공공지원의 시행을 위한 방법과 절차, 기준 및 제126조에 따른 도시·주거환경정비기금의 지원, 시공자 선정 시기 등에 필요한 사항은 시·도조례로 정한다.

⑦ 제6항에도 불구하고 다음 각 호의 어느 하나에 해당하는 경우에는 토지등소유자(제35조에 따라 조합을 설립한 경우에는 조합원을 말한다)의 과반수 동의를 받아 제29조제4항에 따라 시공자를 선정할 수 있다. 다만, 제1호의 경우에는 해당 건설업자를 시공자로 본다. <개정 2017. 8. 9.>

1. 조합이 제25조에 따라 건설업자와 공동으로 정비사업을 시행하

는 경우로서 조합과 건설업자 사이에 협약을 체결하는 경우

2. 제28조제1항 및 제2항에 따라 사업대행자가 정비사업을 시행하는 경우

⑧ 제7항제1호의 협약사항에 관한 구체적인 내용은 시·도조례로 정할 수 있다.

**제119조(정비사업관리시스템의 구축)** ① 시·도지사는 정비사업의 효율적이고 투명한 관리를 위하여 정비사업관리시스템을 구축하여 운영할 수 있다.

② 제1항에 따른 정비사업관리시스템의 운영방법 등에 필요한 사항은 시·도조례로 정한다.

**제120조(정비사업의 정보공개)** 시장·군수등은 정비사업의 투명성 강화를 위하여 조합이 시행하는 정비사업에 관한 다음 각 호의 사항을 매년 1회 이상 인터넷과 그 밖의 방법을 병행하여 공개하여야 한다. 이 경우 공개의 방법 및 시기 등 필요한 사항은 시·도조례로 정한다. <개정 2017. 8. 9.>

1. 제74조제1항에 따라 관리처분계획의 인가(변경인가를 포함한다. 이하 이 조에서 같다)를 받은 사항 중 제29조에 따른 계약 금액

2. 제74조제1항에 따라 관리처분계획의 인가를 받은 사항 중 정비사업에서 발생한 이자

3. 그 밖에 시·도조례로 정하는 사항

**제121조(청문)** 국토교통부장관, 시·도지사, 시장, 군수 또는 구청장은 다음 각 호의 어느 하나에 해당하는 처분을 하려는 경우에는 청문을 하여야 한다. <개정 2018. 6. 12.>

1. 제106조제1항에 따른 정비사업전문관리업의 등록취소

2. 제113조제1항부터 제3항까지의 규정에 따른 추진위원회 승인의 취소, 조합설립인가의 취소, 사업시행계획인가의 취소 또는 관리처분계획인가의 취소

3. 제113조의2제1항에 따른 시공자 선정 취소 또는 과징금 부과

4. 제113조의3제1항에 따른 입찰참가 제한

## 제8장 보칙 〈개정 2021. 4. 13.〉

**제122조(토지등소유자의 설명의무)** ① 토지등소유자는 자신이 소유하는 정비구역 내 토지 또는 건축물에 대하여 매매·전세·임대차 또는 지상권 설정 등 부동산 거래를 위한 계약을 체결하는 경우 다음 각 호의 사항을 거래 상대방에게 설명·고지하고, 거래 계약서에 기재 후 서명·날인하여야 한다.

1. 해당 정비사업의 추진단계
2. 퇴거예정시기(건축물의 경우 철거예정시기를 포함한다)
3. 제19조에 따른 행위제한
4. 제39조에 따른 조합원의 자격
5. 제70조제5항에 따른 계약기간
6. 제77조에 따른 주택 등 건축물을 분양받을 권리의 산정 기준일
7. 그 밖에 거래 상대방의 권리·의무에 중대한 영향을 미치는 사항으로서 대통령령으로 정하는 사항

② 제1항 각 호의 사항은 「공인중개사법」 제25조제1항제2호의 "법령의 규정에 의한 거래 또는 이용제한사항"으로 본다.

**제123조(재개발사업 등의 시행방식의 전환)** ① 시장·군수등은 제28조제1항에 따라 사업대행자를 지정하거나 토지등소유자의 5분의 4 이상의 요구가 있어 제23조제2항에 따른 재개발사업의 시행방식의 전환이 필요하다고 인정하는 경우에는 정비사업이 완료되기 전이라도 대통령령으로 정하는 범위에서 정비구역의 전부 또는 일부에 대하여 시행방식의 전환을 승인할 수 있다.

② 사업시행자는 제1항에 따라 시행방식을 전환하기 위하여 관리처분계획을 변경하려는 경우 토지면적의 3분의 2 이상의 토지소유자의 동의와 토지등소유자의 5분의 4 이상의 동의를 받아야 하며, 변경절차에 관하여는 제74조제1항의 관리처분계획 변경에 관한 규정을 준용한다.

③ 사업시행자는 제1항에 따라 정비구역의 일부에 대하여 시행방식을 전환하려는 경우에 재개발사업이 완료된 부분은 제83조에 따라 준공인가를 거쳐 해당 지방자치단체의 공보에 공사완료의 고시를 하여야 하며, 전환하려는 부분은 이 법에서 정하고 있는 절차

에 따라 시행방식을 전환하여야 한다.

④ 제3항에 따라 공사완료의 고시를 한 때에는 「공간정보의 구축
및 관리 등에 관한 법률」 제86조제3항에도 불구하고 관리처분계
획의 내용에 따라 제86조에 따른 이전이 된 것으로 본다.

⑤ 사업시행자는 정비계획이 수립된 주거환경개선사업을 제23조제
1항제4호의 시행방법으로 변경하려는 경우에는 토지등소유자의 3
분의 2 이상의 동의를 받아야 한다.

**제124조(관련 자료의 공개 등)** ① 추진위원장 또는 사업시행자(조합
의 경우 청산인을 포함한 조합임원, 토지등소유자가 단독으로 시
행하는 재개발사업의 경우에는 그 대표자를 말한다)는 정비사업의
시행에 관한 다음 각 호의 서류 및 관련 자료가 작성되거나 변경
된 후 15일 이내에 이를 조합원, 토지등소유자 또는 세입자가 알
수 있도록 인터넷과 그 밖의 방법을 병행하여 공개하여야 한다.

1. 제34조제1항에 따른 추진위원회 운영규정 및 정관등
2. 설계자·시공자·철거업자 및 정비사업전문관리업자 등 용역업
   체의 선정계약서
3. 추진위원회·주민총회·조합총회 및 조합의 이사회·대의원회
   의 의사록
4. 사업시행계획서
5. 관리처분계획서
6. 해당 정비사업의 시행에 관한 공문서
7. 회계감사보고서
8. 월별 자금의 입금·출금 세부내역
9. 결산보고서
10. 청산인의 업무 처리 현황
11. 그 밖에 정비사업 시행에 관하여 대통령령으로 정하는 서류
    및 관련 자료

② 제1항에 따라 공개의 대상이 되는 서류 및 관련 자료의 경우
분기별로 공개대상의 목록, 개략적인 내용, 공개장소, 열람·복사
방법 등을 대통령령으로 정하는 방법과 절차에 따라 조합원 또는
토지등소유자에게 서면으로 통지하여야 한다.

③ 추진위원장 또는 사업시행자는 제1항 및 제4항에 따라 공개 및

열람·복사 등을 하는 경우에는 주민등록번호를 제외하고 국토교통부령으로 정하는 방법 및 절차에 따라 공개하여야 한다.

④ 조합원, 토지등소유자가 제1항에 따른 서류 및 다음 각 호를 포함하여 정비사업 시행에 관한 서류와 관련 자료에 대하여 열람·복사 요청을 한 경우 추진위원장이나 사업시행자는 15일 이내에 그 요청에 따라야 한다.

1. 토지등소유자 명부

2. 조합원 명부

3. 그 밖에 대통령령으로 정하는 서류 및 관련 자료

⑤ 제4항의 복사에 필요한 비용은 실비의 범위에서 청구인이 부담한다. 이 경우 비용납부의 방법, 시기 및 금액 등에 필요한 사항은 시·도조례로 정한다.

⑥ 제4항에 따라 열람·복사를 요청한 사람은 제공받은 서류와 자료를 사용목적 외의 용도로 이용·활용하여서는 아니 된다.

**제125조(관련 자료의 보관 및 인계)** ① 추진위원장·정비사업전문관리업자 또는 사업시행자(조합의 경우 청산인을 포함한 조합임원, 토지등소유자가 단독으로 시행하는 재개발사업의 경우에는 그 대표자를 말한다)는 제124조제1항에 따른 서류 및 관련 자료와 총회 또는 중요한 회의(조합원 또는 토지등소유자의 비용부담을 수반하거나 권리·의무의 변동을 발생시키는 경우로서 대통령령으로 정하는 회의를 말한다)가 있은 때에는 속기록·녹음 또는 영상자료를 만들어 청산 시까지 보관하여야 한다.

② 시장·군수등 또는 토지주택공사등이 아닌 사업시행자는 정비사업을 완료하거나 폐지한 때에는 시·도조례로 정하는 바에 따라 관계 서류를 시장·군수등에게 인계하여야 한다.

③ 시장·군수등 또는 토지주택공사등인 사업시행자와 제2항에 따라 관계 서류를 인계받은 시장·군수등은 해당 정비사업의 관계 서류를 5년간 보관하여야 한다.

**제126조(도시·주거환경정비기금의 설치 등)** ① 제4조 및 제7조에 따라 기본계획을 수립하거나 승인하는 특별시장·광역시장·특별자치시장·도지사·특별자치도지사 또는 시장은 정비사업의 원활한 수행을 위하여 도시·주거환경정비기금(이하 "정비기금"이라

한다)을 설치하여야 한다. 다만, 기본계획을 수립하지 아니하는 시장 및 군수도 필요한 경우에는 정비기금을 설치할 수 있다.

② 정비기금은 다음 각 호의 어느 하나에 해당하는 금액을 재원으로 조성한다. <개정 2018. 6. 12., 2021. 4. 13.>

1. 제17조제4항에 따라 사업시행자가 현금으로 납부한 금액

2. 제55조제1항, 제101조의5제2항 및 제101조의6제2항에 따라 시·도지사, 시장, 군수 또는 구청장에게 공급된 주택의 임대보증금 및 임대료

3. 제94조에 따른 부담금 및 정비사업으로 발생한 「개발이익 환수에 관한 법률」에 따른 개발부담금 중 지방자치단체 귀속분의 일부

4. 제98조에 따른 정비구역(재건축구역은 제외한다) 안의 국·공유지 매각대금 중 대통령령으로 정하는 일정 비율 이상의 금액

4의2. 제113조의2에 따른 과징금

5. 「재건축초과이익 환수에 관한 법률」에 따른 재건축부담금 중 같은 법 제4조제3항 및 제4항에 따른 지방자치단체 귀속분

6. 「지방세법」 제69조에 따라 부과·징수되는 지방소비세 또는 같은 법 제112조(같은 조 제1항제1호는 제외한다)에 따라 부과·징수되는 재산세 중 대통령령으로 정하는 일정 비율 이상의 금액

7. 그 밖에 시·도조례로 정하는 재원

③ 정비기금은 다음 각 호의 어느 하나의 용도 이외의 목적으로 사용하여서는 아니 된다. <개정 2017. 8. 9.>

1. 이 법에 따른 정비사업으로서 다음 각 목의 어느 하나에 해당하는 사항
   가. 기본계획의 수립
   나. 안전진단 및 정비계획의 수립
   다. 추진위원회의 운영자금 대여
   라. 그 밖에 이 법과 시·도조례로 정하는 사항

2. 임대주택의 건설·관리

3. 임차인의 주거안정 지원

4. 「재건축초과이익 환수에 관한 법률」에 따른 재건축부담금의 부과·징수

5. 주택개량의 지원

6. 정비구역등이 해제된 지역에서의 정비기반시설의 설치 지원

7. 「빈집 및 소규모주택 정비에 관한 특례법」 제44조에 따른 빈집
   정비사업 및 소규모주택정비사업에 대한 지원

8. 「주택법」 제68조에 따른 증축형 리모델링의 안전진단 지원

9. 제142조에 따른 신고포상금의 지급

④ 정비기금의 관리·운용과 개발부담금의 지방자치단체의 귀속분
중 정비기금으로 적립되는 비율 등에 필요한 사항은 시·도조례로
정한다.

**제127조(노후·불량주거지 개선계획의 수립)** 국토교통부장관은 주택
또는 기반시설이 열악한 주거지의 주거환경개선을 위하여 5년마다
개선대상지역을 조사하고 연차별 재정지원계획 등을 포함한 노후
·불량주거지 개선계획을 수립하여야 한다.

**제128조(권한의 위임 등)** ① 국토교통부장관은 이 법에 따른 권한의
일부를 대통령령으로 정하는 바에 따라 시·도지사, 시장, 군수 또
는 구청장에게 위임할 수 있다.

② 국토교통부장관, 시·도지사, 시장, 군수 또는 구청장은 이 법
의 효율적인 집행을 위하여 필요한 경우에는 대통령령으로 정하는
바에 따라 다음 각 호의 어느 하나에 해당하는 사무를 정비사업지
원기구, 협회 등 대통령령으로 정하는 기관 또는 단체에 위탁할
수 있다.

1. 제108조에 따른 정비사업전문관리업 정보종합체계의 구축·운영

2. 제115조에 따른 교육의 실시

3. 그 밖에 대통령령으로 정하는 사무

**제129조(사업시행자 등의 권리·의무의 승계)** 사업시행자와 정비사
업과 관련하여 권리를 갖는 자(이하 "권리자"라 한다)의 변동이 있
은 때에는 종전의 사업시행자와 권리자의 권리·의무는 새로 사업
시행자와 권리자로 된 자가 승계한다.

**제130조(정비구역의 범죄 예방)** ① 시장·군수등은 제50조제1항에
따른 사업시행계획인가를 한 경우 그 사실을 관할 경찰서장에게
통보하여야 한다.

② 시장·군수등은 사업시행계획인가를 한 경우 정비구역 내 주민안전 등을 위하여 다음 각 호의 사항을 관할 시·도경찰청장 또는 경찰서장에게 요청할 수 있다. <개정 2020. 12. 22.>

1. 순찰 강화
2. 순찰초소의 설치 등 범죄 예방을 위하여 필요한 시설의 설치 및 관리
3. 그 밖에 주민의 안전을 위하여 필요하다고 인정하는 사항

제131조(재건축사업의 안전진단 재실시) 시장·군수등은 제16조제2항 전단에 따라 정비구역이 지정·고시된 날부터 10년이 되는 날까지 제50조에 따른 사업시행계획인가를 받지 아니하고 다음 각 호의 어느 하나에 해당하는 경우에는 안전진단을 다시 실시하여야 한다. <개정 2018. 6. 12.>

1. 「재난 및 안전관리 기본법」 제27조제1항에 따라 재난이 발생할 위험이 높거나 재난예방을 위하여 계속적으로 관리할 필요가 있다고 인정하여 특정관리대상지역으로 지정하는 경우
2. 「시설물의 안전 및 유지관리에 관한 특별법」 제12조제2항에 따라 재해 및 재난 예방과 시설물의 안전성 확보 등을 위하여 정밀안전진단을 실시하는 경우
3. 「공동주택관리법」 제37조제3항에 따라 공동주택의 구조안전에 중대한 하자가 있다고 인정하여 안전진단을 실시하는 경우

제132조(조합임원 등의 선임·선정 시 행위제한) 누구든지 추진위원, 조합임원의 선임 또는 제29조에 따른 계약 체결과 관련하여 다음 각 호의 행위를 하여서는 아니 된다. <개정 2017. 8. 9.>

1. 금품, 향응 또는 그 밖의 재산상 이익을 제공하거나 제공의사를 표시하거나 제공을 약속하는 행위
2. 금품, 향응 또는 그 밖의 재산상 이익을 제공받거나 제공의사 표시를 승낙하는 행위
3. 제3자를 통하여 제1호 또는 제2호에 해당하는 행위를 하는 행위

제132조의2(건설업자의 관리·감독 의무) 건설업자는 시공자 선정과 관련하여 홍보 등을 위하여 계약한 용역업체의 임직원이 제132조를 위반하지 아니하도록 교육, 용역비 집행 점검, 용역업체 관리·

감독 등 필요한 조치를 하여야 한다.

[본조신설 2018. 6. 12.]

제133조(조합설립인가 등의 취소에 따른 채권의 손해액 산입) 시공
자·설계자 또는 정비사업전문관리업자 등(이하 이 조에서 "시공
자등"이라 한다)은 해당 추진위원회 또는 조합(연대보증인을 포함
하며, 이하 이 조에서 "조합등"이라 한다)에 대한 채권(조합등이
시공자등과 합의하여 이미 상환하였거나 상환할 예정인 채권은 제
외한다. 이하 이 조에서 같다)의 전부 또는 일부를 포기하고 이를
「조세특례제한법」 제104조의26에 따라 손금에 산입하려면 해당
조합등과 합의하여 다음 각 호의 사항을 포함한 채권확인서를 시
장·군수등에게 제출하여야 한다.

1. 채권의 금액 및 그 증빙 자료

2. 채권의 포기에 관한 합의서 및 이후의 처리 계획

3. 그 밖에 채권의 포기 등에 관하여 시·도조례로 정하는 사항

제134조(벌칙 적용에서 공무원 의제) 추진위원장·조합임원·청산인
·전문조합관리인 및 정비사업전문관리업자의 대표자(법인인 경우
에는 임원을 말한다)·직원 및 위탁지원자는 「형법」 제129조부터
제132조까지의 규정을 적용할 때에는 공무원으로 본다.


## 제9장 벌칙 〈개정 2021. 4. 13.〉

제135조(벌칙) 다음 각 호의 어느 하나에 해당하는 자는 5년 이하의
징역 또는 5천만원 이하의 벌금에 처한다.

1. 제36조에 따른 토지등소유자의 서면동의서를 위조한 자

2. 제132조 각 호의 어느 하나를 위반하여 금품, 향응 또는 그 밖
의 재산상 이익을 제공하거나 제공의사를 표시하거나 제공을 약
속하는 행위를 하거나 제공을 받거나 제공의사 표시를 승낙한 자

제136조(벌칙) 다음 각 호의 어느 하나에 해당하는 자는 3년 이하의
징역 또는 3천만원 이하의 벌금에 처한다. 〈개정 2017. 8. 9.,
2019. 4. 23.〉

1. 제29조제1항에 따른 계약의 방법을 위반하여 계약을 체결한 추
진위원장, 전문조합관리인 또는 조합임원(조합의 청산인 및 토지

등소유자가 시행하는 재개발사업의 경우에는 그 대표자, 지정개
발자가 사업시행자인 경우 그 대표자를 말한다)

2. 제29조제4항부터 제8항까지의 규정을 위반하여 시공자를 선정
한 자 및 시공자로 선정된 자

2의2. 제29조제9항을 위반하여 시공자와 공사에 관한 계약을 체결
한 자

3. 제31조제1항에 따른 시장·군수등의 추진위원회 승인을 받지
아니하고 정비사업전문관리업자를 선정한 자

4. 제32조제2항에 따른 계약의 방법을 위반하여 정비사업전문관리
업자를 선정한 추진위원장(전문조합관리인을 포함한다)

5. 제36조에 따른 토지등소유자의 서면동의서를 매도하거나 매수
한 자

6. 거짓 또는 부정한 방법으로 제39조제2항을 위반하여 조합원 자
격을 취득한 자와 조합원 자격을 취득하게 하여준 토지등소유자
및 조합의 임직원(전문조합관리인을 포함한다)

7. 제39조제2항을 회피하여 제72조에 따른 분양주택을 이전 또는
공급받을 목적으로 건축물 또는 토지의 양도·양수 사실을 은폐
한 자

8. 제76조제1항제7호다목 단서를 위반하여 주택을 전매하거나 전
매를 알선한 자

**제137조(벌칙)** 다음 각 호의 어느 하나에 해당하는 자는 2년 이하의
징역 또는 2천만원 이하의 벌금에 처한다. <개정 2020. 6. 9.>

1. 제12조제5항에 따른 안전진단 결과보고서를 거짓으로 작성한
자

2. 제19조제1항을 위반하여 허가 또는 변경허가를 받지 아니하거
나 거짓, 그 밖의 부정한 방법으로 허가 또는 변경허가를 받아
행위를 한 자

3. 제31조제1항 또는 제47조제3항을 위반하여 추진위원회 또는
주민대표회의의 승인을 받지 아니하고 제32조제1항 각 호의 업
무를 수행하거나 주민대표회의를 구성·운영한 자

4. 제31조제1항 또는 제47조제3항에 따라 승인받은 추진위원회
또는 주민대표회의가 구성되어 있음에도 불구하고 임의로 추진

위원회 또는 주민대표회의를 구성하여 이 법에 따른 정비사업을 추진한 자

5. 제35조에 따라 조합이 설립되었는데도 불구하고 추진위원회를 계속 운영한 자

6. 제45조에 따른 총회의 의결을 거치지 아니하고 같은 조 제1항 각 호의 사업(같은 항 제13호 중 정관으로 정하는 사항은 제외한다)을 임의로 추진한 조합임원(전문조합관리인을 포함한다)

7. 제50조에 따른 사업시행계획인가를 받지 아니하고 정비사업을 시행한 자와 같은 사업시행계획서를 위반하여 건축물을 건축한 자

8. 제74조에 따른 관리처분계획인가를 받지 아니하고 제86조에 따른 이전을 한 자

9. 제102조제1항을 위반하여 등록을 하지 아니하고 이 법에 따른 정비사업을 위탁받은 자 또는 거짓, 그 밖의 부정한 방법으로 등록을 한 정비사업전문관리업자

10. 제106조제1항 각 호 외의 부분 단서에 따라 등록이 취소되었음에도 불구하고 영업을 하는 자

11. 제113조제1항부터 제3항까지의 규정에 따른 처분의 취소·변경 또는 정지, 그 공사의 중지 및 변경에 관한 명령을 받고도 이를 따르지 아니한 추진위원회, 사업시행자, 주민대표회의 및 정비사업전문관리업자

12. 제124조제1항에 따른 서류 및 관련 자료를 거짓으로 공개한 추진위원장 또는 조합임원(토지등소유자가 시행하는 재개발사업의 경우 그 대표자)

13. 제124조제4항에 따른 열람·복사 요청에 허위의 사실이 포함된 자료를 열람·복사해 준 추진위원장 또는 조합임원(토지등소유자가 시행하는 재개발사업의 경우 그 대표자)

**제138조(벌칙)** ① 다음 각 호의 어느 하나에 해당하는 자는 1년 이하의 징역 또는 1천만원 이하의 벌금에 처한다. <개정 2018. 6. 12., 2020. 6. 9., 2021. 1. 5.>

1. 제19조제8항을 위반하여 「주택법」 제2조제11호가목에 따른 지역주택조합의 조합원을 모집한 자

2. 제34조제4항을 위반하여 추진위원회의 회계장부 및 관계 서류

를 조합에 인계하지 아니한 추진위원장(전문조합관리인을 포함
한다)

3. 제83조제1항에 따른 준공인가를 받지 아니하고 건축물 등을 사
용한 자와 같은 조 제5항 본문에 따라 시장·군수등의 사용허가
를 받지 아니하고 건축물을 사용한 자

4. 다른 사람에게 자기의 성명 또는 상호를 사용하여 이 법에서
정한 업무를 수행하게 하거나 등록증을 대여한 정비사업전문관
리업자

5. 제102조제1항 각 호에 따른 업무를 다른 용역업체 및 그 직원
에게 수행하도록 한 정비사업전문관리업자

6. 제112조제1항에 따른 회계감사를 요청하지 아니한 추진위원장,
전문조합관리인 또는 조합임원(토지등소유자가 시행하는 재개발
사업 또는 제27조에 따라 지정개발자가 시행하는 정비사업의 경
우에는 그 대표자를 말한다)

7. 제124조제1항을 위반하여 정비사업시행과 관련한 서류 및 자료
를 인터넷과 그 밖의 방법을 병행하여 공개하지 아니하거나 같
은 조 제4항을 위반하여 조합원 또는 토지등소유자의 열람·복
사 요청을 따르지 아니하는 추진위원장, 전문조합관리인 또는
조합임원(조합의 청산인 및 토지등소유자가 시행하는 재개발사
업의 경우에는 그 대표자, 제27조에 따른 지정개발자가 사업시
행자인 경우 그 대표자를 말한다)

8. 제125조제1항을 위반하여 속기록 등을 만들지 아니하거나 관련
자료를 청산 시까지 보관하지 아니한 추진위원장, 전문조합관리
인 또는 조합임원(조합의 청산인 및 토지등소유자가 시행하는
재개발사업의 경우에는 그 대표자, 제27조에 따른 지정개발자가
사업시행자인 경우 그 대표자를 말한다)

② 건설업자가 제132조의2에 따른 조치를 소홀히 하여 용역업체
의 임직원이 제132조 각 호의 어느 하나를 위반한 경우 그 건설
업자는 5천만원 이하의 벌금에 처한다. <신설 2018. 6. 12.>

**제139조(양벌규정)** 법인의 대표자나 법인 또는 개인의 대리인, 사용
인, 그 밖의 종업원이 그 법인 또는 개인의 업무에 관하여 제135
조부터 제138조까지의 어느 하나에 해당하는 위반행위를 하면 그

행위자를 벌하는 외에 그 법인 또는 개인에게도 해당 조문의 벌금에 처한다. 다만, 법인 또는 개인이 그 위반행위를 방지하기 위하여 해당 업무에 관하여 상당한 주의와 감독을 게을리하지 아니한 경우에는 그러하지 아니하다.

**제140조(과태료)** ① 제113조제2항에 따른 점검반의 현장조사를 거부·기피 또는 방해한 자에게는 1천만원의 과태료를 부과한다.

② 다음 각 호의 어느 하나에 해당하는 자에게는 500만원 이하의 과태료를 부과한다. <개정 2017. 8. 9., 2020. 6. 9.>

1. 제29조제2항을 위반하여 전자조달시스템을 이용하지 아니하고 계약을 체결한 자
2. 제78조제5항 또는 제86조제1항에 따른 통지를 게을리한 자
3. 제107조제1항 및 제111조제2항에 따른 보고 또는 자료의 제출을 게을리한 자
4. 제125조제2항에 따른 관계 서류의 인계를 게을리한 자

③ 제1항 및 제2항에 따른 과태료는 대통령령으로 정하는 방법 및 절차에 따라 국토교통부장관, 시·도지사, 시장, 군수 또는 구청장이 부과·징수한다.

**제141조(자수자에 대한 특례)** 제132조 각 호의 어느 하나를 위반하여 금품, 향응 또는 그 밖의 재산상 이익을 제공하거나 제공의사를 표시하거나 제공을 약속하는 행위를 하거나 제공을 받거나 제공의사 표시를 승낙한 자가 자수하였을 때에는 그 형벌을 감경 또는 면제한다.

[본조신설 2017. 8. 9.]

**제142조(금품·향응 수수행위 등에 대한 신고포상금)** 시·도지사 또는 대도시의 시장은 제132조 각 호의 행위사실을 신고한 자에게 시·도조례로 정하는 바에 따라 포상금을 지급할 수 있다.

[본조신설 2017. 8. 9.]

**부칙** 〈제18046호, 2021. 4. 13.〉

이 법은 공포 후 3개월이 경과한 날부터 시행한다.

## ◙ 편저 최용환 ◙

▌전 서울강서등기소 근무
▌전 서울중앙지방법원 민사신청과장(법원서기관)
▌전 서울서부지방법원 은평등기소장
▌전 수원지방법원 시흥등기소장
▌전 인천지방법원 본원 집행관
▌법무사

# 재개발, 재건축! 이렇게 쉽게 하세요!

**초판 1쇄 인쇄** 2021년 7월 10일
**초판 1쇄 발행** 2021년 7월 15일

**편 저** 최용환
**발행인** 김현호
**발행처** 법문북스
**공급처** 법률미디어

**주소** 서울 구로구 경인로 54길4(구로동 636-62)
**전화** 02)2636-2911~2, **팩스** 02)2636-3012
**홈페이지** www.lawb.co.kr

**등록일자** 1979년 8월 27일
**등록번호** 제5-22호

**ISBN** 978-89-7535-957-6 (93540)
**정가** 24,000원